高职高专"十二五"建筑及工程管理类专业系列规划教材

土木工程施工技术

Construction Project

主　编　袁　翱

副主编　李文渊　古　松　袁　飞　赵晓宁

西安交通大学出版社
XI'AN JIAOTONG UNIVERSITY PRESS

内容提要

本书以现行建筑工程专业技术规范和技术标准为基础，全面介绍了建筑工程基础工程、砌体工程、钢筋混凝土结构工程等方面的各项施工技术。本书综合传统施工技术方法和手段，并引入了部分先进技术、设备和工艺，有助于学生深入理解建筑工程专业施工技术的相关知识。

本书内容共九章，主要包括：土方工程、桩基础工程、砌体工程、钢筋混凝土结构工程、预应力混凝土工程、地下工程、防水工程、装饰工程、结构安装工程。

本书可作为土建类专业各方向的专业基础课教学用书，也可作为从事土建施工技术、施工管理等工作人员的参考用书和建造师考试的辅助培训教材。

前言 Preface

建筑工程作为大土木工程的主要学科，其施工技术是保证工程质量、进度和成本的基础。建筑工程施工技术也是土木工程类专业的专业必修课。它的特点在于实践性强、覆盖面广、知识点多。本教材按照全国高等学校土木工程学科专业指导委员会制定的《土木工程施工课程教学大纲》编写，结合目前实际应用的各项施工技术，对现有工程施工技术进行了全面的介绍，主要涵盖了建筑工程各项分部分项工程，同时兼顾了地下工程、道桥工程的施工技术。

本书主要针对土木工程类专业院校培养应用型人才的需要，全书的编写标准均按照现行技术规范进行，舍弃了不实用和不常用的旧施工技术，引入了部分常用的新工艺、新技术和新设备，教师可以在此书的基础上进一步介绍更加前沿和先进的施工技术，以进一步提高学生的学习兴趣和热情。

本书由袁翱主编，李文渊、王作文、古松、袁飞、赵晓宁担任副主编。编写人员及具体分工如下：袁翱（成都大学）编写第4、5、9章，李文渊（成都大学）编写第7章，古松（西南科技大学）编写第2、6章，王作文（西南石油大学）编写第3、8章，汪静然（四川职业技术学院）编写第1章；成都大学的袁飞、罗文剀和石家庄理工学院赵晓宁参加了部分章节的修订工作。

本书在编写过程中借鉴了相关国家标准、规范和兄弟院校的相关教材，并得到了相关施工单位、建设单位的大力支持，在此一并表示感谢。由于编写时间紧促，书中难免存在问题，恳请各位读者批评指正。

编　者

2013 年 9 月

目录 Contents

第1章 土方工程

学习要求

了解土的工程性质、边坡留设和土方调配的原则，掌握土方量计算的方法、场地设计标高确定的方法和用表上作业法进行土方调配，了解识别基槽、深浅基坑的各种支护方法，以及其适用范围和基坑监测项目，理解流砂产生的原因，并了解其防治方法，掌握轻型井点设计，并了解喷射井点、电渗井点和深井井点的适用范围，掌握基坑土方开挖的一般原则、方法和注意事项，了解常用土方机械的性能及适用范围并能正确合理地选用，掌握填土压实的方法和影响填土压实质量的影响因素。

工程案例

某地财源国际中心基坑支护、降水、土方及基础桩工程

某地财源国际中心位于××区东长安街延长线，原该市第一机床厂院内。基坑北侧距居民楼最近距离为3.36m，西侧距丽晶苑(24)层为6.9m。工程占地面积9 444.8m^2，总建筑面积23.96万m^2。

该工程基坑开挖长279m，宽47～67m，开挖深度为24.86～26.56m。基坑北侧为砖砌挡墙＋护坡桩＋4 (5) 层锚杆支护体系。西侧、南侧采用连续墙＋5层锚杆支护体系(丽晶苑部位增加管棚支护)。基坑的东侧、南侧东段采用土钉墙＋护坡桩＋锚杆支护体系。连续墙厚度600～800mm，深度20.24～34.1m；管棚采用ϕ108钢花管，水平间距1.5m，竖向间距1.5m；护坡桩采用ϕ800钢筋砼灌注桩，桩间距均为1.4m；锚杆长度21～30m。

降水方式采用大口管渗井抽渗结合的闭合降水方案。

1.1 土方工程概述

1.1.1 土的工程分类

土的种类繁多，其分类方法各异。土方工程施工中，按土的开挖难易程度分为八类，见表1-1。表中前四类为一般土，后四类为岩石。在选择施工挖土机械和套用建筑安装工程劳动定额时要依据土的工程类别。

表 1-1　土的工程分类

土的分类	土的级别	土的名称	密度（kg/m³）	开挖方法及工具
一类土（松软土）	Ⅰ	砂土；粉土；冲积砂土层；疏松的种植土；淤泥（泥炭）	600～1 500	用锹、锄头挖掘，少许用脚蹬
二类土（普通土）	Ⅱ	粉质黏土；潮湿的黄土；夹有碎石、卵石的砂；粉土混卵（碎）石；种植土；填土	1 100～1 600	用锹、锄头挖掘，少许用镐翻松
三类土（坚土）	Ⅲ	软及中等密实黏土；重粉质黏土；砾石土；干黄土、含有碎石卵石的黄土；粉质黏土；压实的填土	1 750～1 900	主要用镐，少许用锹、锄头挖掘，部分用撬棍
四类土（砂砾坚土）	Ⅳ	坚硬密实的黏性土或黄土；含碎石、卵石的中等密实的黏性土或黄土；粗卵石；天然级配砂石；软泥灰岩	1 900	整个先用镐、撬棍，后用锹挖掘，部分用楔子及大锤
五类土（软石）	Ⅴ	硬质黏土；中密的页岩、泥灰岩、白垩土；胶结不紧的砾岩；软石灰岩及贝壳石灰岩	1 100～2 700	用镐或撬棍、大锤挖掘，部分使用爆破方法
六类土（次坚石）	Ⅵ	泥岩；砂岩；砾岩；坚实的页岩、泥灰岩；密实的石灰岩；风化花岗岩；片麻岩及正长岩	2 200～2 900	用爆破方法开挖，部分用风镐
七类土（坚石）	Ⅶ	大理岩；辉绿岩；玢岩；粗、中粒花岗岩；坚实的白云岩、砂岩、砾岩、片麻岩、石灰岩；微风化安山岩；玄武岩	2 500～3 100	用爆破方法开挖
八类土（特坚土）	Ⅷ	安山岩；玄武岩；花岗片麻岩；坚实的细粒花岗岩、闪长岩、石英岩、辉长岩、角闪岩、玢岩、最坚实的辉绿岩	2 700～3 300	用爆破方法开挖

1.1.2　土的工程性质

1. 土的天然含水量

土的含水量 ω 是土中水的质量与固体颗粒质量之比的百分率，即

$$\omega=\frac{m_w}{m_s}\times 100\% \tag{1-1}$$

式中：m_w 为土中水的质量(kg)；m_s 为土中固体颗粒的质量(kg)。

2. 土的天然密度和干密度

土在天然状态下单位体积的质量，称为土的天然密度。土的天然密度用 ρ 表示：

$$\rho=\frac{m}{V} \tag{1-2}$$

式中：m 为土的总质量(kg)；V 为土的天然体积(m^3)。

单位体积中土的固体颗粒的质量称为土的干密度，土的干密度用 ρ_d 表示：

$$\rho_d=\frac{m_s}{V} \tag{1-3}$$

式中：m_s 为土中固体颗粒的质量(kg)；V 为土的天然体积(m^3)。

土的干密度越大，表示土越密实。工程上常把土的干密度作为评定土体密实程度的标准，以控制填土工程的压实质量。土的干密度 ρ_d 与土的天然密度 ρ 之间有如下关系：

$$\rho=\frac{m}{V}=\frac{m_s+m_w}{V}=\frac{m_s+\omega m_s}{V}=(1+\omega)\frac{m_s}{V}=(1+\omega)\rho_d$$

即

$$\rho_d=\frac{\rho}{1+\omega} \tag{1-4}$$

3. 土的可松性

土具有可松性，即自然状态下的土经开挖后，其体积因松散而增大，以后虽经回填压实，仍不能恢复其原来的体积。土的可松性程度用可松性系数表示，即

$$K_s=\frac{V_{松散}}{V_{原状}} \tag{1-5}$$

$$K_s'=\frac{V_{压实}}{V_{原状}} \tag{1-6}$$

式中：K_s 为土的最初可松性系数；K_s' 为土的最后可松性系数；$V_{原状}$ 为土在自然状态下的体积(m^3)；$V_{松散}$ 为土挖出后在松散状态下的体积(m^3)；$V_{压实}$ 为土经回填压(夯)实后的体积(m^3)。

土的可松性对确定场地设计标高、土方量的平衡调配、计算运土机具的数量和弃土坑的容积，以及计算填方所需的挖方体积等均有很大影响。各类土的可松性系数见表 1-2。

表 1-2　各种土的可松性参考值

土的类别	体积增加百分数		可松性系数	
	最初	最后	K_s	K_s'
一类土(种植土除外)	8～17	1～2.5	1.08～1.17	1.01～1.03
一类土(植物性土、泥炭)	20～30	3～4	1.20～1.30	1.03～1.04
二类土	14～28	2.5～5	1.14～1.28	1.02～1.05
三类土	24～30	4～7	1.24～1.30	1.04～1.07
四类土(泥灰岩、蛋白石除外)	26～32	6～9	1.26～1.32	1.06～1.09
四类土(泥灰岩、蛋白石)	33～37	11～15	1.33～1.37	1.11～1.15
五至七类土	30～45	10～20	1.30～1.45	1.10～1.20
八类土	45～50	20～30	1.45～1.50	1.20～1.30

4. 土的渗透性

土的渗透性指水流通过土中孔隙的难易程度，水在单位时间内穿透土层的能力称为渗透系数，用 k 表示，单位为 m/d。地下水在土中渗流速度一般可按达西定律计算，其公式如下：

$$v=k\frac{H_1-H_2}{L}=k\frac{h}{L}=ki \tag{1-7}$$

式中：v 为水在土中的渗透速度(m/d)；i 为水力坡度，$i=\frac{H_1-H_2}{L}$，即 A、B 两点水头差与其水平距离之比；k 为土的渗透系数(m/d)。

从达西公式可以看出渗透系数的物理意义为：当水力坡度 i 等于 1 时的渗透速度 v 即为渗透系数k，单位同样为 m/d。k 值的大小反映土体透水性的强弱，影响施工降水与排水的速度；土的渗透系数可以通过室内渗透试验或现场抽水试验测定，一般土的渗透系数见表 1-3。

表 1-3　土的渗透系数 k 参考值

土的种类	渗透系数 k	土的种类	渗透系数 k
黏土	<0.005	中砂	5.0～25.0
粉质黏土	0.005～0.1	均质中砂	35～50
粉土	0.1～0.5	粗砂	20～50
黄土	0.25～0.5	圆砾	50～100
粉砂	0.5～5.0	卵石	100～500
细砂	1.0～10.0	无填充物卵石	500～1 000

1.2　土方工程量计算与调配

1.2.1　场地平整土方量计算

1. 场地设计标高的确定

对较大面积的场地平整，合理地确定场地的设计标高，对减少土方量和加速工程进度具有重要的经济意义。一般来说场地的设计标高应考虑以下因素：

(1)满足生产工艺和运输的要求；

(2)尽量利用地形，分区或分台阶布置，分别确定不同的设计标高；

(3)场地内挖填方平衡，土方运输量最少；

(4)要有一定泻水坡度(≥2%)，能满足排水要求；

(5)要考虑最高洪水位的影响。

场地设计标高一般应在设计文件上规定，若设计文件对场地设计标高没有规定时，可按下述步骤来确定。

(1)初步计算场地设计标高。初步计算场地设计标高的原则是场地内挖填方平衡，即场地内挖方总量等于填方总量。计算场地设计标高时，首先将场地的地形图根据要求的精度划分为10～40m的方格网，见图 1-1(a)；然后求出各方格角点的地面标高。地形平坦时，可根据地形图上相邻两等高线的标高，用插入法求得；地形起伏较大或无地形图时，可在地面用木桩打好方格网，然后用仪器直接测出。

按照场地内土方的平整前及平整后相等，即挖填方平衡的原则，如图 1-1(b)，场地设计标高可按下式计算：

$$H_0 na^2 = \sum\left(a^2 \frac{H_{11}+H_{12}+H_{21}+H_{22}}{4}\right) \tag{1-8}$$

$$H_0 = \frac{\sum(H_{11}+H_{12}+H_{21}+H_{22})}{4n} \tag{1-9}$$

式中：H_0 为所计算的场地设计标高(m)；a 为方格边长(m)；n 为方格数；H_{11}、H_{12}、H_{21}、H_{22} 为任一方格的四个角点的标高(m)。

从图 1-1(a)可以看出，H_{11} 系一个方格的角点标高，H_{12} 及 H_{21} 系相邻两个方格的公共角点标高，H_{22} 系相邻的四个方格的公共角点标高。如果将所有方格的四个角点相加，则类似 H_{11} 这样的角点标高加一次，类似 H_{12}、H_{21} 的角点标高需加两次，类似 H_{22} 的角点标高要加四次。如令：H_1 为一个方格仅有的角点标高；H_2 为两个方格共有的角点标高；H_3 为三个方格共有的角点标高；H_4 为四个方格共有的角点标高。则场地设计标高 H_0 的计算公式(1-9)可改写为下列形式：

$$H_0=\frac{\sum H_1+2\sum H_2+3\sum H_3+4\sum H_4}{4n} \tag{1-10}$$

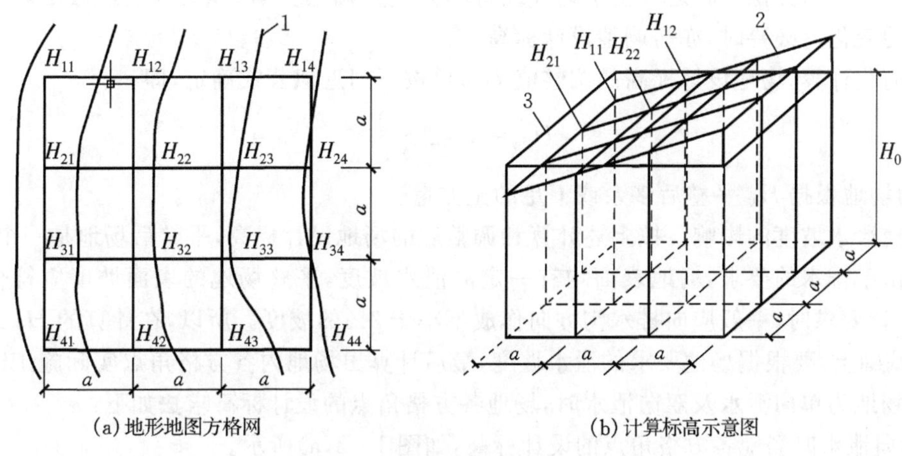

图 1-1　场地设计标高 H_0 计算示意图

(2)场地设计标高的调整。按上述公式计算的场地设计标高 H_0 仅为一理论值，在实际运用中还需考虑以下因素进行调整。

①土的可松性影响。由于土具有可松性，如按挖填平衡计算得到的场地设计标高进行挖填施工，填土多少有富余，特别是当土的最后可松性系数较大时更不容忽视。如图 1-2 所示，设 Δh 为土的可松性引起设计标高的增加值，则设计标高调整后的总挖方体积 V_w' 应为：

$$V_w'=V_w-F_w\times\Delta h \tag{1-11}$$

总填方体积 V_t' 应为：

$$V_t'=V_w'K_s'=(V_w-F_w\times\Delta h)K_s' \tag{1-12}$$

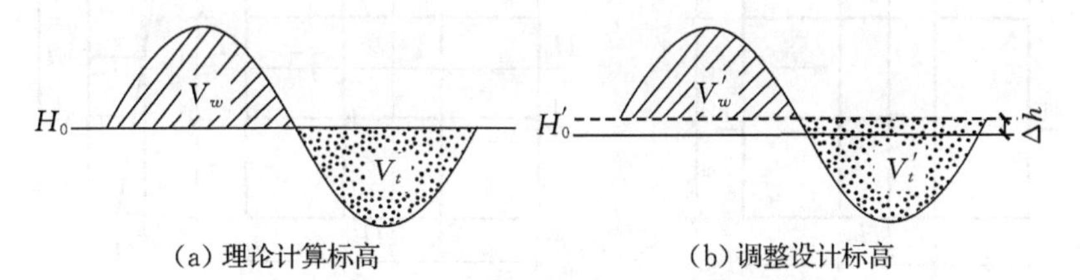

图 1-2　设计标高调整计算示意

此时，填方区的标高也应与挖方区一样提高 Δh，即：

$$\Delta h=\frac{V_t'-V_t}{F_t}=\frac{(V_w-F_w\times\Delta h)K_s'-V_t}{F_t} \tag{1-13}$$

移项整理简化得(当 $V_t=V_w$)：

$$\Delta h=\frac{V_w(K_s'-1)}{F_t+F_wK_s'} \tag{1-14}$$

故考虑土的可松性后，场地设计标高调整为：

$$H_0' = H_0 + \Delta h \tag{1-15}$$

式中：V_w、V_t 为按理论设计标高计算的总挖方、总填方体积；F_w、F_t 为按理论设计标高计算的挖方区、填方区总面积；K_s' 为土的最后可松性系数。

②场地挖方和填方的影响。由于场地内大型基坑挖出的土方、修筑路堤填高的土方，以及经过经济比较而将部分挖方就近弃土于场外或将部分填方就近从场外取土，上述做法均会引起挖填土方量的变化。必要时，亦需调整设计标高。

为了简化计算，场地设计标高的调整值 H_0'，可按下列近似公式确定，即

$$H_0' = H_0 \pm \frac{Q}{na^2} \tag{1-16}$$

式中：Q 为场地根据 H_0 平整后多余或不足的土方量。

③场地泄水坡度的影响。按上述计算和调整后的场地设计标高，平整后场地是一个水平面。但实际上由于排水的要求，场地表面均有一定的泄水坡度，平整场地的表面坡度应符合设计要求，如无设计要求时，一般应向排水沟方向作成不小于2%的坡度。所以，在计算的 H_0 或经调整后的 H_0 基础上，要根据场地要求的泄水坡度，最后计算出场地内各方格角点实际施工时的设计标高。当场地为单向泄水及双向泄水时，场地各方格角点的设计标高求法如下：

A. 单向泄水时场地各方格角点的设计标高，如图 1-3(a)所示。

以计算出的设计标高 H_0 或调整后的设计标高 H_0' 作为场地中心线的标高，场地内任意一个方格角点的设计标高为：

$$H_{dn} = H_0 \pm li \tag{1-17}$$

式中：H_{dn} 为场地内任意一点方格角点的设计标高(m)；l 为该方格角点至场地中心线的距离(m)；i 为场地泄水坡度(不小于 2‰；为该点比 H_0 高则取"+"，反之取"-"。

例如，图 1-3(a)中场地内角点 10 的设计标高：

$$H_{d10} = H_0 - 0.5ai$$

B. 双向泄水时场地各方格角点的设计标高，如图 1-3(b)所示。

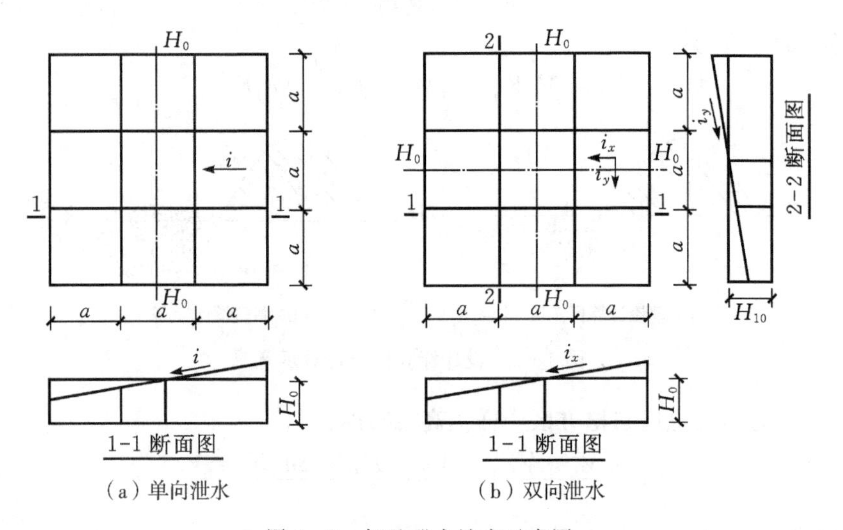

图 1-3　场地泄水坡度示意图

以计算出的设计标高 H_0 或调整后的标高 H_0' 作为场地中心点的标高，场地内任意一个方格角点的设计标高为：

$$H_{dn} = H_0 \pm l_x i_x \pm l_y i_y \tag{1-18}$$

式中：l_x、l_y 为该点于 x-x、y-y 方向上距场地中心线的距离，m；i_x、i_y 为场地在 x-x、y-y 方向上泄水坡度。

例如，图 1-3(b)中场地内角点 10 的设计标高：

$$H_{d10} = H_0 - 0.5ai_x - 0.5ai_y$$

【例 1-1】　某建筑场地的地形图和方格网如图 1-4 所示，方格边长为 20m×20m，x-x、y-y 方向上泄水坡度分别为 2‰和 3‰。由于土建设计、生产工艺设计和最高洪水位等方面均无特殊要求，试根据挖填平衡原则(不考虑可松性)确定场地中心设计标高，并根据、x-x、y-y 方向上泄水坡度推算各角点的设计标高。

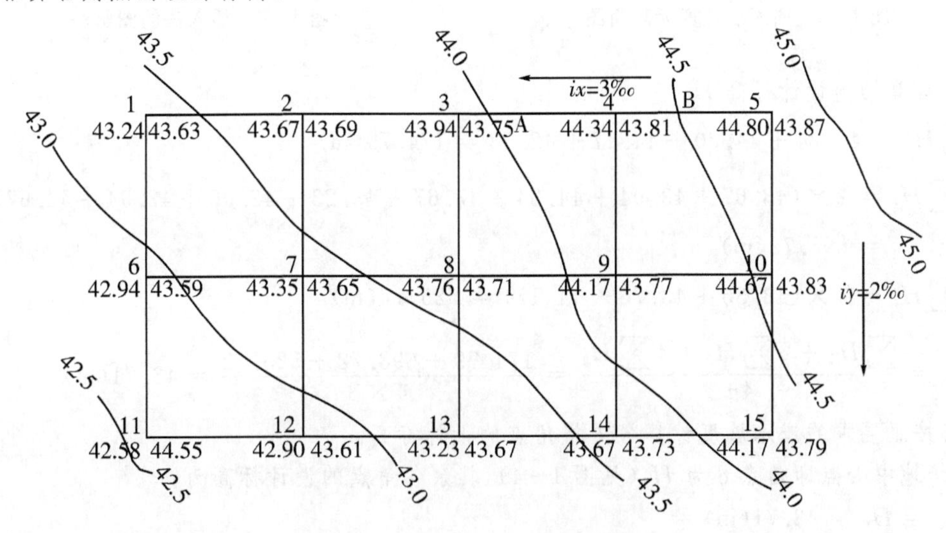

图 1-4　某建筑场地方格网布置图

解　(1)计算角点的自然地面标高。

根据地形图上标设的等高线，用插入法求出各方格角点的自然地面标高。由于地形是连续变化的，可以假定两等高线之间的地面高低是呈直线变化的。如角点 4 的地面标高(H_4)，从图 1-4中可看出，是处于两等高线相交的 AB 直线上。由图 1-5 可知，根据相似三角形特性，可写出：$h_x : 0.5 = x : l$　则 $h_x = \frac{0.5}{l}x$，得 $H_4 = 44.00 + h_x$。

在地形图上，只要量出 x(角点 4 至 44.0 等高线的水平距离)和 l(44.0 等高线和 44.5 等高线与 AB 直线相交的水平距离)的长度，便可算出 H_4 的数值。但是，这种计算是繁琐的，所以，通常是采用图解法来求得各角点的自然地面标高。如图 1-6 所示，用一张透明纸，上面画出六根等距离的平行线(线条尽量画细些，以免影响读数的准确)，把该透明纸放到标有方格网的地形图上，将六根平行线的最外两根分别对准点 A 与点 B，这时六根等距离的平行线将 A、B 之间的 0.5m 的高差分成五等分，于是便可直接读得角点 4 的地面标高 H_4=44.34。其余各角点的标高均可以同样方法求出。用图解法求得的各角点标高见图 1-4 方格网角点左下角。

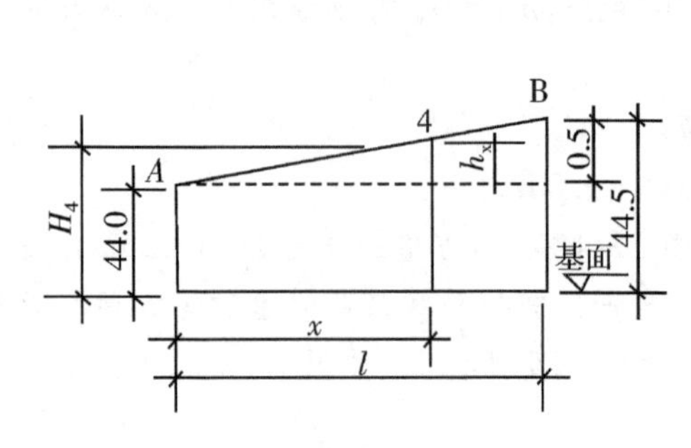

图 1-5　插入法计算标高简图

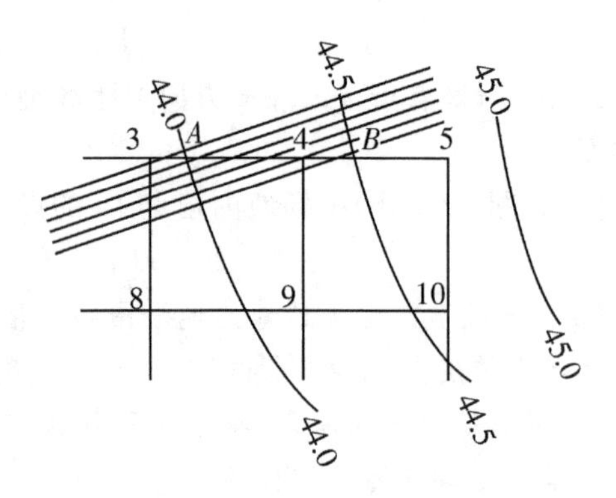

图 1-6　插入法的图解法

(2)计算场地设计标高 H_0。

$$\sum H_1 = 43.24 + 44.80 + 44.17 + 42.58 = 174.79(\mathrm{m})$$

$$2\sum H_2 = 2 \times (43.67 + 43.94 + 44.34 + 43.67 + 43.23 + 42.90 + 42.94 + 44.67) = 698.72(\mathrm{m})$$

$$4\sum H_4 = 4 \times (43.35 + 43.76 + 44.17) = 525.12(\mathrm{m})$$

$$H_0 = \frac{\sum H_1 + 2\sum H_2 + 4\sum H_4}{4n} = \frac{174.79 + 698.72 + 525.12}{4 \times 8} = 43.71(\mathrm{m})$$

(3)按照要求的泄水坡度计算各方格角点的设计标高。

以场地中心点即角点 8 为 H_0(见图 1-4),其余各角点的设计标高为:

$$H_{d8} = H_0 = 43.71(\mathrm{m})$$

$$H_{d1} = H_0 - l_x i_x + l_y i_y = 43.71 - 0.12 + 0.04 = 43.63(\mathrm{m})$$

$$H_{d2} = H_1 + l_x i_x = 43.63 + 0.06 = 43.69(\mathrm{m})$$

$$H_{d5} = H_2 + l_x i_x = 43.69 + 0.18 = 43.87(\mathrm{m})$$

$$H_{d6} = H_0 - l_x i_x = 43.71 - 0.12 = 43.59(\mathrm{m})$$

$$H_{d7} = H_{d6} + l_x i_x = 43.59 + 0.06 = 43.65(\mathrm{m})$$

$$H_{d11} = H_0 - l_x i_x - l_y i_y = 43.71 - 0.12 - 0.04 = 43.55(\mathrm{m})$$

$$H_{d12} = H_{11} + l_x i_x = 43.55 + 0.06 = 43.61(\mathrm{m})$$

$$H_{d15} = H_{d12} + l_x i_x = 43.61 + 0.18 = 43.79(\mathrm{m})$$

其余各角点设计标高均可以此类推求出,详见图 1-4 中方格网角点右下角标示。

2.场地土方工程量计算

场地土方量的计算方法,通常有方格网法和断面法两种。方格网法适用于地形较为平坦、面积较大的场地,断面法则多用于地形起伏变化较大或地形狭长的地带。

(1)方格网法。仍以前面**【例 1-1】**为例,其分解和计算步骤如下:

①划分方格网并计算场地各方格角点的施工高度。根据已有地形图(一般用 1/500 的地形图)划分成若干个方格网,尽量与测量的纵横坐标网对应,方格一般采用 10m×10m~40m×40m,将角点自然地面标高和设计标高分别标注在方格网点的左下角和右下角(见图 1-7)。

角点设计标高与自然地面标高的差值即各角点的施工高度,表示为:

$$h_n = H_{dn} - H_n \tag{1-19}$$

式中：h_n 为角点的施工高度，以“+”为填，以“−”为挖；标注在方格网点的右上角。H_{dn} 为角点的设计标高(若无泄水坡度时，即为场地设计标高)；H_n 为角点的自然地面标高。

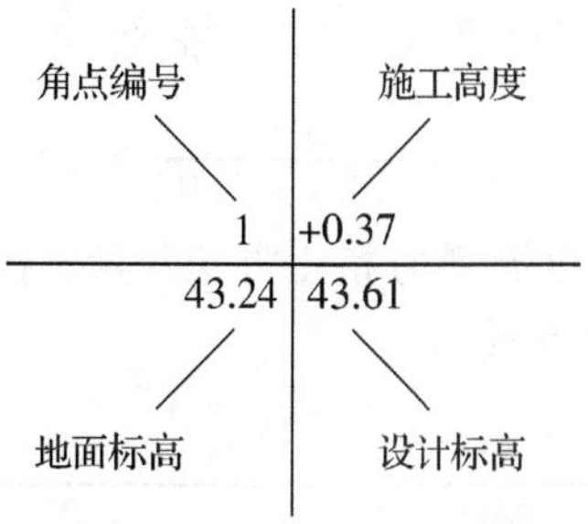

角点编号　施工高度
1 +0.37
43.24 43.61
地面标高　设计标高

图 1-7 角点自然地面标高和设计标高

②计算各方格网点的施工高度。

$h_1 = H_{d1} - H_1 = 43.63 - 43.24 = +0.39(\mathrm{m})$

$h_2 = H_{d2} - H_2 = 43.69 - 43.67 = +0.02(\mathrm{m})$

……

$h_{15} = H_{d15} - H_{15} = 43.79 - 44.17 = -0.38(\mathrm{m})$

各角点的施工高度标注于图 1-8 各方格网点右上角。

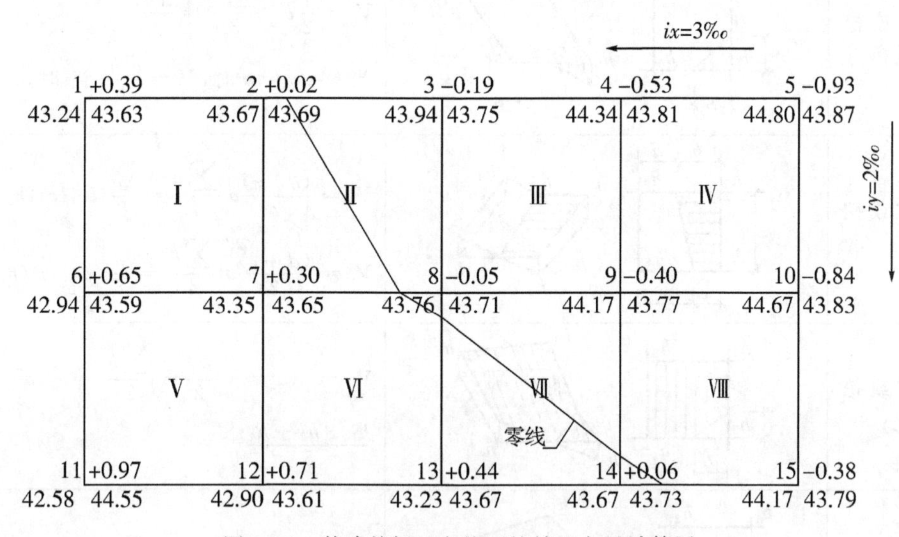

图 1-8 某建筑场地方格网挖填土方量计算图

③计算零点位置。在一个方格网内同时有填方或挖方时，要先算出方格网边的零点位置即不挖不填点，并标注于方格网上，由于地形是连续的，连接零点得到的零线即成为填方区与挖方区的分界线(见图 1-8)。零点的位置按相似三角形原理(见图 1-9)得下式计算：

$$x_1 = \frac{h_1}{h_1 + h_2} \times a \qquad x_2 = \frac{h_2}{h_1 + h_2} \times a \qquad (1-20)$$

式中：x_1、x_2 为角点至零点的距离(m)；h_1、h_2 为相邻两角点的施工高度，均用绝对值(m)；a 为方格网的边长(m)。

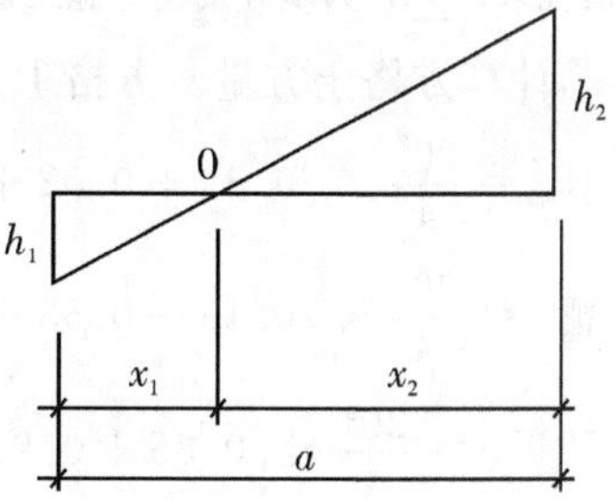

图 1-8 中网格线两端分别是填方与挖方点，故中间必有零点，零点至 3 角点的距离：

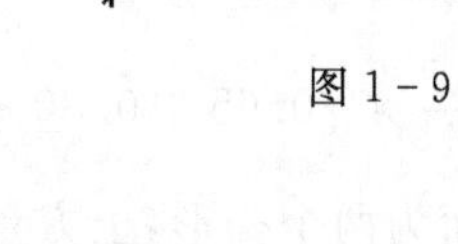

图 1-9

$$x_{32} = \frac{h_3}{h_3 + h_2} \times a = \frac{0.19}{0.19 + 0.02} \times 20 = 18.10(\mathrm{m})$$

$$x_{23} = 20 - 18.10 = 1.90(\mathrm{m})$$

同理：

$$x_{78} = \frac{0.30}{0.30 + 0.05} \times 20 = 17.14(\mathrm{m}) \qquad x_{87} = 20 - 17.14 = 2.86(\mathrm{m})$$

$$x_{138} = \frac{0.44}{0.44 + 0.05} \times 20 = 17.96(\mathrm{m}) \qquad x_{831} = 20 - 17.96 = 2.04(\mathrm{m})$$

$$x_{914}=\frac{0.40}{0.40+0.06}\times 20=17.39(\text{m}) \quad x_{149}=20-17.39=2.61(\text{m})$$

$$x_{1541}=\frac{0.38}{0.38+0.06}\times 20=17.27(\text{m}) \quad x_{1415}=20-17.27=2.73(\text{m})$$

④计算方格土方工程量。按方格网底面积图形和表 1-4 所列公式，计算每个方格内的挖方或填方量。

表 1-4　常用方格网计算公式

项目	图示	计算公式
一点填方或挖方(三角形)		$V=\frac{1}{2}bc\frac{\sum h}{3}=\frac{bch_3}{6}$ 当 $b=c=a$ 时，$V=\frac{a^2h_3}{6}$ 当时，
两点填方或挖方(梯形)		$V_+=\frac{(b+c)}{2}a\frac{\sum h}{4}=\frac{a}{8}(b+c)(h_1+h_3)$ $V_-=\frac{(d+c)}{2}a\frac{\sum h}{4}=\frac{a}{8}(d+c)(h_2+h_4)$
三点填方或挖方(五角形)		$V=(a^2-\frac{bc}{2})\frac{\sum h}{5}=(a^2-\frac{bc}{2})\frac{h_1+h_2+h_4}{5}$
四点填方或挖方(正方形)		$V=\frac{a^2}{4}\sum h=\frac{a^2}{4}(h_1+h_2+h_3+h_4)$

注：a 为方格网的边长(m)；b、c 为零点到一角的边长(m)；h_1、h_2、h_3、h_4 为方格网四角点的施工高程(m)，用绝对值代入；$\sum h$ 为填方或挖方施工高程的总和(m)，用绝对值代入。

⑤计算方格土方量。方格Ⅰ、Ⅲ、Ⅳ、Ⅴ、Ⅵ底面为正方形，土方量为：

$$\text{Ⅵ}_+=\frac{20^2}{4}\times(0.39+0.02+0.65+0.30)=136(\text{m}^3)$$

$$\text{Ⅷ}_-=\frac{20^2}{4}\times(0.19+0.53+0.05+0.40)=117(\text{m}^3)$$

$$\text{Ⅴ Ⅳ}_-=\frac{20^2}{4}\times(0.35+0.93+0.40+0.84)=270(\text{m}^3)$$

$$\text{Ⅴ Ⅴ}_+=\frac{20^2}{4}\times(0.65+0.30+0.97+0.71)=263(\text{m}^3)$$

方格Ⅱ底面为两个梯形，土方量为：

$$\text{Ⅶ}_+=\frac{x_{23}+x_{78}}{2}\times a\times\frac{\sum h}{4}=\frac{1.90+17.14}{2}\times 20\times\frac{0.02+0.30+0+0}{4}=15.23(\text{m}^3)$$

$$\text{Ⅶ}_-=\frac{x_{32}+x_{87}}{2}\times 20\times\frac{\sum h}{4}=\frac{18.10+2.86}{2}\times 20\times\frac{0.19+0.05+0+0}{4}=12.58(\text{m}^3)$$

方格Ⅵ底面为三角形和五边形，土方量为：

$$V_{Ⅵ+}=\left(a^2-\frac{x_{87}x_{813}}{2}\right)\times\frac{\sum h}{5}=\left(20^2-\frac{2.86\times2.04}{2}\right)\times\left(\frac{0.30+0.71+0.44+0+0}{5}\right)=115.15(\text{m}^3)$$

$$V_{Ⅵ-}=\frac{x_{87}x_{13}}{2}\times\frac{\sum h}{3}=\frac{2.86\times2.04}{2}\times\frac{0.05+0+0}{3}=0.05(\text{m}^3)$$

方格Ⅶ底面为两个梯形，土方量为：

$$V_{Ⅶ+}=\frac{x_{138}+x_{149}}{2}\times a\times\frac{\sum h}{4}=\frac{17.96+2.61}{2}\times20\times\frac{0.44+0.06+0+0}{4}=25.71(\text{m}^3)$$

$$V_{Ⅶ-}=\frac{x_{813}+x_{914}}{2}\times a\times\frac{\sum h}{4}=\frac{2.04+17.39}{2}\times20\times\frac{0.05+0.40+0+0}{4}=21.86(\text{m}^3)$$

方格Ⅷ底面为三角形和五边形，土方量为：

$$V_{Ⅷ-}=\left(a^2-\frac{x_{149}x_{1415}}{2}\right)\times\frac{\sum h}{5}=\left(20^2-\frac{2.61\times2.73}{2}\right)\times\left(\frac{0.40+0.84+0.38+0+0}{5}\right)=128.44(\text{m}^3)$$

$$V_{Ⅷ+}=\frac{x_{149}x_{1415}}{2}\times\frac{\sum h}{3}=\frac{2.61\times2.73}{2}\times\frac{0.06+0+0}{3}=0.07(\text{m}^3)$$

方格网的总填方量 $\sum V_{+}=136+263+15.23+115.15+25.71+0.07=555.16(\text{m}^3)$

方格网的总挖方量 $\sum V_{-}=117+270+12.58+0.05+21.86+128.44=549.93(\text{m}^3)$

⑥边坡土方量计算。为了维持土体的稳定，场地的边沿不管是挖方区还是填方区均需做成相应的边坡，因此在实际工程中还需要计算边坡的土方量。边坡土方量计算较简单但限于篇幅这里就不介绍了。图1-10是【例1-1】场地边坡的平面示意图。

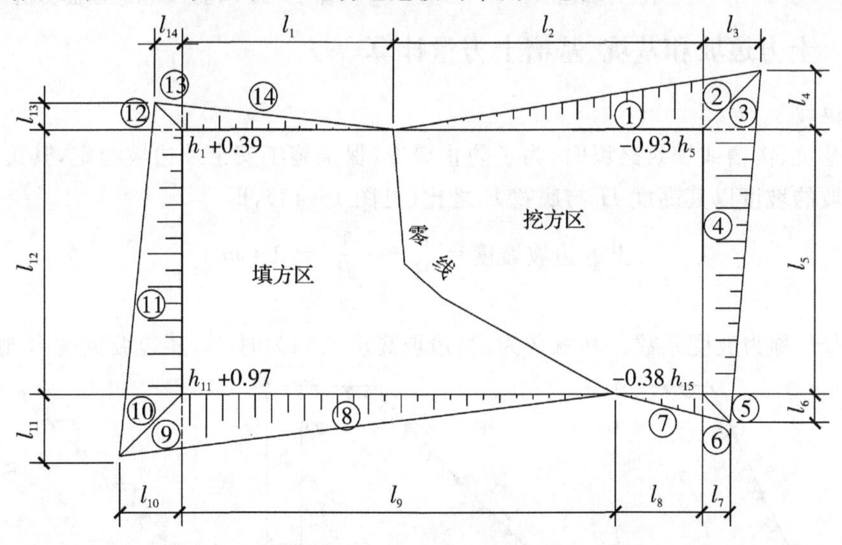

图1-10　场地边坡平面图

(2)断面法。沿场地的纵向或相应方向取若干个相互平行的断面(可利用地形图定出或实地测量定出)，将所取的每个断面(包括边坡)划分成若干个三角形和梯形，如图1-11所示，对于某一断面，其中三角形和梯形的面积为：

$$f_1=\frac{h_1}{2}d_1;f_2=\frac{h_1+h_2}{2}d_2;\cdots;f_n=\frac{h_n}{2}d_n \quad (1-21)$$

该断面面积为：　　$F_i=f_1+f_2+\cdots+f_n$

若　　$d_1=d_2=\cdots=d_n=d$

则　　$$F_i=d(h_1+h_2+\cdots+h_n) \quad (1-22)$$

各个断面面积求出后，即可计算土方体积(见图 1-11)。设各断面面积分别为 F_1、$F_2\cdots F_n$，相邻两断面之间的距离依次为 l_1、$l_2\cdots$、l_n，则所求土方体积为：

$$V=\frac{F_1+F_2}{2}l_1+\frac{F_2+F_3}{2}l_2+\cdots+\frac{F_{n-1}+F_n}{2}l_{n-1} \quad (1-23)$$

如图 1-12 所示，是用断面法求面积的一种简便方法，叫"累高法"。此法不需用公式计算，只要将所取的断面绘于普通坐标纸上(d 取等值)，用透明纸尺从 h_1 开始，依次量出(用大头针向上拨动透明纸尺)各点标高(h_1、$h_2\cdots h_m$)，累计得出各点标高之和，然后将此值与相乘，即可得出所求断面面积。

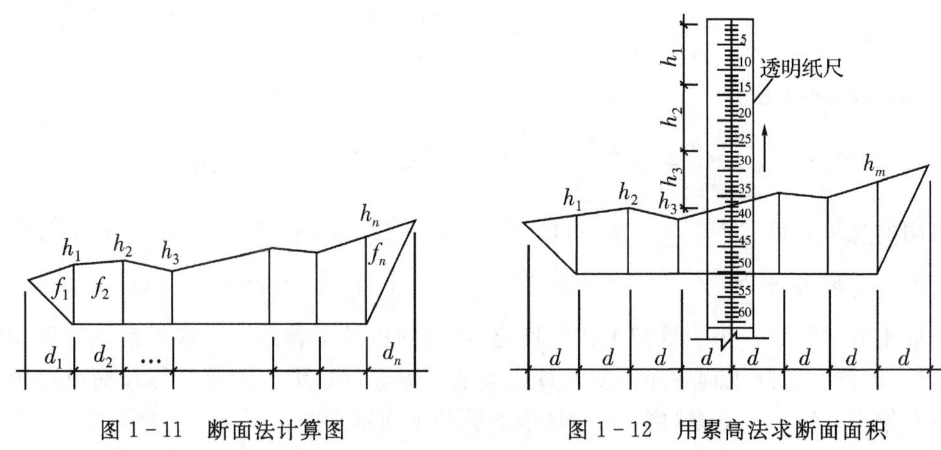

图 1-11　断面法计算图　　　　图 1-12　用累高法求断面面积

1.2.2　土方边坡和基坑、基槽土方量计算

1. 土方边坡

在开挖基坑、沟槽或填筑路堤时，为了防止塌方，保证施工安全及边坡稳定，其边沿应考虑放坡。土方边坡的坡度以其高度 H 与底宽 B 之比(见图 1-13)，即

$$土方边坡坡度=\frac{H}{B}=\frac{1}{\frac{B}{H}}=1:m$$

式中：$m=B/H$，称为坡度系数。其意义为：当边坡高度已知为时 H，其边坡宽度 B 则等于 mH。

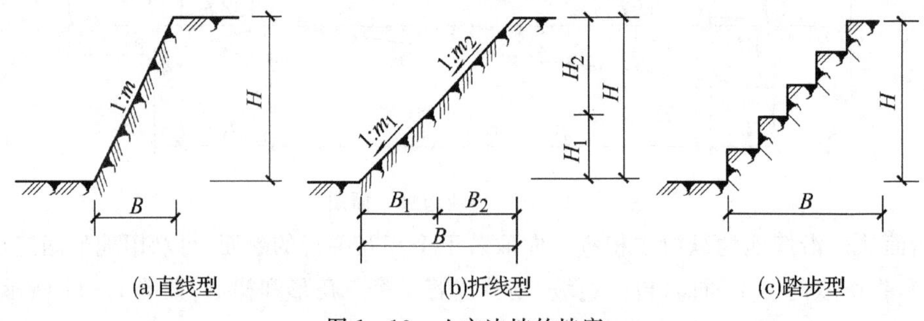

图 1-13　土方边坡的坡度

2. 基坑、基槽土方量计算

基坑土方量可按立体几何中的拟柱体(由两个平行的平面做底的一种多面体)体积公式计算(见图 1-14)。即

$$V=\frac{H}{6}(A_1+4A_0+A_2) \tag{1-24}$$

式中:H 为基坑深度(m);A_1、A_2 为基坑上、下的底面积(m^2);A_0 为基坑的中间位置截面面积(m^2)。

基槽和路堤的土方量沿长度方向分段后,再用同样方法计算(见图 1-15):

$$V_1=\frac{L_1}{6}(A_1+4A_0+A_2) \tag{1-25}$$

式中:V_1 为第一段的土方量(m^3);L_1 为第一段的长度(m)。

将各段土方量相加即得总土方量:

$$V=V_1+V_2+V_3+\cdots+V_n \tag{1-26}$$

式中:$V_1,V_2,\cdots,V_n$ 为各分段的土方量(m^3)。

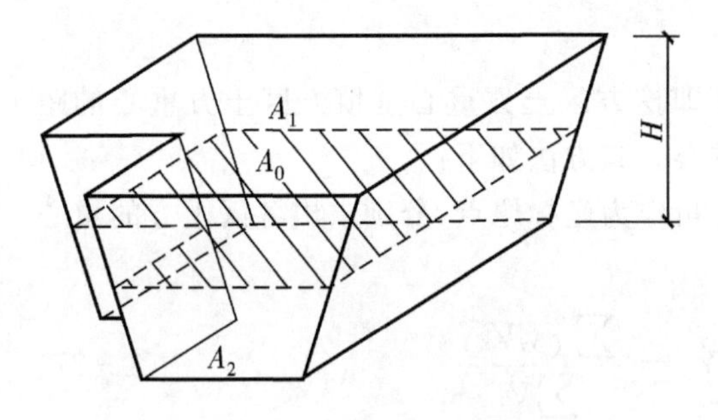

图 1-14　基坑土方量计算

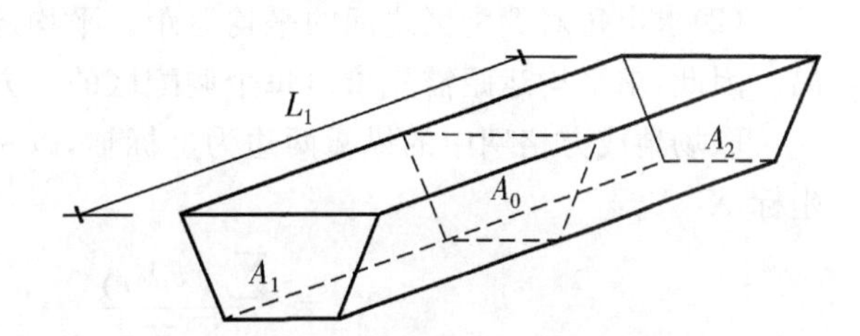

图 1-15　基槽土方量计算

1.2.3　土方调配

1. 土方调配的原则

土方工程量计算完成后,即可着手对土方进行平衡与调配。土方的平衡与调配是土方规划设计的一项重要内容,是对挖土的利用、堆弃和填土的取得这三者之间的关系进行的综合平衡处理,以达到使土方运输费用最小而又能方便施工的目的。土方调配的原则主要有以下几条:

(1)应力求达到挖、填平衡和运输量最小的原则。这样可以降低土方工程的成本。然而,仅限于场地范围的平衡,往往很难满足运输量最小的要求。因此还需根据场地和其周围地形条件综合考虑,必要时可在填方区周围就近借土,或在挖方区周围就近弃土,而不是只局限于场地以内的挖、填平衡,这样才能做到经济合理。

(2)应考虑近期施工与后期利用相结合的原则。当工程分期分批施工时,先期工程的土方余额应结合后期工程的需要而考虑其利用数量与堆放位置,以便就近调配。堆放位置的选择应为后期工程创造良好的工作面和施工条件,力求避免重复挖运。如先期工程有土方欠额时,可由后期工程地点挖取。

(3)尽可能与大型地下建筑物的施工相结合。当大型建筑物位于填土区而其基坑开挖的土方量又较大时,为了避免土方的重复挖、填和运输,该填土区暂时不予填土,待地下建筑物施工之后再行填土。为此,在填方保留区附近应有相应的挖方保留区,或将附近挖方工程的余土按需要

合理堆放,以便就近调配。

(4)调配区大小的划分应满足主要土方施工机械工作面大小(如铲运机铲土长度)的要求,使土方机械和运输车辆的效率能得到充分发挥。

总之,进行土方调配,必须根据现场的具体情况、有关技术资料、工期要求、土方机械与施工方法,结合上述原则,予以综合考虑,从而做出经济合理的调配方案。

2.土方调配区的划分

场地土方平衡与调配,需编制相应的土方调配图表,以便在施工中使用。其方法如下:

(1)划分调配区。在场地平面图上先划出挖、填区的分界线(零线),然后在挖方区和填方区适当地分别划出若干个调配区。划分时应注意以下几点:

①划分应与建筑物的平面位置相协调,并考虑开工顺序、分期开工顺序;

②调配区的大小应满足土方机械的施工要求;

③调配区范围应与场地土方量计算的方格网相协调,一般可由若干个方格组成一个调配区;

④当土方运距较大或场地范围内土方调配不能达到平衡时,可考虑就近借土或弃土,一个借土区或一个弃土区可作为一个独立的调配区;

⑤计算各调配区的土方量,并将它标注于图上。

(2)求出每对调配区之间的平均运距。平均运距即挖方区土方重心至填方区土方重心的距离。因此,求平均运距需先求出每个调配区的土方重心。其方法如下:

取场地或方格网中的纵横两边为坐标轴,以一个角作为坐标原点,分别求出各区土方的重心坐标 X_0、Y_0:

$$X_0=\frac{\sum(x_iV_i)}{\sum V_i}\qquad Y_0=\frac{\sum(y_iV_i)}{\sum V_i}\tag{1-27}$$

式中:x_i、y_i 为 i 块方格的重心坐标;V_i 为 i 块方格的土方量。

填、挖方区之间的平均运距 L_0 为:

$$L_0=\sqrt{(x_{0\mathrm{T}}-x_{0\mathrm{W}})^2+(y_{0\mathrm{T}}-y_{0\mathrm{W}})^2}\tag{1-28}$$

式中:x_{0T}、y_{0T}为填方区的重心坐标;x_{0W}、y_{0W}为挖方区的重心坐标。

为了简化的 x_i、y_i 计算,可假定每个方格(完整的或不完整的)上的土方是各自均匀分布的,于是可用图解法求出形心位置以代替方格的重心位置。

各调配区的重心求出后,标于相应的调配区上,然后用比例尺量出每对调配区重心之间的距离,此即相应的平均运距(L_{11}、L_{12}、L_{13}…)。

所有填挖方调配区之间的平均运距均需一一计算,并将计算结果列于土方平衡与运距表内。

当填、挖方调配区之间的距离较远,采用自行式铲运机或其他运土工具沿现场道路或规定路线运土时,其运距应按实际情况进行计算。

3.用表上作业法求解最优调配方案

最优调配方案的确定,是以线性规划为理论基础,常用表上作业法求解。

【例1-2】 已知某场地的挖方区为 W_1、W_2、W_3,填方区为 T_1、T_2、T_3,其挖填方量如图1-16所示,其每一调配区的平均运距如图1-16和表1-5所示。

(1)试用表上作业法求其土方的最优调配方案,并用位势法予以检验。

(2)绘出土方调配图。

解 (1)用最小元素法编制初始调配方案。

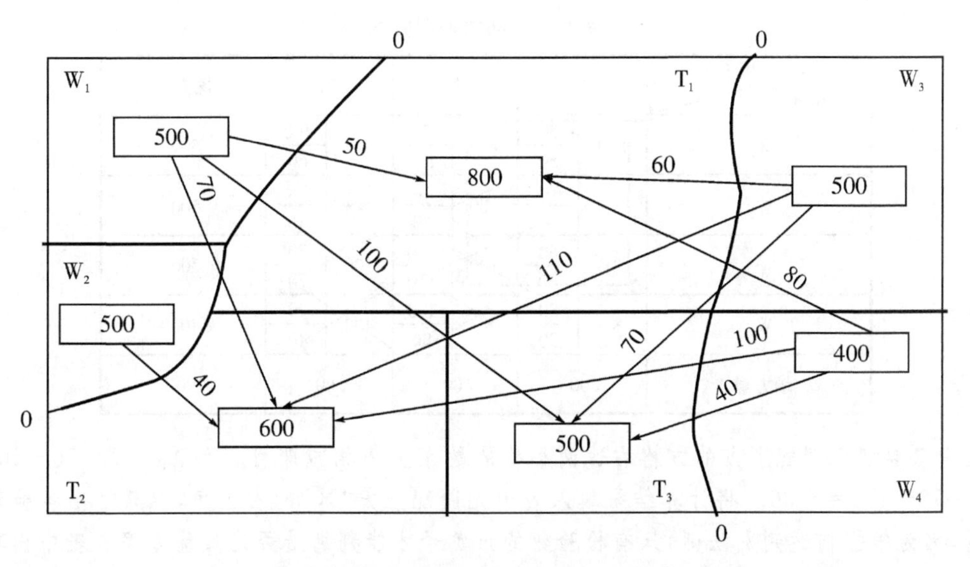

图 1-16 各调配区的土方量和平均运距

即先在运距 c_{ij} 表(小方格)中找一个最小数值,如 $c_{22}=W_2T_2=W_4T_3=c_{43}=40$(任取其中一个,现取 c_{43}),由于运距最短,经济效益明显,于是先确定 x_{43} 的值,使其尽可能大,即 $x_{43}=\max(400,500)=400$。由于 W_4 挖方区的土方全部调到 T_3 填方区,所以 x_{41} 和 x_{42} 都等于零。此时,将 400 填入 x_{43} 格内,同时将 x_{41}、x_{42} 格内画上一个"×"号,然后在没有填上数字和"×"号的方格内再选一个运距最小的方格,即 $x_{22}=500$,便可确定 $x_{21}=x_{23}=0$,同时使 。此时,又将 500 填入 x_{22} 格内,并在 x_{21}、x_{23} 格内画上"×"号。重复上述步骤,依次确定其余 x_j 的数值,最后得出表 1-5所示的初始调配方案。

由于利用最小元素法确定的初始方案首先是让 c_{ij} 最小的方格内的 x_{ij} 值取尽可能大的值,也就是符合就近调配常理,所以求得的总运输量是比较小的。但数学上可以证明(证明从略)此方案不一定是最优方案,而且可以用简单的表上作业法进行判别。

(2)最优方案判别法。

在表上作业法中,判别是否最优方案的方法有许多。采用假想运距法求检验数较清晰直观,此处介绍该法。该方法是设法求得无调配土方的方格的检验数 λ_{ij},判别 λ_{ij} 是否非负,如所有 $\lambda_{ij}\geqslant 0$,则方案为最优方案,否则该方案不是最优方案,需要进行调整。

要计算 λ_{ij},首先求出表中各个方格的假想运距 c_{ij}。其中:

有调配土方方格的假想运距:

$$c'_{ij}=c_{ij} \tag{1-29}$$

无调配土方方格的假想运距:

$$c'_{ef}+c'_{pq}=c'_{eq}+c'_{pf} \tag{1-30}$$

上式的意义即构成任一矩形的相邻四个方格内对角线上的假想运距之和相等。

利用已知的假想运距,$c'_{ij}=c_{ij}$ 寻找适当的方格构成一个矩形,利用对角线上的假想运距之和相等逐个求解未知的 c'_{ij},最终求得所有的 c'_{ij}。见表 1-5 表上的作业。其中未知的 c'_{ij}(黑体字)为通过如图的对角线和相等得到。

假想运距求出后,按下式求出表中无调配土方方格的检验数:

$$\lambda_{ij}=c_{ij}-c'_{ij} \tag{1-31}$$

表 1-5　初始调配方案　　　　单位：m^3

填方区 挖方区	T_1			T_2			T_3			挖方量
W_1	500	50	50	×-	70	100	×+	100	60	500
W_2	×+	70	-10	500	40	40	×+	90	0	500
W_3	300	60	60	100	110	110	100	70	70	500
W_4	×+	80	30	×+	100	80	400	40	40	400
填方量	800			600			500			1900

表中只要把无调配土方的方格右边两小格的数字上下相减即可。如 $\lambda_{21}=70-(-10)=+80$，$\lambda_{12}=70-100=-30$。将计算结果填入表中无调配土方"×"的右上角，但只写出各检验数的正负号，因为根据前述判别法则，只有检验数的正负号才能判别是否是最优方案。表中出现了负检验数，说明初始方案不是最优方案，需要进一步调整。

(3)方案的调整。

①在所有负检验数中选一个(一般可选最小的一个)，本例中唯一负的是 c_{12}，把它所对应的变量 x_{12} 作为调整对象。

②找出 x_{12} 的闭回路。其作法是：从格 x_{12} 出发，沿水平与竖直方向前进，遇到适当的有数字的方格作 90°转弯(也可不转弯)，然后继续前进，如果路线恰当，有限步后便能回到出发点，形成一条以有数字的方格为转角点的、用水平和竖直线联起来的闭合回路，见表 1-5。

③从空格 x_{12}(其转角次数为零偶数)出发，沿着闭合回路(方向任意转角次数逐次累加)一直前进，在各奇数次转角点的数字中，挑出一个最小的(本表即为 500、100 中选 100)，将它由 x_{32} 调到 x_{12} 方格中(即空格中)。

④将"100"填入方格中 x_{12}，被挑出的 x_{32} 为 0(该格变为空格)；同时将闭合回路上其他奇数次转角上的数字都减去"100"，偶数转角上数字都增加"100"，使得填挖方区的土方量仍然保持平衡，这样调整后，便可得到表 1-6 的新调配方案。

表 1-6　最优调配方案　　　　单位：m^3

填方区 挖方区	T_1			T_2			T_3			挖方量
W_1	400	50	50	100	70	70	×+	100	60	500
W_2	×+	70	20	500	40	40	×+	90	30	500
W_3	400	60	60	×+	110	80	100	70	70	500
W_4	×+	80	30	×+	100	50	400	40	40	400
填方量	800			600			500			1900

对新调配方案，再进行检验，看其是否已是最优方案。如果检验数中仍有负数出现，那就按上述步骤继续调整，直到找出最优方案为止。

表 1-6 中所有检验数均为正号，故该方案即为最优方案。

将表中的土方调配数值绘成土方调配图(见图1-17),图中箭杆上数字为调配区之间的运距,箭杆下数字为最终土方调配量。

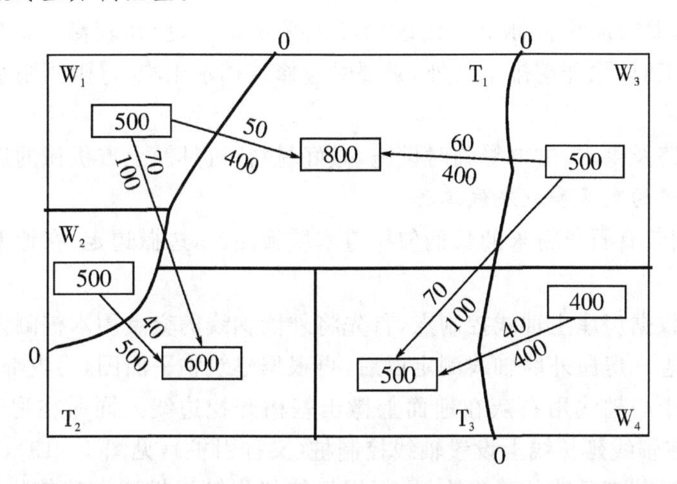

图1-17 最优方案土方调配图

最后来比较一下最佳方案与初始方案的运输量。

初始调配方案总土方运输量:

$Z_1=500\times50+500\times40+300\times60+100\times110+100\times70+400\times40=97\ 000(m^3\cdot m)$

最优调配方案总土方运输量:

$Z_2=400\times50+100\times70+500\times40+400\times60+100\times70+400\times40=94\ 000(m^3\cdot m)$

$Z_2-Z_1=94\ 000-97\ 000=-3\ 000(m^3\cdot m)$

即调整后总运输量减少了3 000($m^3\cdot m$)。

土方调配的最优方案还可以不仅一个,这些方案调配区或调配土方量可以不同,但它们的总土方运输量都是相同的,有若干最优方案可以提供更多的选择余地。

1.3 土方开挖

1.3.1 土方开挖前的准备工作

土方工程施工前通常需完成下列准备工作:施工场地的清理;地面水排除;临时道路修筑;油燃料和其他材料的准备;供电与供水管线的敷设;临时停机棚和修理间等的搭设;土方工程的测量放线和编制施工组织设计等。

1. 场地清理

场地清理包括清理地面及地下各种障碍。在施工前应做好以下工作:拆除旧有房屋和古墓,拆迁或改建通讯、电力设备、上下水道以及地下建筑物,迁移树木,去除耕植土及河塘淤泥等。此项工作由业主委托有资质的拆卸拆除公司或建筑施工公司完成,发生费用由业主承担。

2. 排除地面水

场地内低洼地区的积水必须排除,同时应注意雨水的排除,使场地保持干燥,以有利于土方施工。地面水的排除一般采用排水沟、截水沟、挡水土坝等措施。

应尽量利用自然地形来设置排水沟,使水直接排至场外,或流向低洼处再用水泵抽走。主排水沟最好设置在施工区域的边缘或道路的两旁，其横断面和纵向坡度应根据最大流量确定。一般排水沟的横断面不小于0.5m×0.5m，纵向坡度一般不小于2‰。在场地平整过程中，要注意排水沟保持畅通，必要时应设置涵洞。山区的场地平整施工，应在较高一面的山坡上开挖截水沟。在低洼地区施工时，除开挖排水沟外，必要时应修筑挡水土坝，以阻挡雨水的流入。

3.修筑临时设施

修筑好临时道路及供水、供电等临时设施，做好材料、机具及土方机械的进场工作。

4.做好土方工程的测量和放灰线工作

放灰线时，可用装有石灰粉末的长柄勺靠着木质板侧面，边撒边走，在地上撒出灰线，标出基础挖土的界线。

(1)基槽放线：根据房屋主轴线控制点，首先将外墙轴线的交点用木桩测设在地面上，并在桩顶钉上铁钉作为标志。房屋外墙轴线测定以后，再根据建筑物平面图，将内部开间所有轴线都一一测出。最后根据中心轴线用石灰在地面上撒出基槽开挖边线。同时在房屋四周设置龙门板(见图1-18)或者在轴线延长线上设置轴线控制桩(又称引桩)(见图1-19)，以便于基础施工时复核轴线位置。附近若有已建的建筑物，也可用经纬仪将轴线投测在建筑物的墙上。恢复轴线时，只要将经纬仪安置在某轴线一端的控制桩上，瞄准另一端的控制桩，该轴线即可恢复。

为了控制基槽开挖深度，当快挖到槽底设计标高时，可用水准仪根据地面±0.00水准点，在基槽壁上每隔2～4m及拐角处打一水平桩，如图1-20所示。测设时应使桩的上表面离槽底设计标高为整分米数，作为清理槽底和打基础垫层控制高程的依据。

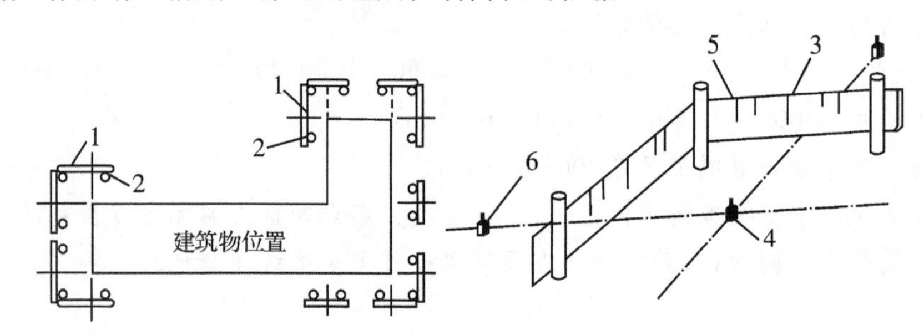

1—龙门板；2—龙门桩；3—轴线钉；4—角桩；5—灰线钉；6—轴线控制桩(引桩)

图1-18　龙门板的设置

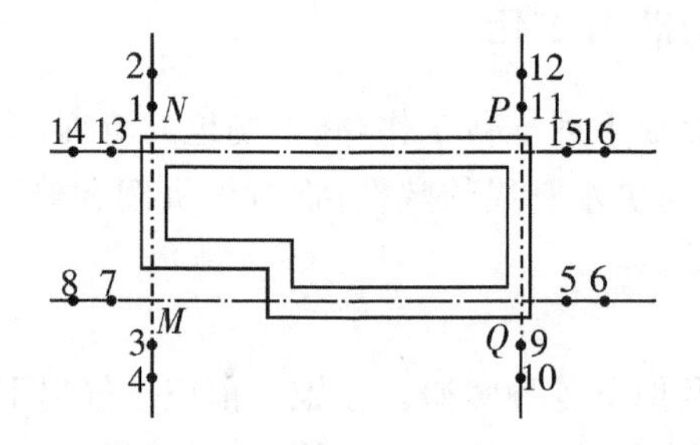

1-19 轴线控制桩(引桩)平面布置图

(2)柱基放线：在基坑开挖前，从设计图上查对基础的纵横轴线编号和基础施工详图，根据柱子的纵横轴线，用经纬仪在矩形控制网上测定基础中心线的端点，同时在每个柱基中心线上，测定基础定位桩，每个基础的中心线上设置四个定位木桩，其桩位离基础开挖线的距离为0.5～1.0m。若基础之间的距离不大，可每隔1～2个或几个基础打一个定位桩，但两定位桩的间距以不超过 20m 为宜，以便拉线恢复中间柱基的中线。桩顶上钉了钉子，标明中心线的位置，然后按施工图上柱基的尺寸和已经确定的挖土边线的尺寸，放出基坑上口挖土灰线，标出挖土范围。当基坑挖到一定深度时，应在坑壁四周离坑底设计高程 0.3～0.5m 处测设几个水平桩，如图1－21所示，作为基坑修坡和检查坑深的依据。

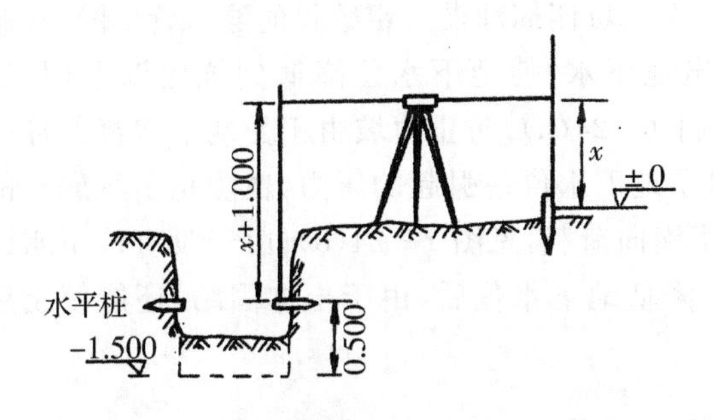

图 1－20　基槽底抄平水准测量示意图

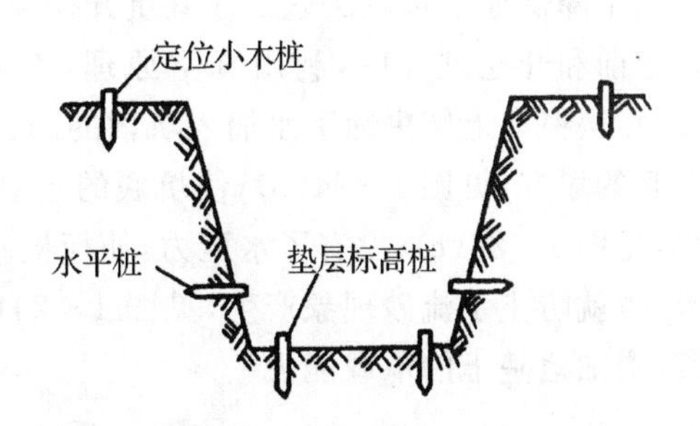

图 1－21　基坑定位高程测设示意图

大基坑开挖，根据房屋的控制点用经纬仪放出基坑四周的挖土边线。

1.3.2　基坑(槽、沟)降水

在开挖基坑或沟槽时，土壤的含水层常被切断，地下水将会不断地渗入坑内。雨季施工时，地面水也会流入坑内。为了保证施工的正常进行，防止边坡塌方和地基承载能力的下降，必须做好基坑降水工作。降水方法可分为明排水法(如集水井、明渠等)和人工降低地下水位法两种。

1. 明排水法

明排水法现场常采用的方法是截流、疏导、抽取。截流即将流入基坑的水流截住；疏导即将积水疏导干净；抽取即在基坑或沟槽开挖时，在坑底设置集水井，并沿坑底的周围或中央开挖排水沟，使水由排水沟流入集水井内，然后用水泵抽出到坑外(见图 1－22)。

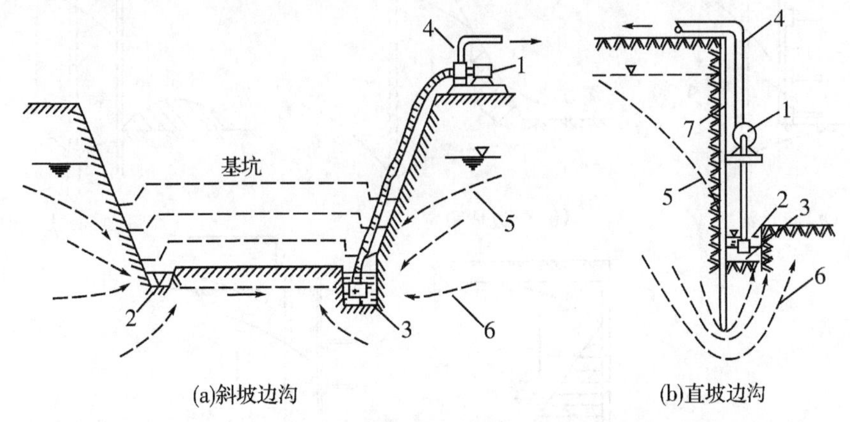

1—水泵；2—排水沟；3—集水井；4—压力水管；5—降落曲线；6—水流曲线；7—板桩

图 1－22　集水井降低地下水位

四周的排水沟及集水井一般应设置在基础范围以外，地下水流的上游。基坑面积较大时，可在基础范围内设置盲沟排水。根据地下水量、基坑平面形状及水泵能力，集水井每隔 20～40m 设置一个。

集水井的直径或宽度，一般为 0.6～0.8m；其深度随着挖土的加深而加深，要始终低于挖土面0.7～1.0m，井壁可用竹、木等简易加固。当基坑挖至设计标高后，井底应低于坑底1～2m，并铺设0.3m碎石滤水层，以免在抽水时将泥沙抽出，并防止井底的土被搅动。坑壁必要时可用竹、木等材料加固。

2.人工降低地下水位法

人工降低地下水位法就是在基坑开挖前，预先在基坑四周埋设一定数量的滤水管(井)，在基坑开挖前和开挖过程中，利用真空原理，不断抽出地下水，使地下水位降低到坑底以下(见图1-23)，从根本上解决地下水涌入坑内的问题，见图1-24(a)；防止边坡由于受地下水流的冲刷而引起的塌方，见图1-24(b)；使坑底的土层消除了地下水位差引起的压力，也防止了坑底土的上冒，见图1-24(c)；没有了水压力，使板桩减少了横向荷载，见图1-24(d)；由于没有地下水的渗流，也就防止了流砂现象产生，见图1-24(e)。降低地下水位后，由于土体固结，还能使土层密实，增加地基土的承载能力。

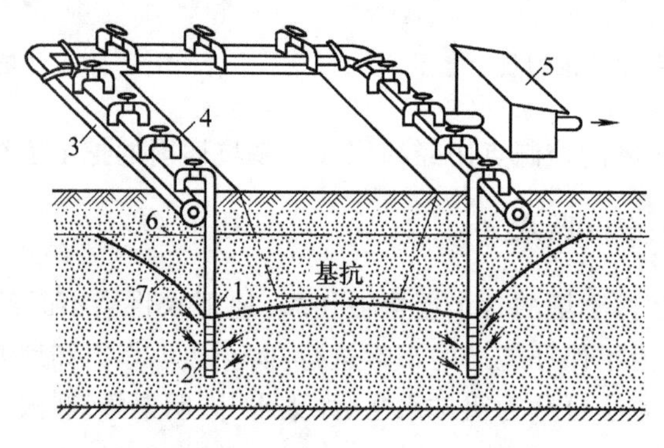

1—井点管；2—滤管；3—总管；4—弯联管；5—水泵房；6—原有地下水位线；7—降低后地下水位线

图1-23 轻型井点降低地下水位全貌图

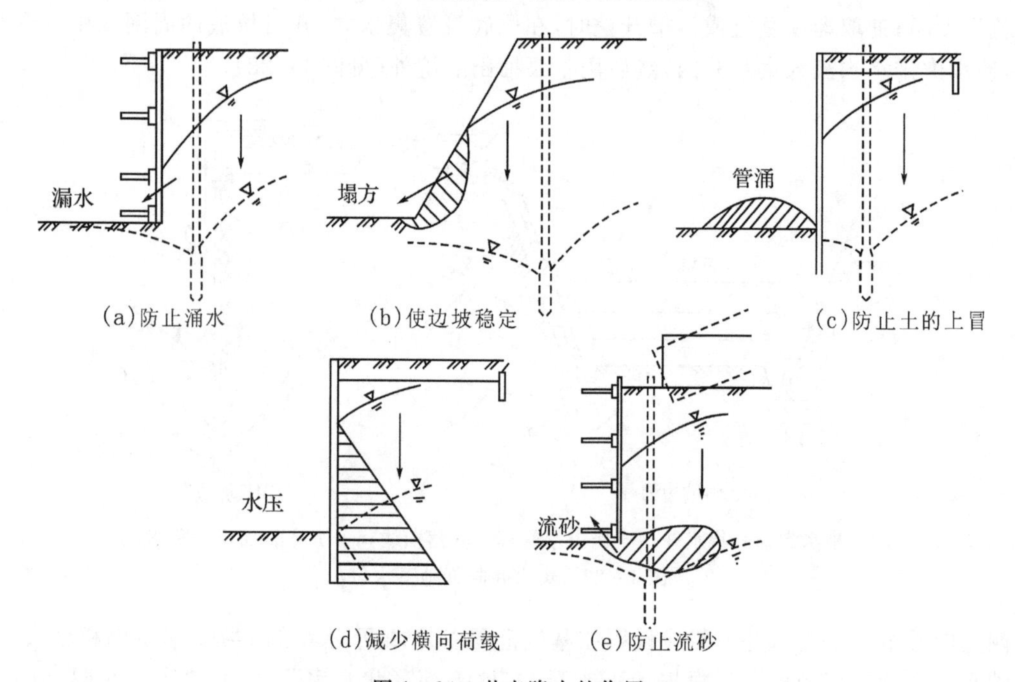

(a)防止涌水　(b)使边坡稳定　(c)防止土的上冒

(d)减少横向荷载　(e)防止流砂

图1-24 井点降水的作用

上述几点中，防治流砂现象是井点降水的主要目的。

流砂现象产生的原因，是水在土中渗流所产生的动水压力对土体作用的结果。如图 1-25(a)所示，是从截取的一段砂土脱离体（两端的高低水头分别是 h_1、h_2）受力分析，可以容易地得出动水压力的存在和大小结论，见图 1-25(b)。

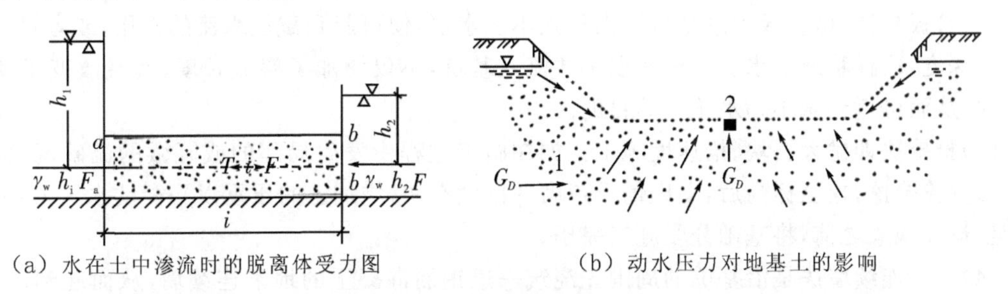

（a）水在土中渗流时的脱离体受力图　　（b）动水压力对地基土的影响

图 1-25　动水压力原理图

水在土中渗流时，作用在砂土脱离体中的全部水体上的力如下：$\gamma_w h_1 F$ 为作用在土体左端截面处的总水压力，其方向与水流方向一致（γ_m 为水的重度，F 为土截面面积）；$\gamma_w h_2 F$ 为作用在土体右端 $b-b$ 截面处的总水压力，其方向与水流方向相反；TlF 为水渗流时整个水体受到土颗粒的总阻力（T 为单位体积土体阻力），方向假设向右。

由静力平衡条件 $\sum X=0$（设向右的力为正），则：

$$\gamma_w h_1 F-\gamma_w h_2 F+TlF=0 \tag{1-32}$$

由(1-32)得：

$$T=-\frac{h_1-h_2}{l}\gamma_w \tag{1-33}$$

式中：$\frac{h_1-h_2}{l}$ 为水头差与渗透路径之比，称为水力坡度，以 i 表示；“－”表示实际方向与假设右正向相反而向左。

即(1-33)可写成：

$$T=-i\gamma_w \tag{1-34}$$

设水在土中渗流时对单位体积土体的压力为 G_D，由作用力与反作用力相等、方向相反的定律可知：

$$G_D=-T=i\gamma_w \tag{1-35}$$

我们称为动水 G_D 压力，其单位为 N/cm^3 或 kN/m^3。由上式可知，动水压力的 G_D 大小与水力坡度成正比，即水位差 h_1-h_2 愈大，则 G_D 愈大；而渗透路径 L 愈长，则 G_D 愈小；动水压力的作用方向与水流方向（向右方向）相同。当水流在水位差的作用下对土颗粒产生向上压力时，动水压力不但使土粒受到了水的浮力，而且还使土粒受到向上动水压力的作用。如果动水压力等于或大于土的浮重度 γ_w'，即：$G_D \geqslant \gamma_w'$。则土粒失去自重，处于悬浮状态，土的抗剪强度等于零，土粒能随着渗流的水一起流动进入基坑内部，这种现象就叫“流砂现象”。发生流砂时，土体完全失去承载能力，使施工条件恶化，无法挖深。严重时会造成边坡塌方及附近建筑物下沉、倾斜、倒塌等现象。

细颗粒（颗粒粒径在 0.005～0.05mm）、均匀颗粒、松散（土的天然孔隙比大于 75%）、饱和的土容易发生流砂现象，但是否出现流砂现象的重要条件是动水压力的大小，即防治流砂应着眼于减小或消除动水压力。

防治流砂的方法主要有以下几种：水下挖土法、打板桩法、抢挖法、地下连续墙法、枯水期施工法及井点降水等。

(1)水下挖土法即不排水施工,使坑内外的水压互相平衡,不致形成动水压力。如沉井施工,不排水下沉,进行水中挖土、水下浇筑混凝土,是防治流砂的有效措施。

(2)打板桩法,即将板桩沿基坑周围打入不透水层,便可起到截住水流的作用;或者打入坑底面一定深度,这样将地下水引至桩底以下才流入基坑,不仅增加了渗流长度,而且改变了动水压力方向,从而可达到减小动水压力的目的。

(3)抢挖法即抛大石块、抢速度施工。如在施工过程中发生局部的或轻微的流砂现象,可组织人力分段抢挖,挖至标高后,立即铺设芦席并抛大石块,增加土的压重以平衡动水压力,力争在未产生流砂现象之前,将基础分段施工完毕。

(4)地下连续墙法是沿基坑的周围先浇筑一道钢筋混凝土的地下连续墙,从而起到承重、截水和防流砂的作用,它又是深基础施工的可靠支护结构。

(5)枯水期施工法即选择枯水期间施工,因为此时地下水位低,坑内外水位差小,动水压力减小,从而可预防和减轻流砂现象。

以上这些方法都有较大的局限,应用范围狭窄。采用井点降水方法降低地下水位至基坑底以下,使动水压力方向朝下,增大土颗粒间的压力,则不论细砂、粉砂都可一劳永逸地消除流砂现象。井点降水方法是避免流砂危害的常用方法。

3. 井点降水法的种类

井点降水法有两类:一类为轻型井点(包括电渗井点与喷射井点);一类为管井井点(包括深井泵)。各种井点降水方法一般根据土的渗透系数、降水深度、设备条件及经济性等因素进行选用,见表1-7。其中轻型井点应用最为广泛。

表1-7 各种井点的适用范围

井点类型		土层渗透系数(m/d)	降低水位深度(m)
轻型井点	一级轻型井点	0.1~50	3~6
	二级轻型井点	0.1~50	6~12
	喷射井点	0.1~50	8~20
	电渗井点	<0.1	根据选用的井点确定
管井类	管井井点	20~200	3~5
	深井井点	10~250	>15

4. 一般轻型井点

(1)一般轻型井点设备。轻型井点设备由管路系统和抽水设备组成(见图1-26),管路系统包括:滤管、井点管、弯联管及总管等。滤管为进水设备,通常采用长1.0~1.5m、直径38mm或51mm的无缝钢管,管壁钻有直径为12~18mm的呈梅花形排列的滤孔,滤孔面积为滤管表面积的20%~25%,见图1-27。骨架管外面包以两层孔径不同的滤网,内层为30~50孔/cm^2的黄铜丝或尼龙丝布的细滤网,外层为3~10孔/cm^2的同样材料的粗滤网或棕皮。为使流水畅通,在骨架管与滤管之间用塑料管或梯形铅丝隔开,塑料管沿骨架管绕成螺旋形。滤网外面再绕一层粗铁丝保护网,滤管下端为一铸铁塞头,滤管上端与井点管连接。

井点管为直径38mm或51mm、长5~7m的钢管,可整根或分节组成。井点管的上端用弯联管与总管相连。集水总管为直径100~127mm的无缝钢管,每段长4m,其上装有与井点管连接的短接头,间距为0.8~1.6m。

抽水设备常用的有真空泵、射流泵和隔膜泵井点设备。

一套抽水设备的负荷长度(即集水总管长度)为100～120m。常用的W5、W6型干式真空泵,其最大负荷长度分别为100m和120m。

5. 轻型井点的布置

井点系统的布置,应根据基坑大小与深度、土质、地下水位高低与流向、降水深度要求等而定。

(1)平面布置。当基坑或沟槽宽度小于6m,且降水深度不超过5m时,可用单排线状井点(见图1-28),布置在地下水流的上游一侧,两端延伸长度不小于坑槽宽度。

如宽度大于6m或土质不良,则用双排线状井点(见图1-29),位于地下水流上游一排井点管的间距应小些,下游一排井点管的间距可大一些。面积较大的基坑宜用环状井点(见图1-30),有时亦可布置成U形,以利挖土机和运土车辆出入基坑。井点管距离基坑壁一般可取0.7～1.0m,以防局部发生漏气。井点管间距一般为0.8m、1.2m、1.6m,由计算或经验确定。井点管在总管四角部位适当加密。

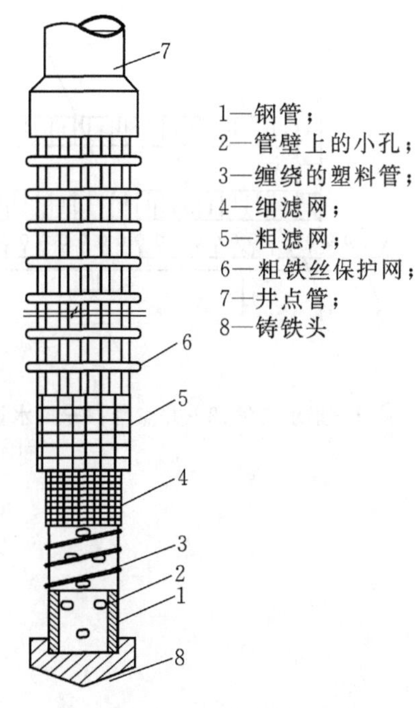

图1-26　滤管构造

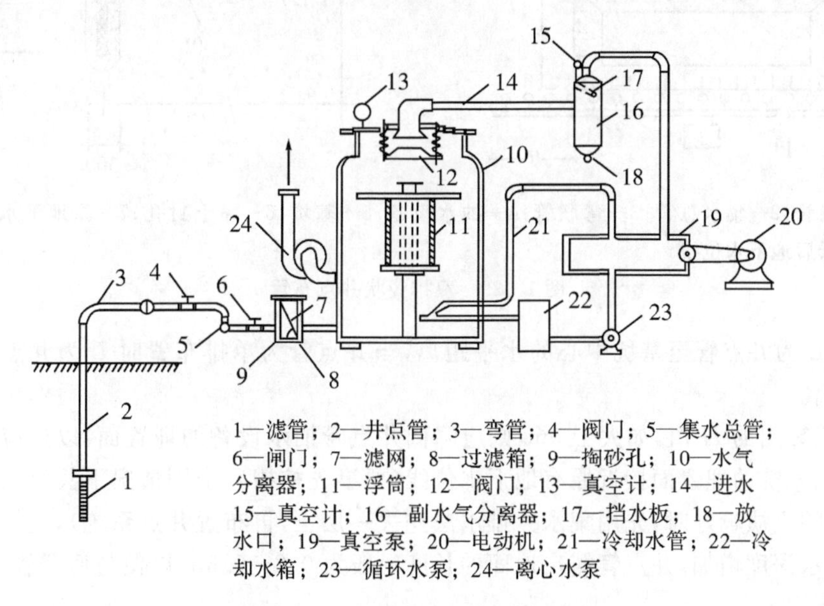

图1-27　轻型井点设备工作原理

(2)高程布置。轻型井点的降水深度,从理论上讲可达10.3m,但由于管路系统的水头损失,其实际降水深度一般不超过6m。井点管埋设深度(不包括滤管)按下式计算(见图1-30):

$$H \geqslant H_1 + h + iL \tag{1-36}$$

式中:H_1为井点管埋设面至基坑底面的距离(m);h为降低后的地下水位至基坑中心底面的距离,一般取0.5～1.0m;i为水力坡度,根据实测:单排井点1/4～1/5,双排井点1/7,环状井点

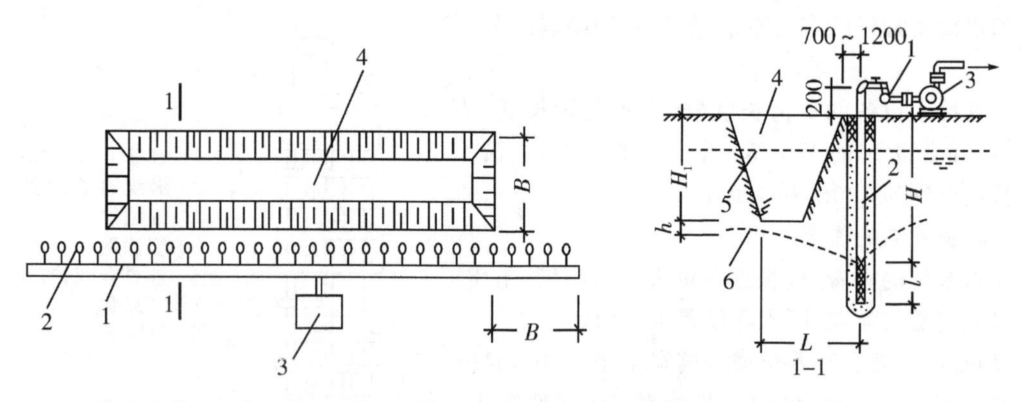

1—集水总管；2—井点管；3—抽水设备；4—基坑；5—原地下水位线；6—降低后地下水位线

图 1-28 单排线状井点布置

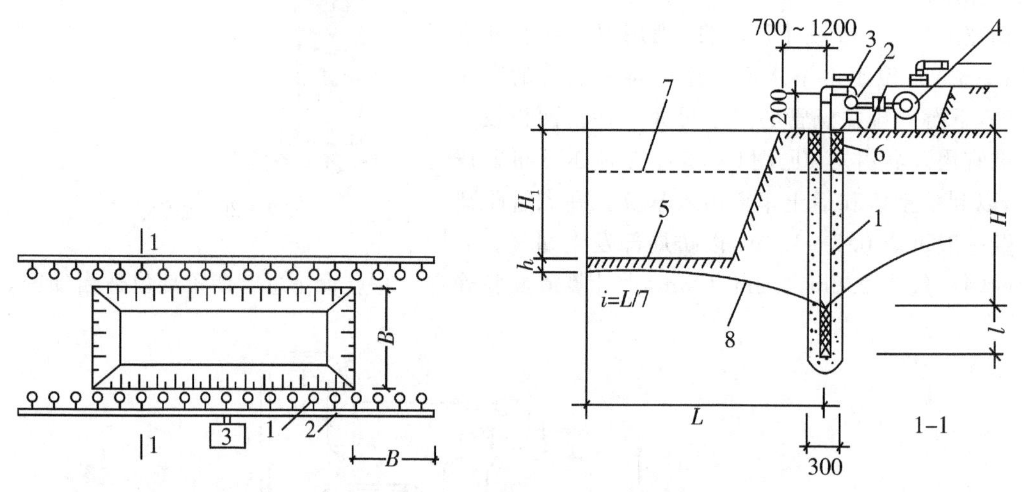

1—井点管；2—集水总管；3—弯联管；4—抽水设备；5—基坑；6—黏土封孔；7—原地下水位线；8—降低后地下水位线

图 1-29　双排线状井点布置

1/10～1/12；L 为井点管至基坑中心的水平距离，当井点管为单排布置时 L 为井点管至对边坡脚的水平距离。

根据上式算出的 H 值，如大于 6m，则应降低井点管抽水设备的埋置面，以适应降水深度要求。即将井点系统的埋置面接近原有地下水位线(要事先挖槽)，个别情况下甚至稍低于地下水位(当上层土的土质较好时，先用集水井排水法挖去一层土，再布置井点系统)，就能充分利用抽吸能力，使降水深度增加，井点管露出地面的长度一般为 0.2～0.3m 以便与弯联管连接，滤管必须埋在透水层内。

当一级轻型井点达不到降水要求时，可采用二级井点降水，即先挖去第一级井点所疏干的土，然后再在其底部装设第二级井点(见图 1-31)。

6.轻型井点的计算

井点系统的设计计算必须建立在可靠资料的基础上，如施工现场地形图、水文地质勘察资料、基坑的设计文件等。设计内容除井点系统的布置外，还需确定井点的数量、间距、井点设备的选择等。

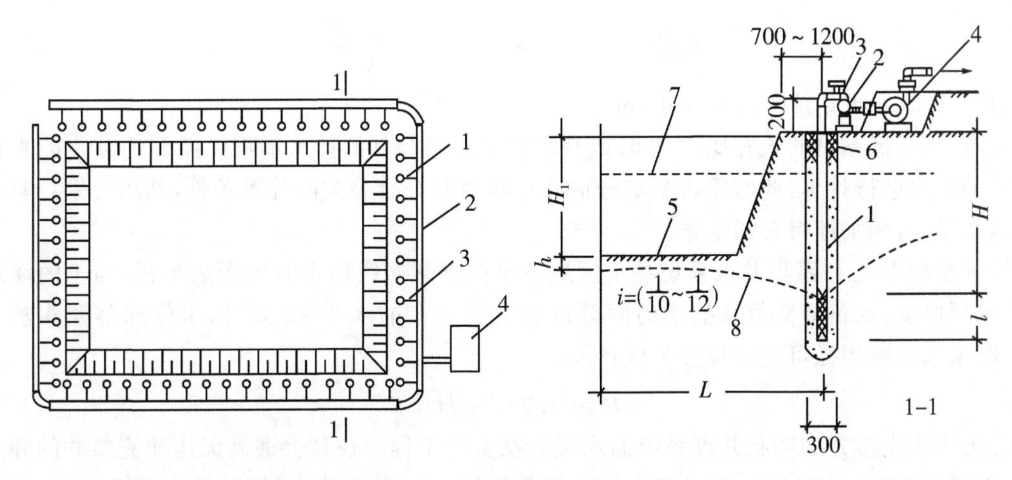

1—井点管；2—集水总管；3—弯联管；4—抽水设备；5—基坑；6—黏土封孔；7—原地下水位线；8—降低后地下水位线

图 1-30 环形井点布置图

(1)井点系统的涌水量计算。井点系统所需井点管的数量，是根据其涌水量来确定的；而井点系统的涌水量，则是按水井理论进行计算。根据井底是否达到不透水层，水井可分为完整井与不完整井；凡井底到达含水层下面的不透水层顶面的井称为完整井，否则称为不完整井。根据地下水有无压力，又分为无压井与承压井，如图 1-32 所示。各类井的涌水量计算方法不同，其中以无压完整井的理论较为完善。

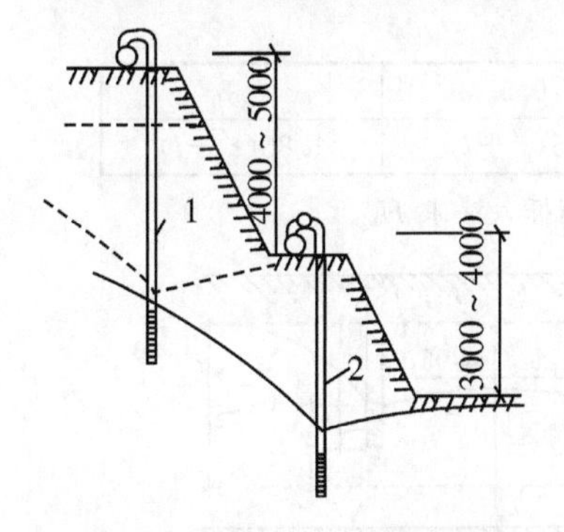

1—1 级井点管；2—2 级井点管

图 1-31　二级轻型井点示意图

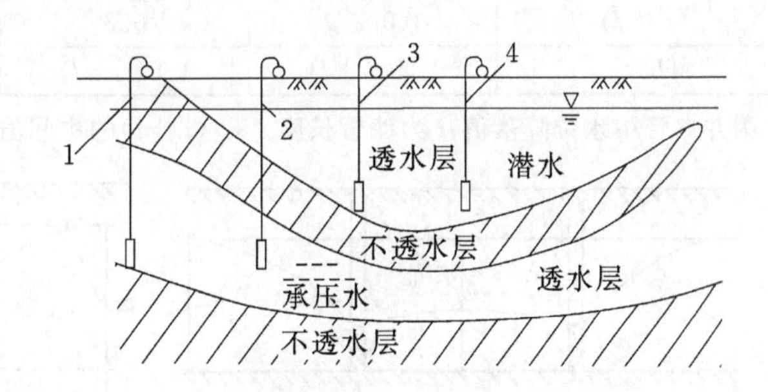

1—承压完整井；2—承压非完整井；3—无压完整井；4—无压非完整井

图 1-32　水井的分类

①无压完整井的环状井点系统涌水量。对于无压完整井，见图 1-33(a)的环状井点系统，涌水量计算公式为：

$$Q = 1.366K\frac{(2H-S)S}{\lg R - \lg x_0} \tag{1-37}$$

式中：Q 为井点系统的涌水量(m^3/d)；K 为土的渗透系数(m/d)，可以由实验室或现场抽水试验确定；H 为含水层厚度(m)；S 为基坑中心降水深度(m)；R 为抽水影响半径(m)；x_0 为井点管围成的大圆井半径或矩形基坑环状井点系统的假想圆半径(m)。

应用式(1-37)计算涌水量时，需事先确定 x_0、R、K 值的数据。由于式(1-37)的理论推导是从圆形井点系统假设而来的，试验证明对于矩形基坑，当其长宽比不大于 5 时，可以将环状井点系统围成的不规则平面形状化成一个假想半径为 x_0 的圆井进行计算，计算结果符合工程要求。即

$$\pi x_0^2 = F \quad \rightarrow \quad x_0 = \sqrt{\frac{F}{\pi}} \tag{1-38}$$

式中：F 为环状井点系统包围的面积(m^2)。

注意：当矩形基坑的长宽比大于5，或基坑宽度大于2倍的抽水影响半径 R 时就不能直接利用现有的公式进行计算，此时需将基坑分成几小块使其符合公式的计算条件，然后分别计算每小块的涌水量，再相加即得总涌水量。

抽水影响半径 R 系指井点系统抽水后地下水位降落曲线稳定时的影响半径，与土的渗透系数、含水层厚度、水位降低值及抽水时间等因素有关。在抽水2～5天后，水位降落漏斗基本稳定，此时抽水影响半径可近似地按下式计算：

$$R = 1.95S\sqrt{HK} \tag{1-39}$$

②无压非完整井的环状井点系统涌水量。在实际工程中往往会遇到无压非完整井的井点系统，见图1-33(b)，这时地下水不仅从井的侧面流入，还从井底渗入，因此涌水量要比完整井大。为了简化计算，仍可采用公式(1-37)。此时，仅将式中 H 换成有效含水深度 H_0，即：

$$Q = 1.366K\frac{(2H_0 - S)S}{\lg R - \lg x_0} \tag{1-40}$$

同样，式(1-39)换成：

$$R = 1.95\sqrt{H_0 K} \tag{1-41}$$

H_0 可查表1-8确定，当算得的 H_0 大于实际含水层的厚度 H 时，则仍取 H 值，视为无压完整井。

表1-8　有效深度 H_0 值

$s'/(s'+l)$	0.2	0.3	0.5	0.8
H_0	$1.2(s'+l)$	$1.5(s'+l)$	$1.5(s'+l)$	$1.85(s'+l)$

注：s' 为井点管中水位降落值；l 为滤管长度。$s'/(s'+l)$ 的中间值可采用插入法求 H_0。

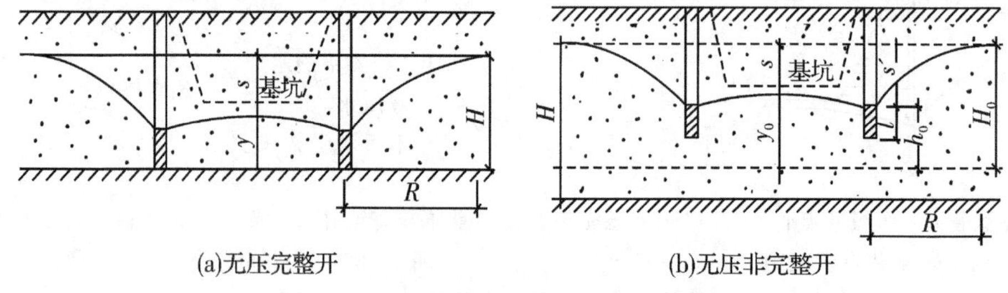

图1-33　环状井点系统涌水量计算简图

③承压完整井的环状井点系统涌水量。承压完整环状井点系统涌水量计算公式为：

$$Q = 2.73K\frac{MS}{\lg R - \lg x_0} \tag{1-42}$$

式中：M 为承压含水层深度(m)；K、R、x_0、S 含义与式(1-37)相同。

(2)确定井点管数量及井管间距。确定井点管数量先要确定单根井管的出水量。单根井点管的最大出水量为：

$$q = 65\pi dl^3\sqrt{K} \tag{1-43}$$

式中：d 为滤管直径(m)；l 为滤管长度(m)；K 为渗透系数(m/d)。

井点管最少数量由下式确定：

$$n=1.1\times\frac{Q}{q} \tag{1-44}$$

式中：1.1为考虑井点管堵塞等因素的放大备用系数。

井点管最大间距为：

$$D=\frac{l}{n} \tag{1-45}$$

式中：L 为集水总管长度(m)。

实际采用的井点管间距 应当与总管上接头尺寸相适应。即采用0.8m、1.2m、1.6m或2.0m。

(3)轻型井点系统设计实例。

【例1-3】 某工程开挖一矩形基坑，基坑底宽12m，长16m，基坑深4.5m，挖土边坡1∶0.5，基坑平、剖面如图1-34所示。经地质勘探，天然地面以下为1.0m厚的黏土层，其下有8m厚的中砂，渗透系数 $K=12$m/d。再往下即离天然地面9m以下为不透水的黏土层。地下水位在地面以下1.5m。采用轻型井点降低地下水位，试进行井点系统设计。

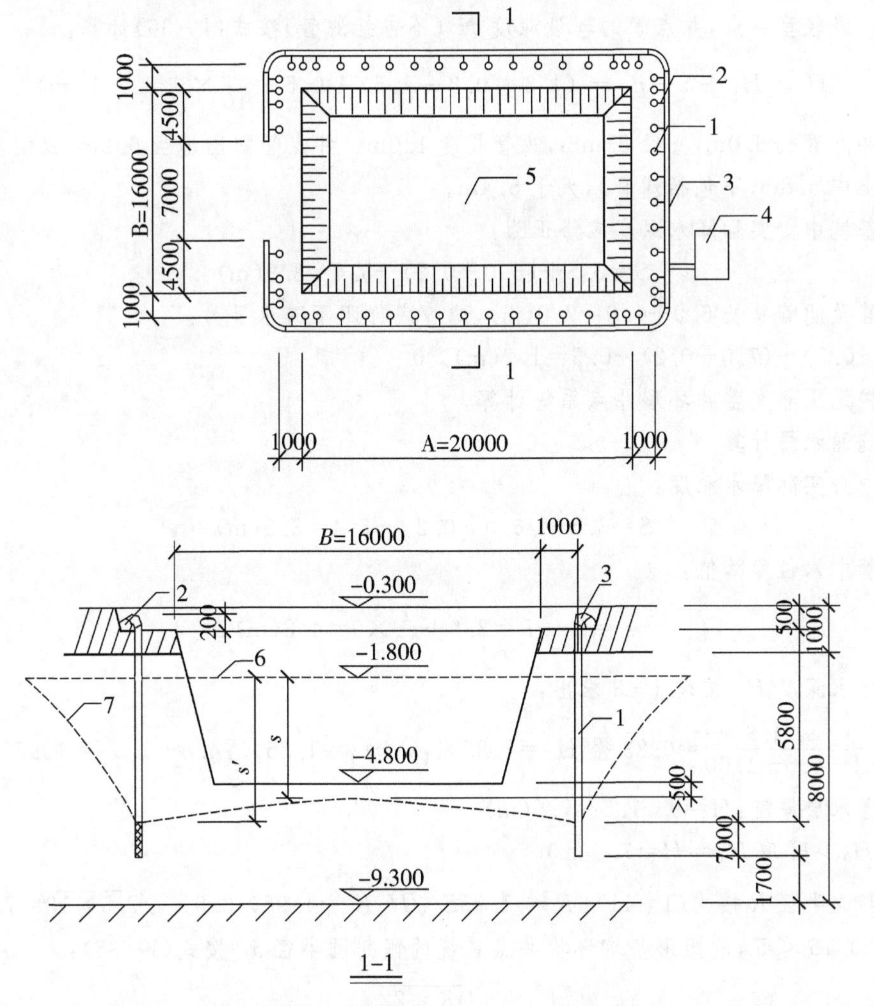

1—井点管；2—弯联管；3—集水总管；4—真空泵房；5—基坑；6—原地下水位线；7—降低后地下水位线

图1-34　轻型井点布置计算实例示意图

解:1.井点系统的布置

为使总管接近地下水位和不影响地面交通,考虑到天然地面以下1.0m内的土质为有内聚力的黏土层,将总管埋设在地面下0.5m处,即先挖0.5m的沟槽,然后在槽底铺设总管。此时基坑上口平面尺寸($A\times B$)为:

$$A\times B=[16+2\times0.5\times(4.8-0.3-0.5)]\times[12+2\times0.5\times(4.8-0.3-0.5)]$$
$$=(20\times16)\text{m}$$

井点系统布置成环状,但为使反铲挖土机和运土车辆有开行路线,在地下水的下游方向一般布置成端部开口(本例开口7m),另考虑总管距基坑边缘1.0m,则总管长度为:

$$L_{总}=[(16+2)+(20+2)]\times2-7=73\text{ (m)}$$

基坑短边井点管至基坑中心的水平距离:

$$L=\frac{12}{2}+0.5\times(4.8-0.3-0.5)+1.0=9\text{ (m)}$$

基坑中心要求降水深度:

$$S=(4.8-0.3)-1.5+0.5=3.5\text{ (m)}$$

采用一级轻型井点,井点管的埋设深度H(不包括滤管)按式(1-36)计算:

$$H\geqslant H_1+h+iL=(4.8-0.3-1.5)+0.5+\frac{1}{10}\times9=5.4\text{ (m)}$$

采用井点管长6.0m,直径51mm,滤管长度1.0m。井点管露出地面0.2m,以便与总管相连接。埋入土中5.8m(不包括滤管),大于5.4m。

此时基坑中心实际降水深度应修正为:

$$S=3.5+(6.0-0.2)-5.4=3.9\text{(m)}$$

井点管及滤管总长6.0+1.0=7.0(m),滤管底部距不透水层为:

$(9.3-0.3)-(7.0-0.2)-0.5=1.7\text{(m)}>0$

故可按无压非完整井环形井点系统计算。

2.基坑涌水量计算

基坑中心实际降水深度:

$$S=3.5+(6.0-0.2)-5.4=3.9\text{(m)}$$

井点管中水位降落值:

$$s'=S+iL=3.9+\frac{1}{10}\times9=4.8\text{(m)}$$

有效含水深度H_0按表1-8求出:

由$\frac{s'}{s'+l}=\frac{4.8}{4.8+1.00}=0.83$得$H_0=1.85\times(s'+l)=1.85\times(4.8+1.0)=10.73\text{(m)}$

实际含水层厚度:$H=9-1.5=7.5\text{(m)}$

由于$H_0>H$取$H_0=H=7.5\text{(m)}$

抽水影响半径R按式(1-41):$R=1.95S\sqrt{H_0K}=1.95\times3.9\times\sqrt{7.5\times12}=72.15\text{(m)}$

由于$20/16\leqslant5$,故矩形基坑环状井点系统的假想圆半径x_0按式(1-35):

$$x_0=\sqrt{\frac{F}{\pi}}=\sqrt{\frac{18\times22}{\pi}}=11.23\text{(m)}$$

将以上各值代入式(1-40):

$$Q = 1.366k\frac{(2H_0 - S)S}{\lg R - \lg x_0} = 1.366 \times 12 \times \frac{(2\times 7.5 - 3.9)\times 3.9}{\lg 72.15 - \lg 11.23} = \sqrt{\frac{18\times 22}{\pi}}$$

$$= 878.23(m^3/d)$$

3. 确定井点管数量及井管间距

单根井点管的最大出水量按式(1-43)为：

$$q = 65\pi d l^3\sqrt{K} = 65\times 3.14\times 0.051\times 1.0^3\times\sqrt{12} = 23.84(m^3/d)$$

井点管数量按式(1-44)为：

$$n = 1.1\frac{Q}{q} = 1.1\times\frac{878.23}{23.83} = 40.5 = 41(根)$$

井点管最大间距按式(1-45)为：

$$D = \frac{L_{总}}{n} = \frac{73}{41} = 1.78(m)$$

因为实际采用的井点管间距 D 应当与总管上接头尺寸相适应，故取井距为1.60m。则

$$n_{实} = \frac{L_{总}}{D_{总}} = \frac{73}{1.60} = 45.6 = 46(根)$$

井点管数量应为：在基坑四角处井点管应加密，如考虑每个角加2根管，最后实际采用46+8=54(根)

4. 选择抽水设备

抽水设备所带动的总管长度为80m，可选用W5型干式真空泵一套。

水泵所需流量：

$$Q_1 = 1.1Q = 1.1\times 878.23 = 966.05(m^3/d) = 40.25(m^3/h)$$

水泵吸水扬程：

$$H_s \geqslant 6.0 + 1.0 = 7.0(m)$$

根据 Q_1 及 H_s 查表可得，选用3B33型离心泵。实际施工选用2台，1台备用。

(4)井点管的埋设与使用。

①井点管的埋设。轻型井点的施工，大致包括下列几个过程：准备工作、井点系统的埋设、使用及拆除。

准备工作包括：井点设备、动力、水源及必要材料的准备，排水沟的开挖，附近建筑物的标高观测以及防止附近建筑物沉降措施的实施。

埋设井点的程序如下：先排放总管，再埋设井点管，用弯联管将井点管与总管接通，然后安装抽水设备。

井点管的埋设一般用水冲法进行，并分为冲孔与埋管两个过程(见图1-35)。

冲孔时，先用起重设备将冲管吊起并插在井点的位置上，然后开动高压水泵，将土冲松，冲管则边冲边沉。冲孔直径一般为300mm，以保证井管四周有一定厚度的砂滤层，冲孔深度宜比滤管底深0.5m左右，以防冲管拔出时，部分土颗粒沉于底部而触及滤管底部。

井孔冲成后，立即拔出冲管，插入井点管，并在井点管与孔壁之间迅速填灌砂滤层，以防孔壁塌土。砂滤层的填灌质量是保证轻型井点顺利抽水的关键。一般宜选用干净粗砂，填灌均匀，并填至滤管顶上1～1.5m，以保证水流畅通。

井点填砂后，在地面以下0.5～1.0m范围内须用黏土封口，以防漏气。

井点管埋设完毕，应接通总管与抽水设备进行试抽水，检查有无漏水、漏气，出水是否正常，

有无淤塞等现象，如有异常情况，应检修好后方可使用。

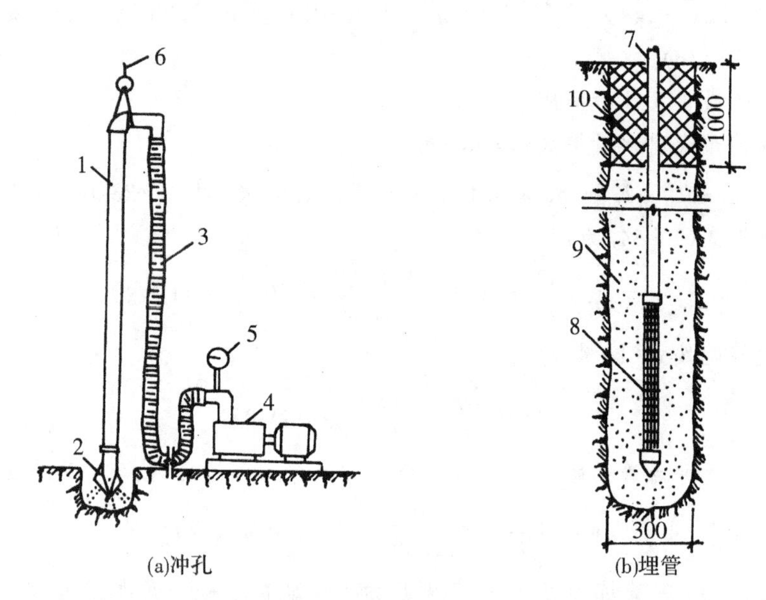

1—冲管；2—冲嘴；3—胶皮管；4—高压水泵；5—压力表；6—起重机吊钩；

7—井点管；8—滤管；9—填砂；10—黏土封口

图 1-35　井点管的埋设

②井点管的使用。轻型井点使用时，应保证连续不断抽水，并准备双电源。若时抽时停，滤网易于堵塞，也容易抽出土粒，使水混浊，并引起附近建筑物由于土粒流失而沉降开裂。正常出水规律是“先大后小，先混后清”。抽水时需要经常观测真空度以判断井点系统工作是否正常，真空度一般应不低于 55.3～66.7kPa；造成真空度不够的原因较多，但通常是由于管路系统漏气的原因，应及时检查并采取措施。

井点管淤塞，一般可用听管内水流声响、手扶管壁有振动感、夏冬两季手摸管子有夏冷、冬暖感等简便方法检查。如发现淤塞井点管太多，严重影响降水效果时，应逐根用高压水反向冲洗或拔出重埋。

地下构筑物竣工并进行回填土后，方可拆除井点系统。拔出井点管多借助于倒链、起重机等，所留孔洞用砂或土填实，对地基有防渗要求时，地面上 2m 应用黏土填实。

7. 回灌井点法

轻型井点降水有许多优点，在基础施工中广泛应用，但其影响范围较大，影响半径可达百米甚至数百米，且会导致周围土壤固结而引起地面沉陷。特别是在弱透水层和压缩性大的黏土层中降水时，由于地下水流造成的地下水位下降、地基自重应力增加和土层压缩等原因，会产生较大的地面沉降；又由于土层的不均匀性和降水后地下水位呈漏斗曲线。四周土层的自重应力变化不一而导致不均匀沉降，使周围建筑基础下沉或房屋开裂。因此，在建筑物附近进行井点降水时，为防止降水影响或损害区域内的建筑物，就必须阻止建筑物下地下水的流失。除可在降水区域和原有建筑物之间的土层中设置一道固体抗渗屏幕(如水泥搅拌桩、灌注桩加压密注浆桩、旋喷桩、地下连续墙)外，较经济也比较常用的是用回灌井点补充地下水的办法来保持地下水位。回灌井点就是在降水井点与要保护的已有建(构)筑物之间打一排井点，在井点降水的同时，向土层中灌入足够数量的水，形成一道隔水帷幕，使井点降水的影响半径不超过回灌井点的范围，从而阻止回灌井点外侧的建(构)筑物下的地下水流失(见图 1-36)。这样,也就不会因降水而使地面沉降,或减少沉降值。

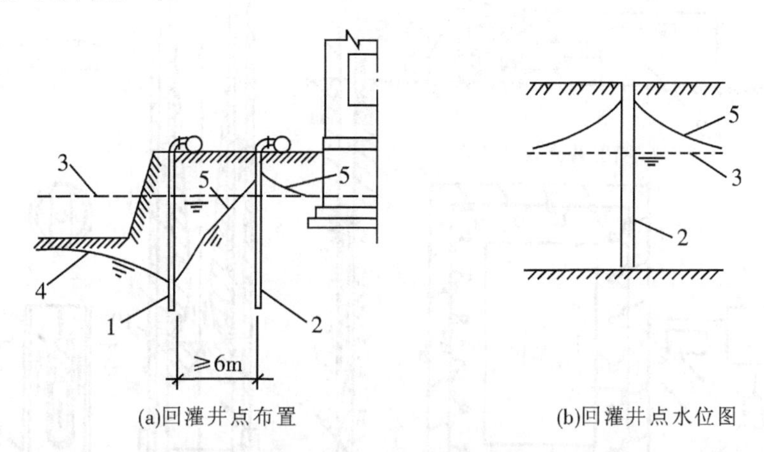

(a)回灌井点布置　(b)回灌井点水位图

1—降水井点;2—回灌井点;3—原水位线;4—基坑内降低后的水位线;5—回灌后水位线

图 1-36　回灌井点布置

为了防止降水井和回灌井相通,回灌井点与降水井点之间应保持一定的距离,一般不宜小于6m,否则基坑内水位无法下降,失去降水的作用。回灌井点的深度一般应控制在长期降水曲线下 1m 为宜,并应设置在渗透性较好的土层中。

为了观测降水及回灌后四周建筑物、管线的沉降情况及地下水位的变化情况,必须设置沉降观测点及水位观测井,并定时测量记录,以便及时调节灌、抽量,使灌、抽基本达到平衡,确保周围建筑物或管线等的安全。

8.其他井点简介

(1)喷射井点。当基坑开挖较深,采用多级轻型井点不经济时,宜采用喷射井点,其降水深度可达 20m。特别适用于降水深度超过 6m,土层渗透系数为 0.1～2m/d 的弱透水层。

喷射井点根据其工作时使用液体和气体的不同,分为喷水井点和喷气井点两种。其设备主要由喷射井管、高压水泵(或空气压缩机)和管路系统组成(见图 1-37)。喷射井管由内管和外管组成,在内管下端装有喷射扬水器与滤管相连。当高压水(0.7～0.8MPa)经内外管之间的环形空间通过扬水器侧孔流向喷嘴喷出时,在喷嘴处由于过水断面突然收缩变小,使工作水流具有极高的流速(30～60m/s),在喷口附近造成负压形成一定真空,因而将地下水经滤管吸入混合室与高压水汇合;流经扩散管时,由于截面扩大,水流速度相应减小,使水的压力逐渐升高,沿内管上升经排水总管排出。

(2)电渗井点。电渗井点(见图 1-38)适用于土的渗透系数小于 0.1m/d,用一般井点不可能降低地下水位的含水层中,尤其宜用于淤泥排水。

电渗井点的原理是在降水井点管的内侧打入金属棒(钢筋或钢管),连以导线,当通以直流电后,土颗粒会发生从井点管(阴极)向金属棒(阳极)移动的电泳现象,而地下水则会出现从金属棒(阳极)向井点管(阴极)流动的电渗现象,从而达到软土地基易于排水的目的。

电渗井点是以轻型井点管或喷射井点管作阴极,$\phi20$～$\phi25$ 的钢筋或 $\phi50$～$\phi75$ 的钢管为阳极,埋设在井点管内侧,与阴极并列或交错排列。当用轻型井点时,两者的距离为 0.8m～1.0m;当用喷射井点则为 1.2～1.5m。阳极入土深度应比井点管深 500mm,露出地面 200～400mm。阴、阳极数量相等,分别用电线联成通路,接到直流发电机或直流电焊机的相应电极上。

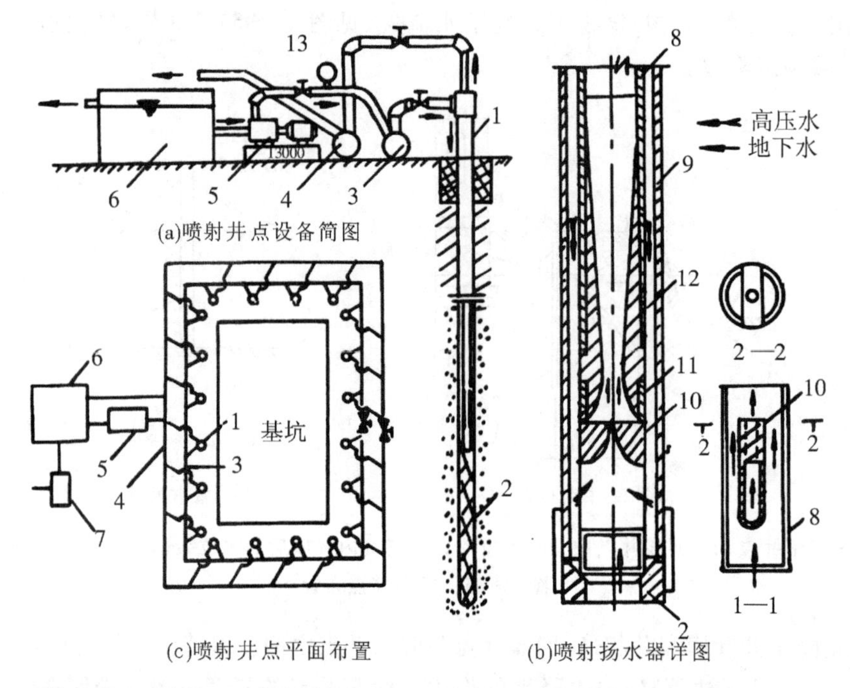

1—喷射井管;2—滤管;3—进水总管;4—排水总管;5—高压水泵;6—集水池;7—水泵;8—内管;9—外管;10—喷嘴;11—混合室;12—扩散管;13—压力表

图 1-37　喷射井点设备及平面布置简图

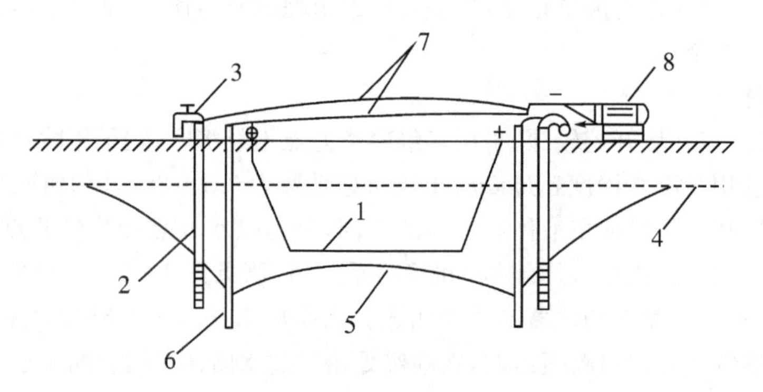

1—基坑;2—井点管;3—集水总管;4—原地下水位;5—降低后地下水位;6—钢管或钢筋;7—线路;8—直流发电机或电焊机

图 1-38　电渗井点降水示意图

(3)管井井点。管井井点(见图 1-39),就是沿基坑每隔 20～50m 距离设置一个管井,每个管井单独用一台水泵(潜水泵、离心泵)不断抽水来降低地下水位。用此法可降低地下水位 5～10m,适用于土的渗透系数较大(k=20～200m/d)且地下水量大的砂类土层中。

如要求降水深度较大,在管井井点内采用一般离心泵或潜水泵不能满足要求时,可采用特制的深井泵,其降水深度可达 50m。

近年来在上海等地区应用较多的是带真空的深井泵,每一个深井泵由井管和滤管组成,单独配备一台电动机和一台真空泵,开动后达到一定的真空度,则可达到深层降水的目的,在渗透系数较小的淤泥质黏土中亦能降水。

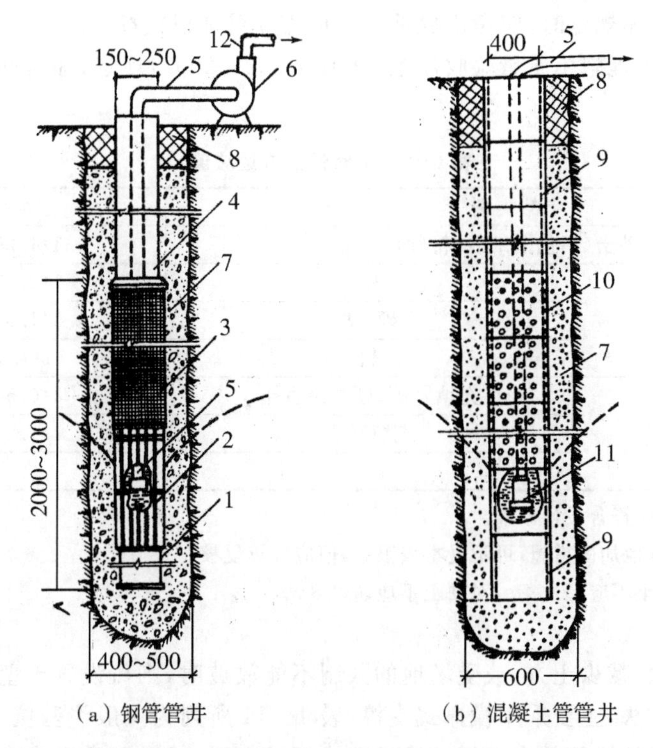

（a）钢管管井　　　（b）混凝土管管井

1—沉砂管；2—钢筋焊接骨架；3—滤网；4—管身；5—吸水管；6—离心泵；7—小砾石过滤层；8—黏土封口；9—混凝土实管；10—混凝土过滤管；11—潜水泵；12—出水管

图 1-39　管井井点

1.4　土方边坡与土壁支护

土壁的稳定，主要是由土体内摩擦阻力和黏结力来保持平衡，一旦土体失去平衡，土体就会塌方，这不仅会造成人身安全事故。同时亦会影响工期，有时还会危及附近的建筑物。

造成土壁塌方的原因主要有以下几方面：①边坡过陡，使土体的稳定性不足导致塌方；尤其是在土质差，开挖深度大的坑槽中。②雨水、地下水渗入土中泡软土体，从而增加土的自重同时降低土的抗剪强度，这是造成塌方的常见原因。③基坑上口边缘附近大量堆土或停放机具、材料，或由于行车等动荷载，使土体中的剪应力超过土体的抗剪强度。④土壁支撑强度破坏失效或刚度不足导致塌方。

为了防止塌方、保证施工安全，在基坑(槽)开挖时，可采取以下措施。

1. 放足边坡

土方边坡坡度大小的留设应根据土质、开挖深度、开挖方法、施工工期、地下水水位、坡顶荷载及气候条件等因素确定。一般情况下，黏性土的边坡可陡些，砂性土则应平缓些；当基坑附近有主要建筑物时，边坡应取 1:1.0～1:1.5。

根据《地基与基础工程施工工艺标准》(QCJJT - JS 02—2004)的建议，在天然湿度的土中，当挖土深度不超过下列数值时，可不放坡、不支撑：深度≤1.0m 密实、中密的砂土和碎石类土(充填物为砂土)；深度≤1.25m 硬塑、可塑的粘质砂土及砂质黏土；深度≤1.5m 硬塑、可塑的黏土和碎石类土(充填物为黏性土)；深度≤2.0m 坚硬的黏土。

挖方深度超过上述规定时，应考虑放坡或做成直立壁加以支撑。

《建筑地基基础工程施工质量验收规范》(GB 50202—2002)规定，临时性挖方的边坡值应符合表 1-9 的规定。

表 1-9 临时性挖方边坡值

土的类别		边坡值(高:宽)
砂土(不包括细砂、粉砂)		1:1.25～1:1.50
一般性黏土	硬	1:0.75～1:1.00
	硬、塑	1:1.00～1:1.25
	软	1:1.50 或更缓
碎石类土	充填坚硬、硬塑黏性土	1:0.50～1:1.00
	充填砂土	1:1.00～1:1.50

注：1. 设计有要求时，应符合设计标准。

2. 如采用降水或其他加固措施，可不受本表限制，但应计算复核。

3. 开挖深度，对软土不应超过 4m，对硬土不应超过 8m。

2. 设置支撑

为了缩小施工面，减少土方，或受场地的限制不能放坡时，则可设置土壁支撑。表 1-10 所列为一般沟槽支撑方法，主要采用横撑式支撑；表 1-11 所列为一般浅基坑支撑方法，主要采用结合上端放坡并加以拉锚等单支点板桩或悬臂式板桩支撑，或采用重力式支护结构如水泥搅拌桩等；表 1-12 所列为深基坑的支护方法，主要采用多支点板桩。

表 1-10 一般沟槽的支撑方法

支撑方式	简 图	支撑方式及适用条件
间断式水平支撑	木楔 横撑 水平挡土板	两侧挡土板水平放置，用工具式或木横撑借木楔顶紧，挖一层土，支顶一层。 适用于能保持立壁的干土或天然湿度的黏土类土，地下水很少，深度在 2m 以内。
断续式水平支撑	立楞木 横撑 水平挡土板 木楔	挡土板水平放置，中间留出间隔，并在两侧同时对称立竖枋木，再用工具式或木横撑上下顶紧。 适用于能保持直立壁的干土或天然湿度的黏土类土，地下水很少，深度在 3m 以内。
连续式水平支撑	立楞木 横撑 水平挡土板 木楔	挡土板水平连续放置，不留间隙，然后两侧同时对称立竖枋木，上下各顶一根撑木，端头加木楔顶紧。 适用于较松散的干土或天然湿度的黏土类土，地下水很少，深度为 3～5m。

续表 1－10

支撑方式	简 图	支撑方式及适用条件
连续或间断式垂直支撑	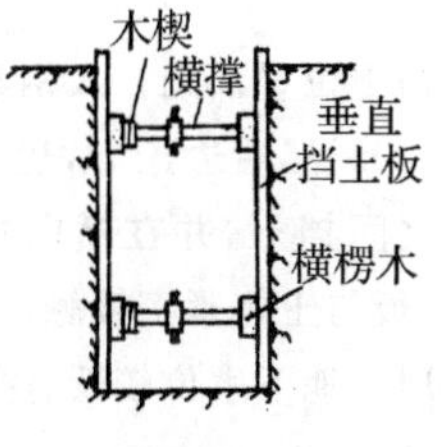 木楔 横撑 垂直挡土板 横楞木	挡土板垂直放置，连续或留适当间隙，然后每侧上下各水平顶一根枋木，再用横撑顶紧。 适用于土质较松散或湿度很高的土，地下水较少，深度不限。
水平垂直混合支撑	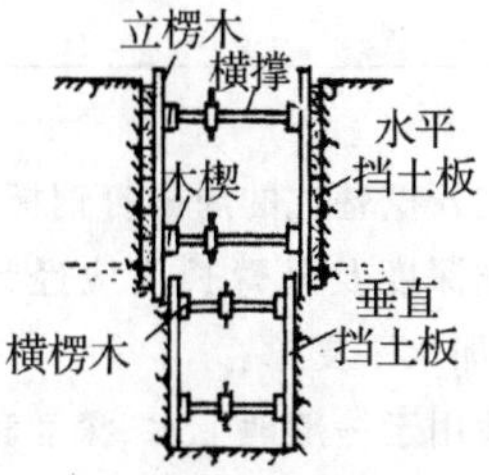 立楞木 横撑 水平挡土板 木楔 垂直挡土板 横楞木	沟槽上部连续或水平支撑，下部设连续或垂直支撑。 适用于沟槽深度较大，下部有含水土层情况。

表 1－11　一般浅基坑的支撑方法

支撑方式	简 图	支撑方式及适用条件
斜柱支撑	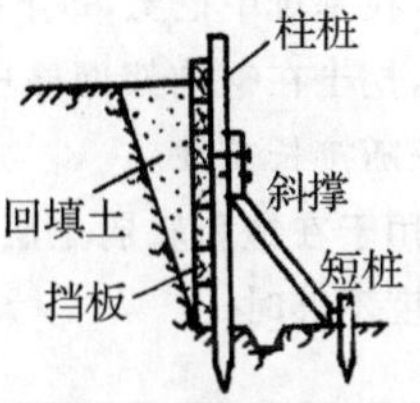 柱桩 回填土 斜撑 短桩 挡板	水平挡土板钉在柱桩内侧，柱桩外侧用斜撑支顶，斜撑底端支在木桩上，在挡土板内侧回填土。 适用于开挖较大型、深度不大的基坑或使用机械挖土。
锚拉支撑	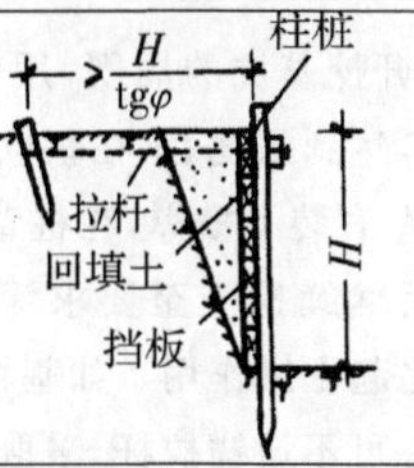 $\frac{H}{tg\varphi}$ 柱桩 拉杆 回填土 挡板 H	水平挡土板支在柱桩的内侧，柱桩一端打入土中，另一端用拉杆与锚桩拉紧，在挡土板内侧回填土。 适用于开挖较大型、深度不大的基坑或使用机械挖土、而不能安设横撑的情况。
短柱横隔支撑	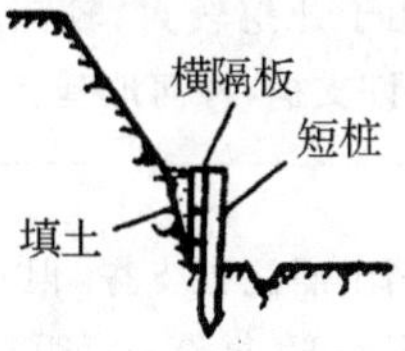 横隔板 短桩 填土	打入小短木桩，部分打入土中，部分露出地面，钉上水平挡土板，在背面填上捣实。 适用于开挖宽度大的基坑，当部分地段下部放坡不够时使用。
临时挡土墙支撑	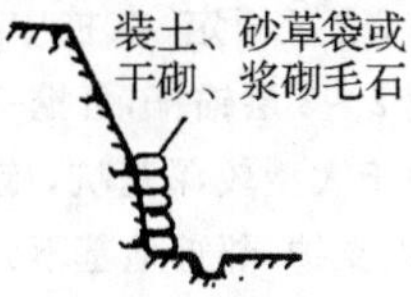 装土、砂草袋或干砌、浆砌毛石	沿坡脚用砖、石叠砌或用草袋装土砂堆砌，使坡脚保持稳定。 适用于开挖宽度大的基坑，当部分地段下部放坡不够时使用。

表 1-12 一般深基坑的支撑方法

支撑方式	简 图	支护(撑)方式及适用条件
型钢桩横挡板支撑	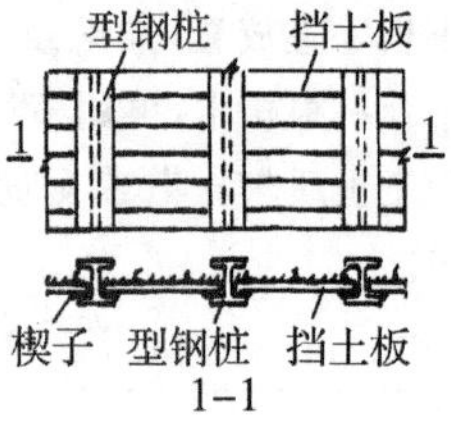	沿挡土位置预先打入钢轨、工字钢或 H 型钢桩，间距 1～1.5m，然后边挖方，边将 3～6 cm 厚的挡土板塞进钢桩之间挡土，并在横向挡板与型钢桩之间打入楔子，使横板与土体紧密接触。 适用于地下水位较低、深度不很大的一般黏性或砂土层中。
钢板桩支撑	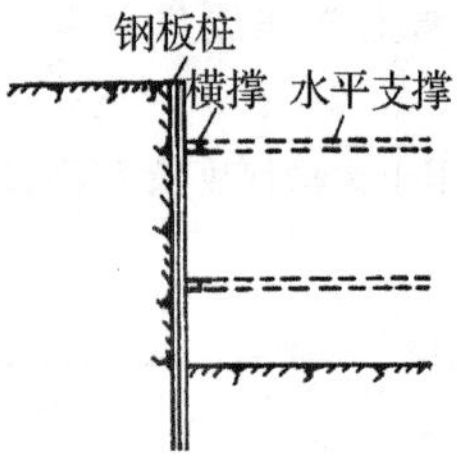	在开挖基坑的周围打钢板桩或钢筋混凝土板桩，板桩入土深度及悬臂长度应经计算确定，如基坑宽度很大，可加水平支撑。 适用于一般地下水、深度和宽度不很大的黏性砂土层中。
钢板桩与钢构架结合支撑	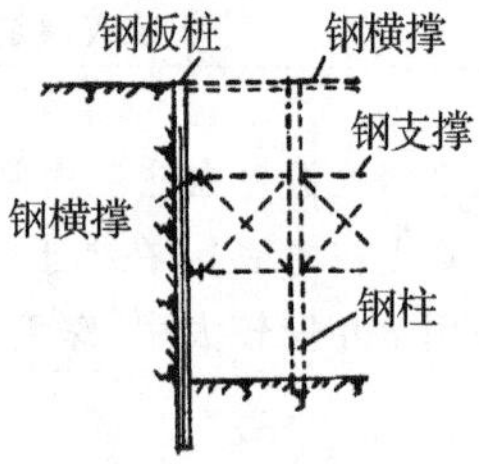	在开挖的基坑周围打钢板桩，在柱位置上打入暂设的钢柱，在基坑中挖土，每下挖 3～4m，装上一层构架支撑体系，挖土在钢构架网格中进行，亦可不预先打入钢柱，随挖随接长支柱。 适用于在饱和软弱土层中开挖较大、较深基坑，钢板桩刚度不够时。
挡土灌注桩支撑	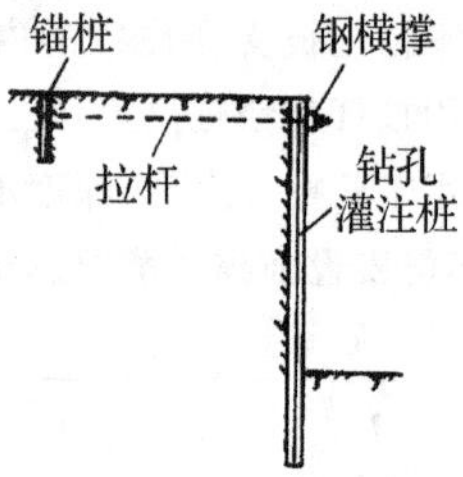	在开挖基坑的周围，用钻机钻孔，现场灌注钢筋混凝土桩，达到强度后，在基坑中间用机械或人工挖土，下挖 1m 左右装上横撑，在桩背面装上拉杆与已设锚桩拉紧，然后继续挖土至要求深度。在桩间土方挖成外拱形，使之起土拱作用。如基坑深度小于 6m，或邻近有建筑物，亦可不设锚拉杆，采取加密桩距或加大桩径处理。 适用于开挖较大、较深(＞6m)基坑，临近有建筑物，不允许支护，背面地基有下沉、位移时。
挡土灌注桩与土层锚杆结合支撑	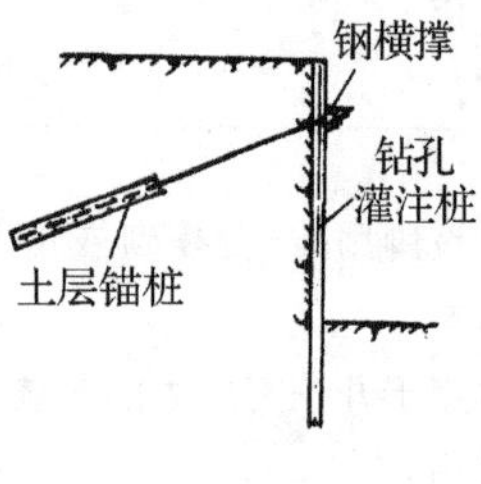	同挡土灌注桩支撑，但在桩顶不设锚桩锚杆，而是挖至一定深度，每隔一定距离向桩背面斜下方用锚杆钻机打孔，安放钢筋锚杆，用水泥压力灌浆，达到强度后，安上横撑，拉紧固定，在桩中间进行挖土，直至设计深度。如设 2～3 层锚杆，可挖一层土，装设一次锚杆。 适用于大型较深基坑，施工期较长，邻近有高层建筑，不允许支护，邻近地基不允许有任何下沉位移时。

续表 1－12

支撑方式	简 图	支护(撑)方式及适用条件
挡土灌注桩与旋喷桩组合支护	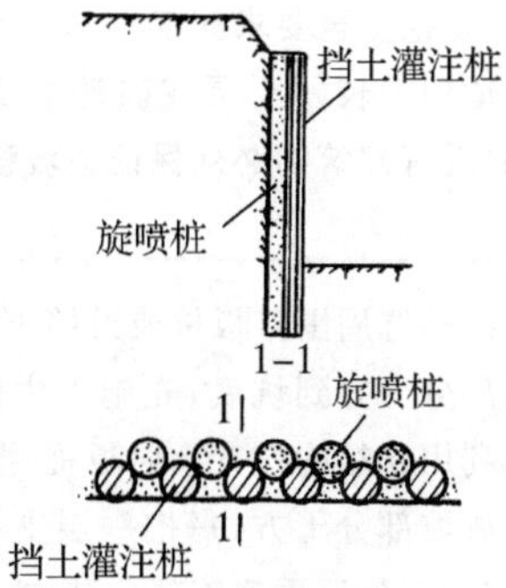	系在深基坑内侧设置直径 0.6～1.0m 混凝土灌注桩,间距 1.2～1.5m;在紧靠混凝土灌注桩的外侧设置直径 0.8～1.5m 的旋喷桩,以旋喷水泥浆方式使形成水泥土桩与混凝土灌注桩紧密结合,组成一道防渗帷幕,既可起抵抗土压力、水压力作用,又起挡水抗渗作用;挡土灌注桩与旋喷桩采取分段间隔施工。当基坑为淤泥质土层,有可能在基坑底部产生管涌、涌泥现象,亦可在基坑底部以下用旋喷桩封闭。在混凝土灌注桩外侧设旋喷桩,有利于支护结构的稳定,防止边坡坍塌、渗水和管涌等现象发生。 适用于土质条件差、地下水位较高,要求既挡土又挡水防渗的支护工程。
双层挡土灌注桩支护	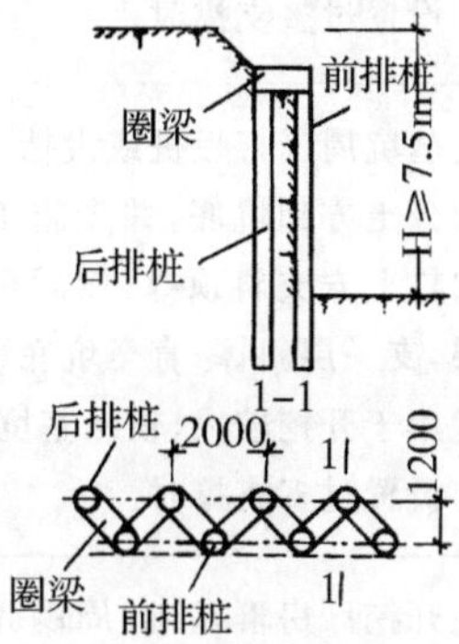	将挡土灌注桩在平面布置上由单排桩改为双排桩,呈对应或梅花式排列,桩数保持不变,双排桩的桩径 d 一般为 400～600mm,排距 L 为(1.5～3)d,在双排桩顶部设圈梁使其成为整体刚架结构。亦可在基坑每侧中段设双排桩,而在四角仍采用单排桩。采用双排桩支护可使支护整体刚度增大,桩的内力和水平位移减小,提高护坡效果。 适用于基坑较深,采用单排混凝土灌注桩挡土,强度和刚度均不能胜任时。
地下连续墙支护	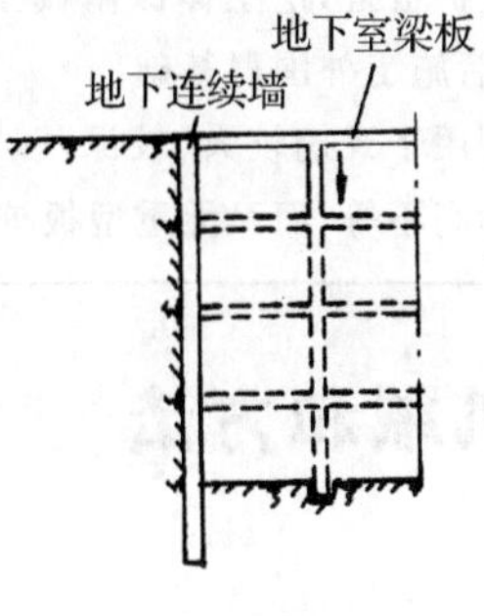	在开挖的基坑周围,先建造混凝土或钢筋混凝土地下连续墙,达到强度后,在墙中间用机械或人工挖土,直至要求深度。对跨度、深度很大时,可在内部加设水平支撑及支柱。用于逆作法施工,每下挖一层,把下一层梁、板、柱浇筑完成,以此作为地下连续墙的水平框架支撑,如此循环作业,直到地下室的底层全部挖完土,浇筑完成。 适用于开挖较大、较深(>10m)、有地下水、周围有建筑物、公路的基坑,作为地下结构的外墙一部分,或用于高层建筑的逆作法施工,作为地下室结构的部分外墙。
地下连续墙与土层锚杆结合支护	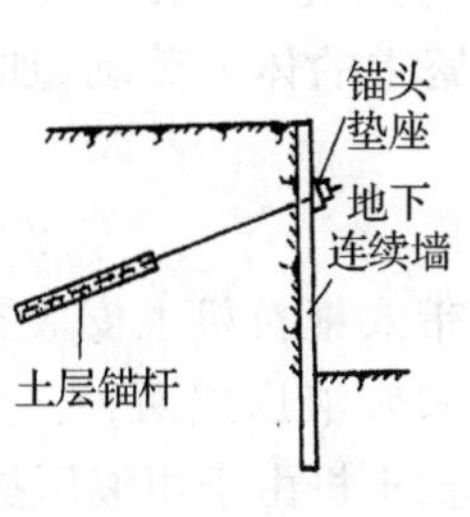	在开挖基坑的周围先建造地下连续墙支护,在墙中部用机械配合人工开挖土方至锚杆部位,用锚杆钻机在要求位置钻孔,放入锚杆,进行灌浆,待达到强度,装上锚杆横梁,或锚头垫座,然后继续下挖至要求深度,如设 2～3 层锚杆,每挖一层装一层,采用快凝砂浆灌浆。 适用于开挖较大、较深(>10m)、有地下水的大型基坑,周围有高层建筑,不允许支护有变形、采用机械挖方、要求有较大空间、不允许内部设支撑时。

续表 1－12

支撑方式	简图	支护(撑)方式及适用条件
土层锚杆支护	土层锚杆；破碎岩体；混凝土板或钢横撑	沿开挖基坑，边坡每 2～4m 设置一层水平土层锚杆，直到挖土至要求深度。 适用于较硬土层或破碎岩石中开挖较大、较深基坑、邻近有建筑物必须保证边坡稳定时。
板桩(灌注桩)中央横顶支撑	后施工结构；钢顶梁；钢板桩或灌注桩；后挖土方；钢横撑；先施工地下框架	在基坑周围打板桩或设挡土灌注桩，在内侧放坡挖中间部分土方到坑底，先施工中间部分结构至地面，然后再利用此结构作支承向板桩(灌注桩)支水平横顶撑，挖除放坡部分土方，每挖一层支一层水平横顶撑，直到设计深度，最后再建该部分结构。 适用于开挖较大、较深的基坑，支护桩刚度不够，又不允许设置过多支撑时。
板桩(灌注桩)中央斜顶支撑	坡面；钢板桩或灌注桩；斜撑；先施工基础	在基坑周围打板桩或设挡土灌注桩，在内侧放坡挖中间部分土方到坑底，并先施工好中间部分基础，再从基础向桩上方支斜顶撑，然后再把放坡的土方挖除，每挖一层，支一层斜撑，直至坑底，最后建该部分结构。 适用于开挖较大、较深基坑、支护桩刚度不够、坑内不允许设置过多支撑时。
分层板桩支撑	一级混凝土板桩；二级混凝土板桩；拉杆；锚桩	在开挖厂房群基础，周围先打支护板桩，然后在内侧挖土方至群基础底标高，再在中部主体深基础四周打二级支护板桩，挖主体深基础土方，施工主体结构至地面，最后施工外围群基础。 适用于开挖较大、较深基坑，当中部主体与周围群基础标高不等，而又无重型板桩时。

1.5 土方开挖机械和方法

1.5.1 常用土方施工机械

土方工程的施工过程包括：土方开挖、运输、填筑与压实等。由于土方工程量大、劳动繁重，施工时应尽可能采用机械化、半机械化施工，以减轻繁重的体力劳动，加快施工进度、降低工程造价。

1. 推土机

推土机是土方工程施工的主要机械之一，是在履带式拖拉机上安装推土铲刀等工作装置而组成的机械。按铲刀的操纵机构不同，推土机分为索式和液压式两种。索式推土机的铲刀借助本身自重切入土中，在硬土中切土深度较小。液压式推土机由于用液压操纵，能使铲刀强制切入土中，切入深度较大。同时液压式推土机铲刀还可以调整角度，具有更大的灵活性，是目前常用的一种推土机(见图 1-40)。

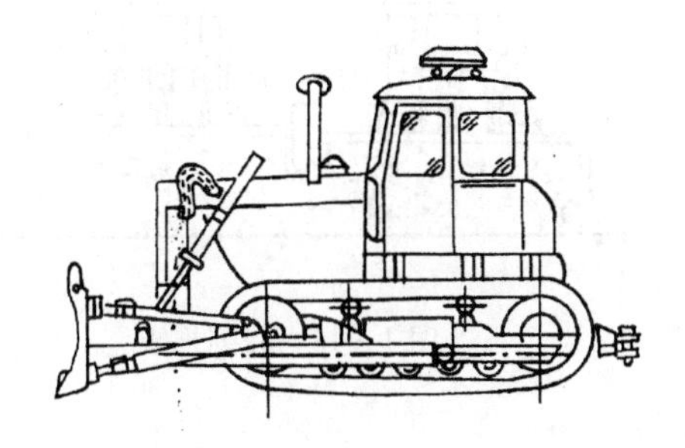

图 1-40　液压式推土机外形图

推土机操纵灵活,运转方便,所需工作面较小、行驶速度快、易于转移,能爬 30°左右的缓坡,因此应用范围较广;适用于开挖一至三类土;多用于挖土深度不大的场地平整,开挖深度不大于 1.5m 的基坑,回填基坑和沟槽,堆筑高度在 1.5m 以内的路基、堤坝,平整其他机械卸置的土堆;推送松散的硬土、岩石和冻土,配合铲运机进行助铲;配合挖土机施工,为挖土机清理余土和创造工作面。此外,将铲刀卸下后,还能牵引其他无动力的土方施工机械,如拖式铲运机、松土机、羊足碾等,进行土方其他施工过程的施工。

推土机的运距宜在 100m 以内,效率最高的推运距离为 40～60m。为提高生产率,可采用下述方法:

(1)下坡推土。推土机顺地面坡势沿下坡方向推土(见图 1-41),借助机械往下的重力作用,可增大铲刀切土深度和运土数量,可提高推土机能力和缩短推土时间,一般可提高生产率 30%～40%。但坡度不宜大于 15°,以免后退时爬坡困难。

(2)槽形推土。当运距较远,挖土层较厚时,利用已推过的土槽再次推土,可以减少铲刀两侧土的散漏(见图 1-42),这样作业可提高效率 10%～30%;槽深 1m 左右为宜,槽间土埂宽约0.5 m。在推出多条槽后,再将土埂推入槽内,然后运出。

此外,对于推运疏松土壤,且运距较大时,还应在铲刀两侧装置挡板,以增加铲刀前土的体积,减少土向两侧散失。在土层较硬的情况下,则可在铲刀前面装置活动松土齿,当推土机倒退回程时,即可将土翻松。这样,便可减少切土时阻力,从而可提高切土运行速度。

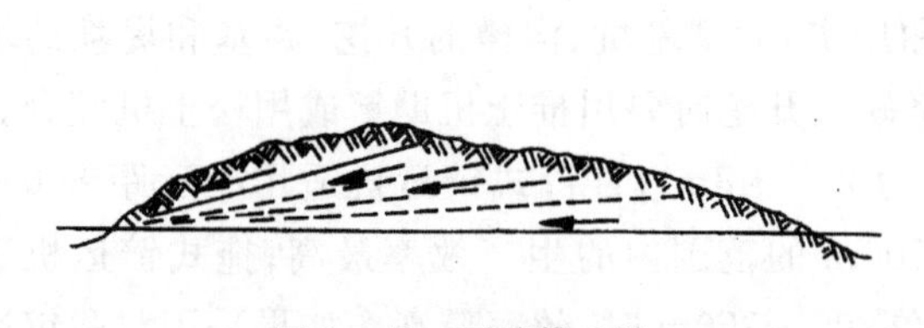

图 1-41　下坡推土法

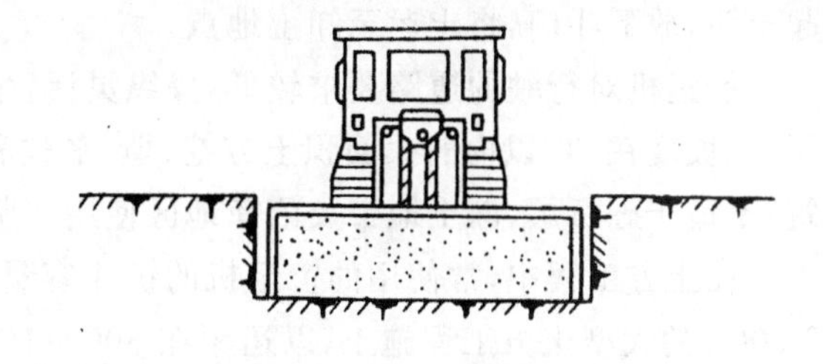

图 1-42　槽形推土

(3)并列推土。对于大面积的施工区,可用 2～3 台推土机并列推土(见图 1-43)。推土时两铲刀相距 15～30 cm,这样可以减少土的散失而增大推土量,能提高生产率 15%～30%;但平均运距不宜超过 50～75m,亦不宜小于 20m;且推土机数量不宜超过 3 台,否则倒车不便,行驶不一致,反而影响生产率的提高。

(4)分批集中，一次推送。若运距较远而土质又比较坚硬时，由于切土的深度不大，宜采用多次铲土，分批集中，再一次推送的方法，使铲刀前保持满载，以提高生产率。

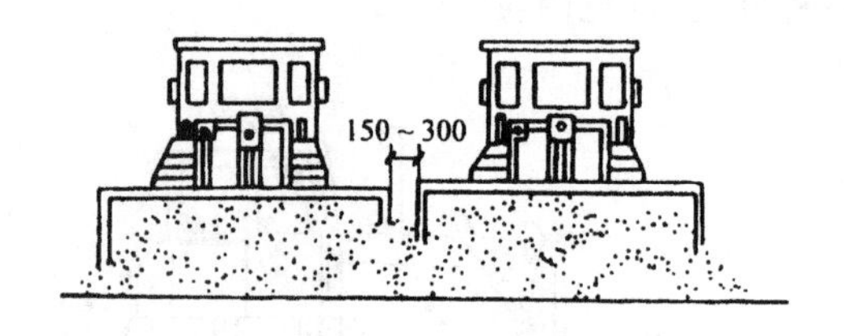

图 1－43　并列推土

2.铲运机

铲运机是一种能够独立完成铲土、运土、卸土、填筑、整平的土方机械。按行走机构可分为拖式铲运机(见图 1－44)和自行式铲运机(见图 1－45)两种。拖式铲运机由拖拉机牵引，自行式铲运机的行驶和作业都靠本身的动力设备。

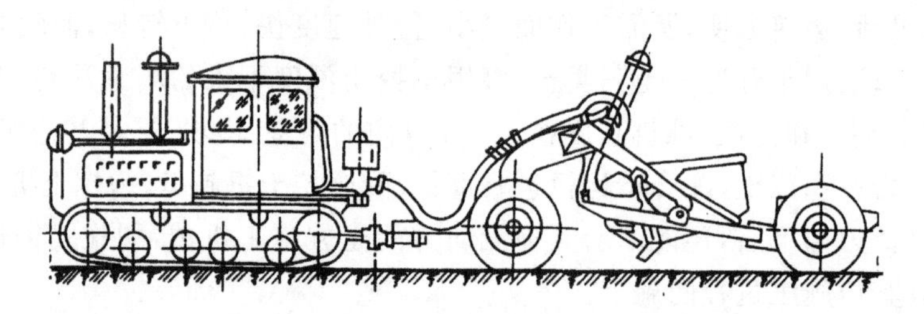

图 1－44　拖式铲运机外形图

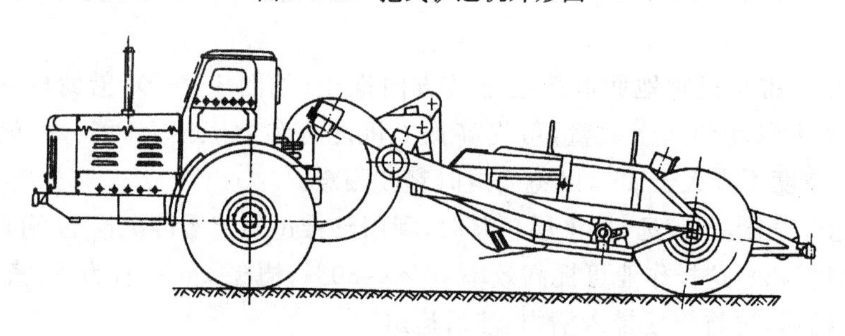

图 1－45　自行式铲运机外形图

铲运机的工作装置是铲斗，铲斗前方有一个能开启的斗门，铲斗前设有切土刀片。切土时，铲斗门打开，铲斗下降，刀片切入土中。铲运机前进时，被切入的土挤入铲斗；铲斗装满土后，提起土斗，放下斗门，将土运至卸土地点。

铲运机对行驶的道路要求较低，操纵灵活，生产率较高；可在一至三类土中直接挖、运土，常用于：坡度在20°以内的大面积土方挖、填、平整和压实，大型基坑、沟槽的开挖，路基和堤坝的填筑；不适于砾石层、冻土地带及沼泽地区使用。坚硬土开挖时要用推土机助铲或用松土机配合。

在土方工程中，常使用的铲运机的铲斗容量为 2.5～8m^3；自行式铲运机适用于运距 800～3 500m的大型土方工程施工，以运距在 800～1 500m 的范围内的生产效率最高；拖式铲运机适用于运距为 80～800m 的土方工程施工，而运距在 200～350m 时，效率最高。如果采用双联铲运或挂大斗铲运时，其运距可增加到 1 000m。运距越长，生产率越低，因此，在规划铲运机的运行路线时，应力求符合经济运距的要求。为提高生产率，一般采用下述方法：

(1)合理选择铲运机的开行路线。在场地平整施工中，铲运机的开行路线应根据场地挖、填方区分布的具体情况合理选择，这对提高铲运机的生产率有很大关系。铲运机的开行路线，一般有以下几种：

①环形路线。当地形起伏不大，施工地段较短时，多采用环形路线，见图 1-46(a)、(b)。环形路线每一循环只完成一次铲土和卸土，挖土和填土交替；挖填之间距离较短时，则可采用大循环路线，见图 1-46(c)，一个循环能完成多次铲土和卸土，这样可减少铲运机的转弯次数，提高工作效率。

②"8"字形路线。施工地段较长或地形起伏较大时，多采用"8"字形开行路线，见图 1-46(d)。这种开行路线，铲运机在上下坡时是斜向行驶，受地形坡度限制小；一个循环中两次转弯方向不同，可避免机械行驶时的单侧磨损；一个循环完成两次铲土和卸土，减少了转弯次数及空车行驶距离，从而亦可缩短运行时间，提高生产率。

尚需指出，铲运机应避免在转弯时铲土，否则铲刀受力不均易引起翻车事故。因此，为了充分发挥铲运机的效能，保证能在直线段上铲土并装满土斗，要求铲土区应有足够的最小铲土长度。

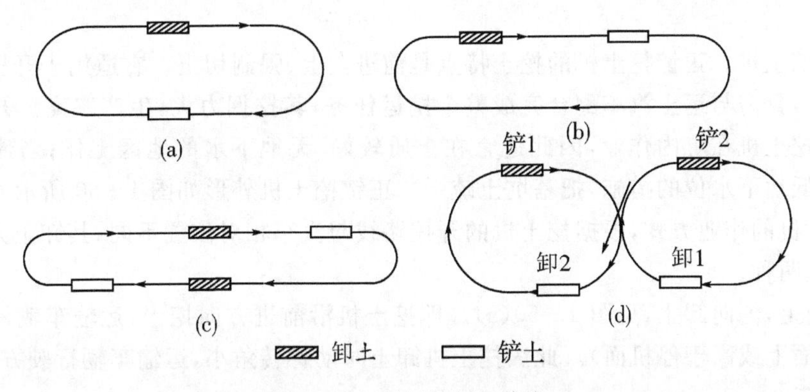

图 1-46　铲运机开行路线

(2)下坡铲土。铲运机利用地形进行下坡推土，借助铲运机的重力，加深铲斗切土深度。缩短铲土时间；但纵坡不得超过 25°，横坡不大于 5°，铲运机不能在陡坡上急转弯，以免翻车。

(3)跨铲法。铲运机间隔铲土，预留土埂(见图 1-47)。这样，在间隔铲土时由于形成一个土槽，减少向外撒土量；铲土埂时，铲土阻力减小。一般土埂高不大于 300mm，宽度不大于拖拉机两履带间的净距。

(4)推土机助铲。地势平坦、土质较坚硬时，可用推土机在铲运机后面顶推，以加大铲刀切土能力，缩短铲土时间，提高生产率(见图 1-48)。推土机在助铲的空隙可兼作松土或平整工作，为铲运机创造作业条件。

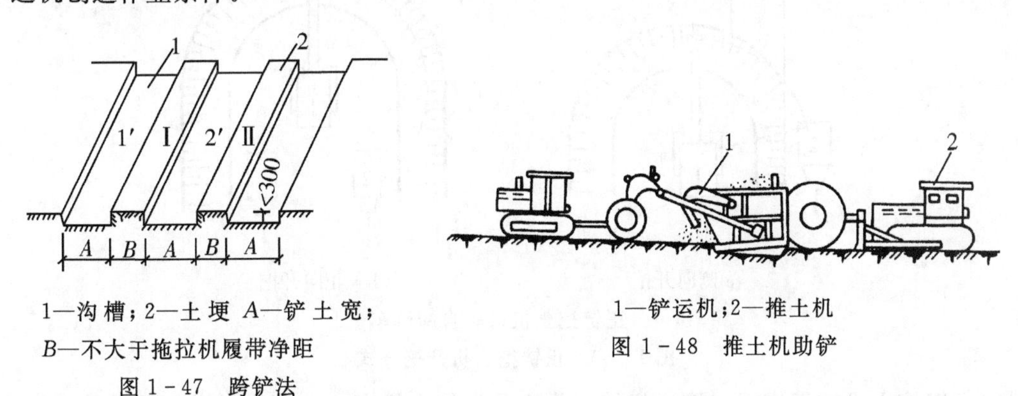

1—沟槽；2—土埂 A—铲土宽；
B—不大于拖拉机履带净距

图 1-47　跨铲法

1—铲运机；2—推土机

图 1-48　推土机助铲

(5)双联铲运法。当拖式铲运机的动力有富裕时，可在拖拉机后面串联两个铲斗进行双联铲运(见图 1-49)。对坚硬土层，可用双联单铲，即一个土斗铲满后，再铲另一斗土；对松软土层，则可用双联双铲，即两个土斗同时铲土。

图 1-49 双联铲运法

(6)挂大斗铲运。在土质松软地区，可改挂大型铲土斗，以充分利用拖拉机的牵引力来提高工效。

3. 单斗挖土机施工

单斗挖土机是基坑(槽)土方开挖常用的一种机械。按其行走装置的不同，分为履带式和轮胎式两类。根据工作的需要，其工作装置可以更换。依其工作装置的不同，分为正铲、反铲、拉铲和抓铲四种。

(1)正铲挖土机。正铲挖土机的挖土特点是前进向上、强制切土。它适用于开挖停机面以上的一至三类土，且需与运土汽车配合完成整个挖运任务，其挖掘力大，生产率高。开挖大型基坑时需设坡道，挖土机在坑内作业，因此适宜在土质较好、无地下水的地区工作；当地下水位较高时，应采取降低地下水位的措施，把基坑土疏干。正铲挖土机外形如图 1-50 所示。

正铲挖土机的作业方式，根据挖土机的开挖路线与汽车相对位置不同，其卸土方式有侧向卸土和后方卸土两种。

①正向挖土，侧向卸土，见图 1-50(a)。即挖土机沿前进方向挖土，运输车辆停在侧面卸土(可停在停机面上或高于停机面)。此法挖土机卸土时动臂转角小，运输车辆行驶方便，故生产效率高，应用较广。

②正向挖土，后方卸土，见图 1-50(b)。即挖土机沿前进方向挖土，运输车辆停在挖土机后方装土。此法挖土机卸土时动臂转角大、生产率低，运输车辆要倒车进入。一般在基坑窄而深的情况下采用。

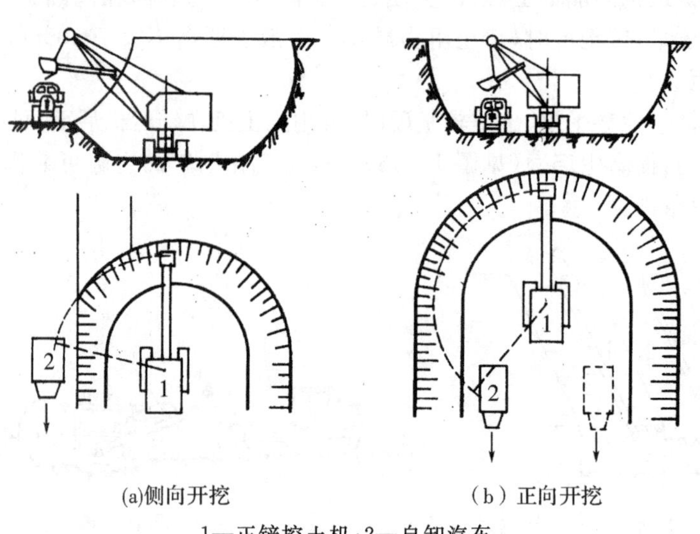

(a)侧向开挖　　(b) 正向开挖

1—正铲挖土机；2—自卸汽车

图 1-50 正铲挖土机开挖方式

(2)正铲挖土机的工作面。挖土机的工作面是指挖土机在一个停机点进行挖土的工作范围。工作面的形状和尺寸取决于挖土机的性能和卸土方式。根据挖土机作业方式不同，挖土机的工作面分为侧工作面与正工作面两种。

挖土机侧向卸土方式就构成了侧工作面，根据运输车辆与挖土机的停放标高是否相同又分为高卸侧工作面(车辆停放处高于挖土机停机面)及平卸侧工作面(车辆与挖土机在同一标高)，高卸、平卸侧工作面的形状及尺寸分别见图1-51(a)和图1-51(b)。

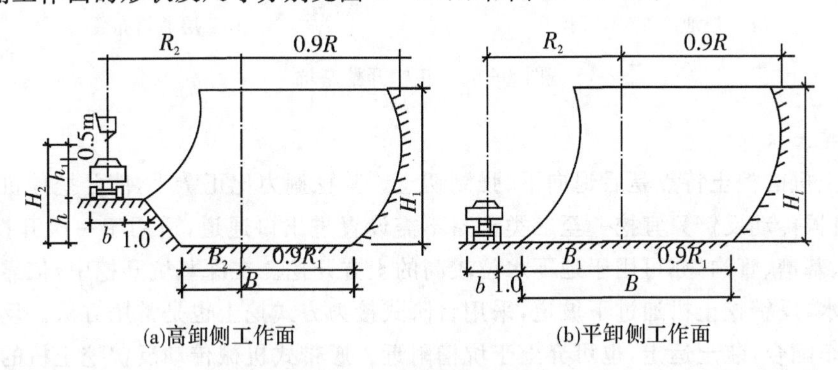

图1-51　侧工作面尺寸

挖土机后向卸土方式则形成正工作面，正工作面的形状和尺寸是左右对称的，其中右半部与图1-51(b)平卸侧工作面的右半部相同。

(3)正铲挖土机的开行通道。在正铲挖土机开挖大面积基坑时，必须对挖土机作业时的开行路线和工作面进行设计，确定出开行次序和次数，称为开行通道。当基坑开挖深度较小时，可布置一层开行通道(见图1-52)，基坑开挖时，挖土机开行三次。第一次开行采用正向挖土，后方卸土的作业方式，为正工作面；挖土机进入基坑要挖坡道，坡道的坡度为1:8左右。第二、三次开行时采用侧方卸土的平侧工作面。

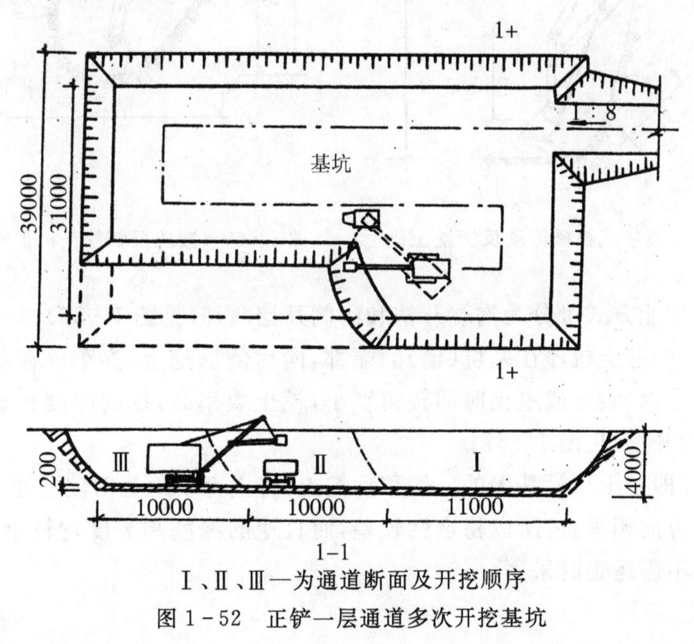

Ⅰ、Ⅱ、Ⅲ—为通道断面及开挖顺序

图1-52　正铲一层通道多次开挖基坑

当基坑宽度稍大于正工作面的宽度时，为了减少挖土机的开行次数，可采用加宽工作面的办法，挖土机按“之”字形路线开行，见图1-53(a)。

当基坑的深度较大时，则开行通道可布置成多层，见图1-53(b)，即为三层通道的布置。

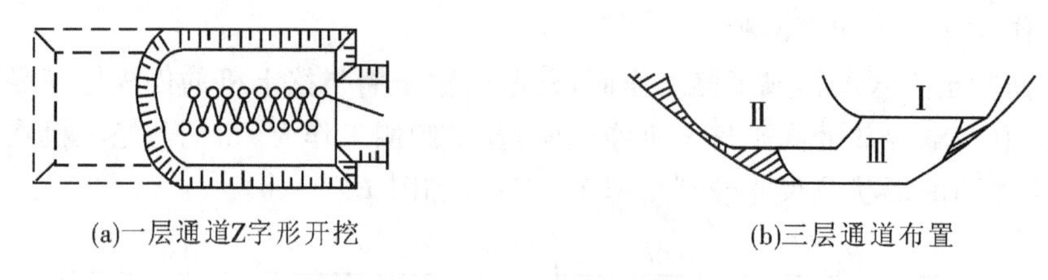

(a)一层通道Z字形开挖　　(b)三层通道布置

图 1-53　正铲开挖基坑

4.反铲挖土机

反铲挖土机的挖土特点是后退向下、强制切土。其挖掘力比正铲小,能开挖停机面以下的一至三类土(机械传动反铲只宜挖一至二类土);不需设置进出口通道,适用于一次开挖深度在 4m 左右的基坑、基槽、管沟,亦可用于地下水位较高的土方开挖。在深基坑开挖中,依靠止水挡土结构或井点降水,反铲挖土机通过下坡道,采用台阶式接力方式挖土也是常用方法。反铲挖土机可以与自卸汽车配合,装土运走,也可弃土于坑槽附近。履带式机械传动反铲挖土机的工作性能见图 1-54,履带式液压反铲挖土机的工作性能见图 1-55。

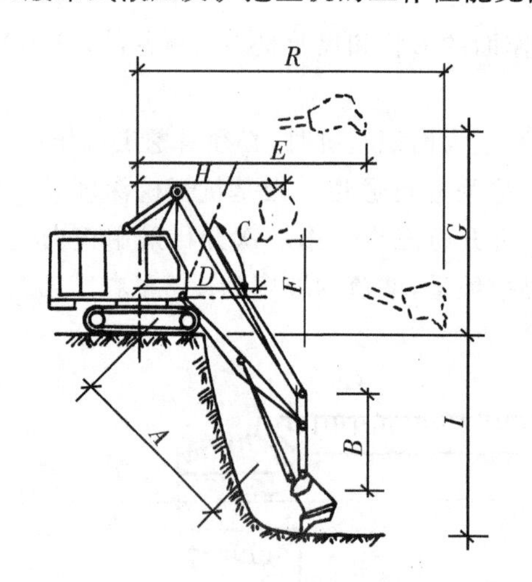

图 1-54　履带式机械传动反铲挖土机

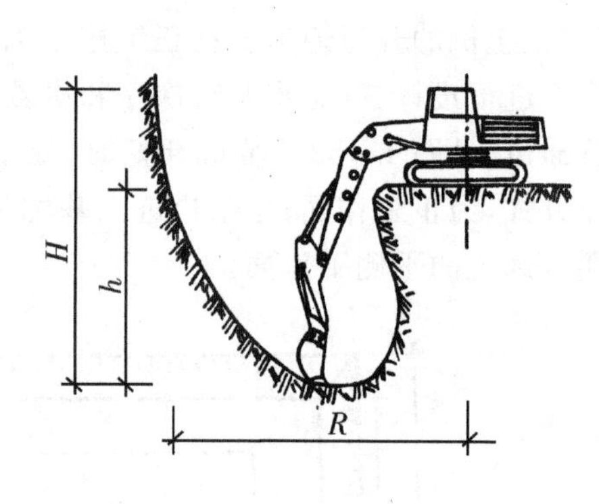

图 1-55　液压反铲挖土机工作尺寸

反铲挖土机的作业方式可分为沟端开挖和沟侧开挖两种(见图 1-56)。

(1)沟端开挖。即挖土机停在基坑(槽)的端部,向后倒退挖土,汽车停在基槽两侧装上。其优点是挖土机停放平稳,装土或甩土时回转角度小,挖土效率高,挖的深度和宽度也较大。基坑较宽时,可多次开行开挖,见图 1-57。

(2)沟侧开挖。即挖土机沿基槽的一侧移动挖土,将土弃于距基槽较远处。沟侧开挖时开挖方向与挖土机移动方向相垂直,所以稳定性较差,而且挖的深度和宽度均较小,一般只在无法采用沟端开挖或挖土不需运走时采用。

5.拉铲挖土机

拉铲挖土机(见图 1-58)的土斗用钢丝绳悬挂在挖土机长臂上,挖土时土斗在自重作用下落到地面切入土中。其挖土特点是:后退向下、自重切土;其挖土深度和挖土半径均较大,能开挖停机面以下的一至二类土,但不如反铲动作灵活准确。拉铲挖工机适用于:开挖较深较大的基坑(槽)、沟渠,挖取水中泥土以及填筑路基,修筑堤坝等。

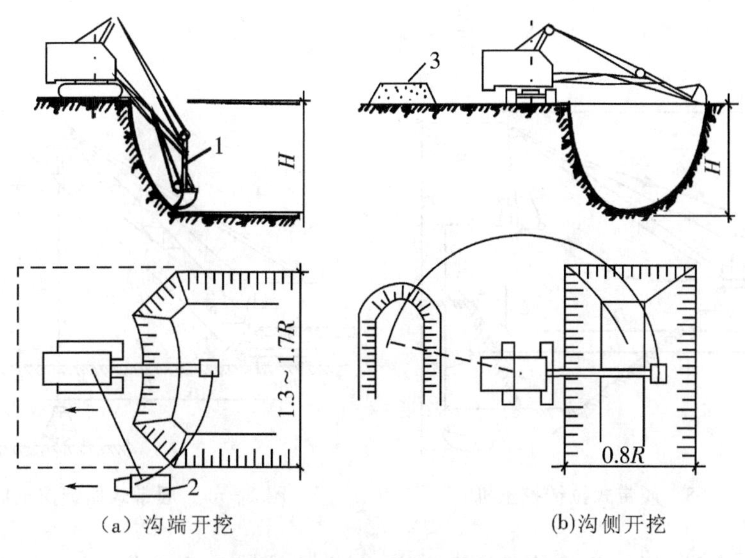

(a) 沟端开挖　　(b)沟侧开挖

1—反铲挖土机;2—自卸汽车;3—弃土堆

图 1-56 反铲挖土机开挖方式

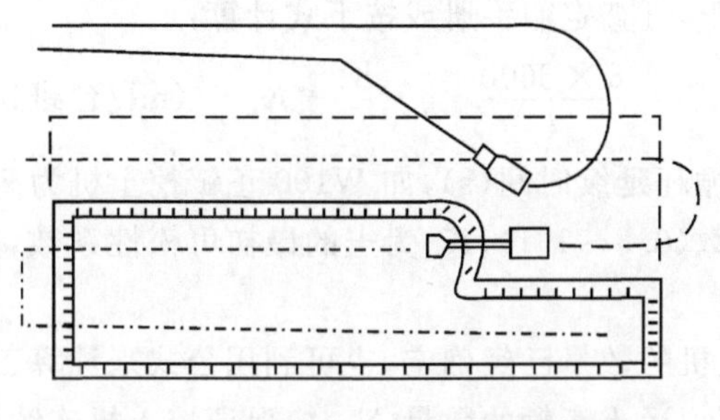

图 1-57 反铲挖土机多次开行挖土

履带式拉铲挖土机的挖斗容量有 0.35m^3、0.5m^3、1m^3、1.5m^3、2m^3 等几种。其最大挖土深度由 7.6m(W_3—30)到 16.3m(W_1—200)。

拉铲挖土机的开挖方式与反铲挖土机的开挖方式相似,可沟侧开挖也可沟端开挖。

6.抓铲挖土机

抓铲挖土机(见图 1-59)是在挖土机臂端用钢丝绳吊装一个抓斗,用钢丝绳将装有刀片并由传动装置带动的特制开闭式抓斗下到地面抓土,再用钢丝绳吊至堆土上方,把土卸下。其挖土特点是:直上直下,自重切土。其挖掘力较小,能开挖停机面以下的一至二类土。抓铲适用于开挖软土地基基坑,特别是其中窄而深的基坑、深槽、深井采用抓铲效果理想;还可用于疏通旧有渠道以及挖取水中淤泥等,或用于装卸碎石、矿渣等松散材料。抓铲也有采用液压传动操纵抓斗作业,其挖掘力和精度优于机械传动抓铲挖土机。

7.挖土机和运土车辆配套计算

基坑开挖采用单斗(反铲等)挖土机施工时,需用运土车辆配合,将挖出的土随时运走。因此,挖土机的生产率不仅取决于挖土机本身的技术性能,而且还应与所选运土车辆的运土能力相协调。为使挖土机充分发挥生产能力,应配备足够数量的运土车辆,以保证挖土机连续工作。

(1)挖土机数量的确定。挖土机的数量 ,应根据土方量大小和工期要求来确定,可按下式计算:

$$N = \frac{Q}{P} \times \frac{1}{T \cdot C \cdot K} \quad (台) \tag{1-46}$$

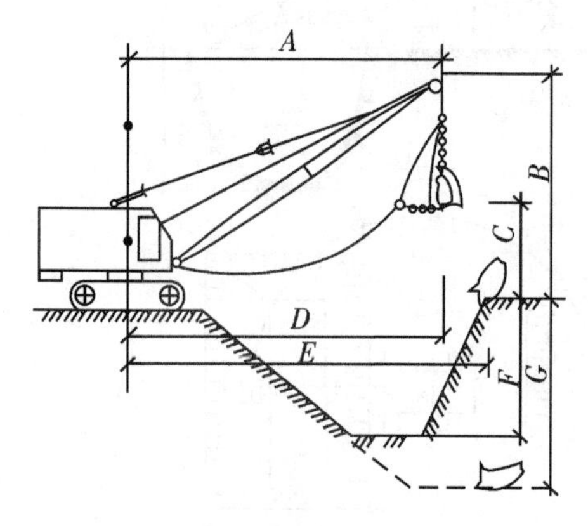

图 1-58　履带式拉铲挖土机

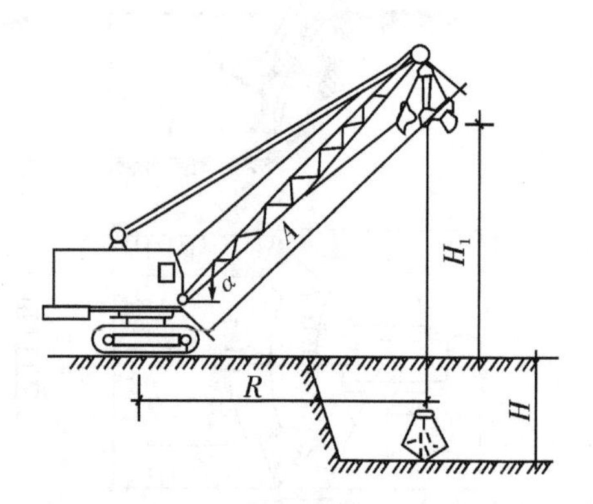

图 1-59　履带式抓铲挖土机

式中：Q 为土方量(m^3)；P 为挖土机生产率，(m^3/台班)；T 为工作日；C 为每天工作班数；K 为时间利用系数(0.8～0.9)。

单斗挖土机的生产率 P，可查定额手册或按下式计算：

$$P = \frac{8 \times 3600}{t} \cdot q \cdot \frac{K_c}{K_s} \cdot K_B \quad (m^3/台班) \tag{1-47}$$

式中：t 为挖土机每斗作业循环延续时间(s)，如 W100 正铲挖土机为 25～40s；q 为挖土机斗容量(m^3)；K_c 为土斗的充盈系数(0.8～1.1)；K_s 为土的最初可松性系数，查表 1-1；K_B 为工作时间利用系数(0.7～0.9)。

在实际施工中，若挖土机的数量已经确定，也可利用公式来计算工期。

(2)运土车辆配套计算。运土车辆的数量 N_1，应保证挖土机连续作业，可按下式计算：

$$n_1 = \frac{t_1}{T_1} \tag{1-48}$$

式中：T_1 为运土车辆每一运土循环延续时间(min)。

$$T_1 = t_1 + \frac{2l}{V_c} + t_2 + t_3 \tag{1-49}$$

式中：l 为运土距离(m)；V_c 为重车与空车的平均速度(m/min)，一般取 20～30 km/h；t_2 为卸土时间，一般为 1min；t_3 为操纵时间(包括停放待装、等车、让车等)，一般取 2～3min；t_1 为运土车辆每车装车时间(min)。

$$t_1 = n \cdot t$$

式中：n 为运土车辆每车装土次数。

$$n = \frac{Q_1}{q \cdot \frac{K_c}{K_S} \cdot r} \tag{1-50}$$

式中：Q_1 为运土车辆的载重量(t)；r 为实土重度(t/m^3)，一般取 1.7 t/m^3。

【例 1-4】　某工程基坑土方开挖，土方量为 9 640m^3，现有 WY100 反铲挖土机可租，斗容量为 1m^3，为减少基坑暴露时间挖土工期限制在 7 天。挖土采用载重量 8 t 的自卸汽车配合运土，要求运土车辆数能保证挖土机连续作业，已知 $K_c=0.9$，$K_s=1.15$，$K=K_B=0.85$，$t=40$ s，$l=1.3$km，$V_c=20$km/h。

试求:(1)试选择 WY100 反铲挖土机数量;(2)运土车辆数。

解(1)准备采取两班制作业,则挖土机数量 N 按公式(1-46)计算:

$$N=\frac{Q}{P\cdot C\cdot K\cdot T}$$

式中挖土机生产率 P 按公式(1-47)求出:

$$P=\frac{8\times3600}{t}\cdot q\cdot\frac{K_c}{K_s}\cdot K_B=\frac{8\times3600}{40}\times1\times\frac{0.9}{1.15}\times0.85=479\ (\mathrm{m^3}/台班)$$

则挖土机数量:

$$N=\frac{9640}{479\times2\times0.85\times7}=1.69\ (台)\quad(取\ 2\ 台)$$

(2)每台挖土机运土车辆数 按公式(1-47)求出:$N_1=\dfrac{T_1}{t_1}$

每车装土次数 $n=\dfrac{Q_1}{q\cdot\dfrac{K_c}{K_s}\cdot r}=\dfrac{8}{1\times\dfrac{0.9}{1.15}\times1.7}=6.0$(取 6 次)

每次装车时间 $t_1=n\cdot t=6\times40=240(s)=4\mathrm{min}$

运土车辆每一个运土循环延续时间按公式(1-48)求出:

$$T_1=t_1+\frac{2l}{V_c}+t_2+t_3=4+\frac{2\times1.3\times60}{20}+1+3=15.8(\mathrm{min})$$

则每台挖土机运土车辆数量 N_1:$N_1=\dfrac{15.8}{4}=3.95$(辆)(取 4 辆)

2 台挖土机所需运土车辆数量 N:$N=2N_1=2\times4=8$(辆)

1.6 土方填筑与压实

1.6.1 填料选择与处理

为了保证填土工程的质量,必须正确选择土料和填筑方法。

对填方土料应按设计要求验收后方可填入。如设计无要求,一般按下述原则进行。

(1)碎石类土、砂土(使用细、粉砂时应取得设计单位同意)和爆破石碴可用作表层以下的填料;含水量符合压实要求的黏性土,可用作各层填料;碎块草皮和有机质含量大于8%的土,仅用于无压实要求的填方。含有大量有机物的土,容易降解变形而降低承载能力;含水溶性硫酸盐大于5%的土,在地下水的作用下,硫酸盐会逐渐溶解消失,形成孔洞影响密实性;因此前述两种土以及淤泥和淤泥质土、冻土、膨胀土等均不应作为填土。

(2)填土应分层进行,并尽量采用同类土填筑。如采用不同土填筑时,应将透水性较大的土层置于透水性较小的土层之下,不能将各种土混杂在一起使用,以免填方内形成水囊。

(3)碎石类土或爆破石碴作填料时,其最大粒径不得超过每层铺土厚度的2/3,使用振动碾时,不得超过每层铺土厚度的3/4,铺填时,大块料不应集中,且不得填在分段接头或填方与山坡连接处。

(4)当填方位于倾斜的山坡上时,应将斜坡挖成阶梯状,以防填土横向移动。

(5)回填基坑和管沟时,应从四周或两侧均匀地分层进行,以防基础和管道在土压力作用下产生偏移或变形。

(6)回填以前，应清除填方区的积水和杂物，如遇软土、淤泥，必须进行换土回填。在回填时，应防止地面水流入，并预留一定的下沉高度(一般不得超过填方高度的3%)。

1.6.2 填筑方法

填土的压实方法一般有碾压、夯实、振动压实以及利用运土工具压实。对于大面积填土工程，多采用碾压和利用运土工具压实。对较小面积的填土工程，则宜用夯实机具进行压实。

1. 碾压法

碾压法是利用机械滚轮的压力压实土壤，使之达到所需的密实度。碾压机械有平碾、羊足碾和气胎碾。

平碾又称光碾压路机(见图1-60)，是一种以内燃机为动力的自行式压路机。按重量等级分为轻型(30～50kN)、中型(60～90kN)和重型(100～140kN)三种，适于压实砂类土和黏性土，适用土类范围较广。轻型平碾压实土层的厚度不大，但土层上部变得较密实，当用轻型平碾初碾后，再用重型平碾碾压松土，就会取得较好的效果。如直接用重型平碾碾压松土，则由于强烈的起伏现象，其碾压效果较差。

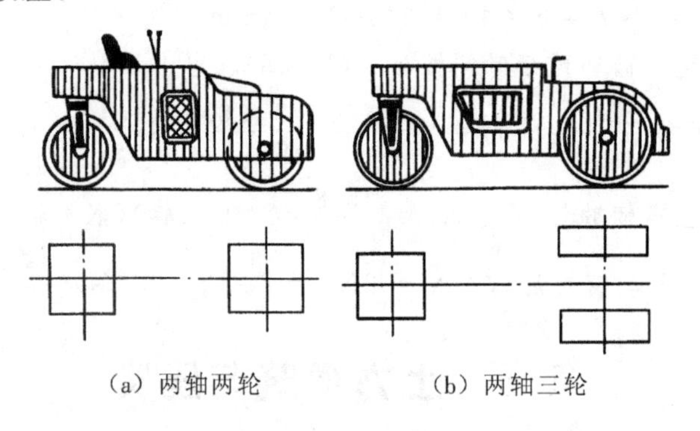

(a) 两轴两轮　　(b) 两轴三轮

图1-60　光轮压路机

羊足碾见图1-61和图1-62，一般无动力需靠拖拉机牵引，有单筒、双筒两种。根据碾压要求，有可分为空筒及装砂、注水等三种。羊足碾虽然与土接触面积小，但对单位面积的压力比较大，土的压实效果好。羊足碾只能用于压实黏性土。

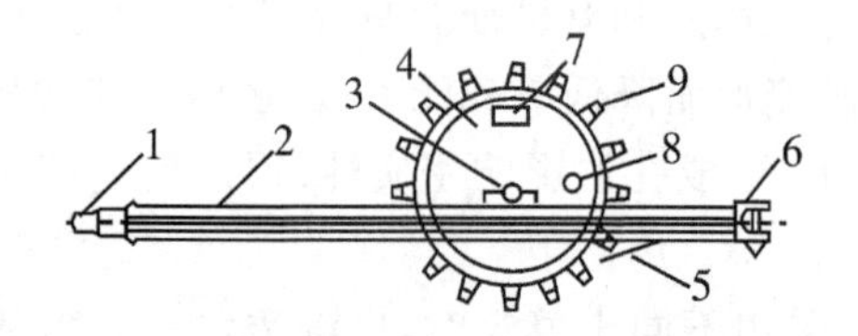

1—前拉头；2—机架；3—轴承座；4—碾筒；5—铲刀；
6—后拉头；7—装砂口；8—水口；9—羊足头

图1-61　单筒羊足碾构造示意图

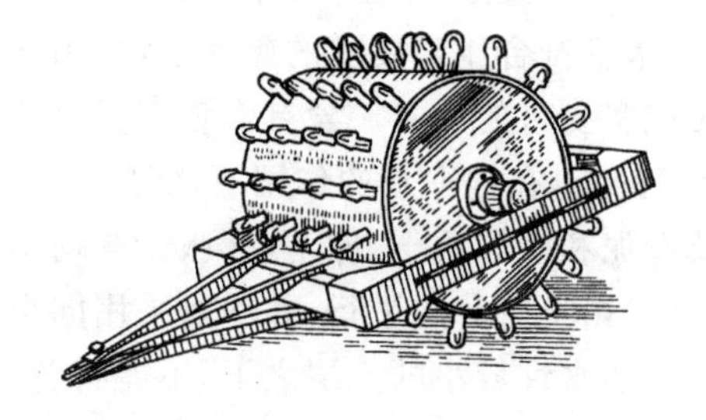

图1-62　羊足碾

气胎碾又称轮胎压路机(见图1-63)，它的前后轮分别密排着四个、五个轮胎，既是行驶轮，也是碾压轮。由于轮胎弹性大，在压实过程中土与轮胎都会发生变形，而随着几遍碾压后铺土密实度的提高，沉陷量逐渐减少，因而轮胎与土的接触面积逐渐缩小，但接触应力则逐渐增大，最后使土料得到压实。由于在工作时是弹性体，其压力均匀，填土质量较好。

碾压法主要用于大面积的填土，如场地平整、路基、堤坝等工程。用碾压法压实填土时，铺土应均匀一致，碾压遍数要一样，碾压方向应从填土区的两边逐渐压向中心，每次碾压应有 15～20 cm 的重叠；碾压机械开行速度不宜过快，一般平碾不应超过 2km/h，羊足碾控制在 3km/h 之内，否则会影响压实效果。

2. 夯实法

夯实法是利用夯锤自由下落的冲击力来夯实土壤，主要用于小面积的回填土或作业面受到限制的环境下。夯实法分人工夯实和机械夯实两种。人工夯实所用的工具有木夯、石夯等；常用的夯实机械有夯锤、内燃夯土机、蛙式打夯机和利用挖土机或起重机装上夯板后的夯土机等，其中蛙式打夯机(见图 1-64)轻巧灵活，构造简单，在小型土方工程中应用最广。

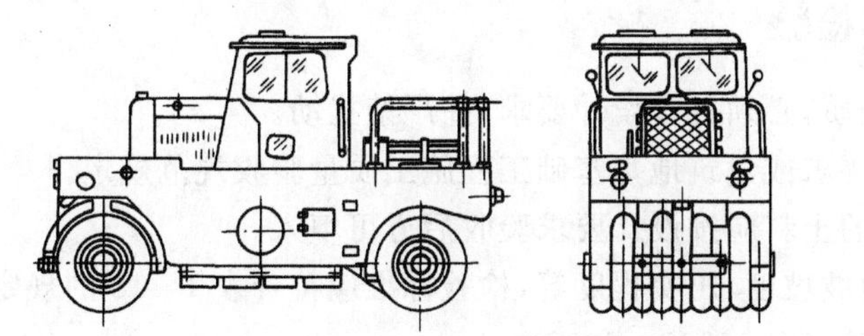

图 1-63　轮胎压路机

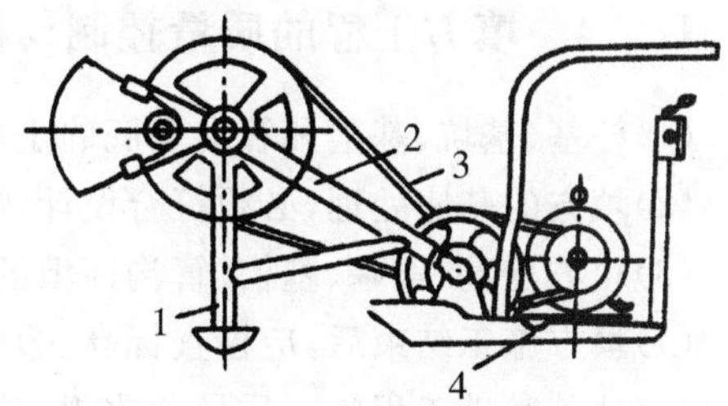

1—夯头；2—夯架；3—三角胶带；4—底盘

图 1-64　蛙式打夯机

3. 振动压实法

振动压实法是将振动压实机放在土层表面，借助振动机构使压实机振动土颗粒，土的颗粒发生相对位移而达到紧密状态。用这种方法振实非黏性土效果较好。

近年来，又将碾压和振动法结合起来而设计和制造了振动平碾、振动凸块碾等新型压实机械。振动平碾适用于填料为爆破碎石碴、碎石类土、杂填土或轻亚黏土的大型填方；振动凸块碾则适用于亚黏土或黏土的大型填方。当压实爆破石碴或碎石类土时，可选用重 8～15t 的振动平碾，铺土厚度为 0.6～1.5m，先静压后振动碾压，碾压遍数由现场试验确定，一般为 6～8 遍。

1.6.3　影响土壤压实的因素

填土压实质量与许多因素有关，其中主要影响因素为压实功、土的含水量以及每层铺土厚度。

1. 压实功的影响

填土压实后的干密度与压实机械在其上施加的功有一定关系。在开始压实时，土的干密度急剧增加，待到接近土的最大干密度时，压实功虽然增加许多，而土的干密度几乎没有变化。因此，在实际施工中，不要盲目过多地增加压实遍数。

2. 含水量的影响

在同一压实功条件下，填土的含水量对压实质量有直接影响。较为干燥的土，由于土颗粒之间的摩阻力较大，因而不易压实。当土具有适当含水量时，水起到了润滑作用，土颗粒间的摩阻力减小，从而易压实。相比之下，严格控制最佳含水量，要比增加压实功能收获大得多。当含水量不足、洒水困难时，适当增大压实功能可以收效，假如土的含水量过大，此时假如增大压实功能必将出现弹簧现象，压实效果很差，造成返工浪费。所以，土基压实施工中，控制最佳含水量是首要关键。各种土的最佳含水量和所获得的最大干密度，可由击实试验取得。

3. 铺土厚度的影响

土在压实功的作用下，压应力随深度增加逐渐减小，其影响深度与压实机械、土的性质和含水量有关。铺土厚度应小于压实机械压土时的作用深度，但其中还有最优土层厚度问题，铺得过厚，要压多遍才能达到规定的密实度；铺得过薄，则也要增加机械的总压实遍数。恰当的铺土厚度能使土方压实而机械的功耗费最少。

实践经验证实：土基压实时，在机具类型、土层厚度及行程遍数已选定的条件下，压实操作时宜先轻后重、先慢后快、先边缘后中间。压实时，相邻两次的轮迹应重叠轮宽的 1/3，保持压实均匀，不漏压，对于压不到的边角，应辅以人力或小型机具夯实。在压实过程中，经常检查含水量和密实度，以达到符合规定压实度的要求。

1.6.4 填方工程的质量控制与检验

(1)柱基、基坑、基槽和管沟基底的土质，必须符合设计要求，并严禁扰动。

(2)填方的基底处理，必须符合设计要求或建筑地基基础工程施工质量验收规范规定。

(3)填方柱基、坑基、基槽、管沟回填的土料应按设计要求验收后方可填入。

(4)填方施工结束后，应检查标高、边坡坡度、压实程度等，检验标准应符合表 1－13 的规定，见《建筑地基基础工程施工质量验收规范》(GB 50202－2002)。

表 1－13 填土工程质量检验标准 单位：mm

<table>
<tr><th rowspan="3"></th><th rowspan="3"></th><th rowspan="3">检查项目</th><th colspan="5">允许偏差或允许值</th><th rowspan="3">检查方法</th></tr>
<tr><th rowspan="2">基基坑基槽</th><th colspan="2">场地平整</th><th rowspan="2">管沟</th><th rowspan="2">地(路)面基础层</th></tr>
<tr><th>人工</th><th>机械</th></tr>
<tr><td rowspan="2">主控项目</td><td>1</td><td>标高</td><td>－50</td><td>±30</td><td>±50</td><td>－50</td><td>－50</td><td>水准仪</td></tr>
<tr><td>2</td><td>分层压实系数</td><td colspan="5">设计要求</td><td>按规定方法</td></tr>
<tr><td rowspan="3">一般项目</td><td>1</td><td>回填土料</td><td colspan="5">设计要求</td><td>取样检查或直观鉴别</td></tr>
<tr><td>2</td><td>分层厚度及含水量</td><td colspan="5">设计要求</td><td>水准仪及抽样检查</td></tr>
<tr><td>3</td><td>表面平整度</td><td>20</td><td>20</td><td>30</td><td>20</td><td>20</td><td>用靠尺或水准仪</td></tr>
</table>

1.6.5 密实度检验中的分层压实系数

填方压实后，应具有一定的密实度。密实度应按设计规定控制干密度 ρ_{cd} 作为检查标准。土的控制干密度与最大干密度之比称为压实系数 D_y。对于一般场地平整，其压实系数为 0.9 左右，对于地基填土(在地基主要受力层范围内)为 0.93～0.97。

填方压实后的干密度，应有 90%以上符合设计要求，其余 10%的最低值与设计值的差，不得大于 0.08g/cm^3，且应分散，不宜集中。检查土的实际干密度，一般采用环刀取样法，或用小轻便触探仪直接通过锤击数来检验。其取样组数为：基坑回填每 30～50m^3 取样一组(每个基坑不少于一组)；基槽或管沟回填每层按长度 20～50m 取样一组；室内填土每层按 100～500m^2 取样一组；场地平整填方每层按 400～900m^2 取样一组。取样部位应在每层压实后的下半部。试样取出后，先称出土的湿密度并测定含水量，然后用式(1-48)计算土的实际干密度 ：

$$\rho_d=\frac{\rho}{1+\omega} \tag{1-51}$$

式中：ρ 为土的湿密度(g/cm^3)；ω 为土的湿含水量。

如用式(1-51)算得的土的实际干密度 $\rho_d \geq \rho_{cd}$，则压实合格；若 $\rho_d < \rho_{cd}$，则压实不够，应采取相应措施，提高压实质量。

1.7 地基处理

地基即指建筑物基础以下的土体，地基的主要作用是承托建筑物的基础；地基虽不是建筑物本身的一部分，但与建筑物的关系非常密切。地基问题处理恰当与否，不仅影响建筑物的造价，而且直接影响建筑物的安危。

建筑物对地基的要求可以概括为以下三个方面：可靠的整体稳定性；足够的地基承载力；在建筑物的荷载作用下，其沉降值、水平位移及不均匀沉降需要满足一定值的要求。若地基整体稳定性、承载力不能满足要求，在上部荷载作用下地基可能会产生局部或整体剪切破坏，若沉降值、水平位移及不均匀沉降超过允许值，将会影响建筑物的安全与正常使用严重会造成建筑物的破坏甚至倒塌。

基础直接建造在未经加固的天然土层上时，这种地基称之为天然地基。若天然地基不能满足地基强度和变形的要求，则必须事先要经过人工处理后再建造基础，这种地基加固称为地基处理。

地基加固处理的原理是将土质由松变实，将水的含水量由高变低，即可达到地基加固的目的。常用的人工地基处理方法有换填法、重锤夯实法、机械碾压法、灰土挤密桩法、局部地基处理、局部地基处理、深层搅拌法、化学加固法等。本节主要介绍其中几种常用的地基处理方法。

1.7.1 换填法

对于浅层软弱土的处理，通常采用换填法。即将基础下一定范围内的软弱土层挖 去，然后回填以强度较大的砂、碎石灰土等，并夯填至密实。

换填法适用于淤泥、淤泥质土、膨胀土、冻涨土、素填土、杂填土及暗沟、暗塘、古井、古墓或拆除旧基础后的坑穴等的地基处理。

常见的换填法按换填材料的不同分为砂和砂石地基垫层以及灰土垫层等。

1.砂和砂石地基(垫层)

砂和砂石地基(垫层)是采用级配良好、质地坚硬的中粗砂和碎石、卵石等，经分层夯实，作为基础的持力层。

砂垫层的主要作用如下：①提高浅基础下的地基承载力。通常认为地基的土体破坏是从基础底面开始的，因此用强度比较大的砂石代替土就可以避免地基的破坏。②减少沉降量。一般情况下基础下浅层的在总沉降量中所占的比例是比较大的，如条形基础。

砂石垫层应用范围广泛，施工工艺简单，用机械和人工都可以使地基密实，工期短，造价低；适用于 3.0m 以内的软弱、透水性强的黏性土地基，不适用加固湿陷性黄土和不透水的黏性土地基。

(1)材料要求。砂石垫层材料,宜采用级配良好、质地坚硬的中砂、粗砂、石屑和碎石、卵石等(粒径小于 2mm 的部分不应超过总重的 45%),含泥量不应超过 5%,且不含植物残体、垃圾等杂质。若用作排水固结地基的,含泥量不应超过 3%;在缺少中、粗砂的地区,若用细砂或石屑,因其不容易压实,而强度也不高,因此在用作换填材料时,应掺入粒径不超过 50mm,不少于总重 30%的碎石或卵石并拌和均匀。若回填在碾压、夯、振地基上时,其最大粒径不超过 80mm。

(2)施工技术要点。

① 铺设垫层前应验槽,将基底表面浮土、淤泥、杂物等清理干净,两侧应设一定坡度,防止振捣时坍方。基坑(槽)内如发现有孔洞、沟和墓穴等,应将其填实后再做垫层。

②垫层底面标高不同时,土面应挖成阶梯或斜坡,并按先深后浅的顺序施工,搭接处应夯压密实。分层铺实时,接头应做成斜坡或阶梯搭接,每层错开 0.5~1.0m,并注意充分捣实。

②人工级配的砂石材料,施工前应充分拌匀,再铺夯压实。

③砂石垫层压实机械首先应选用振动碾和振动压实机,其压实效果、分层填铺厚度、压实次数、最优含水量等应根据具体的施工方法及施工机械现场确定。如无试验资料,砂石垫层的每层填铺厚度及压实遍数可参考表 1-14。分层厚度可用样桩控制,施工时下层的密实度应经检验合格后,方可进行上层施工。一般情况下,垫层的厚度可取 200~300mm。

表 1-14 砂和砂石垫层每层铺筑厚度及最优含水量

捣实方法	每层铺设厚度(mm)	施工时最优含水量(%)	施工要点	备注
平振法	200~250	15~20	1.用平板式振捣器往复振捣,往复次数以简易测定密实度合格为准 2. 振捣器移动时,每行应搭接三分之一,以防振动面积不搭接	不宜使用干细砂或含泥量较大的砂铺筑砂垫层
水撼法	250	饱和	1. 注水高度略超过铺设面层 2. 用钢叉摇撼捣实或用震动棒或平板震动器插捣或振捣 3. 有控制地注水和排水 4. 钢叉分四齿,齿的间距 30mm,长 300mm,木柄长 900mm	湿陷性黄土、膨胀土、细砂地基上不得使用
夯实法	150~200	8~12	1. 用木夯或机械夯 2. 木夯重 40kg,落距 400~500mm 3. 一夯压半夯,全面夯实	适用于砂石垫层
碾压法	150~300	8~12	1.6~10 t 压路机往复碾压 2.碾压次数以达到要求密实度为准,一般不少于 4 遍,用振动压实机械,振动 3~5min	适用于大面积的砂石垫层,不宜用于地下水位以下的砂垫层

⑤当地下水位高出基础底面时,应采取排、降水措施,要注意边坡稳定,以防止塌土混入砂石垫层中影响质量。

⑥当采用水撼法施工或插振法施工时,应在基槽两侧设置样桩,控制铺砂厚度,每层为 250mm。铺砂后,灌水与砂面齐平,以振动棒插入振捣,依次振实,以不再冒气泡为准,直至完

成。垫层接头应重复振捣，插入式振动棒振完所留孔洞应用砂填实。在振动首层垫层时，不得将振动棒插入原土层或基槽边部，以避免使软土混入砂垫层而降低砂垫层的强度。

⑦垫层铺设完毕，应及时回填，并及时施工基础。

⑧冬期施工时，砂石材料中不得夹有冰块，并应采取措施防止砂石内水分冻结。

(3)质量控制及质量检验。

①施工前应检查原材料，如灰土的土料、石灰以及配合比、灰土拌匀程度。

②施工过程中应检查分层铺设厚度，分段施工时上下两层的搭接长度，夯实时加 水量、夯压遍数等。

③每层施工结束后检查灰土地基的压实系数，或逐层用贯入仪检验，以达到控制(设计要求)压实系数所对应的贯入度为合格，或用环刀取样检测灰土的干密度，除以试验的最大干密度求得。施工结束后，应检验灰土地基的承载力。

(4)砂石垫层的施工质量检验，应随施工分层进行。检验方法主要有环刀法和贯入法。

①环刀取样法。用容积不小于 200 cm^3 的环刀压入垫层的每层 2/3 深处取样，测定其干密度，以不小于通过试验所确定的该砂料在中密状态时的干密度数值为合格。对于基坑每 50～100m^2 不少于一个检测点，对于基槽每 10～20m 不少于一个检测点。如是砂石地基，可在地基中设置纯砂检验点，在相同的试验条件下，用环刀测其干密度。

④贯入测定法。检验前先将垫层表面的砂刮去 30mm 左右，再用贯入仪、钢筋或钢叉等以贯入度大小来定性地检验砂垫层的质量，以不大于通过相关试验所确定的贯入度为合格。钢筋贯入法所用的钢筋的直径 ϕ20，长 1.25m，垂直距离砂垫层表面 700mm 时自由下落，测其贯入深度。

2.灰土垫层

灰土垫层是将基础底面以下一定范围内的软弱土挖去，用按一定体积配合比的灰土在最优含水量情况下分层回填夯实(或压实)。灰土垫层的材料为石灰和土，石灰和土的体积比一般为3∶7或 2∶8。灰土垫层的强度是随用灰量的增大而提高，当用灰量超过一定值时，其强度增加很小。

灰土地基施工工艺简单，费用较低，是一种应用广泛、经济、实用的地基加固方法；适用于加固处理 1～3m 厚的软弱土层。

(1)材料要求。

①土。土料可采用就地基坑(槽)挖出来的粉质黏土或塑性指数大于 4 的粉土，但应过筛，其颗粒直径不大于 15mm，土内有机质含量不得超过 5%。不宜使用块状的黏土和砂质粉土、淤泥、耕植土、冻土。

②石灰。应使用达到国家三等石灰标准的生石灰，使用前生石灰消解 3～4 天并过筛，其粒径不应大于 5mm。

(2)施工技术要点。

①铺设垫层前应验槽，基坑(槽)内如发现有孔洞、沟和墓穴等，应将其填实后再做垫层。

②灰土在施工前应充分拌匀，控制含水量，一般为最优含水量 ω_{op} ±2%左右，如 水分过多或不足时，应晾干或洒水湿润。在现场可按经验直接判断，方法即手握灰土成团，两指轻捏即碎，这时即可判定灰土达到最优含水量。

③灰土垫层应选用平碾和羊足碾、轻型夯实机及压路机，分层填铺夯实。每层虚铺厚度可见表 1－15。

表 1-15　灰土最大虚铺厚度

夯实机具种类	重量(T)	虚铺厚度(mm)	备注
石夯、木夯	0.04～0.08	200～250	人力送夯，落距 400～500mm，一夯压半夯，夯实后约 80～100mm
轻型夯实机械	0.12～0.4	200～250	蛙式打夯机、柴油打夯机，夯实后约 100～150mm 厚
压路机	6～10	200～300	双轮

④分段施工时，不得在墙角、柱基及承重窗间墙下接缝，上下两层的接缝距离不得小于 500mm，接缝处应夯压密实。

⑤灰土应当日铺填夯压，入槽(坑)的灰土不得隔日夯打，如刚铺筑完毕或尚未 夯实的灰土遭雨淋浸泡时，应将积水及松软灰土挖去并填补夯实，受浸泡的灰土应晾干后再夯打密实。

⑥垫层施工完后，应及时修建基础并回填基坑，或作临时遮盖，防止日晒雨淋，夯实后的灰土 30 天内不得受水浸泡。

⑦冬期施工，必须在基层不冻的状态下进行，土料应覆盖保温，不得使用夹有冻土及冰块的土料，施工完的垫层应加盖塑料面或草袋保温。

(3) 施工质量检验。质量检验宜用环刀取样，测定其干密度。质量标准可按压实系数 λ_C 鉴定，一般为 0.93～0.95，如用贯入仪检查灰土质量，应先在现场进行试验，以确定贯入度的具体要求。如无设计要求，可按表 1-16 取值。

表 1-16　灰土质量要求

土料种类	灰土最小密度(t/m^3)
粉土	1.55
粉质黏土	1.50
黏土	1.45

1.7.2　灰土挤密桩地基

灰土桩地基是灰土挤密桩地基处理技术的一种，是利用锤击将钢管打入土中侧向挤密成孔，将管拔出后，在桩孔中分层回填 2:8或 3:7灰土夯实而成，与桩间土共同组成复合地基以承受上部荷载。

1. 特点及适用范围

(1)灰土挤密桩与其他地基处理方法比较有以下特点：灰土挤密桩成桩时为横向挤密，可同样达到所要求加密处理后的最大干密度指标，可消除地基土的湿陷性，提高承载力，降低压缩性；与换土垫层相比，不需大量开挖回填，可节省土方开挖和回填土方工程量，工期可缩短 50%以上；处理深度较大，可达 12～15m；可就地取材，应用廉价材料，降 低工程造价 2/3；机具简单，施工方便，工效高。灰土挤密桩适于加固地下水位以上、天然含水量 12%～25%、厚度 5～15m 的新填土、杂填土、湿陷性黄土以及含水率较大的软弱地基。当地基土含水量大于 23%及其饱和度大于 0.65 时，打管成孔质量不好，且易对邻近已回填的桩体造成破坏，拔管后容易缩颈，遇此情况不宜采用灰土挤密桩。

(2)灰土强度较高，桩身强度大于周围地基土，可以分担较大部分荷载，使桩间土承受的应力减小，而到深度 2～4m 以下则与土桩地基相似。一般情况下，如为了消除地基湿陷性或提高地基的承载力或水稳性，降低压缩性，宜选用灰土桩。

2. 桩的构造和布置

(1)桩孔直径。根据工程量、挤密效果、施工设备、成孔方法及经济等情况而定，一般选用300～600mm。

(2)桩长。根据土质情况、桩处理地基的深度、工程要求和成孔设备等因素确定，一般为5～15m。

(3)桩距和排距。桩孔一般按等边三角形布置，其间距和排距由设计确定。

(4)处理宽度。处理地基的宽度一般大于基础的宽度，由设计确定。

(5)地基的承载力和压缩模量。灰土挤密桩处理地基的承载力标准值，应由设计通过原位测试或结合当地经验确定。

灰土挤密桩地基的压缩模量应通过试验或结合本地经验确定。

3. 机具设备及材料要求

(1)成孔设备。一般采用0.6t或1.2t柴油打桩机或自制锤击式打桩机，亦可采用冲击钻机或洛阳铲成孔。

(2)夯实机具。常用夯实机有偏心轮夹杆式夯实机和卷扬机提升式夯实机两种，后者工程中应用较多。夯锤用铸钢制成，重量一般选用100～300kg，其竖向投影面积的静压力不小于20kPa。夯锤最大部分的直径应较桩孔直径小100～150mm，以便填料顺利通过夯锤4周。夯锤形状下端应为抛物线形锥体或尖锥形锥体，上段成弧形。

(3)桩孔内的填料。桩孔内的填料应根据工程要求或处理地基的目的确定。土料、石灰质量要求和工艺要求、含水量控制等同灰土垫层。夯实质量应用压实系数λ_c控制，λ_c应不小于0.97。

4. 施工工艺方法要点

(1)施工前应在现场进行成孔、夯填工艺和挤密效果试验，以确定分层填料厚度、夯击次数和夯实后干密度等要求。

(2)桩施工一般采取先将基坑挖好，预留20～30 cm土层，然后在坑内施工灰土桩。桩的成孔方法可根据现场机具条件选用沉管(振动、锤击)法、爆扩法、冲击法或洛阳铲成孔法等。①沉管法是用打桩机将与桩孔同直径的钢管打入土中，使土向孔的周围挤密，然后缓慢拔管成孔。桩管顶设桩帽，下端做成锥形约成60°角，桩尖可以上下活动(见图1-65)，以利空气流动，可减少拔管时的阻力，避免坍孔。成孔后应及时拔出桩管，不应在土中搁置时间过长。成孔施工时，地基土宜接近最优含水量，当含水量低于12%时，宜加水增湿至最优含水量。本法简单易行，孔壁光滑平整，挤密效果好，应用最广。但处理深度受桩架限制，一般不超过8m。②爆扩法系用钢钎打入土中形成直径25～40mm孔或用洛阳铲打成直径60～80mm孔，然后在孔中装入条形炸药卷和2～3个雷管，爆扩成直径20～45 cm。本

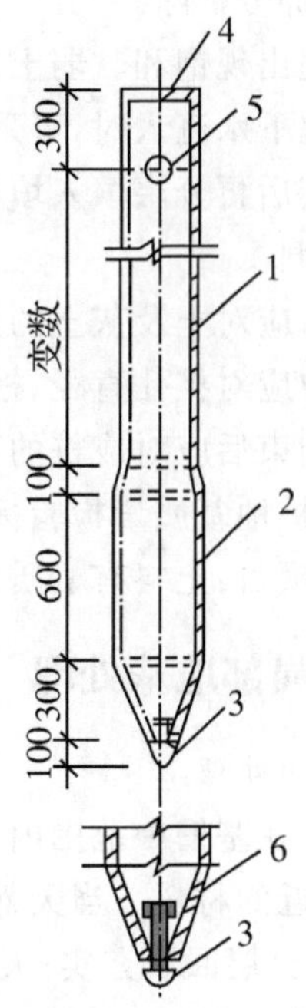

1—ϕ275mm 无缝钢管；
2—ϕ300mm×10mm 无缝钢管；
3—活动桩尖；
4—10mm 厚封头板(设ϕ300mm 排气孔)；
5—ϕ45mm 管焊于桩管内，穿M40螺栓；
6—重块

图1-65　桩管构造

法工艺简单，但孔径不易控制。③冲击法是使用冲击钻钻孔，将 0.6～3.2t 重锥形锤头提升 0.5～2.0m 高后落下，反复冲击成孔，用泥浆护壁，直径可达 50～60 cm，深度可达 15m 以上，适于处理湿陷性较大的土层。

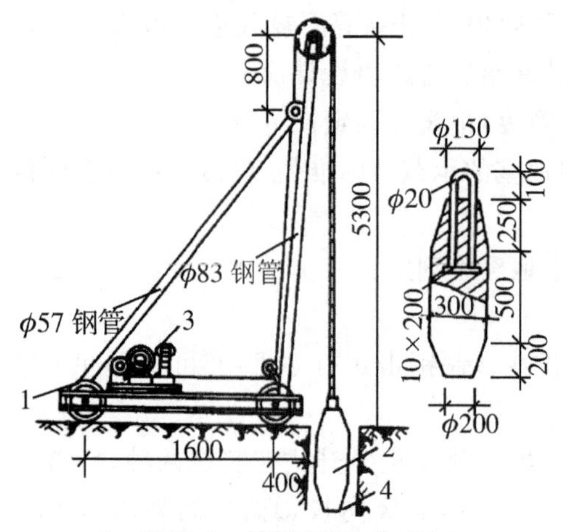

1—机架；2—铸钢夯锤，重 45kg；
3—1t 卷扬机；4—桩孔

图 1-66　灰土桩夯实机构造(桩直径 350mm)

(3)桩施工顺序应先外排后里排，同排内应间隔 1～2 孔进行；对大型工程可采取分段施工，以免因振动挤压造成相邻孔缩孔或坍孔。成孔后应清底夯实、夯平，夯实次数不少于 8 击，并立即夯填灰土。

(4)桩孔应分层回填夯实，每次回填厚度为 250～400mm，人工夯实用重 25kg，带长柄的混凝土锤，机械夯实用偏心轮夹杆或夯实机或卷扬机提升式夯实机(见图 1-66)，或链条传动摩擦轮提升连续式夯实机，一般落锤高度不小于 2m，每层夯实不少于 10 锤。施打时，逐层以量斗定量向孔内下料，逐层夯实。当采用连续夯实机时，则将灰土用铁锹不间断地下料，每下 2 锹夯 2 击，均匀地向桩孔下料、夯实。桩顶应高出设计标高 15cm，挖土时将高出部分铲除。

(5)若孔底出现饱和软弱土层时，可加大成孔间距，以防由于振动而造成已打好的桩孔内挤塞；当孔底有地下水流入时，可采用井点降水后再回填填料或向桩孔内填入 一定数量的干砖渣和石灰，经夯实后再分层填入填料。

5. 质量控制

(1)施工前应对土及灰土的质量、桩孔放样位置等进行检查。

(2)施工中应对桩孔直径、桩孔深度、夯击次数、填料的含水量等进行检查。

(3)施工结束后应对成桩的质量及地基承载力进行检验。

灰土挤密桩地基质量检验标准如下：①主控项目：桩体及桩间土干密度、桩长、地基承载力、桩径。②一般项目：土料有机质含量、石灰粒径、桩位偏差、垂直度、桩径。

1.7.3　局部地基处理

1. 松土坑的处理

(1)松土坑在基槽中范围内先将坑中松软土挖除，使坑底及四壁均见天然土为止，回填与天然土压缩性相近的材料。当天然土为砂土时，用砂或级配砂石回填；当天然土为较密实的黏性土，用 3∶7灰土分层回填夯实；天然土为中密可塑的黏性土或新近沉积黏性土，可用 1∶9或 2∶8灰土分层回填夯实，每层厚度不大于 20cm，如图 1-67(a)所示。

(2)松土坑在基槽中范围较大，且超过基槽边沿因条件限制，槽壁挖不到天然土层时，则应将该范围内的基槽适当加宽，加宽部分的宽度可按下述条件确定：当用砂土或砂石回填时，基槽壁边均应按 l_1∶h_1＝1∶1坡度放宽；用 1∶9或 2∶8灰土回填时，基槽每边应按 b∶h＝0.5∶1坡度放宽；用 3∶7灰土回填时，如坑的长度≤2m，基槽可不放宽，但灰土与槽壁接触处应夯实，如图 1-67(b)所示。

(3)松土坑范围较大，且长度超过 5m。如坑底土质与一般槽底土质相同，可将此部分基础加深，做1∶2踏步与两端相接．每步高不大于50cm，长度不小于100cm，如深度较大，用灰土分层回填夯实至坑(槽)底一平，如图1-67(c)所示。

(4)松土坑较深，且大于槽宽或1.5m。按以上要求处理挖到老土，槽底处理完毕后，还应适当考虑加强上部结构的强度，方法是在灰土基础上1～2皮砖处(或混凝土基础内)、防潮层下1～2皮砖处及首层顶板处，加配4ϕ8～12mm钢筋跨过该松土坑两端各1m，以防产生过大的局部不均匀沉降，如图1-67(d)所示。

(5)松土坑下水位较高，当地下水位较高，坑内无法夯实时，可将坑(槽)中软弱的松土挖去后，再用砂土、砂石或混凝土代替灰土回填，如坑底在地下水位以下时，回填前先用粗砂与碎石(比例为1∶3)分层回填夯实；地下水位以上用3∶7灰土回填夯实至要求高度，如图1-67(e)所示。

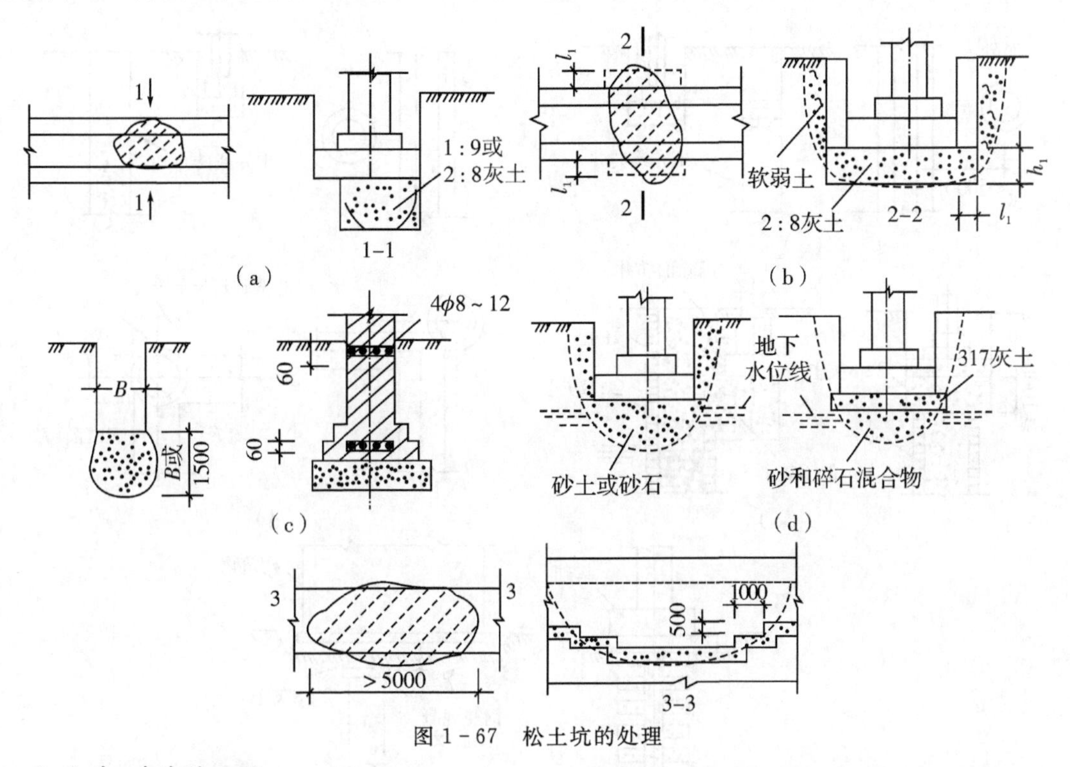

图1-67　松土坑的处理

2. 土井、砖井的处理

(1)土井、砖井在室外，距基础边缘5m以内。先用素土分层夯实，回填到室外地坪以下1.5m处，将井壁四周砖圈拆除或松软部分挖去，然后用素土分层回填并夯实，如图1-68(a)所示。

(2)土井、砖井在室内基础附近。将水位降低到最低可能的限度，用中、粗砂及块石、卵石或碎砖等回填到地下水位以上50cm，并应将四周砖圈拆至坑(槽)底以下1m或更深些，然后再用素土分层回填并夯实，如井已回填，但不密实或有软土，可用大块石将下面软土挤紧，再分层回填素土夯实，如图1-68(b)所示。

(3)土井、砖井在基础下或条形基础3B或柱基2B范围内。先用素土分层回填夯实，至基础底下2m处，将井壁四周松软部分挖去，有砖井圈时，将井圈拆至槽底以下1～1.5m。当井内有水，应用中、粗砂及块石、卵石或碎砖回填至水位以上50cm，然后再按上述方法处理；当井内已填有土，但不密实，且挖除困难时，可在部分拆除后的砖石井圈上加钢筋混凝土盖封口，上面用素土或2∶8灰土分层回填、夯实至槽底，如图1-68(c)所示。

(4)土井、砖井在房屋转角处,且基础部分或全部压在井上。除用以上办法回填处理外,还应对基础加固处理。当基础压在井上部分较少,可采用从基础中挑钢筋混凝土梁的办法处理。当基础压在井上部分较多,用挑梁的方法较困难或不经济时,则可将基础沿墙长方向向外延长出去,使延长部分落在天然土上,落在天然土上基础总面积应等于或稍大于井圈范围内原有基础的面积,并在墙内配筋或用钢筋混凝土梁来加强,如图1-68(d)所示。

(5)土井、砖井已淤填,但不密实可用大块石将下面软土挤密,再用上述办法回填处理。如井内不能夯填密实,而上部荷载又较大,可在井内设灰土挤密桩或石灰桩处理;如土井在大体积混凝土基础下,可在井圈上加钢筋混凝土盖板封口,上部再用素土或2∶8灰土回填密实的办法处理,使基土内附加应力传布范围比较均匀,但要求盖板到基底的高差 $h>d$,如图1-68(e)所示。

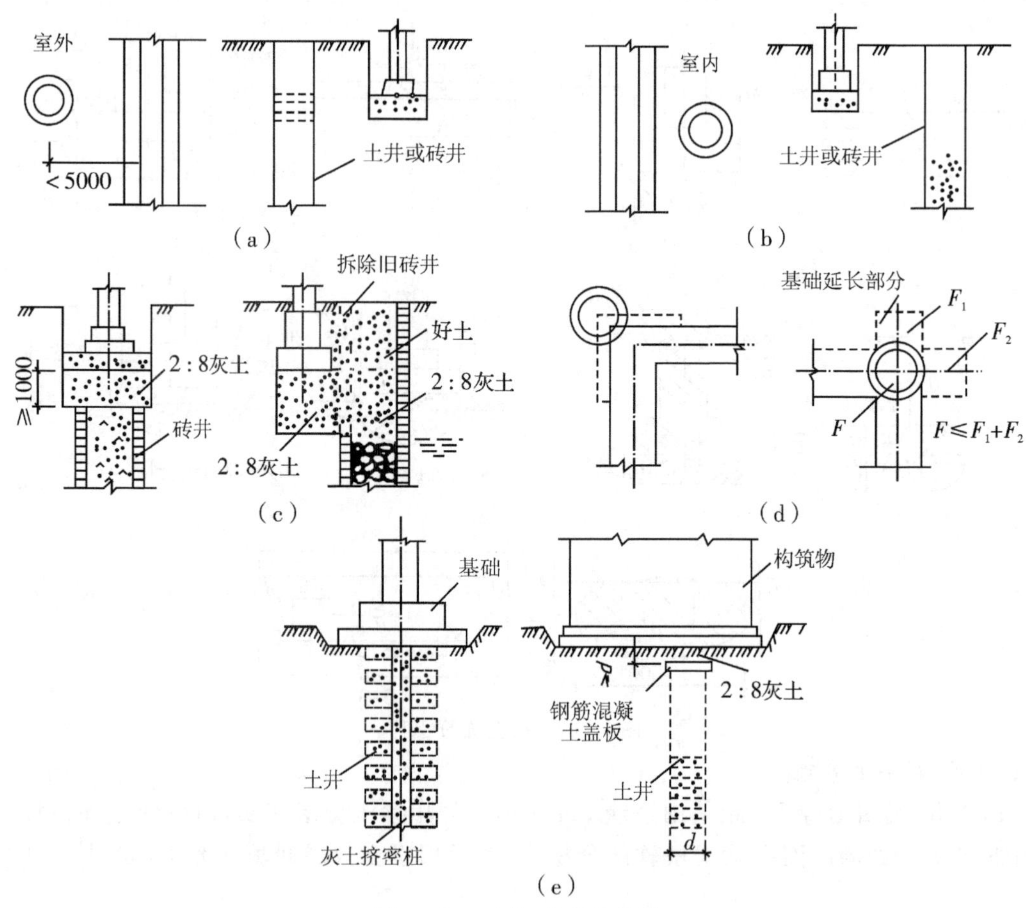

图1-68　土井、砖井的处理

3. 局部软硬地基的处理

(1)基础下局部遇基岩、旧墙基、大孤石、老灰土或圬工构筑物尽可能挖去,以防建筑物由于局部落于坚硬地基上,造成不均匀沉降而使建筑物开裂;或将坚硬地基部分凿去30～50cm深,再回填土砂混合物或砂作软性褥垫,使软硬部分可起到调整地基变形作用,避免裂缝,如图1-69(a)所示。

(2)基础一部分落于基岩或硬土层上,一部分落于软弱土层上时,在软土层上采用现场钻孔灌注桩至基岩;或在软土部位作混凝土或砌块石支承墙(或支墩)至基岩;或将基础以下基岩凿去30～50cm深,填以中粗砂或土砂混合物作软性褥垫,使之能调整岩土交界部位地基的相对变形,避免应力集中出现裂缝;或采取加强基础和上部结构的刚度,来克服软硬地基的不均匀变形,如图 1-69(b)所示。

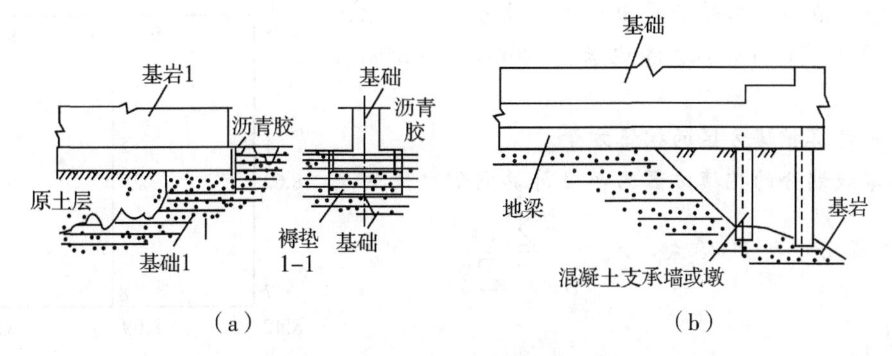

图 1-69 局部软硬地基的处理

思考与练习

1. 土按开挖的难易程度分为几类?各类的特征是什么?

2. 试述土的可松性及其对土方施工的影响。

3. 试述用方格网法计算土方量的步骤和方法。

4. 土方调配应遵循哪些原则?调配区如何划分?

5. 试分析土壁塌方的原因和预防塌方的措施。

6. 试述一般基槽、一般浅基坑和深基坑的支护方法和适用范围。

7. 试述常用中浅基坑支护方法的构造原理、适用范围和施工工艺。

8. 试述流砂形成的原因以及因地制宜防治流砂的方法。

9. 试述人工降低地下水位的方法及适用范围、轻型井点系统的布置方案和设计步骤。

10. 试述推土机、铲运机的工作特点、适用范围及提高生产率的措施。

11. 试述单斗挖土机有哪几种类型?各有什么特点?

12. 试述正铲、反铲挖土机开挖方式有哪几种?挖土机和运土车辆配套如何计算?

13. 土方挖运机械如何选择?土方开挖注意事项有哪些?

14. 如何因地制宜选择基坑支护土方开挖方式?

15. 根据基坑安全等级要监测哪些基坑监测项目,其中哪些是应测项目?哪些是宜测和可测项目?

16. 试述填土压实的方法和适用范围。

17 影响填土压实的主要因素有哪些?怎样检查填土压实的质量?

18. 某基坑底长 82m,宽 64m,深 8m,四边放坡,边坡坡度 1:0.5。

(1)画出平、剖面图,试计算土方开挖工程量。

(2)若混凝土基础和地下室占有体积为 24 600m^3,则应预留多少回填土(以自然状态的土体积计)?

(3)若多余土方外运,问外运土方(以自然状态的土体积计)为多少?

(4)如果用斗容量为 3m^3 的汽车外运,需运多少车?(已知土的最初可松性系数 $K_s=1.14$,最后可松性系数 $K_s'=1.05$)

19. 按场地设计标高确定的一般方法(不考虑土的可松性)。

(1)计算题图1-1所示场地方格中各角点的施工高度并标出零线(零点位置需精确算出),角点编号与天然地面标高如题图1-1所示,方格边长为20m,$i_x=2‰$,$i_y=3‰$。

(2)分别计算挖填方区的挖填方量。

(3)以零线划分的挖填方区为单位计算它们之间的平均运距。(提示:利用公式,$X_0=\dfrac{\sum(x_iV_i)}{\sum V_i}$,$Y_0=\dfrac{\sum(y_iV_i)}{\sum V_i}$)

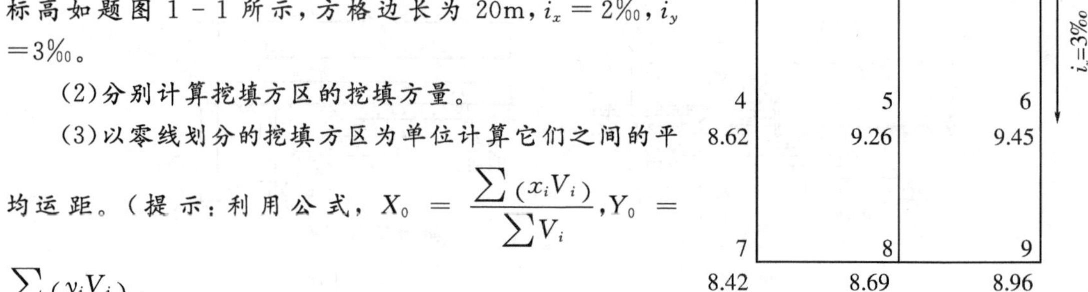

题图1-1

20. 已知某场地的挖方调配区W_1、W_2、W_3,填方调配区T_1、T_2、T_3。其土方量和各调配区的运距见题表1-1。

题表1-1　土方量和各调配区的远距

填方区 / 挖方区	T_1	T_2	T_3	挖方量(m²)
W_1	50	80	40	350
W_2	100	70	60	550
W_3	90	40	80	700
填方量(m³)	250	800	550	1 600

(1)用表上作业法求土方的初始调配方案和总土方运输量。

(2)用表上作业法求土方的最优调配方案和总土方运输量,并与初始方案进行比较。

21. 某基坑底面积为22m×34m,基坑深4.8m,地下水位在地面下1.2m,天然地面以下1.0m为杂填土,不透水层在地面下11m,中间均为细砂土,地下水为无压水,渗透系数k=15m/d,四边放坡,基坑边坡坡度为1∶0.5。现有井点管长6m,直径38mm,滤管长1.2m,准备采用环形轻型井点降低地下水位。

试进行井点系统的布置和设计,包含以下三项:

(1)轻型井点的高程布置(计算并画出高程布置图)。

(2)轻型井点的平面布置(计算涌水量、井点管数量和间距并画出平面布置图)。

(3)选用离心水泵型号。

22. **【例1-3】**中,若现只有一台液压WY100反铲挖土机且无挖土工期限制,准备采取两班制作业,要求运土车辆数能保证挖土机连续作业,其他条件不变。

试求:(1)挖土工期T;(2)运土车辆数N_1。

第2章 桩基础工程

学习要求

熟悉锤击沉桩的打桩顺序、打桩工艺、接桩和质量控制，熟悉静力压桩的施工，了解钢筋混凝土预制桩的制作、起吊、运输和堆放要求，了解锤击沉桩的设备，了解打桩对周围环境的影响及其防治，了解射水沉桩、振动沉桩的施工，了解预制桩施工常见的质量问题及处理；掌握泥浆护壁成孔灌注桩的施工工艺流程和施工要点，掌握套管成孔灌注桩中锤击沉管法和振动沉管法的施工，熟悉以上两类灌注桩常见质量问题及处理，了解干作业成孔灌注桩施工，了解爆扩成孔灌注桩施工；了解人工挖孔桩施工，了解桩孔扩底常用方法。

工程案例

上海中心超深钻孔灌注桩施工技术

正在建设中的上海中心大厦位于上海浦东新区小陆家嘴核心区域，是社会各界瞩目的重大工程项目。整个基地占地面积约为 30 370m^2，建筑面积约为 380 000m^2，总建设规模约为 576 000m^2。主楼建筑结构高度为 580m，总高度为 632m。建成后的上海中心大厦代表上海的城市建设又迈向一个新的高度。

在软土地区建造超高层建筑，主要取决于地基基础承载力、沉降量。本项目如选用类同于金茂大厦和环球金融中心之钢管桩基础，施工噪音和土体挤压效应将会给周边环境带来严重影响。因此，施工方决定首选对周边环境影响小、造价低、施工周期短的后注浆钻孔灌注桩。在软土地区建造高 600m 以上的超高层建筑采用超大直径、超长钻孔灌注桩，在中国建筑史上还是首次。

1.工程地质条件及工程难度

(1)地理位置特殊。本工程位于陆家嘴商业中心，施工中受多种因素制约。

(2)地质条件较差。本工程的灌注桩最深钻孔长达 55m，埋深在离地面约 30m 处为砂性土，位于桩身中下部，砂质粉土、粉砂土物理力学性质对灌注桩施工最为不利，施工过程中在砂质粉土层经常易出现塌孔现象。

(3)大直径。工程桩采用 800mm 的抗压钻孔灌注桩、700mm 的抗拔钻孔灌注桩。

(4)超深。工程桩的设计桩长 28.7～33.4m，而从地面向下最深的钻孔深约 55.2m，其中空钻部分的长度就占有 21.8m～26.5m，桩端穿过砂性土层进入灰黄—灰色粉砂层。

2.钻孔灌注桩施工

(1)施工准备。根据场地条件和灌注桩的施工特点，除做好常规的施工准备外，着重做好试成孔及其参数的测定。试成孔的目的是通过试成孔测得的孔径、垂直度、孔壁稳定性和沉淤等监测指标，并通过监测指标在一定时间内的变化了解土层实际情况，检验所选设备、机具、施工工艺及技术要求是否适宜设计要求，并为分层成孔钻进和选择最佳成孔及成桩技术参数提供实际依据。

(2)施工设备和施工分区分组。桩基工程合同总工期60天，根据总工程桩509根，按桩机1.5根桩/24h，组织8台桩机和3辆总量100t泥浆的运输车及每台班各工种相应人员进场施工。工程桩分布区域划分为8个施工区块，8台钻机在相对独立的施工范围按一定的顺序施工，施工时每台桩机在施打过程中，对相邻桩间距小于4倍桩径的桩均采用间隔法施工。

(3)测量放线。在现场建立施工控制网的基础上，测设建筑物的轴线，根据桩位平面图的桩位与轴线关系对桩位放样，逐根定出桩位，在硬化的水泥地坪上打入短钢筋标出桩中心点位置，并用油漆标出，报监理工程师复核验收，桩位测量误差不大于1cm，桩位定点经复查无误后，进行下道工序的工作。

(4)护筒埋设。护筒埋设成孔前，按定出的桩位采用人工挖孔埋设护筒，护筒根据施工场地的土质情况选用长度1.1～1.5m埋入地下，护筒底口埋入黏土原土深度不小于0.2m，具体操作时以桩位中心点为圆心挖出比设计桩径大200mm的基坑，采用十字中心吊锤法将护筒垂直固定于桩位处进行校正，达到要求后，方可埋设。其施工要点如下：

①护筒采用钢板卷制作，应有足够的强度、刚度，护筒内径比设计的桩径大于100mm，同时高出地面100mm为宜，护筒上口开设溢浆口；

②桩位遇有障碍物时需清除后埋设，对于杂填土较厚的区域，挖除杂填层护筒加长处理；

③校正后护筒四周用黏土分层对称回填、夯实，确保护筒在钻进中不漏失泥浆、不发生位移；

④护筒埋设要求中心与桩位中心偏差不应大于20mm并应保持垂直，并作好记录进行复测。

(5)钻机安装就位。钻机安装必须水平、准确、稳固。保证桩架天车、转盘中心、护筒中心在同一铅垂线上，做到“三点一线”。用水平尺校正施工平台水平度和转盘的水平度，保证转盘中心与设计桩位的偏差不大于20mm。钻机平台底座必须坐落在较坚实的位置，否则用木板垫平，防止施工中倾斜。对各连接部位进行检查。钻机定位时，应校正钻架的垂直度，成孔中应经常观测、检查钻机的垂直度、水平度和转盘中心位移情况。

(6)泥浆护壁及清孔。泥浆采用钻进土层过程自然造浆法造浆。根据以往类似施工经验及地质特性，有大量砂层粉砂黏土互层，地质情况复杂，成孔必然造成泥浆密度大黏度小，因此必须采取相应措施保证孔壁稳定性。首先应保证泥浆箱储存一定量的优质泥浆；至砂性土层以下成孔施工把成孔的泥浆排放到废浆池，用储存的优质泥浆用泥浆泵抽至孔内，以保证孔壁稳定性及孔内沉渣满足设计要求。钻孔泥浆密度控制在1.20～1.35之间(泥浆密度仪测定)，泥浆的黏度控制在18～22s(黏度计测定)。在杂填土、粉质粉土层夹砂、砂层钻进必须使用较浓泥浆，使之具有能在孔壁上形成致密泥皮，维护孔壁稳定和清孔中渣，确保成孔质量。

清孔工作是钻孔灌注桩施工过程中重要的隐蔽工程之一，清孔分两次进行，结束后应单独验收，确定最终清孔效果是否符合设计要求。第一次清孔是钻孔终孔后利用3 PNL泵立即进行，第一次清孔需将大量的粗砂、泥团置换出孔内，此时泥浆密度和黏度均较大。泥浆密度控制在1.3内，第一次清孔时间根据不同的施工情况而定，一般控制在30～40min。钻进终了将钻具提离孔底0.2m左右，上下活动，低速回转，全泵量冲孔，充分研磨孔底较大颗粒土块，待孔内返出浆液中无泥块泥皮可视为一次清孔完毕，实现“一次清孔为主，二次清孔为辅”的清孔排渣原则，用测锤测得孔深符合设计要求为止。

(7)钢筋笼的制作与注浆管安放。钢筋笼经验收合格后按要求下入孔内并在孔口焊接。同时采用焊接吊筋和安放水泥保护层垫块的技术措施，并采用钢筋笼定位器控制，定位器每 2m 高安装一个，每节钢筋笼安装 4 个。确保钢筋笼垂直安放达到设计标高及满足水平位置，保留设计要求的保护层空间。钢筋笼采用加强筋定位成型，使得主筋匀称分布于同一截面，并点焊成型分节预制，要求单节长度小于 10m。钢筋笼下放的同时需要同步下放 2 根注浆管，用于超声波检测和桩底注浆。下灌浆导管选用直径 250mm 灌浆导管，导管须内平、笔直，必须对导管进行检查，不合要求的不得使用，导管长度按实际孔深而定；下管前清点根数，检查连接处密封情况，每节使用“0”型密封圈，保证良好的密封性能，严防泥浆渗入管内；孔口连接时，在丝扣处涂抹机油，便于拧卸，严禁使用铁锤打击导管，防止变形。

(8)水下混凝土灌注。灌注桩采用商品混凝土，施工前协调好交通运输，确保商品混凝土及时到场，满足灌注桩连续浇筑混凝土。本工程的工程桩为水下 C35 混凝土、增加的支撑立柱桩为水下 C30 混凝土，配制混凝土时，均提高一个等级，即工程桩 C40、支撑立柱桩 C35，混凝土坍落度 180～220mm，坍落度的损失应满足灌注要求，混凝土初凝的时间不少于 8 小时。

水下混凝土灌注是混凝土桩施工的关键工序，应在灌注前做好一切准备工作，落实完备各项技术措施后方可开灌，二清后与混凝土灌注之间的间隔时间一般不超过 30min，开灌后必须做到连续灌注，从而保证灌注成桩质量，具体施工操作要求如下：

①采用水下导管法灌注混凝土工艺，导管为外径直径 258mm 的无缝钢管，每节长 2.5m 左右、壁厚不小于 5mm，并准备一些 0.5～1.5m 短管，管端粗丝扣连接。钢筋笼下入就位并固定后，逐节下导管到孔底，导管间连接必须保证牢固、密封良好。混凝土浇筑前，须进行第二次清孔，直至沉渣符合设计和规范验收要求。

②桩身混凝土采用商品混凝土，隔水栓采用球胆的方式。混凝土车运输至灌注机旁，直接放料倒入漏斗(贮料斗)内，初灌量通过导管进行连续灌注，以确保完全排除导管内泥浆，混凝土的初灌量经计算工程桩为 3.0m 混凝土，相当于 6m 的混凝土桩高。

③导管埋深应控制在 3～6m，在整个灌注过程中，严禁将导管拔出混凝土面，埋入深度不得小于 2m。利用导管内外混凝土的压力差使桩身混凝土扩散，浇筑面逐渐上升与泥浆隔离，与此同时顶着桩孔内泥浆上升，提升导管使导管埋深符合要求。如此逐节拔出导管直至全桩混凝土灌注完毕，灌注要连续进行。

④所有工程桩灌注混凝土面必须高于桩顶标高 2m 以上，以保证桩顶标高处混凝土强度等级符合设计要求。

⑤现场随机对商品混凝土取样，每桩一组，试块按规定要求制作、养护以及做抗压强度试验，并及时做好试验报告的统计评定工作。

桩基础是土木工程通常采用的深基础型式，它由桩和承台(一般是低承台)组成。按桩的受力情况，桩分为摩擦桩和端承桩两类。前者桩上的荷载由桩侧摩擦力和桩端阻力共同承受；后者桩上的荷载主要由桩端阻力承受。

单就施工方法而言，桩分为预制桩和灌注桩两大类。预制桩是在工厂或施工现场预制，然后运至桩位处，经锤击、静压、振动或水冲等工艺送桩入土就位，预制桩包括钢筋混凝土桩、木桩或钢桩等，桩基础中多采用钢筋混凝土桩。灌注桩是直接在设计桩位成孔，然后在孔内放入钢筋笼，灌注混凝土成桩，根据成孔方法不同，可分为钻孔、沉管成孔、挖孔及冲孔等工艺。工程中一般根据土层情况、周边环境状况及上部荷载大小等确定桩型与施工方法。

2.1 钢筋混凝土预制桩施工

钢筋混凝土预制桩能承受较大的荷载、沉降变形小、施工速度快，故在工程中广泛应用。常用的有实心方桩和预应力管桩。实心方桩截面边长一般为200～600mm；单根桩的最大长度，根据打桩架的高度而定，一般在27m以内；如需打设30m以上的桩时，则将桩预制成几段，在打桩过程中逐段接长。预应力管桩在工厂采用成套钢管胎膜用离心法生产，可大大减轻桩的自重；桩外径多为400～500mm，壁厚为80～100mm；每节桩长度为8m、10m、12m不等；桩段之间可用焊接或法兰螺栓连接，首节桩底端可设桩尖，亦可开口。可参见《建筑桩基技术规范》(JGJ 94—2008)的相关规定。

本节着重介绍预制钢筋混凝土实心方桩的施工。

2.1.1 预制桩的制作、起吊、运输和堆放

钢筋混凝土预制桩的制作，有并列法、间隔法、叠浇法、翻模法等，现场多采用叠浇法、间隔法。制作程序如下：现场布置→场地平整→浇地坪混凝土→支模→绑扎钢筋，安装吊环→浇筑桩混凝土→养护至30%强度拆模→支上层模，涂刷隔离剂→重叠生产浇筑第二层桩→养护→起吊→运输→堆放。可参见《建筑桩基技术规范》(JGJ 94—2008) 7.1 预制桩的制作。

桩的制作场地应平整、坚实，不得产生不均匀沉降。重叠浇筑层数不宜超过四层，水平方向可采用间隔法施工。桩与桩、桩与底模间应涂刷隔离剂，防止黏结。上层桩或邻桩的浇筑，必须在下层桩或邻桩的混凝土达到设计强度的30%以后方可进行。

预制桩一般从通用图集中选取。纵向钢筋直径不宜小于14mm，配筋率与沉桩方法有关：锤击沉桩不宜小于0.8%，静力压桩不宜小于0.4%。制作时桩的纵向钢筋宜对焊连接，接头位置应相互错开。桩尖一般用钢板或粗钢筋制作，与钢筋骨架焊牢。桩顶设置钢筋网片，上下两端一定范围内的箍筋应加密，如图2-1所示。

桩的混凝土强度等级不宜低于C30(静压法沉桩时不宜低于C20)，混凝土浇筑时应由桩顶向桩尖连续浇筑，一次完成不得中断。洒水养护时间不少于7天。桩的制作偏差应符合有关规范要求。具体允许偏差范围见表2-1。

注释：通用图集是权威部门(如建设部、中国工程建设标准化协会、各省建设厅等)颁布的关于某个通用构件、标准做法等的标准设计图，设计人员可以根据具体工程的需要直接引用图集中的某个图号，以便规范设计做法、减少设计工作量。

当桩的混凝土达到设计强度的70%后方可起吊；达到100%后方可运输和打桩。如提前起吊，必须作强度和抗裂度验算，并采取相应保证措施。由于桩的抗弯能力低，起吊弯距往往是控制纵向钢筋的主要因素，因此吊点应符合设计规定，满足起吊弯矩最小(或正负弯距相等)的原则，如图2-2所示。在起吊和搬运时必须平稳，不得损坏。如桩未设吊钩，捆绑钢丝绳与桩之间应加衬垫，以免损坏棱角。

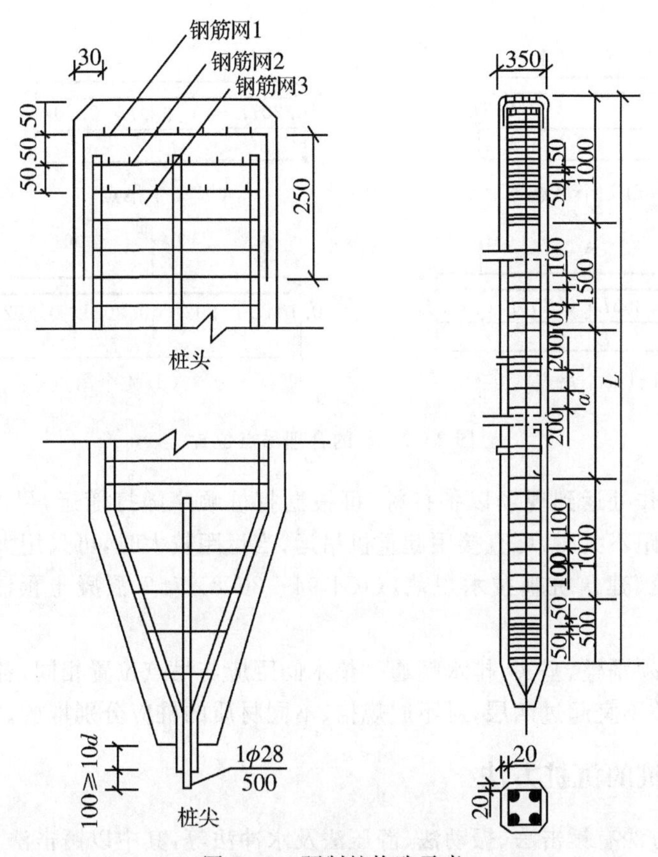

图 2-1　预制桩构造示意

表 2-1　混凝土预制桩制作允许偏差

桩　型	项　　目	允许偏差(mm)
钢筋混凝土实心桩	横截面边长	5
	桩顶对角线之差	≤5
	保护层厚度	5
	桩身弯曲矢高	不大于1‰桩长且不大于20
	桩尖偏心	≤10
	桩端面倾斜	≤0.005
	桩节长度	20
钢筋混凝土管桩	直径	5
	长度	0.5%桩长
	管壁厚度	−5
	保护层厚度	+10，−5
	桩身弯曲(度)矢高	1‰桩长
	桩尖偏心	≤10
	桩头板平整度	≤2
	桩头板偏心	≤2

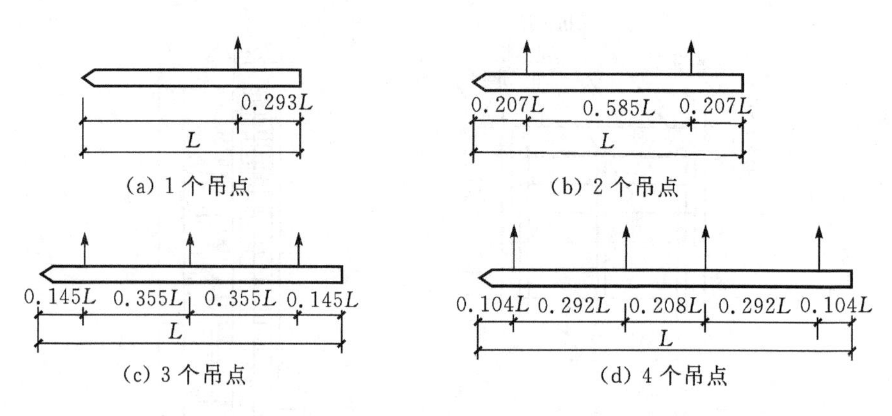

(a) 1个吊点　(b) 2个吊点　(c) 3个吊点　(d) 4个吊点

图2-2　桩的合理吊点位置

打桩前，桩从制作处运到现场以备打桩，可根据打桩顺序随打随运，尽可能避免二次搬运。桩的运输方式，在运距不大时，可直接用起重机吊运；当运距较大时，可采用大平板车或轻便轨道平台车运输。可参见《建筑桩基技术规范》(JGJ 94—2008) 7.2 混凝土预制桩的起吊、运输和堆放。

桩堆放时，场地须平整、坚实，排水畅通。垫木间距应与吊点位置相同，各层垫木应位于同一垂直线上。堆放层数不宜超过四层；对不同规格、不同材质的桩应分别堆放。

2.1.2　预制桩的沉桩方法

预制桩的沉桩方法有锤击法、振动法、静压法及水冲法等，其中以锤击法与静压法应用较多。

1. 锤击沉桩

(1)打桩设备。打桩设备包括桩锤、桩架及动力装置三部分，选择时主要考虑桩锤与桩架的影响因素。

①桩锤。桩锤是对桩施加冲击力，打桩入土的主要机具。桩锤按动力源和动作方式分为有落锤、汽锤、柴油锤、液压锤、液压锤。用锤击沉桩时，选择桩锤是关键，一是锤的类型，二是锤的重量。桩锤的类型选择需要结合地质条件、施工条件以及桩的类型、结构、密集程度来进行选择，具体参见表2-2。锤击应有足够的冲击能量，锤重应大于或等于桩重。实践证明，当锤重为桩重的1.5～2.0倍时，效果比较理想。桩锤过重，易将桩打坏。桩锤过轻，锤击能量的很大一部分被桩身吸收，回跃严重。施工中多采用“重锤轻击”方法，落距小、频率高，不易产生回跃与桩头受损，桩容易入土。锤重可参考表2-3进行选择。

表2-2　桩锤适用范围参考表

桩锤种类	适用范围	使用原理	优缺点
落锤	(1)适宜于打木桩及细长尺寸的混凝土桩 (2)在一般土层及黏土，含有砂砾土的图层均可使用	用人力或卷扬机拉起桩锤，然后自由下落，利用锤重夯击桩顶，使桩入土	构造简单，使用方便，冲击力大，能随意调整落距，但锤击速度慢(每分钟6～20次)，效率低
单动气锤	(1)适宜于打各种桩 (2)最适宜于套管法就地打灌注混凝土桩	利用蒸汽或压缩空气的压力将垂头上句，然后自由下落冲击桩顶	结构简单，落距小，设备和桩头不易损坏，打桩速度及冲击力较落锤大，效率较高

续表 2-2

桩锤种类	适用范围	使用原理	优缺点
振动气锤	(1)适宜于打各种桩,可用于打斜桩 (2)使用压缩空气时,可用于水下打桩 (3)可用于拔桩,吊锤打桩	利用蒸汽或压缩空气的压力将锤头上举及落下	冲击次数多,冲击力大,工作效率高,但设备笨重,移动较困难
柴油桩锤	(1)最适宜于打钢板桩、木桩 (2)在软弱地基打12m以下的混凝土桩	利用燃油爆炸,推动活塞,引起锤头跳动夯击桩顶	附有桩架,动力等设备,不需要外部能源,机架轻,移动便利,打桩快,燃油消耗少,但桩架高度低,遇硬土或软土不宜使用
振动桩锤	(1)适用于打钢板桩,钢管桩长度在15m以内的打入式灌注桩 (2)适用于亚黏土、松软沙土、黄土和软土、不宜于岩石、砾石和密室的黏性土地基	利用偏心轮引起激振,通过刚性连接的桩帽传到桩上	沉桩速度快,适用性强,施工操作简单安全,能打各种桩,并能帮助卷扬机拔桩,但不适宜于打斜桩
液压桩锤	(1)适宜于打沉重的混凝土桩和钢管桩 (2)使用各中土质	利用液压提升或提供更大加速度,更大的冲击速度	工作性能良好,且无烟无污染,噪声低,软土中启动型比柴油锤有很大改善;但结构复杂,维修保养费用大,价格高,且作业效率低
射水沉桩	(1)常与锤击法结合使用,适用于打大断面混凝土和空心管桩 (2)可用于多种土层,而以沙土、砂砾土或其他坚硬的土层最适宜 (3)不能用于粗卵石、极坚硬的黏土层或厚度超过0.5m的泥炭土	利用水压力冲刷桩尖处土层,再配以锤击沉桩	适用于坚硬土层,打桩效率高,桩不易损坏,但设备较多,当附近有建筑物时,水流易使建筑物沉陷,不能用于打斜桩

表 2-3　锤重选择表

锤　型			柴油锤(t)					
			2.0	2.5	3.5	4.5	6.0	7.2
锤的动力性能	冲击部分重(t)		2.0	2.5	3.5	4.5	6.0	7.2
	总重(t)		4.5	6.5	7.2	9.6	15.0	18.0
	冲击力(KN)		2 000	2 000～2 500	2 500～4 000	4 000～5 000	5 000～7 000	7 000～10 000
	常用冲程(m)		1.8～2.3					
桩的截面尺寸	混凝土预制桩的边长或直径(cm)		25～35	35～40	40～45	45～50	50～55	55～60
	钢管桩直径(cm)		40			60	90	90～100
持力层	黏性土粉土砂土	一般进入深度(m)	1.0～2.0	1.5～2.5	2.0～3.0	2.5～3.5	3.0～4.0	3.0～5.0
		静力触探比贯入阻力 P_S 平均值(MPa)	3	4	5	>5		
		一般进入深度(m)	0.5～1.0	0.5～1.5	1.0～2.0	1.5～2.5	2.0～3.0	2.5～3.5
		标准贯入击数 N(未修正)	15～25	20～30	30～40	40～45	45～50	50

续表 2-3

锤　型	柴油锤(t)					
	2.0	2.5	3.5	4.5	6.0	7.2
常用的控制贯入度(cm/10击)		2～3		3～5	4～8	
设计单位桩极限承载力(kN)	400～1 200	800～1 600	2 500～4 000	3 000～5 000	5 000～7 000	7 000～1 000

②桩架。桩架的作用是支持桩身、悬吊桩锤、引导桩和桩锤的方向、保证桩的垂直度，还能起吊并小范围内移动桩。

A. 桩架的种类。按桩架的行走方式常有滚管式、履带式、轨道式及步履式等四种。

a. 滚管式桩架。滚管式打桩架依靠两根滚管在枕木上滚动及桩架在滚管上滑动完成其行走及位移。这种桩架的优点是结构比较简单、制作容易、成本低，缺点是平面转向不灵活、操作复杂。

b. 履带式桩架。履带式打桩架是以履带式起重机为底盘，增加立杆与斜杆用以打桩，如图2-3所示。这种桩架具有垂直度调节灵活、稳定性好、装拆方便、行走迅速、适应性强、施工效率高等优点。这种桩架适于各种预制桩和灌注桩施工，是目前常用的桩架之一。

图 2-3　履带式打桩架

c. 轨道式桩架。轨道式打桩架须设置轨道，它采用多电机分别驱动、集中操纵控制，它能吊桩、吊锤、行走、回转移位，导杆能水平微调和倾斜打桩，并装有升降电梯为打桩人员提供良好的操作条件。但这种桩架只能沿轨道开行，机动性能较差，施工不方便。

d. 步履式桩架。液压步履式打桩架是通过两个可相对移动的底盘互为支撑、交替走步的方式前进，也可 360°回转，它不需铺设轨道，移动就位方便，打桩效率高。

B. 桩架的选择。桩架的选择应考虑下述因素：桩的材料、桩的截面形状及尺寸大小、桩的长度及接桩方式；桩的数量、桩距及布置方式；桩锤的形式、尺寸及重量；现场施工条件、打桩作业空间及周边环境；施工工期及打桩速率要求。

C. 动力设备。打桩机构的动力装置及辅助设备主要根据选定的桩锤种类而定。落锤以电源为动力，需配置电动卷扬机、变压器、电缆等；蒸汽锤以饱和高压蒸汽为驱动力，配置蒸汽锅炉、蒸汽绞盘等；气锤以压缩空气为动力源，需配置空气压缩机、内燃机等；柴油锤以柴油为能源，桩锤本身有燃烧室，不需外部动力设备。

(2)打桩施工。打桩前应做好各种准备工作，具体包括：清除障碍物、平整场地、定位放线、水电安装、安设桩机、确定合理打桩顺序等。桩基轴线定位点，应设在打桩影响范围之外，水准点至少 2 个以上。依据定位轴线，将图上桩位一一定出，并编号记录在案。

①打桩顺序。打桩顺序合理与否，影响打桩速度、打桩质量及周围环境。打桩顺序通常有由一侧向单一方向、自中间向两个方向、自中间向四周等，分别见图 2-4(a)、(b)、(c)。打桩顺序的选择，应结合地基土的挤压情况、桩距大小、桩机性能及工作特点、工期要求等因素综合确定。

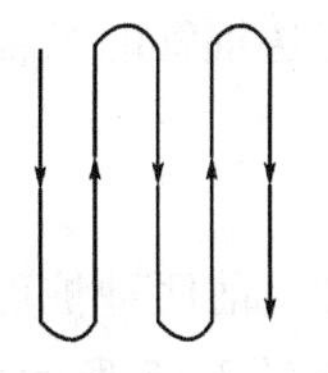

（a）由一侧向单一方向

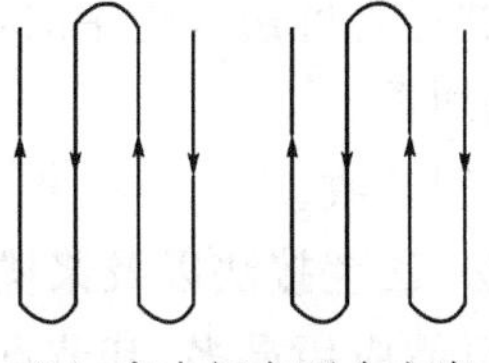

（b）自中间向两个方向

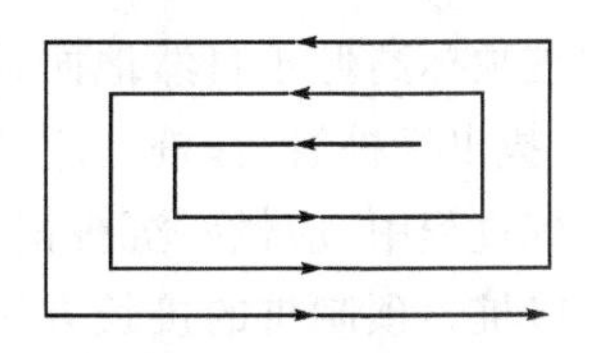

（c）自中间向四周

图 2－4 打桩顺序

打桩将导致土壤挤压。当桩的中心距大于或等于 4 倍桩径或边长时，打桩顺序与土壤的挤压关系不大，采用何种打桩顺序相对灵活。而当桩的中心距小于 4 倍桩径或边长时，土壤挤压不均匀的现象会很明显。此时，如采用由一侧向单一方向打桩，虽然桩机移动方便，作业效率高，但它会使土壤向一个方向挤压，使后续桩难以入土，出现多种问题，无法保证桩基质量。因此，对于密集群桩，应采用图 2－4(b)、(c)所示两种打桩顺序。当施工区毗邻建筑物或地下管线时，应由被保护的一侧向另一方向施打，避免建筑物开裂或管线破裂。当基坑较大时，应将基坑划分为数段，并在各段范围内分别按上述顺序打桩。但各种情况下均不应采取自外向内或自周边向中间的打桩顺序，以避免中间土体挤压过密，使后续桩难以打入，或虽勉强打入，但使邻桩侧移或上冒。

此外，根据桩的设计标高及规格，打桩时宜先深后浅、先大后小、先长后短，这样可以减小后施工的桩对先施工桩的影响。由于已打预制桩可能会留有一段在地面以上，影响了桩机的前进，因此，桩机移动一般是边打边后退。

②打桩工艺。打桩施工是确保桩基工程质量的重要环节。主要工艺过程如下：场地准备→确定桩位→桩机就位→吊起桩锤和桩帽→吊桩和对位→校正垂直→自重插桩入土→固定桩帽和桩锤→校正垂直度→打桩→接桩→送桩→截桩等。

桩架就位后即可吊桩，将桩垂直对准桩位中心，缓缓送下，插入土中。桩插入时垂直偏差不得超过 0.5%。然后固定桩帽和桩锤，使桩身、桩帽、桩锤在同一铅垂线上。在桩锤和桩帽之间应加弹性衬垫，一般可用硬木、麻袋、草垫等。桩帽或送桩管与桩周围应有 5～10mm 的间隙，以防损伤桩顶。

打桩宜采用“重锤低击”的方式。刚开始时，桩重心较高，稳定性不好，落距应较小。待桩入土至一定深度(约 2m)且稳定后，再按规定的落距连续锤击。打桩过程不宜中断，否则，土壤固结致使桩难以打入。用落锤或单动汽锤打桩时，最大落距不宜大于 1m；用柴油锤时，应使锤跳动正常。在打桩过程中，遇有贯入度剧变、桩身突然发生倾斜、位移或有严重回弹、桩顶或桩身出现严重裂缝或破碎等异常情况时，应暂停打桩，及时研究处理。打入桩的桩位偏差，详见表 2－4，此表应符合表《建筑桩基技术规范》(JGJ 94—2008)表 7.4.5 打入桩桩位的允许偏差要求。

表 2－4 打入桩桩位的允许偏差

项目	允许偏差（mm）
带有基础梁的桩： (1)垂直基础梁的中心线 (2)沿基础梁的中心线	 $100+0.01H$ $150+0.01H$
桩数为 1—3 根桩基中的桩	100
桩数为 4—16 根桩基中的桩	1/2 桩径或边长
桩数大于 16 根桩基中的桩： (1)最外边的桩 (2)中间桩	 1/3 桩径或边长 1/2 桩径或边长

如桩顶标高低于自然地面，则需用送桩管将桩送入土中时，桩身与送桩管的纵轴线应在同一直线上，拔出送桩管后，桩孔应及时回填或加盖。

打桩过程中，应做好沉桩记录，以便工程验收。

③接桩。预制桩的接长方法有：焊接法、法兰接法以及浆锚法三种。前两种桩可用于各类土层，浆锚法仅适用于软土层。焊接法接桩目前应用最多，其节点构造如图 2－5 所示。接桩时，检查上下节桩垂直度无误后，先将四角点焊固定，然后应两人同时于对角对称施焊，防止不均匀焊接变形。焊缝应连续饱满，上、下桩段间如有空隙，应用铁片填实焊牢。接长后，桩中心线偏差不得大于 10mm，节点弯曲矢高不得大于 1‰桩长。

注释：焊接质量应符合国家现行标准《钢结构工程施工质量验收规范》(GB 50205)和《建筑钢结构焊接技术规程》(JGJ 81)的有关规定。

法兰接的节点构造如图 2－6 所示，它是用法兰盘和螺栓联结，用于预应力管桩，接桩速度快。

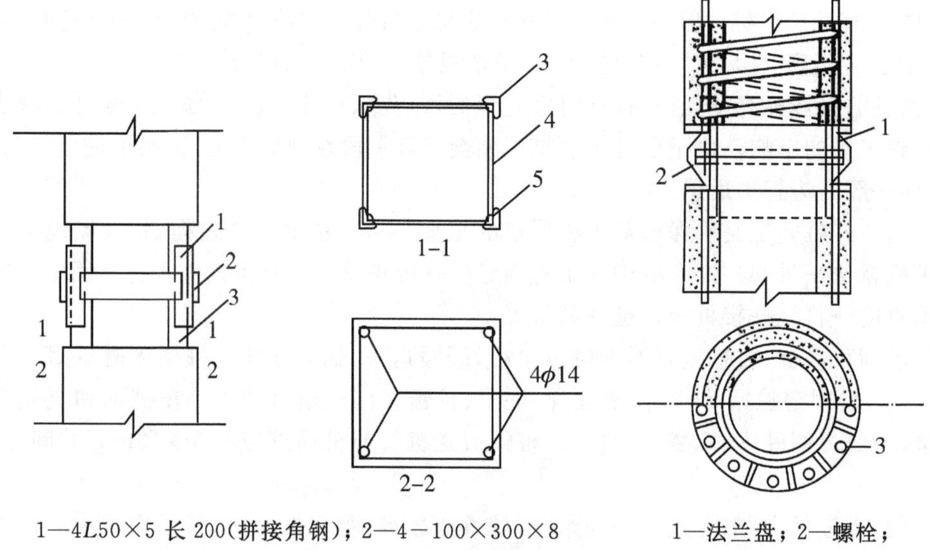

1—4L50×5 长 200(拼接角钢)；2—4－100×300×8 (与角钢联结)；3—4L63×8 长 150(与立筋焊接)；4—φ12 钢筋(与 L63×8 焊接)；5—主筋

图 2－5　焊接法接桩节点构造

1—法兰盘；2—螺栓；3—螺栓孔

图 2－6　法兰接桩节点构造

浆锚法节点构造如图 2－7 所示。上节桩预留锚筋、下节桩预留锚筋孔(孔径为锚筋的 2.5 倍)。接桩时，上下对正，将熔化的硫磺胶泥注满锚筋孔和接头平面，然后将上节桩落下即可。该法不利于抗震，一级建筑的桩基或承受上拔力的桩应谨慎选用。

④打桩的质量控制。打桩的质量检查主要包括：沉桩过程中每米进尺的锤击数、最后 1m 锤击数、最后三阵贯入度、桩尖标高、桩身垂直度以及桩位。

打桩停锤的控制原则为：摩擦桩的入土深度控制，应以设计标高为主，最后贯入度(最后三阵，每阵十击的平均入土深度，前提条件是打桩作业居于正常)可作参考；对于端承桩，以最后贯入度控制为主，而桩端标高仅作参考。如贯入度已达到而桩端标高未达到时，应继续锤击 3 阵，按每阵 10 击的贯入度不大于设计规定的数值加以确认，必要时应通过实验或与有关单位会商确定。具体参见《建筑桩基技术规范》(JGJ 94—2008)9.3 施工检验相关规定。

桩的垂直偏差应控制在 1%之内；平面位置的允许偏差应根据桩的数量、位置和桩顶标高按有关规范的要求确定,单排桩约为100~150mm,多排桩约为1/3~1/2桩径或边长。

⑤打桩对周围环境的影响及其防治。打桩施工时对周围环境产生的不良影响主要有挤土效应、打桩产生的噪声和振动等问题。对环境的不利影响必须认真对待,否则将导致工程事故、经济和社会问题。

A. 挤土效应。挤土效应是指沉桩时,土体中产生很高的超孔隙水压力和土压力,使之侧向位移和向上隆起,使附近建筑物和市政管线发生变形,严重时甚至发生开裂或倾斜的严重事故。可采取以下措施进行防范:

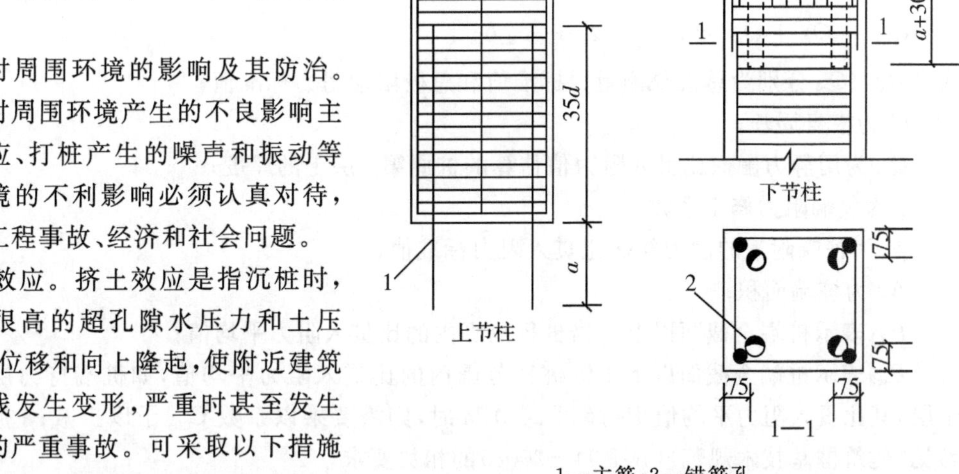

图2-7 浆锚法接桩节点构造

a. 采用预钻孔沉桩法可减少地基土变位30%~50%,减少超孔隙压力值40%~50%。孔深一般为1/3~1/2桩长,直径比桩径小50~100mm。

b. 设置袋装砂井或塑料排水板以消除部分超孔隙水压力,减少挤土现象。袋装砂井的直径一般为70~80mm,间距1~1.5m,深度10~12m;塑料排水板的间距及深度与其类似。

c. 采用井点或集水井降水措施降低地下水位,减小超孔隙水压力。

d. 选择合理的打桩设备和打桩顺序,控制打桩速度,以及采用先开挖基坑后沉桩的施工顺序。

e. 设置防挤防渗墙,可采用打钢板桩、地下连续墙等措施,结合基坑围护结构综合考虑。

B. 打桩产生的振动。振动会导致相邻建筑物开裂、已沉桩上浮等危害,可采取以下措施进行防范:

a. 在地面开挖防振防挤沟,能有效削弱振动的传播。防振沟一般宽0.5~0.8m,深度按沟边坡稳定考虑,宜超过被保护物的埋深,该方法可以与砂井排水等结合使用。

b. 在桩锤与桩顶之间加设特殊缓冲垫材或缓冲器。

c. 采用预钻孔法、水冲法、静压法相结合的施工工艺。

d. 设置减振壁(隔振设施),壁厚为500~600mm,深度为4~5m,距沉桩区5~15m处,减振效果显著,可减少振动1/3~1/10。

C. 打桩噪声。打桩噪声的危害取决于音压的大小,住宅区应控制在70~75dB,工商业区可控制在70~80dB。当沉桩区音压高于80dB时,应采取如下减少噪声的防护措施。

a. 控制噪声源,如选用适当的沉桩方法和设备,改进桩帽、垫材以及夹桩器。

b. 采用消声罩将桩锤封隔起来。

c. 采用遮挡防护,遮挡壁高度一般以15m左右较为经济合理。

d. 时间控制防护,如午休和夜间停止沉桩,确保住宅区居民的正常生活和休息。

2. 静力压桩

静力压桩是利用桩机自重及配重来平衡沉桩阻力,在静压力的作用下将桩压入土中。由于施工中无振动、噪声和空气污染,故广泛应用于建筑、地下管线较密集的地区,但它一般只适用于软弱土层。沉桩阻力主要有侧阻力和端阻力组成，当根据单桥探头静力触探资料确定混凝土预制桩单桩竖向极限承载力时，如无当地经验，可按下式计算：

$$Q_{uk} = Q_{sk} + Q_{pk} = u\sum q_{sik}l_i + \alpha p_{sk}A_p$$

式中：Q_{sk}、Q_{pk}分别为总极限侧阻力标准值和总极限端阻力标准值；

U 为桩身周长；

Q_{sik}为用静力触探比贯入阻力值估算的桩周第 i 层土的厚度；

α 为装端阻力修正系数；

p_{sk}为桩端附近的静力触探比贯入阻力标准值；

A_p 为桩端面积；

P_{sk1}表示桩端全截面以上 8 倍桩径范围内的比贯入阻力平均值；

P_{sk2}表示桩端全截面以下 4 倍桩径范围内的比贯入阻力平均值，如桩端持力层为密实的砂土层，其比贯入阻力平均值 P_S 超过 20MPa 时，则需要乘以系数 C。予以折减；β 折减系数具体参见《建筑桩基技术规范》(JGJ 94－2008)的相关要求。

当 $P_{sk1} \leqslant P_{sk2}$ 时，$p_{sk} = 0.5(P_{sk1} + \beta P_{sk2})$；当 $P_{sk1} > P_{sk2}$ 时，$= P_{sk2}$。详见《建筑桩基技术规范》(JGJ94－2008) 5.3 的规定。

静力压桩机分为机械式与液压式两种，前者只用于压桩，后者既能压桩也可拔桩。机械式压桩机如图 2－8 所示，是利用桩架自重和配重，通过滑轮组将桩压入土中，它由底盘、机架、动力装置等几部分组成，作业效率较低。液压式压桩机如图 2－9 所示，这种桩机采用液压传动，动力大、工作平稳，主要由桩架、液压夹桩器、动力设备及吊桩起重机等组成。压桩机作业时用起重机吊起桩体，通过液压夹桩器夹紧桩身并下压，沉桩入土。当夹桩器向上使力时，即可拔桩。

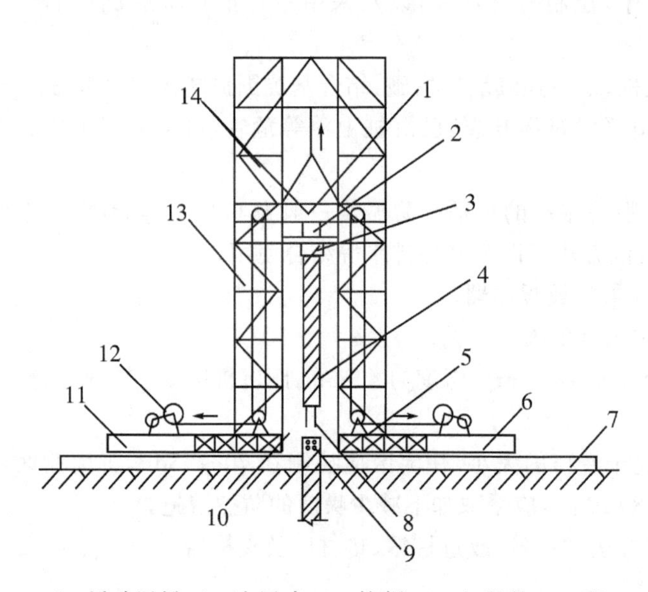

1—活动压梁；2—油压表；3—桩帽；4—上段桩；5—配重；6—底盘；7—轨道；8—预留锚筋；9—锚筋孔；10—导笼口；11—操作平台；12—卷扬机；13—滑轮组；14—桩架导向笼

图 2－8　机械式压桩机

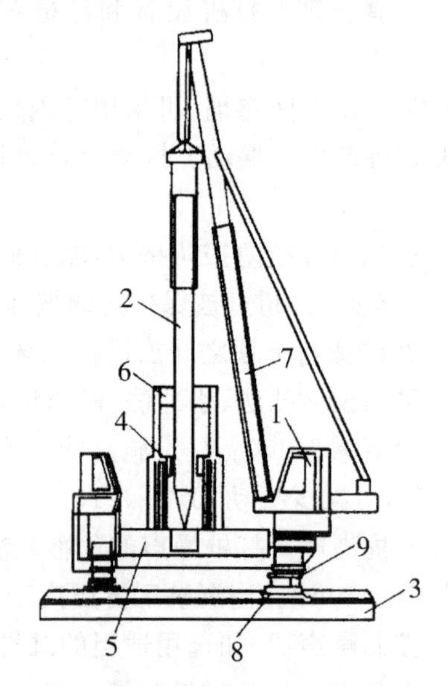

1—操作室；2—桩；3—支腿平台；4—导向架；5—配重；6—夹持装置；7—吊装拔杆；8—纵向行走装置；9—横向行走装置

图 2－9　液压式压桩机

静力压桩一般分节进行，逐段接长。当第一节桩压入土中，其上端距地面 1m 左右时将第二节桩接上，继续压入。压桩期间应尽量缩短停歇时间，否则土壤固结阻力大，致使桩压下去。

3. 射水沉桩

射水沉桩是锤击沉桩的一种辅助方法。它利用高压水流从桩侧面或从空心桩内部的射水管中(见图 2-10)冲击桩尖附近土层，以减少沉桩阻力。施工时一般是边冲边打，在沉入至最后 1～2m 时停止射水，用锤击沉桩至设计标高，以保证桩的承载力。此法适用于砂土和碎石土。

4. 振动沉桩

振动沉桩是将桩与振动锤连接在一起(见图 2-11)，利用振动锤产生高频振动，激振桩身并振动土体，使土的内摩擦角减小、强度降低而将桩沉入土中。

振动沉桩施工速度快、使用维修方便、费用低，但其耗电量大、噪声大。此法适用于软土、粉土、松砂等土层，在硬质土层中不易贯入。

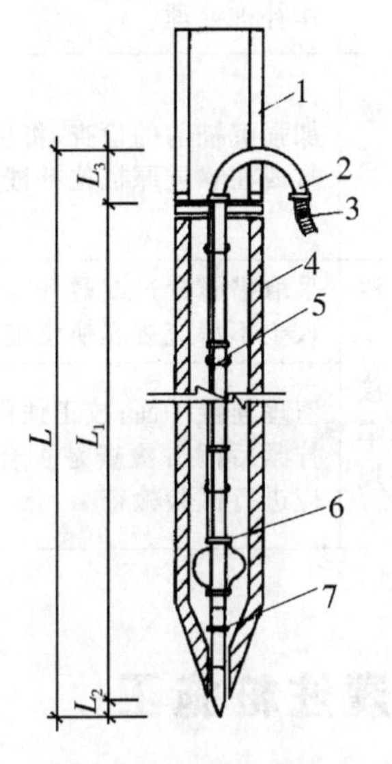

1—送桩管；2—弯管；3—胶管；4—桩管；
5—射水管；6—导向环；7—挡砂板

图 2-10　射水管构造

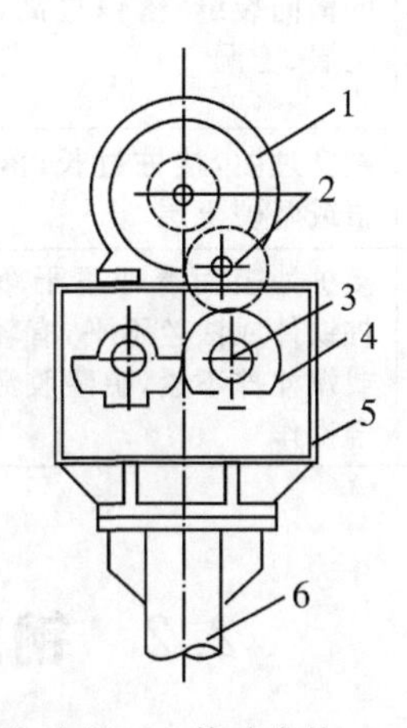

1—电动机；2—传动齿轮；3—轴；
4—偏心块；5—箱壳；6—桩

图 2-11　振动沉桩机

2.1.3　预制桩常见的质量问题及处理

预制桩在施工中常遇到以下问题：断桩、浮桩、滞桩、桩身扭转或位移、桩身倾斜或位移、桩急剧下沉等；其分析及处理方法可参考表 2-5。

表 2-5　预制桩沉桩常见问题的分析及处理

常见问题	主要原因	防止措施及处理方法
桩头打坏	桩头强度低，配筋不当，保护层过厚，桩顶不平；锤与桩不垂直有偏心，锤过轻，落锤过高，锤击过久，桩头所受冲击力不均匀；桩帽顶板变形过大，凹凸不平	严格按质量标准制作桩，加桩垫，垫平桩头；采用纠正垂直度或低锤慢击等措施；桩帽变形进行纠正
断桩	桩质量不符合设计要求；遇硬土层时锤击过度	加钢夹箍用螺栓拧紧后焊固补强；如已符合贯入度要求，可不处理

续表 2-5

常见问题	主要原因	防止措施及处理方法
浮桩	软土中相邻桩沉桩的挤土上拔作用	将浮升量大的桩重新打入,如经静载荷试验不合格时需重打
滞桩	停打时间过长,打桩顺序不当;遇地下障碍物,坚硬土层或砂夹层	正确选择打桩顺序;用钻机钻透硬土层或障碍物,或边射水边打入
桩身扭转或位移	桩尖不对称,桩身不垂直	可用撬棍,慢锤低击纠正,偏差不大可不处理
桩身倾斜或位移	桩尖不正,桩头不平,桩帽与桩身不在同一直线上,桩距太近,邻桩打桩时土体挤压;遇横向障碍物压边,土层有陡的倾斜角	入土不深,偏差不大时,可用木架顶正,再慢锤打入纠正;偏差过大应拔出填砂重打或补桩;障碍物不深时,可挖除填砂重打或作补桩处理
桩急剧下沉	接头破裂或桩尖破裂,桩身弯曲或有严重的横向裂缝;落锤过高,接桩不垂直;遇软土层、土洞	加强沉桩前的检查;将桩拔出检查,改正重打或在靠近原桩位补桩处理
桩身跳动,桩锤回跃	桩身过曲,接桩过长,落锤过高;桩尖遇树根或坚硬土层	采取措施穿过或避开障碍物,换桩重打,如入土不深应拔起换位重打
接桩处松脱开裂	接桩处表面清理不干净,有杂质、油污;接桩铁件或法兰不平,有较大间隙;焊接不牢或螺栓拧不紧,硫磺胶泥配比不当,未按规定操作	清理连接平面;校正铁件平面;焊接或螺栓拧紧后锤击检查是否合格,硫磺胶泥配比应进行试验检查

2.2 钢筋混凝土灌注桩施工

灌注桩是直接在桩位上就地成孔,然后在孔内安放钢筋笼(也有直接插筋或省缺钢筋的),再灌注混凝土而成。根据成孔工艺不同,灌注桩分为干作业成孔灌注桩、泥浆护壁成孔灌注桩、套管成孔灌注桩和爆扩成孔灌注桩等。灌注桩施工技术近年来发展很快,还出现了夯扩成管灌注桩、钻孔压浆成桩等一些新工艺。

灌注桩能适应各种地层的变化,无需接桩,施工时无振动、无挤土、噪声小,宜在建筑物密集地区采用。但与预制桩相比,它也存在操作要求严格、质量不易控制、成孔时排出大量泥浆、桩需养护检测后才能开始下一道作业等缺点。详见《建筑桩基技术规范》(JGJ 94—2008)6.6 相关规定。

2.2.1 干作业成孔灌注桩

干作业成孔灌注桩是利用成孔机具,在地下水位以上的土层中成桩的工艺。其适用于黏土、粉土、填土、中等密实以上的砂土、风化岩层等土质。目前常采用螺旋钻机成孔,它是利用动力旋转钻杆,使钻头的螺旋叶片旋转削土体,土块沿螺旋叶片上升排出孔外,如图 2-12 所示。

钻头是钻进取土的关键装置,它有多种类型,常用的有锥式钻头、平底钻头、耙式钻头等,如图 2-13 所示。锥式钻头适用于黏性土;平底钻头适用于松散土层;耙式钻头适用于杂填土,其钻头边镶有硬质合金刀头，能将碎砖等硬块削成小颗粒。螺旋钻机成孔直径一般为 300～600mm，钻孔深度为8～12m。

干作业成孔灌注桩的工艺流程为：测定桩位→钻孔→清孔→下钢筋笼→浇筑混凝土。

钻孔操作时要求钻杆垂直稳固、位置正确。如发现钻杆摇晃或难以钻进时，可能是遇到石块等异物，应立即停机，检查排除。钻孔时应随时清理孔口积土，遇到塌孔、缩孔等异常情况，应及时研究解决。当螺旋钻机钻至设计标高后，应在原位空转清土，以清除孔底回落虚土。钢筋笼应一次扎好，小心放入孔内，防止孔壁塌土。混凝土应连续浇筑，每次浇筑高度控制在 1.5m 以内。

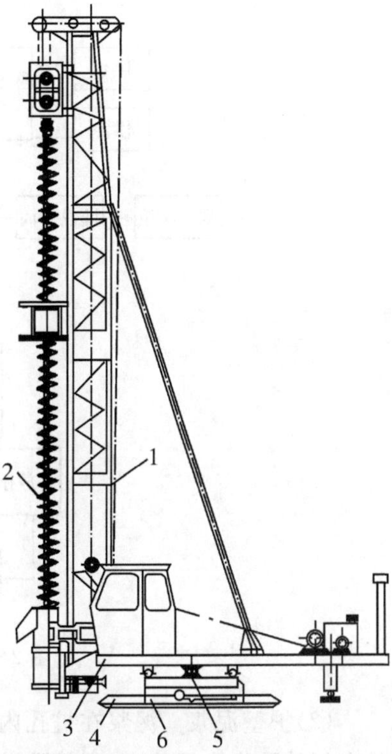

1—立柱；2—螺旋钻；3—上底盘；4—下底盘；5—回转滚轮；6—行车滚轮

图 2-12　步履式螺旋钻机

2.2.2　泥浆护壁成孔灌注桩

泥浆护壁成孔灌注桩是利用原土自然造浆或人工造浆护壁，并通过泥浆循环将被切削的土渣排除而成孔，再吊放钢筋笼，水下灌注混凝土成桩。泥浆护壁灌注桩宜用于地下水位以下的黏性土、粉土、沙土、填土、碎石土及风化岩层。

1. 泥浆护壁成孔灌注桩的工艺流程

泥浆护壁成孔灌注桩工艺流程如图 2-14 所示，详见《建筑桩基技术规范》(JGJ 94－2008) 6.2.1第一条相关规定。

2. 泥浆护壁成孔灌注桩的施工要点

详见《建筑桩基技术规范》(JGJ 94－2008)6.3.5 及 6.3.2 相关规定。

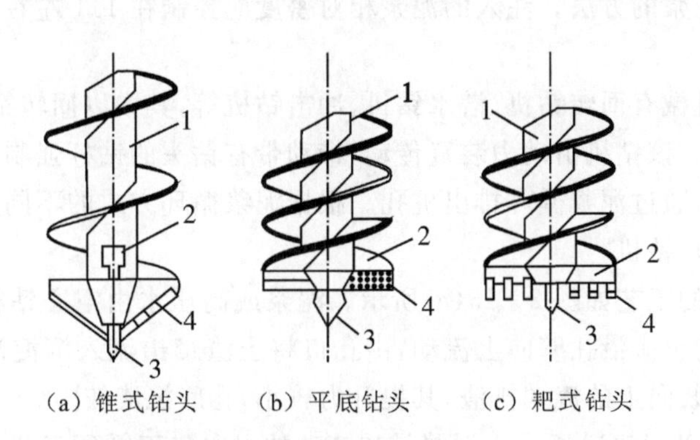

(a) 锥式钻头　(b) 平底钻头　(c) 耙式钻头

1—螺旋钻杆；2—切削片；3—导向尖；4—合金刀

图 2-13　螺旋钻头

(1)埋设护筒。钻孔前需在桩位处埋设钢护筒，护筒的作用如下：固定桩位、钻头导向、保护孔口、维持泥浆水头及防止地面水流入等。

护筒一般用 4～8mm 厚钢板制成，内径应比钻头直径大 100cm 以上。埋设护筒常用挖埋法，埋设深度黏性土不宜小于1.0m，砂土中不宜小于1.5m，孔口处用黏土密实封填。筒顶高出地面0.3～0.4m，泥浆面应保持高出地下水位1.0m以上。

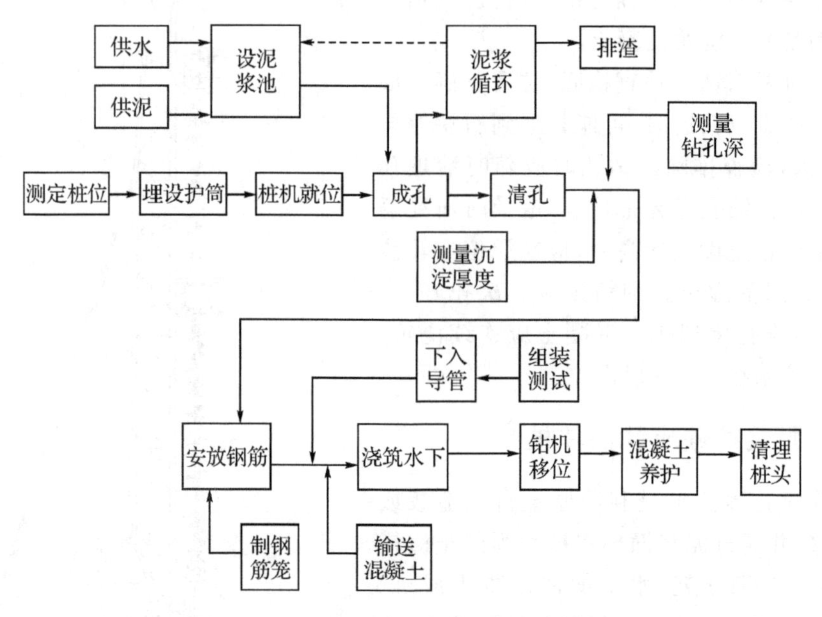

图2-14　泥浆护壁成孔灌注桩工艺流程图

(2)护壁泥浆。泥浆在桩孔内会吸附在孔壁上甚至渗透进周围土孔隙中，避免内壁漏水。它具有保持孔内水压稳定、保护孔壁以防止塌孔、携带土渣排出孔外以及冷却与润滑钻头的作用。

在砂土中钻孔，须在现场专门制备泥浆注入，泥浆是由高塑性黏土或膨润土和水拌和的混合物，还可在其中掺入其他掺合剂，如加重剂(重晶石用量最大，其他有铅粉、氧化铁、碳酸钙等)、分散剂(一种化学品，加入水中增加其去颗粒的能力)、增粘剂(一种易溶于冷热水中成为透明黏稠性溶液的物质)及堵漏剂(一种能使物质快速凝结固化的物质)等。在黏土中钻孔，也可采用输入清水，钻进原土自造泥浆的方法。注入的泥浆相对密度应控制在1.1左右，排出泥浆的相对密度宜为1.2～1.4。

(3)成孔。成孔机械有回转钻机、潜水钻机、冲击钻机等，其中以回转钻机应用最多。

①回转钻机成孔。该钻机由动力装置传动，带动带有钻头的钻杆强制旋转，钻头切削土体成孔。切削形成的土渣，通过泥浆循环排出桩孔。根据泥浆循环方式的不同，回转钻机分为正循环回转钻机和反循环回转钻机。

正循环回转钻机的工艺如图2-15(a)所示。泥浆或高压水由空心钻杆内部注入，并从钻杆底部喷出，携带钻下的土渣沿孔壁向上流动，由孔口将土渣带出流入沉淀池，沉渣后的泥浆循环使用。该法是依靠泥浆向上的流动排渣，其提升力较小，孔底沉渣较多。

反循环工艺如图2-15(b)所示。泥浆带渣流动的方向与正循环工艺相反，它须启动砂石泵在钻杆内形成真空，土渣被吸出流入沉淀池。反循环工艺由于泵吸作用，泥浆上升的速度较快，排渣能力大，但对土质较差或易塌孔的土层应谨慎使用。

回转钻机设备性能可靠、噪声和振动较小、钻进效率高、钻孔质量好。它适用于松散土层、黏土层、砂砾层、软质岩层等多种地质条件，应用比较广泛。

②潜水钻机成孔。潜水钻机是一种旋转式钻孔机械，其动力、变速机构和钻头连一起，并加

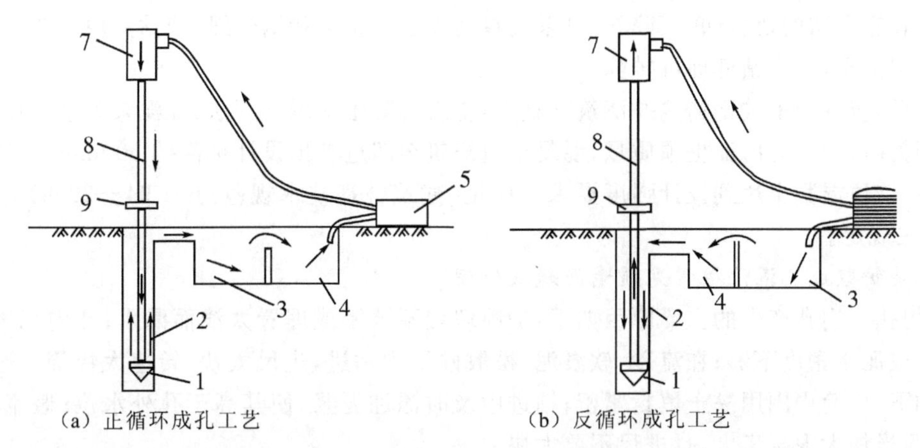

1—钻头；2—泥浆循环方向；3—沉淀池；4—泥浆池；5—泥浆泵；6—砂石泵；
7—水龙头；8—钻杆；9—钻机回转装置

图 2-15 泥浆循环成孔工艺

以密封，可下放至孔内地下水中切土成孔，如图 2-16 所示。它采用正循环工艺注浆、护壁和排渣。潜水钻孔适用于淤泥、淤泥质土、黏性土、砂土及强风化岩层，不宜用于碎石土。

③冲击钻机成孔。冲击钻机成孔如图 2-17 所示，它是用动力将冲锥式钻头提升到一定高度后，靠自由下落的冲击力来掘削硬质土和岩层，然后用淘渣筒排除渣浆。它可用于黏性土、粉质黏土，特别适用于坚硬土层和砂砾石、卵漂石及岩层。

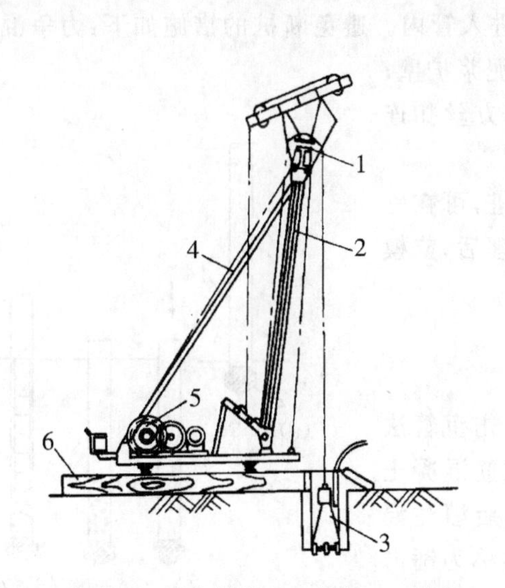

1—钻头；2—潜水钻机；3—钻杆；4—护筒；
5—水管；6—卷扬机；7—控制箱

图 2-16　潜水钻机示意图

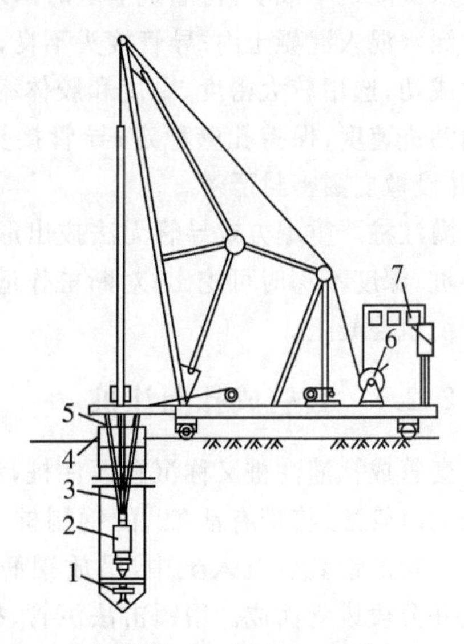

1—滑轮；2—主杆；3—钻头；
4—斜撑；5—卷扬机；6—垫木

图 2-17　冲击钻机示意图

(4)清孔。钻孔达设计标高后，应测量沉渣厚度，立即进行清孔。以原土造浆的钻孔，清孔可采用射水法，此时钻头只转不进，待泥浆相对密度降到 1.1 左右即可；注入制备泥浆的钻孔，采用换浆法清孔，即用稀泥浆置换出浓泥浆，待泥浆的相对密度降到 1.15～1.25 即认为清孔合格。在清孔过程中通过置换泥浆，使孔底沉渣排出。剩余沉渣厚度的控制是：对端承桩不大于 50mm，对摩擦端承桩及端承摩擦桩不大于 100mm，对摩擦桩不大于 300m。

对于孔底余留的块状卵石、碎石，可采用在转盘上焊绕网状钢丝绳，使钻具原位转动，石块便上升到绳网上面，提升钻杆即可排除。

清孔后，应尽快吊放钢筋笼并浇筑混凝土，浇筑混凝土采用导管法，在泥浆和水下作业(详见第四章相关内容)。为保证桩顶质量，混凝土应浇筑至超过桩顶设计标高约500mm，以便在凿除浮浆层后，桩顶混凝土达到设计强度要求。详见《建筑桩基技术规范》JGJ 94－2008)6.3.13及6.3.9相关规定。

3.泥浆护壁成孔灌注桩常见质量问题及处理

(1)坍孔。坍孔产生的主要原因如下：护筒埋置不严密或埋置太浅而漏水；孔内泥浆面低于孔外水位或泥浆密度不够；在流砂、软淤泥、松散砂层中钻进，进尺太快，转速太快等。避免坍孔的措施如下：护筒周围用黏土填封紧密；钻进中及时添加泥浆，使其高于孔外水位；遇流砂、松散土层时，适当加大泥浆密度，且进尺不要太快。

轻度坍孔可加大泥浆密度和提高其水位；严重坍孔时用黏土泥浆投入，待孔壁稳定后采用低速钻进。

(2)吊脚桩。吊脚桩，即在桩的底部有较厚泥砂而形成松软层。其产生原因如下：清渣未净，残留沉渣过厚；清孔后泥浆密度过小，孔壁坍塌或孔底涌进泥砂，或未立即灌筑混凝土；吊放钢筋骨架、导管等物碰撞孔壁，使泥土坍落孔底。防止吊脚桩的措施如下：注意泥浆浓度，及时清渣；做好清孔工作，达到要求立即灌筑混凝土；施工中注意保护孔壁，不让重物碰撞。

(3)断桩。断桩，即指因有泥夹层而造成桩体混凝土不连续。造成断桩的原因如下：首批混凝土多次灌筑不成功，再灌筑上层时出现一层泥夹层而造成断桩；孔壁坍塌将导管卡住，强力拔管时泥水混入混凝土内；导管接头不良，泥水进入管内。避免断桩的措施如下：力争混凝土灌筑一次成功；选用较大密度、黏度和胶体率好的泥浆护壁；控制钻进速度，保持孔壁稳定；导管接头应用方丝扣连接，并设橡皮圈密封严密。

灌注桩严重塌方或导管无法拔出形成断桩，可在一侧补桩；深度不深时可挖出；对断桩作适当处理后，支模重新浇筑混凝土。

2.2.3 套管成孔灌注桩

套管成孔灌注桩又称沉管灌注桩，利用锤击沉管法或振动沉管法，将带有活瓣[①]的钢制桩尖或钢筋混凝土预制桩靴的钢套管沉入土中，吊放钢筋笼，然后灌注混凝土并分段拔管而成。用锤击法沉管、拔管的称为锤击沉管灌注桩；用激振器沉管、拔管的称为振动沉管灌注桩。图2-18为沉管灌注桩的施工过程示意图。

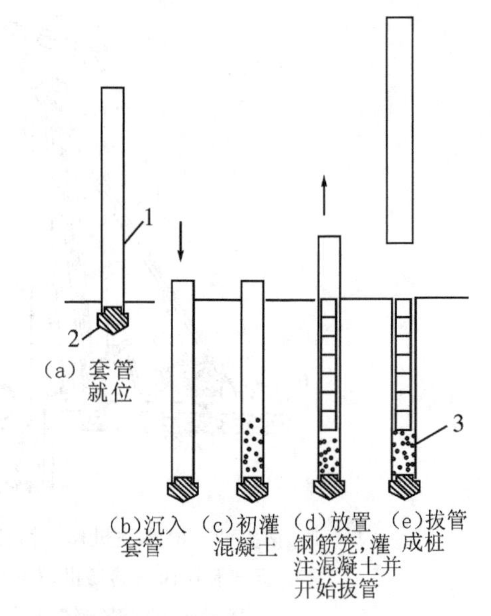

1—钢管；2—混凝土桩靴；3—桩

图2-18　套管成孔灌注桩施工工艺

1.锤击沉管灌注桩

锤击沉管灌注桩施工时，用桩架吊起钢套管，关闭桩尖活瓣或安放到预先设在桩位处的钢筋混凝土预制

① 活瓣是指机械装置中可以用于实现开放进出的闸门，例如喷射活瓣，利用机械的功能实现自动控制。

桩靴上。套管与桩靴连接处要垫以麻、草绳等，以防地下水渗入管内。然后缓缓放下套管，压进土中。套管顶端扣上桩帽，检查套管与桩锤是否在同一垂直线上，其偏斜不大于 0.5%时，即可起锤沉套管，先用低锤轻击，若无偏移，才正常施打，直至符合设计要求的贯入度或标高。在检查管内无泥浆或水进入后，即可灌注混凝土。套管内混凝土应尽量灌满，然后开始拔管。拔管时应保持连续低锤密击不停，拔管时要均匀，不宜过高过快，拔管的速度，对一般土层以不大于 1m/min 为宜，在软弱土层及软硬土层交界处应控制在 0.8m/min 以内。拔管中要随时探测混凝土落下的扩散情况，注意使管内的混凝土保持略高于地面，直到全管拔出为止。桩的中心距小于 5 倍桩管外径或小于 2m 时，均应采取跳打的方式，且中间空出的桩须待邻桩混凝土达到设计强度的 50%以后方可施打，防止因挤土而使前面的桩发生桩身断裂。

为了改善灌注桩的质量、扩大桩径和提高桩承载能力，常采用复打法，又分为全长复打和局部复打。复打的施工程序如下：在第一次灌注桩施工完毕拔出套管后（单打），及时清除管外壁上的污泥和桩孔周围地面的浮土，立即在原桩位安好桩靴和套管或关闭活瓣，进行复打，使未凝固的混凝土向四周挤压扩大桩径，然后第二次浇筑混凝土。拔管方法与单打相同。复打时要注意以下问题：前后两次沉管的轴线应重合；复打必须在第一次灌注的混凝土初凝之前进行；如有配筋的桩，钢筋笼应在第二次沉管后灌注混凝土之前就位。详见《建筑桩基技术规范》（JGJ 94—2008）6.5 相关规定。

施工中应作好施工记录，包括以下内容：每米的锤击数和最后 1m 的锤击数；最后 3 阵，每阵 10 击的贯入度及落锤高度。

锤击沉管灌注桩适用于一般黏性土、淤泥质土、砂土和人工填土地基。

2. 振动沉管灌注桩

振动沉管灌注桩大多采用激振器（振动锤）沉管，其设备如图 2-19 所示，其激振器、套管、活瓣桩尖可依次联结在一起，并能利用滑轮组整体提升（故能拔管和反插施工）。施工时，先安装好桩机，关闭活瓣桩尖或安放好钢筋混凝土预制桩靴，徐徐放下套管，压入土中，即可开动激振器沉管。套管受振后与土体之间摩阻力减小，同时在振动锤自重的压力下，即能入土成孔。沉管时，必须严格控制最后两分钟的贯入速度，其值按设计要求，或根据试桩和当地的施工经验确定。

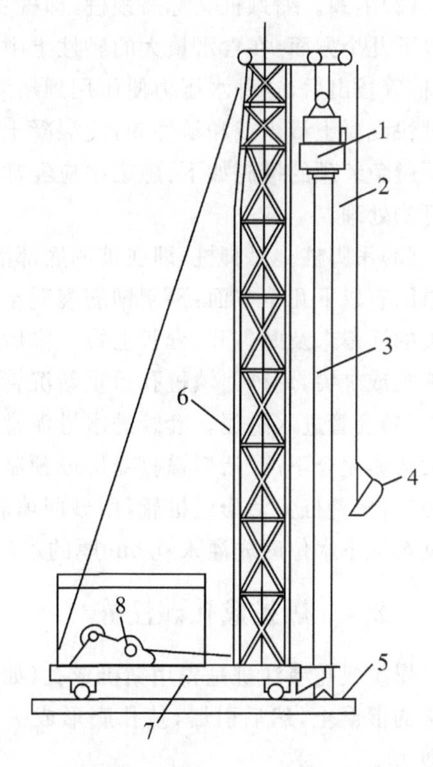

1—振动器；2—漏斗；3—桩管；4—吊斗；5—枕木；6—机架；7—架底；8—卷扬机

图 2-19　振动沉管设备

振动沉管灌注桩可采用单打法、复打法或反插法施工工艺。单打施工时，在沉入土中的套管内灌满混凝土，开动激振器振动 5～10s 后开始拔管，然后边振边拔，每拔 0.5～1m 停拔振动 5～10s，如此反复，直至套管全部拔出。单打法施工，在一般土层内拔管速度宜为 1.2～1.5m/min，在较软弱土层中宜控制在 0.6～0.8m/min。在拔管过程中，应分段添加混凝土，保持管内混凝土面高于地面或地下水位 1.0～1.5m。复打法施工与锤击沉管灌注桩相同。反插法施工时，在套管内灌满混凝土后，先振动再开始拔管，每次拔管高度0.5～1.0m，向下反插深度0.3～0.5m，如此反复，并始终保持振动，直至套管全部拔出。反插法的拔管速度应小于0.5m/min。由于反插法能扩大桩径，使混凝土密实，从而提高桩的承载能力，宜用于较差的软土地基。

振动沉管灌注桩的适用范围除与锤击沉管灌注桩相同外，还包括稍密及中密的碎石土地基。

跳打法是指预制桩或沉管灌注桩等对土有挤压应力的桩，桩间距在4倍桩直径以内时，所使用的一个施工方法，就是隔一根桩打一根，等这个桩的混凝土强度达到要求后再施工中间的桩。

3.套管成孔灌注桩常见质量问题及处理

(1)断桩。断桩一般常见于地面以下1～3m的软硬土层交接处。其裂痕呈水平或略倾斜，一般都贯通整个截面。产生断桩的原因主要有以下几个方面：桩距过小，邻桩施打时土的挤压所产生的横向水平推力和隆起上拔力造成；软硬土层间传递水平力大小不同，对桩产生剪应力造成；桩身混凝土终凝不久，强度较弱时即承受外力造成。

避免断桩的措施如下：考虑合理的打桩顺序，减少对新打桩的影响；采用跳打法或控制时间法以减少对邻桩的影响。

检查断桩的方法有以下几种：在2～3m深度内可用木锤敲击桩头侧面，同时用脚踏在桩头上，如桩已断，会感到浮振；亦可采用动测法，由波形曲线和频波曲线图形判断桩的质量与完整程度。断桩一经发现，应将断桩段拔出，将孔清理干净后，略增大面积或加上铁箍连接，再重新灌筑混凝土补作桩身。

(2)缩颈。缩颈桩又称瓶颈桩，即桩身局部范围截面缩小，不符合要求。其产生的原因主要有以下几个方面：在含水量大的黏性土中沉管时，土体受强烈扰动和挤压而产生很高的孔隙水压力，桩管拔出后，这种水压力便作用到新灌筑的混凝土桩上，使桩身发生不同程度的颈缩现象；拔管过快混凝土量少或和易性差，使混凝土出管时扩散性差。

避免缩颈的措施如下：施工中应经常测定混凝土的下落情况，发现问题及时纠正，一般可用复打法处理。

(3)吊脚桩。吊脚桩，即在桩的底部混凝土隔空或混凝土中混进泥砂而形成松软层。其产生的原因有以下几个方面：预制钢筋混凝土桩靴强度不够，沉管时被破坏变形，水或泥砂进入桩管；桩尖的活瓣未及时打开，套管上拔一段后混凝土才落下。处理吊脚桩的方法为：将套管拔出，修整桩靴或桩尖，用砂回填桩孔后重新沉管。

(4)套管进水进泥。套管进水进泥常发生在地下水位高、饱和淤泥或粉砂土层中。其原因为桩尖活瓣闭合不严、活瓣被打变形或预制钢筋混凝土桩靴被打坏。处理方法如下：拔出套管，清除泥砂，修整桩尖活瓣或桩靴，用砂回填后重打。为避免套管进水进泥，当地下水位高时，可在套管沉至地下水位时先灌入0.5m厚的水泥砂浆封底，再灌1m高混凝土增压，然后再继续沉管。

2.2.4 爆扩成孔灌注桩

爆扩成孔灌注桩是先用钻机成孔(如干作业成孔)或人工挖孔成孔，在孔底安放炸药，再灌入适量的混凝土，然后引爆，使孔底形成扩大头，清孔后吊放钢筋笼，浇筑混凝土而成桩，如图2-20所示。

爆扩桩适用于地下水位以上或地下水很少，可爆扩成型的黏性土、中密和密实的砂质土、碎石及风化岩石层。桩长一般为3～6m，最大不超过10m。扩大头直径D为桩身直径d的2.5～3.5倍。桩端的扩大头能使桩的承载能力明显提高，并具有成孔简单、节省劳力和成本低廉等优点。但其施工质量要求严格，且检查质量不便。爆扩桩的施工要点如下：

1. 炸药用量

炸药用量与扩大头尺寸和土质有关，应通过就地试验来确定，或通过相关的理论计算确定。

2. 安放炸药包

按确定的炸药量把炸药用塑料布紧密包扎成球形药包，并放入两个雷管，用并联法与引爆线路连接。然后用绳将炸药包吊放至桩孔底面中心，再在其上填盖15～20cm厚的砂，以保护炸药包不被灌入的混凝土冲破。

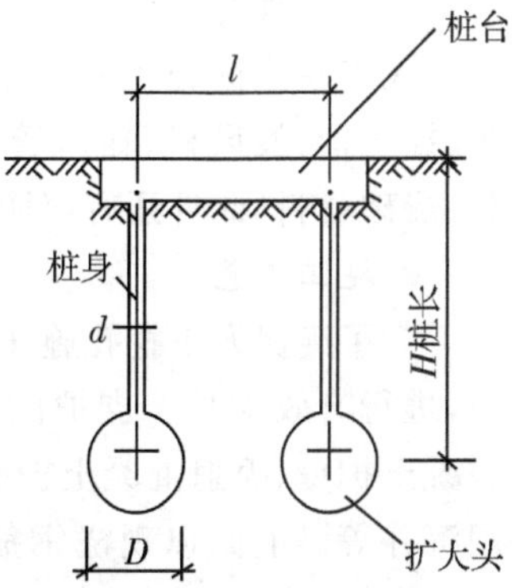

图2-20 爆扩灌注桩示意图

3. 浇灌压爆混凝土及引爆

引爆前须浇灌压爆混凝土，灌入量为扩大头体积的一半。混凝土坍落度在黏性土层中宜为10～12cm，在砂土及人工填土中宜为12～14cm，粗骨料粒径不宜大于25mm。混凝土灌注完毕后，应立即引爆，时间间隔不宜超过30min，否则容易出现混凝土掉落事故。引爆时应注意引爆顺序：桩距大于爆扩影响间距时，可采用单爆方式；当桩距小于爆扩影响间距时，宜采用联爆方式；相邻桩扩大头不在同一标高时，引爆顺序应先深后浅。引爆后混凝土即落入扩大头空腔的底部，检查扩大头尺寸后，用振动棒振实混凝土。

4. 灌筑桩身混凝土

扩大头底部混凝土振实后，立即安放钢筋笼，然后连续灌注扩大头和桩身混凝土，不得中断留施工缝。桩顶须加盖草袋，终凝后浇水养护。在干燥的砂类土地区，还要在桩的周围浇水养护。

2.3 大直径扩底灌注桩施工

大直径扩底灌注桩是以人工或机械的方法成孔并扩大桩孔底部，浇筑混凝土而成。桩的直径大于0.8m，一般在1～5m，多为一柱一桩。此种桩具有很大的强度和刚度，能承受较大的上部荷载，工程中应用广泛。

大直径扩底灌注桩大多采用人工开挖，因此，亦称为大直径人工挖孔桩或人工挖孔扩底灌注桩。当地下水位高，土层不适宜人工开挖时，则可采用泥浆护壁成孔灌注桩工艺成孔，然后采用机械方法扩底。

2.3.1 人工挖孔桩施工

人工挖孔桩即采用人工挖掘方法成孔，而后吊放钢筋笼，浇筑混凝土成桩，如图2-24所示。该方法不得用于软土、流砂地层及地下水较丰富和水压力大的土层中。人工挖孔桩所需的设备简单，施工速度快，土层情况明确，桩底沉渣清除干净，施工质量可靠，成本低廉。但工人在井下作业劳动条件差，必须制定可靠的安全措施，并严格按操作规程施工。挖孔桩的直径除满足承载力要求外，还应考虑施工操作的需要。桩芯直径D不宜小于800mm，桩底扩大头直径一般为1.3～3.0 D，可按$(D_1-D)/2:h=1:4$，$h_1\geqslant(D_1-D)/4$进行控制（见图2-21）。详见《建筑桩基技术规范》(JGJ 94—2008)6.6.6的规定。

1. 施工机具

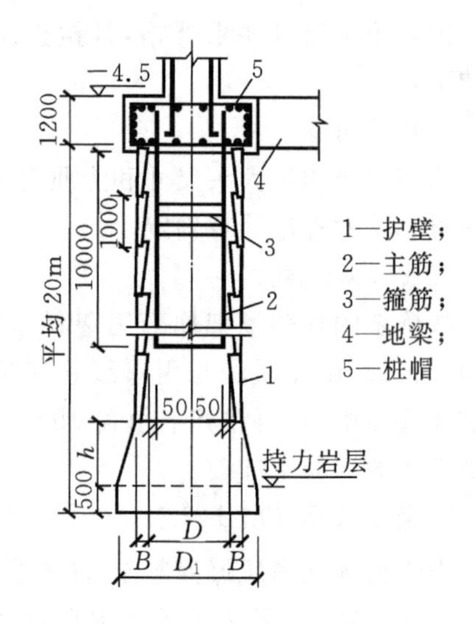

图 2-21 人工挖孔桩构造示意图

人工挖孔桩施工机具简单，主要有电动机、潜水泵、提土桶、鼓风机、输风管、挖孔工具或小型挖土机具、爆破材料，此外还有照明灯、对讲机、电铃等。

2. 施工工艺

为了确保人工挖孔施工的安全，必须严防土体坍塌，进行有效支护。支护的方法很多，例如现浇钢筋混凝土护壁、喷射混凝土护壁、打设型钢或木板桩、采用沉井等。下面以现浇钢筋混凝土护壁为例说明人工挖孔桩的施工工艺。

(1)按设计图纸放线、确定桩位。

(2)开挖土方。采取分段开挖，每段高度一般为0.5～1.0m，开挖范围为设计桩芯直径加护壁的厚度。钢筋混凝土护壁应每节高1m，厚度不小于$(D/10+5)$cm，并有1∶0.1的坡度。

(3)支设护壁模板。宜采用工具式钢模板(或木模板)组合而成。

(4)放置操作平台。平台可用角钢和钢板制成半圆形，合起来即为一个整圆，临时安放在模板顶面。

(5)浇筑护壁混凝土。护壁混凝土要注意捣实，因为它起着防止土壁坍陷与防水的双重作用。第一节护壁厚度宜增加10～15cm，上下节护壁用钢筋拉接。

(6)拆除模板继续下一段的施工。当护壁混凝土达到1.2MPa，常温下约24h后即可拆除模板，进入下一段的施工。如此循环，直至挖到设计深度。

(7)吊放钢筋笼(如果钢筋笼的高度不及孔深，则先浇筑混凝土)。

(8)浇筑桩身混凝土。当桩孔内渗水量不大时，抽除孔内积水后，用串筒法浇筑混凝土；如果桩孔内渗水量过大，积水过多不便排干，则应用导管法水下浇筑混凝土。

3. 安全防护

人工挖孔桩在开挖过程中，必须制定专门的安全措施。具体措施如下：施工人员进入孔内，必须戴安全帽；孔内有人施工时，孔口必须设专人监督防护；护壁要高出地面15～20cm，挖出的土不得堆在孔四周1.2m范围内，以防落入孔内；孔周围要设置0.8m高的安全防护栏杆，每孔要设置安全绳及安全软梯；孔下照明应为安全用电装置，使用潜水泵要有防漏电装置；桩孔开挖深度超过10m时，应设鼓风机向孔井中输送洁净空气，风量不少于25L/S。

人工挖孔桩施工的安全问题应满足《建筑桩基技术规范》(JGJ 94—2008)6.6.7和《施工现场临时用电安全技术规范》JGJ (46—2005)的规定。

2.3.2 桩孔扩底常用方法

1. 人工挖孔扩底

人工挖孔扩底宜在无地下水或含微量地下水的硬塑至坚硬黏性土、中密至密实砂土、碎石土及风化岩层的持力层中采用。扩底前应在桩孔底面测量桩的中心位置。挖孔时，应四周均匀挖掘，由小而大扩成设计断面和形状，且开挖面应整齐、形状完好、尺寸准确。扩大头挖好后，应把废土清理干净，经检查验收合格后，才能吊放钢筋笼和灌注混凝土。灌注扩大头混凝土时应采取防止产生离析的措施，并应分层捣实。在相邻的群桩中施工时，宜采取跳挖、跳灌的方式。施工时应采取绝对安全的防护技术。

2. 反循环钻孔扩底

采用泥浆护壁钻机成孔时，成孔后则进行机械扩底，通常采用反循环钻机钻孔扩底法，扩底钻具有上开式、下开式、扩刀滑降式及扩刀推降式四种，如图 2-22 所示。

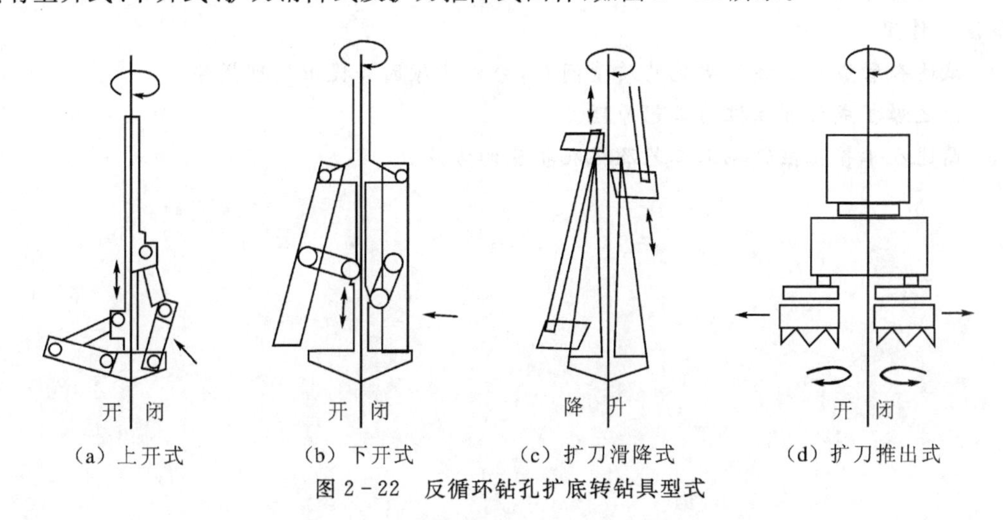

图 2-22 反循环钻孔扩底转钻具型式

(1)上开式扩底。桩孔钻完后，在设计深度处，把扩底刀刃如伞似地反向打开进行扩底，扩底面积按设计尺寸逐步扩大，直至形成扩大头，见图 2-22(a)。

(2)下开式扩底。桩孔钻完后，在设计深度处，将关闭的扩底刀刃徐徐打开进行扩底，直至形成扩大头，见 2-22(b)。

(3)扩刀滑降式扩底。桩孔钻完后，在设计深度处，扩幅刀刃沿着倾斜的固定导架下滑的同时，慢慢掘削成扩大头，见 2-22(c)。

(4)扩刀推出式扩底。桩孔钻完后，在设计深度处，把刀刃的作用面向外侧缓慢伸展，掘削成扩大头，见 2-22(d)。

反循环钻机最大扩底直径为桩身直径的 3 倍。扩底切削下来的土渣采用反循环钻机随泥浆排出。

3. 爆扩法扩底

爆扩法扩底与爆扩成孔灌注桩的工艺相同，在此不再赘述。此外本章节中凡涉及水下混凝土灌注的施工工艺均应按《建筑桩基技术规范》(JGJ 94—2008)中水下混凝土的灌注规定来操作。

思考与练习

1. 简述钢筋混凝土预制桩的制作、起吊、运输与堆放的主要工艺要求。
2. 简述打桩设备的组成，并分析工程中应如何选择锤重和桩架。
3. 打桩顺序有哪几种？试分析各种打桩顺序的利弊。
4. 试述打桩的方法和质量控制标准。
5. 简述打桩施工对周围环境的影响及其防治。
6. 简述预制桩在施工中常遇到的质量问题，以及预防及处理措施。

7. 简述泥浆护壁成孔灌注桩的施工工艺。

8. 泥浆护壁成孔灌注桩施工中为何要埋设护筒？泥浆有何作用？泥浆循环有哪两种方式，其效果如何？

9. 简述泥浆护壁成孔灌注桩常见质量问题，以及预防和处理措施。

10. 试述套管成孔灌注桩的施工工艺，并简述单打法、复打法及反插法的含义，以及复打法和反插法的作用。

11. 试述套管成孔灌注桩常见的质量问题，分析其原因并提出处理措施。

12. 试述爆扩成孔灌注桩的工艺原理。

13. 简述人工挖孔桩的施工工艺及桩孔扩底的方法。

第3章 砌体工程

学习要求

了解砌筑材料,脚手架、垂直运输设备,砖、砌块砌体施工以及冬期的施工技术;重点掌握砖、砌块砌体的施工工艺、施工要点、质量要求和冬期施工方法;了解砌筑前的准备工作、砌筑工程脚手架和垂直运输设备。

工程案例

某高层住宅楼砌体工程案例

某高层住宅楼采用钢筋混凝土框剪结构,建筑主体高96.5m,共31层。其主体结构工程采用悬挑式外脚手架施工。砌体工程施工采用加气混凝土砌块或轻质混凝土小型砌块、多孔页岩空心砖与M5水泥混合砂浆等砌筑填充墙砌体结构。砌体砌筑时,外墙砌筑可采用主体结构工程的悬挑式外脚手架,内墙砌筑采用工具式折叠里脚手架。

1. 材料准备与运输

(1)材料准备。填充墙材料分别采用多孔页岩空心砖、加气混凝土砌块或轻质混凝土小型砌块和M5水泥混合砂浆。所用墙体材料外形尺寸要求准确统一,表面无边角破损。砌块产品的龄期不应小于28天,其规格、强度及容重必须符合设计要求,进场后应进行见证取样,抽检的数量为每一生产厂家,每一万块小型砌块至少抽检一组,用于多层以上建筑基础和底层的小型砌块抽检数量不应少于2组。

墙体配套的砖和砌块(不同型号)按现场的实际情况进行选配,以保证墙体交结处砌筑合理紧密。填充墙构造柱混凝土采用碎石,混凝土和砌筑砂浆采用中砂,含泥量控制在3%以内,以保证混凝土和砂浆的质量。石灰膏采用生石灰熟化制成。拉接筋、过梁钢筋和构造柱钢筋应除锈并处理顺直,现场通过拉拔试验确定其受拉性能。

(2)机械、工具和用具的准备。1台塔式起重机和1台施工电梯进行砌块、砂浆的垂直和水平运输。备有2台砂浆搅拌机,翻斗车3辆。电焊机和气割设备各1台(制作悬挑梁),扭力扳手(检查扣件拧紧力)、游标卡尺(检查钢管外径和壁厚、表面锈蚀深度)、塞尺(检查钢管两端面切斜偏差)、钢卷尺(检查钢管弯曲程度和搭设中的距离或长度)、水平尺(检查水平杆高差)和角尺(检查剪刀撑与地面的倾角)等数把,对讲机和哨子各3个(指挥通信),以及砌块专用夹具和有关工具(如砌筑用工具,架子工用工具等)。脚手架用工字钢悬挑梁、U型螺栓、钢丝绳、花篮螺丝、钢管、扣件等用具若干。

2.砂浆制备

砌筑砂浆应具有良好的和易性，其配合比采用重量比。水泥的计量误差应控制在±2%以内，而砂、水和石灰膏应控制在±5%以内。水泥砂浆、混合砂浆搅拌时间不小于2min，掺外加剂的砂浆≥3min。水泥砂浆的最小水泥用量不宜小于200kg/m³。砌筑砂浆分层度不应大于300mm，砂浆稠度以70～90mm为宜。砂浆拌制好后，应盛入灰槽中。

3.脚手架搭设与拆除

内墙砌筑采用工具式折叠里脚手架，随搭随用随拆。外墙砌筑采用悬挑式外脚手架（见图3-1）。应根据建筑工程结构设计图、施工要求、施工目的、服务对象以及施工现场条件，编制脚手架专项施工方案及施工图，制定脚手架施工工艺流程和工艺要点。

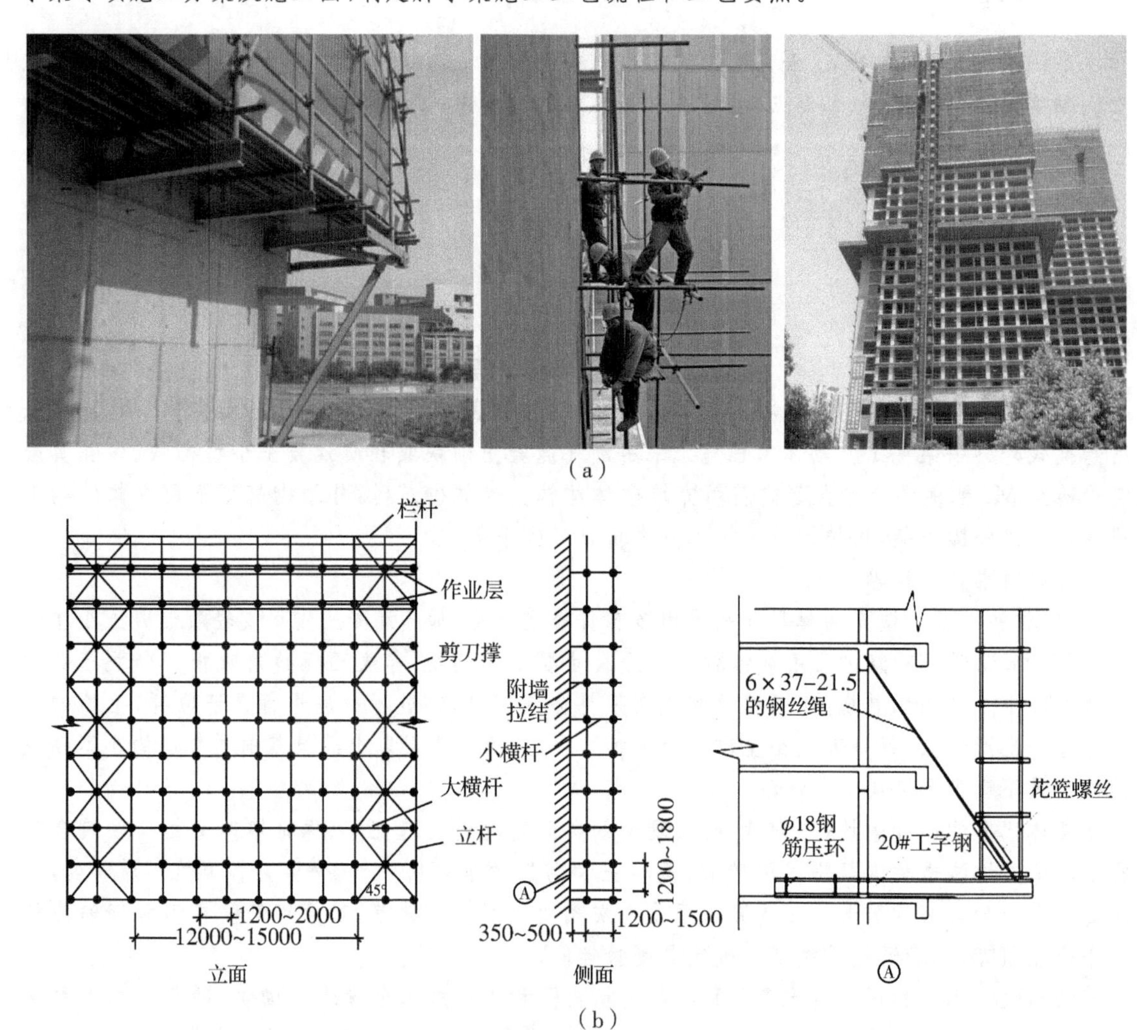

图3-1　悬挑式外脚手架搭设

本工程采用普通钢管扣件脚手搭设在预先安装并固定于结构上挑出的工字型钢梁支架上，形成悬挑式外脚手架。悬挑式外脚手架是利用建筑结构边缘向外伸出的悬挑结构来支承脚手架。其关键部分是悬挑支承结构，必须有足够的强度、刚度和稳定性，并能将脚手架的荷载全部或部分传递给建筑结构。应对脚手架设计方案进行详细的结构计算，对节点承载力进行校核，确保节点满足承载力要求，从而确保脚手架的稳定性，保证结构安全。

悬挑式外脚手架主要由悬挑梁、脚手架体、刚性连墙件、连续剪刀撑和安全防护等组成。

施工前应根据工程规模、进度和具体工程大小以及外脚手架的数量确定搭设人员的人数，划分若干责任区，各区人员相对固定，明确分工并按要求向架子工进行技术交底。必须建立由项目经理、工程师、施工员、安全员、搭设技术人员组成的管理机构，搭设负责人向项目经理负责，负有指挥、调配、检查的直接责任。

劳动力组织和操作人员分工如下：项目经理全面负责项目管理工作；项目工程师负责技术管理工作及协调处理现场技术问题；队长负责整个悬挑式外脚手架工程总体指挥；安全员负责整个悬挑式外脚手架工程安全督促和检查工作；对各工序操作人员应进行定岗、定人和定责，应当严格执行施工方案及有关安全技术规定。

(1)悬挑式外脚手架搭设工艺流程。其工艺流程如下：施工准备→放线定位→预埋U型螺栓→安装悬挑梁支承结构→安装斜向撑杆、拉结钢丝绳→竖立杆→将纵向扫地杆与立杆扣接→安装横向扫地杆→安装纵向水平杆(大横杆)→安装横向水平杆(小横杆)→安装连墙件(连墙杆)→安装剪刀撑→安装栏杆→铺设作业层脚手板和挡脚板→挂安全网。

悬挑式外脚手架采用20#工字型钢作为悬挑梁，一端(内压端)采用两道预埋U型螺栓(或ϕ18钢筋压环)，与压板采用双螺母固定(螺杆露出螺母应不少于3扣连接)，水平支承锚固在建筑梁板结构上(其型号、规格、固端和悬挑端尺寸的选用以及连接强度应由设计计算确定，并经工程设计单位认可)，固端长度应不小于1.5倍的外挑长度；另一端用拉杆或拉结绳(斜拉的钢丝绳)拉接到上一层结构的梁上，用花篮螺丝作为拉结绳的收紧设施，以便在收紧后承担脚手架荷载。转角处工字钢挑梁下应敷设斜向撑杆。

脚手架架体用扣件式钢管脚手架搭设，钢管尺寸采用外径48mm、壁厚3.5mm，并使用钢扣件。脚手架底部与悬挑梁应连接牢靠，不得滑动或窜动。根据现场实际情况，采用双排脚手架，架体外立杆内侧必须采用密目式安全网全封闭围挡施工，每个环扣都必须穿入符合规定的纤维绳，并顺环扣逐个与架体绑扎牢固。架体高度可依据施工要求、结构承载力和塔吊的提升能力确定，要求随施工进度搭设，高度超出施工层1.5m。3.2m高搭设首层平网，每隔6m设层间网。

立杆纵距1.2～2m，立杆横距1.2～1.5m，步距1.2～1.8m。立杆采用对接接长，接头应交错布置，在高度方向错开500mm以上，相邻接头不应在同跨内。顶层立杆可搭接，长度不应小于1m，不少于两个扣件扣紧。立杆垂直偏差，要求不大于架高的1/200。离地高度200mm设置纵横向扫地杆，连续设置在立杆内侧。

脚手架底部应设置纵向和横向扫地杆，扫地杆应贴近悬挑梁，纵向扫地杆距悬挑梁不得大于200mm，首步架纵向水平杆步距不得大于1.5m。大横杆间距控制在1.5m以内，以便立网挂设。大横杆立于立杆里面，每侧外伸长度不应小于100mm，但不应大于200mm。杆件接长需对接，接点距主接点的距离不应小于500mm。立杆与大横杆交接处必须设小横杆，小横杆搭在大横杆上面，伸出大横杆长度不小于100mm。

连墙杆件应设置在与悬挑梁相对应的建筑物结构上。脚手架高在7m以上及每高4m、水平每隔6m应设刚性连墙杆与建筑物牢固拉结，内外用500mm钢管固定(可焊接，也可用扣件连接)，并加设顶撑使之同时承受拉力和压力，保证脚手架与建筑物之间连接牢固，不摇晃、不倒塌。

当高度≤24m时，脚手架的两端以及中间每隔6～7根(12～15m)立杆应设一道剪刀撑，从底部开始沿脚手架高度连续设置，宽度不应小于6m，与地面的夹角为45°～60°，将脚手架与悬挑梁连成一体。当高度>24m时，在外侧立面沿整个长度和高度上设置连续剪刀撑，每道剪刀撑跨越5～7根立杆。剪刀撑斜杆用旋转扣件分别扣在立杆与大横杆上或小横杆的伸出部分上。

剪刀撑杆件接长需搭接，搭接长度不小于 1m，使用三个扣件均匀分布，端头距扣件不小于 100mm。

架体底层的脚手板必须铺设牢靠、严实，且应用平网及密目式安全网双层兜底。满铺脚手板距墙小于 120mm。脚手板不得高低不平，严禁探头板。在每一个作业层架体外立杆内侧应设置上下两道防护栏杆和挡脚板，上道栏杆高 1.2m，下道栏杆高 0.6m，挡脚板高 180mm。

脚手架架体立面转角处，与塔式起重机、施工电梯、物料提升机、卸料平台等设备需要断开或开口的位置处应密封严实或有加强措施。卸料平台应单独搭设，其荷载应直接传递给工程结构或地面，不得传递给脚手架架体。

外脚手架必须由持证的架子工(戴安全帽、佩安全带或安全绳、穿防滑鞋、背工具袋、袖裤口扎紧)搭设，随楼层的增高逐层对其进行检查及分段验收，高度 9m 验收一次，不符合要求的应迅速整改。分段验收应按外脚手架检查评分表中所列项目和施工方案要求的内容进行检查，填写验收记录单(必须有量化的验收内容)，并有搭设人员、安全员、施工员、项目经理签证。脚手架搭设完后，总承包单位应按规定以及专项施工方案等要求进行验收，合格后方可交付使用。

(2)悬挑式外脚手架拆除工艺流程。其工艺流程如下：安全网→栏杆→脚手板→剪刀撑→横向水平杆→纵向水平杆→立杆→连墙杆→悬挑脚手架的支承结构。

脚手架的拆除应在脚手架的施工均已完毕并经工程负责人认可不再需要时方能拆除。拆除前应对拟拆卸悬挑脚手架的完好性进行检查，对作业人员进行安全技术交底，拆卸时应有可靠的防止人员与物料坠落措施，严禁抛掷物料。拆除工作必须按专项施工方案及安全操作规程的要求进行。

清理完脚手架上的杂物后，从顶部脚手架一端开始依次往下拆除，连墙杆不可提前拆除。拆除连墙杆后，应立即修补该处的饰面。拆下的杆件与零配件，应按类归堆，用塔式起重机吊下，严禁高空抛掷。运到地面后，按品种、规格堆放整齐，妥善保管，有损坏的应给予维修和保养。

(3)安全注意事项。悬挑脚手架应按专项施工方案的要求正确使用，不得随意扩大使用范围。使用前应先检查是否牢靠，护栏、挡脚板、平桥板是否齐全、可靠，发现问题应及时修整好，才能在上面操作。架体上的施工荷载必须符合设计要求，放置料具要注意分散并放平稳，不许超载或集中堆载，严禁随意向下抛掷杂物。架体上的建筑垃圾及其他杂物应及时清理。夜间或遇六级(含六级)以上大风及雷雨等天气，不得进行安装与拆卸作业。悬挑式脚手架搭设、拆卸作业时，应设置警戒区，由专人负责，禁止无关人员进入施工现场。施工现场应当设置负责统一指挥的人员和专职监护的人员。施工现场暂时停工时，应采取相应的安全防护措施。

4. 砌体砌筑

砌体工程施工采用具有较强技术实力的班组承担。填充墙砌筑以 15 层为界，分为 2 个施工班组来完成。根据总体施工方案工期目标的要求，每个施工班组人数应保证 60 人以上。

砌筑前应做好施工前的技术交底工作。根据建施图的墙体尺寸及构造柱位置，以及《砌体工程施工及验收规范》中有关砌体水平、竖直灰缝厚度、咬砌搭接的要求，确定砌块皮数并绘出砌体排列图。并将楼层控制标高用水准仪引测到砌筑段的柱身上，用红三角标示，再按柱身上的轴线引测到板面上，以此为基准线，在板面上弹出墙体的轴线以及构造柱、门洞、窗洞的具体位置。

(1)砌体工程的砌筑工艺流程。其工艺流程如下：洒水润湿基层→基层上弹出墙身边线→抄水平→摆砖→立皮数杆→盘角→双面挂线→砌筑(铺灰、砌块就位、将柱中的锚固钢筋安放在砌体中、校正、灌缝和镶砖)→浇筑构造柱→水、电等配合留设→完工场清→自检→互检。

砌筑时应清除砌块表面污物和芯柱用砌孔洞底部的毛边，剔除外观不合格的砌块。砖块或砌块墙体应互相错缝搭接，不得有垂直通缝，转角处咬砌伸入长度≥1/2 砌块，砌筑砂浆应饱满。

构造柱（间距≤2m）应设置在墙端部（无混凝土柱墙时）；墙长大于 2 倍层高及 5m 时、宽度超过 2.4m 的门窗洞口两侧；女儿墙、屋面构架填充墙以及阳台隔墙墙长大于 2m。隔墙上有洞口时应加设过梁。砌筑拉接筋、过梁钢筋、构造柱主筋为后埋植筋方式锚入柱、墙、梁或构造柱内，采用建筑胶水植入。构造柱主筋应错头搭接进行绑扎。

铺灰应平整饱满，每次铺灰长度一般不超过 5m，炎热天气及严寒季节应适当缩短。砌块施工一般为先外后内，先远后近，先下后上，临时间断处最好留阶梯形斜槎。砌筑时应从转角处或砌块定位处开始（见图 3-2）。

（a）外墙砌筑

（b）内墙砌筑

图 3-2 填充墙砌筑

(2)砌体工程质量保证措施。对设计规定的洞口、管道、沟槽和预埋件，在砌筑时要先预留或预埋，严禁在砌好的墙体上剔凿。墙体内尽量不设脚手眼，若必须设置，可在砌到应留脚手眼的位置时用 1/2 块砌块侧砌（利用其孔洞作为脚手眼，砌体完工后用 C15 混凝土将脚手眼填实），1/2 块反砌（为不打乱组砌方法）。在墙体的过梁上部或过梁成 60 度角的三角形范围内、宽度小于 800mm 的窗间墙、门窗洞口两侧 200mm 和墙体交接处 400mm 的范围内，不得留设脚手架。

钢筋品种、规级、级别、数量于制作安装，门窗、洞口位置，预埋件数量、质量、位置、标高以及混凝土的浇筑符合设计图纸和施工、验收规范要求。混凝土为 C20，大于 300 的洞口全部安设过梁。墙体拉结筋采用 $\phi6$，间距 600mm，与墙体的连接采用钻孔植筋。钢筋连接带、门洞过梁、构造柱主筋 $4\phi14$，箍筋 $\phi6$@200，采用植筋、焊接加绑扎结合的办法。

填充墙砌体的砌筑每步架砌筑高度不超过 1.8m。根据混凝土带的位置，浇筑后再继续上部的砌筑。与梁上口留 150mm 左右，在砌体砂浆收缩稳定后，上口砌筑成走砖（侧砌），以保证接缝的紧密。

砌块砌体灰缝横平竖直，砂浆饱满度不低于 80%，水平和竖直灰缝厚度应控制在 15mm 和 20mm。整个填充墙墙体的观感良好，墙体与框架梁柱之间结合紧密，墙面垂直度不大于 5mm 且平整度不大于 8mm 则符合墙体验收要求。

3.1 砌体材料

砌体工程的材料主要是块材和砌筑砂浆，还有少量的钢筋或钢筋网片。应禁止使用国家责令淘汰的材料，所用的材料应有产品合格证书及产品性能检测报告。对块材、水泥、钢筋和外加剂等主材还应有材料主要性能指标的进场复检报告。

3.1.1 块材

1. 砖

砖包括烧结普通砖(黏土砖、页岩砖、粉煤灰砖)、烧结多孔或空心砖、蒸压灰砂砖、蒸压粉煤灰砖等。

烧结黏土砖、烧结页岩砖、烧结煤矸石砖、蒸压灰砂砖、蒸压粉煤灰砖的外形尺寸为240mm×115mm×53mm(长×宽×高),均用于承重砌体结构。烧结多孔砖孔洞是竖向的,用于承重砌体结构,其长度有290mm、240mm、190mm等,宽度有190mm、140mm、115mm等,高度一般为90mm。常用的多孔砖M型为190mm×190mm×90mm,P型为240mm×115mm×90mm。烧结空心砖与砂浆的接合面上设有增加结合力的深1mm以上的凹线槽,孔大为水平方向,用于非承重砌体结构,其长度有290mm、240mm等,宽度有240mm、190mm、115mm等,高度为115mm、90mm等。

2. 砌块

砌块按形状分为实心砌块、空心砌块;按规格分为小型砌块、中型砌块,如小型砌块外形尺寸为390mm×190mm×190mm,中型砌块的尺寸为880mm×380mm×190mm、580mm×380mm×190mm。

常用的砌块有普通混凝土小型空心砌块、轻骨料混凝土小型空心砌块、蒸压加气混凝土砌块和粉煤灰砌块等,后三种主要用于非承重砌体结构,在框架、剪力墙等的砌体结构中有广泛应用。

普通混凝土小型空心砌块和轻骨料混凝土小型空心砌块主要规格尺寸为390mm×190mm×190mm,有方形竖孔,孔有单排、双排和多排等,长度还有290mm、190mm、90mm等。蒸压加气混凝土砌块主要规格尺寸为600mm×250mm×250mm,宽度还有100～240mm等,高度有200mm、250mm、300mm等。粉煤灰砌块主要规格尺寸为880mm×380mm×240mm、880mm×430mm×240mm。

3. 石材

石材有毛石、料石。料石根据加工程度又分为细料石、半细料石、粗料石和毛料石。毛石又分为乱毛石和平毛石。石砌体常用于基础、墙体、挡土墙和桥涵工程。石材应质地坚实,无风化剥落和裂纹;主要用于清水墙、柱表面的石材,应色泽均匀。

3.1.2 砌筑砂浆

砌筑砂浆有水泥砂浆(水泥、砂、水)、混合砂浆(水泥、砂、石灰膏或黏土、水)。

水泥砂浆可用于潮湿环境中的砌体,混合砂浆宜用于干燥环境中的砌体。为便于操作,砌筑砂浆应有足够的强度、黏结力和良好的和易性(流动性即用稠度表示,保水性即用分层度表示)。为改善砂浆的和易性,常加入石灰膏、黏土膏、电石膏、粉煤灰、生石灰和微沫剂等。砂浆和易性好能保证砌体灰缝饱满、均匀、密实,提高砌体强度。砌筑砂浆的稠度一般如下:烧结普通砖砌体70～90mm,烧结多孔砖、空心砖砌体60～80mm,轻骨料混凝土小型空心砌块砌体60～90mm,普通混凝土小型空心砌块砌体、加气混凝土砌块砌体50～70mm,石砌体30～50mm。

1. 原材料要求

砌筑砂浆宜采用普通硅酸盐水泥或矿渣硅酸盐水泥。水泥砂浆中的水泥强度等级不宜大于32.5级,混合砂浆采用的水泥强度等级不宜大于42.5级。水泥进场应分批对强度、安定性进行复验。检验批次应以同一生产厂家、同一编号为一批次。当在使用中对水泥质量有怀疑或水泥出厂超过三个月(快硬硅酸盐水泥超过一个月)时,应复查试验,并按其结果使用。不同品种水泥不得混合使用。

砂宜用中砂,应过筛选,其中毛石砌体宜用粗砂。有关砂的含泥量规定如下:对水泥砂浆和强度等级不小于M5的混合砂浆不应超过5%,小于M5的不应超过10%。

生石灰熟化成石灰膏时,应用孔径不大于3mm的网过滤,熟化时间不得少于7天。磨细生石灰粉的熟化时间不得小于2天。沉淀池中储存的石灰膏,应防止干燥、冻结和污染,严禁使用脱水硬化的石灰膏。黏土膏应用粉质黏土或黏土制备。砂浆中可掺入少量粉煤灰取代水泥或石灰膏。凡在砂浆中掺入有机塑化剂、早强剂、缓凝剂、防冻剂等,应经检验和试配符合要求后使用。有机塑化剂应有砌体强度的形式检验报告。

2.制备与使用

砌筑砂浆应通过试配确定配合比,各组分材料应采用重量计量。砌筑砂浆应采用砂浆搅拌机进行拌制。当采用水泥砂浆代替水泥混合砂浆时,应重新确定砂浆强度等级。搅拌时间应符合下列规定:水泥砂浆和混合砂浆不得小于2min;水泥粉煤灰砂浆和掺用外加剂的砂浆不得少于3min;掺有机塑化剂的砂为3~5min。

砂浆应随拌随用,常温下水泥砂浆和水泥混合砂浆应分别在3h和4h内使用完毕;当施工期间最高气温超过30℃时,应分别在拌成后2h和3h内使用完毕。对掺用缓凝剂的砂浆,其使用时间可根据具体情况延长。

另外也可使用干拌砂浆(干粉砂浆、干混砂浆)。干拌砂浆是将水泥、砂、矿物掺合料和功能性添加剂按一定比例,在干燥状态下均匀拌制,混合成的一种颗粒状或粉状状态混合物,然后以干粉包装或散装的形式运至工地,按规定比例加水拌和后即可直接使用的干粉砂浆材料。

3.2 脚手架及垂直运输设备

3.2.1 脚手架

脚手架是施工中为工人操作、堆放料具、安全防护和高空运输而临时搭设的架子平台或作业通道,一般搭设脚手架高度在1.2m左右,称为"一步架高度",又称为墙体的可砌高度。

脚手架按材料分为木、竹和金属脚手架;按用途分为结构用、装修用、防护用和支撑用脚手架;按搭设位置分为里脚手架和外脚手架;按构造形式分为多立杆式(有扣件式、碗扣式、直插式、插接式、盘销式、键连接式等,分单排、双排和满堂脚手架)、框组式(门式)、桥式、塔式、悬挑式、悬吊式、悬挂式、移动式、落地式、工具式及附着升降式(自升降式、互升降式、整体升降式)等脚手架,常用的为扣件式和碗扣式钢管脚手架。

脚手架应满足使用方便、安全和经济的基本要求,具有适当的宽度、步架高度、离墙距离,足够的强度、刚度和稳定性,构造简单、装拆搬运方便,便于周转使用,因地制宜,就地取材,尽量节省用料。

1.扣件式钢管脚手架

扣件式钢管脚手架由钢管杆件用扣件连接而成,具有工作可靠、装拆方便和通用性强等特点,是我国目前使用最普遍的一种多立杆式脚手架,有单排、双排布置两种。

扣件式钢管脚手架由钢管杆件、扣件、底座、脚手板和安全网等组成(见图3-3)。

钢管杆件包括立杆、大横杆、小横杆、护栏、连墙杆、剪刀撑(斜杆)、纵向扫地杆、横向扫地杆和抛撑(在脚手架立面之外设置的斜撑)等。钢管杆件材料一般采用外径 48mm、壁厚 3.5mm 的焊接钢管或无缝钢管,也有用外径 50～51mm、壁厚 3～4mm 的焊接钢管或其他钢管。立杆、大横杆、剪刀撑和斜杆的钢管最大长度宜为 4～6.5m。小横杆的钢管长度宜 1.8～2.2m。立杆横距为 1.2～1.5m,纵距为 1.2～2.0m,大横杆步距为 1.2～1.8m。相邻步架的大横杆宜布置在立杆的内侧,使里、外排立杆的偏心距产生的变形对称。剪刀撑每隔 12～15m 设一道,斜杆与地面夹角范围角为 45°～60°。在脚手板的操作层上设两道护栏,上栏杆高度范围为 0.8～1.0m,下栏杆距脚手板面 0.2～0.4m。连墙杆应设置在框架梁、柱或楼板等具有可靠连接的结构部位,采用刚性连接,其垂直间距不大于 4m、水平间距不大于 6m。

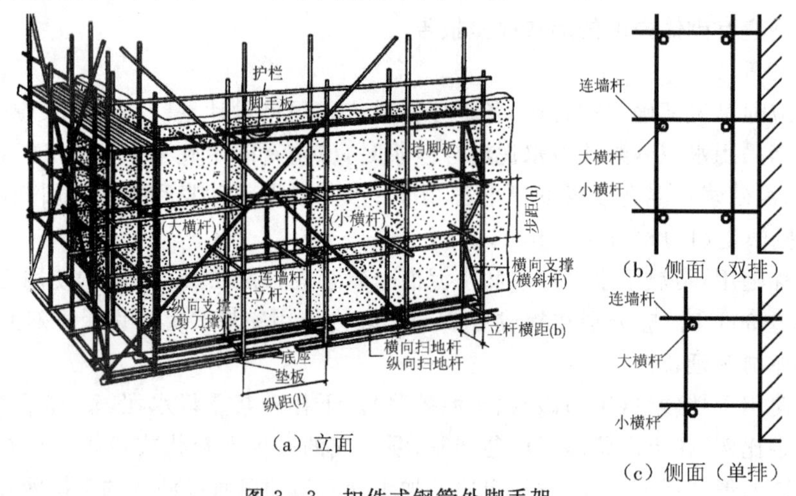

图 3-3　扣件式钢管外脚手架

扣件为杆件的连接件,有可锻铸铁铸造和钢板压制两种。扣件的基本形式有直角、旋转和对接扣件三种(见图 3-4)。直角扣件(十字扣)用于连接两根互相垂直交叉的钢管;旋转扣件(回转扣)用于连接两根呈任意角度相交叉的钢管;对接扣件(一字扣)用于两根钢管的对接接长。

底座是设于立杆底部的垫座,用于承受脚手架立柱传递下来的荷载,可内插也可外套。一般用钢管套筒和钢板焊接而成(见图 3-5),也可用可锻铸铁铸成。

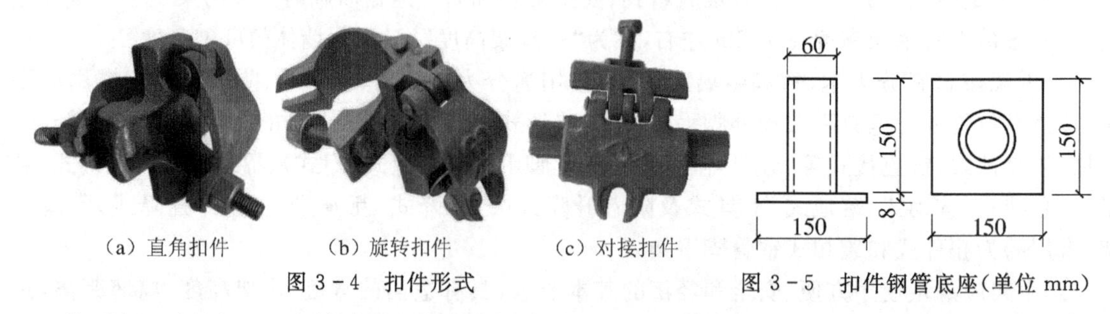

图 3-4　扣件形式

图 3-5　扣件钢管底座(单位 mm)

脚手板一般用 2mm 厚的钢板压制而成,长度 2～4m,宽为 250mm,表面应有防滑措施;也可采用厚度不小于 50mm 的杉木板或松木板,长度 3～6m,宽为 200～250mm;或者采用竹脚手板(有竹笆板和竹片板两种)。

扣件式钢管脚手架搭设时,垫板、底座均应准确地放在定位的平整、坚硬地表面上。依次安装立杆、纵向扫地杆、横向扫地杆、大横杆、小横杆、连墙杆、剪刀撑、脚手板、护栏、安全网等,用扣件连接固定,要拧紧螺栓,满足扭力矩要求。设置连墙杆防止脚手架外倾,用斜杆设置剪刀撑稳固脚手架。自顶层操作层往下宜每隔 12m 高满铺一层脚手板。拆除时,与安装顺序相反,由上向下，逐层进行，严禁上下同时作业，所有固定件随脚手架逐层拆除。严禁先将连墙件整层或数层拆除后再拆除脚手架。分段拆除高差不应大于两步，大于两步应进行加固。拆卸下的材料应集中堆放，严禁乱扔。

2. 碗扣式钢管脚手架

碗扣式钢管脚手架是一种杆件连接处采用碗扣承插锁固式的钢管脚手架，采用带连接件的定型杆件，组装简便，具有比扣件式钢管脚手架更强的稳定性和承载能力。其主构件有立杆、顶杆、横杆、单排横杆、斜杆、底座，辅助构件有间横杆、搭边横杆、架梯、连墙撑、托撑，专用构件有各种座(如支撑柱垫座、转角座、可调座)、滑轮、悬爬挑架与挑梁等。

碗扣接头是脚手架的核心部件，由上、下碗扣等组成(见图 3-6)。立杆和顶杆上每隔 0.6m 安装一套碗扣接头，下碗扣焊在钢管上，上碗扣对应地套在钢管上，其销槽对准焊在钢管上的限位销即能上下滑动，每套碗扣接头可同时连接 4 根横杆，位置任意。横杆和斜杆是两端分别焊有横杆接头和可转动接头的钢管杆件。底座分可调和不可调两种。

安装横杆时，将上碗扣缺口对准限位销，即可将上碗扣沿立杆上下移动，把横杆接头插入下碗扣圆槽内，随后将上碗扣沿限位销滑下，并顺时针旋转，靠上碗扣螺旋面使之与限位销顶紧(可用锤子敲打扣紧)以扣紧横杆接头，从而将横杆与立杆牢固的连接在一起，形成框架结构，设置斜杆稳固框架，及时设置连墙件，再安装辅助构配件或专用构配件。

碗扣式钢管脚手架搭设时，依次安装底座、竖立杆(顶杆)、安横杆、安斜杆、接头锁紧、连墙撑、剪刀撑、脚手板、护栏、安全网等。根据建筑物结构、脚手架搭设高度及作业荷载等具体要求确定单排或双排搭设。搭设与拆除的要求同扣件式脚手架。

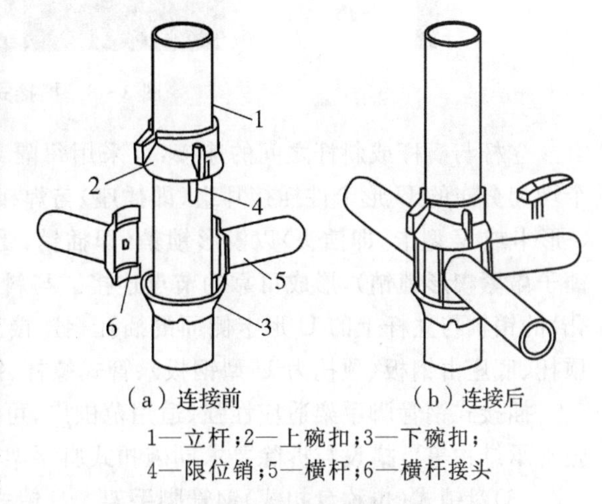

(a) 连接前　　(b) 连接后

1—立杆；2—上碗扣；3—下碗扣；
4—限位销；5—横杆；6—横杆接头

图 3-6　碗扣式钢管脚手架及碗扣接头

3. 其他新型钢管脚手架

(1) 直插式双自锁型多功能钢管脚手架(ZSDJ)。ZSDJ 脚手架作为一种新型的脚手架，其特点是把传统的摩擦连接或铰连接改为承插式锁紧连接，把互锁式连接改为自锁式连接(同一节点上多根横杆与立杆的连接)，把节点处性质不明确、不可靠的锁紧力改为在一个平面内明确、可靠的锁紧，即两个自由度(双自锁)，把依靠人工锁紧改为靠设计结构保证锁紧(横杆与立杆的连接)，把可活动的零配件全部去掉(如扣件式的各种扣件、门式的拉杆与连接棒、碗扣式的上碗扣等)。其搭拆速度是扣件式脚手架的 8～10 倍，是碗扣式脚手架的 2 倍以上。

ZSDJ 脚手架由立杆和横杆两种构件组成(见图 3-7)。立杆上每隔 0.6m 焊接一个轮盘(也称锁扣)，立杆尾部焊接一个套筒，横杆两端各焊接一个插头。把立杆尾部的套筒套接在另一个立杆的顶部就可接高立杆，把横杆上的插头插入立杆上轮盘的锥形长孔内，再用锤敲击横杆插头即可锁紧。每个轮盘上可同时连接四根横杆，横杆可互成 90°，当某一根横杆与立杆锁紧失效，另外三根横杆与立杆锁紧仍可靠有效(自锁型)。

ZSDJ 脚手架能与可调底座、可调顶托、双可调早拆支撑、双可调螺杆、挑梁、挑架等配合使用，可与多种钢管脚手架相互配合使用，可实现模板早拆、支护等各种功能。搭设与拆除仅需一把铁锤即可完成装拆，其要求同碗扣式脚手架。

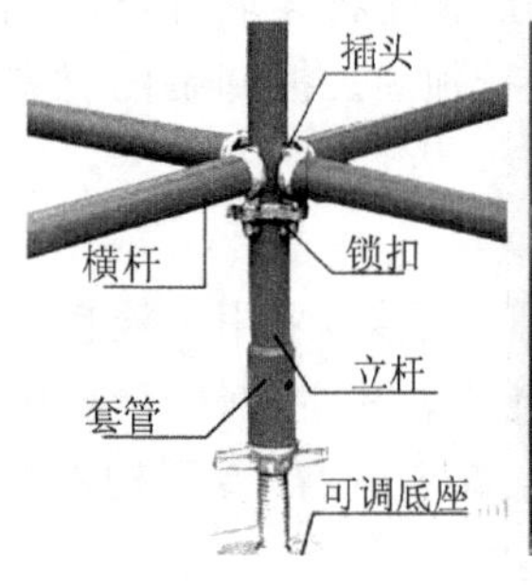

图 3-7　直插式双自锁型多功能钢管脚手架

(2)插接式(也称插销式)钢管脚手架。插接式钢管脚手架是立杆上的插座与横杆上的插头，采用楔形插销连接的一种新型脚手架，主要由基本组件(立杆、横杆、斜杆、底座、顶托)和连接配件(锁销、销子、螺栓)组成(见图 3-8)。其中插座、插头和插销的种类很多。

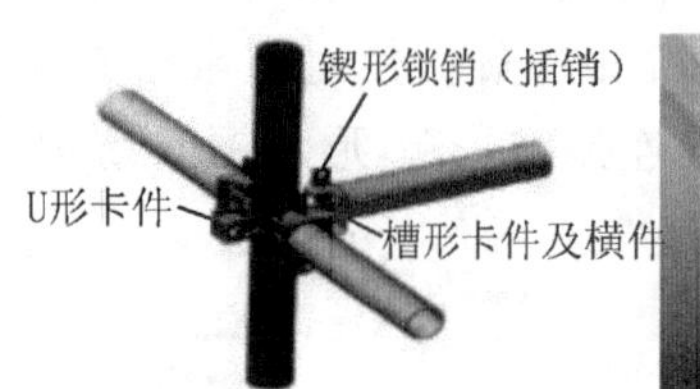

图 3-8　插接式钢管脚手架

立杆与横杆或斜杆之间的连接，可采用每隔 0.6m 而预先焊接于立杆外壁圆周方向上的四个均匀分布的 U 形卡件插接耳组(即插座)与焊接于横杆两端或斜杆端部的横向槽形卡(有的称 C 形卡或 V 型卡，即插头)以楔形锁销(即插销，受力时锁销始终处于自锁状态)穿插相扣(可用锤子敲紧楔形锁销)，形成可靠的节点连接。与斜杆之间也可采用斜杆端部(两端压成扁状并开孔)的销轴与立杆上的 U 形卡侧面的插孔相连接。上下立杆之间可采用内插或外套连接。可调顶托、底座由钢板(顶托为 U 型钢板)、管式螺杆、铸铁螺母组成。

插接式钢管脚手架适应性强、适用范围广，可广泛用于各种工程的脚手架、支撑系统、临时设施支承结构等。搭设与拆除要求同碗扣式脚手架。

(3)盘销式(也称盘扣式)钢管脚手架。盘销式钢管脚手架是一种在立杆(其底部带连接套)上每隔 0.6m 焊有一个扣盘(也称插盘)，横杆、斜拉杆(水平和竖向)的两端焊有带插销口的插头，通过敲击楔型插销(销子)将焊接在横杆、斜拉杆的插头与焊接在立杆的扣盘锁紧的新型脚手架(见图 3-9)。其连接用一把铁锤敲击楔型插销即可完成搭设与拆除。

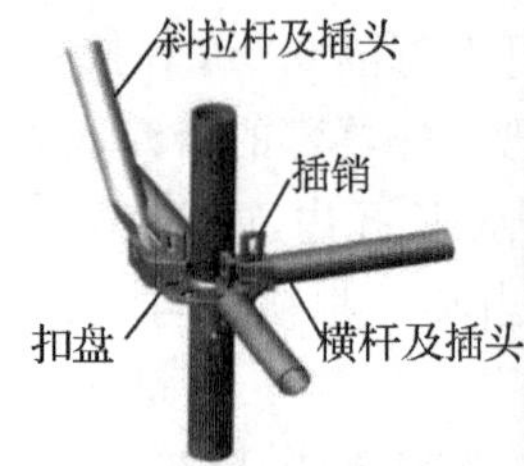

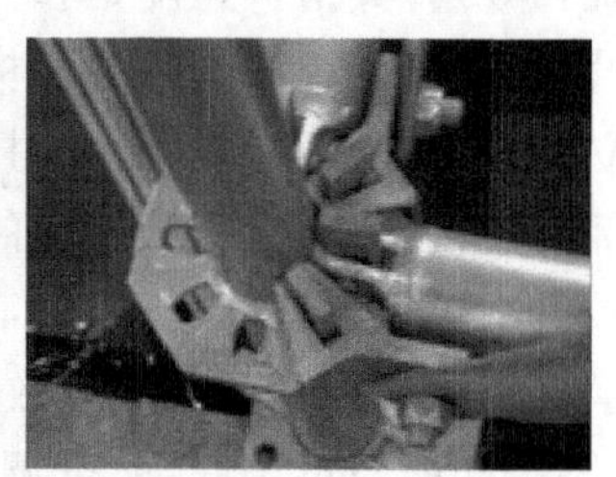

图 3-9　盘销式钢管脚手架

盘销式钢管脚手架分为 $\phi60$ 系列重型支撑架和 $\phi48$ 系列轻型脚手架两大类。一般与可调底座及顶托、连墙撑、脚手板、梯子、跨梁、挑梁、活动圆盘、与圆盘相连接的各种扣件等辅助件配套使用。其接头传力安全可靠、搭拆快、适应性强，可广泛用于承重支撑架、脚手架、舞台架、灯光架、临时看台、临时过街天桥等。搭设与拆除的要求同碗扣式脚手架。

(4)键连接式钢管脚手架。键连接式钢管脚手架是一种采用键连脚的脚手架(见图 3-10)，它是将 $\phi48$ 的钢管与键式插头、插座分别焊接成横杆和立杆，再将横杆与立杆通过键式承销锁(即插头和插座)锁紧，从而形成结构尺寸精度高、坚固耐用、稳定性能好、装卸灵活便捷的新型脚手架。

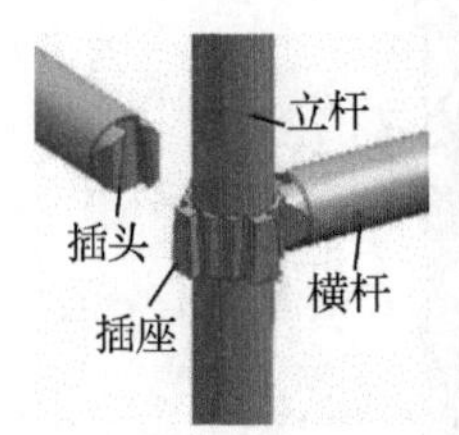

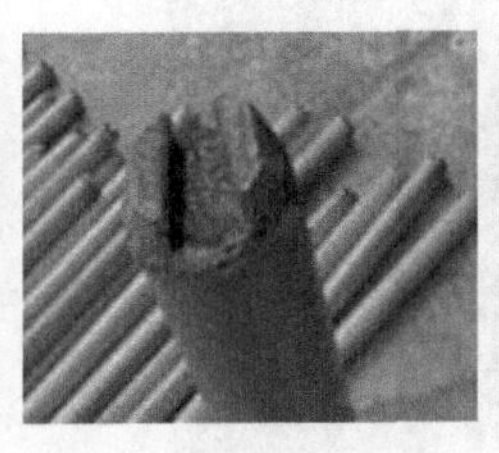

图 3-10 键连接式钢管脚手架

键连接式钢管脚手架适用于各类工程的支撑架、早拆支撑架、排架、外架、棚架和活动架等。安装时仅需一把铁锤就可完成装拆，装拆时间比碗扣式缩短 2～4 倍，较扣件式提高 20 倍。搭设与拆除的要求也同碗扣式脚手架。

4. 门式钢管脚手架

门式钢管脚手架由基本单元部件(门架、水平梁架、剪刀撑，其中门架有标准型和梯型框架)、底座和托架即托撑(分为可调和不可调两种)部件、其他部件(锁臂、连接棒、连墙杆或扣墙器、脚手板、栏杆、梯子)等构成(见图 3-11)。其特点是尺寸标准、结构合理、承载力高、安全可靠、装拆容易并可调节高度，使用周期短、频繁周转。

搭设顺序如下：铺放垫木(板)→拉线、放底座→自一端起立门架(门式框架)并装剪刀撑(交叉拉杆)→装水平梁架(或脚手板)→装梯子→需要时装加强用通长大横杆→装连墙杆→插上连接棒、安上一步门架、装上锁臂→逐层向上安装→装加强整体刚度的长剪刀撑→装设顶部栏杆。

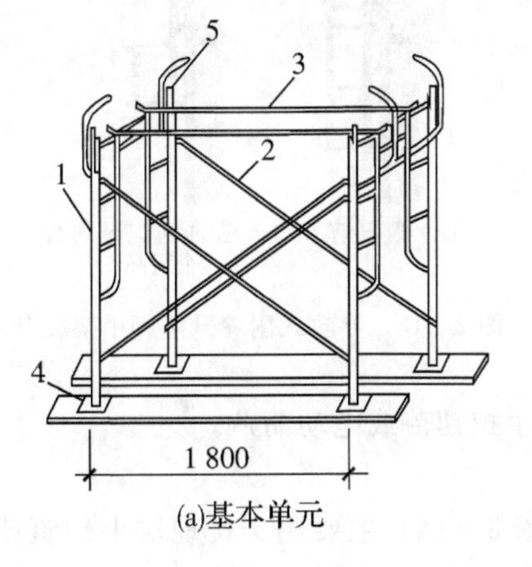

(a)基本单元

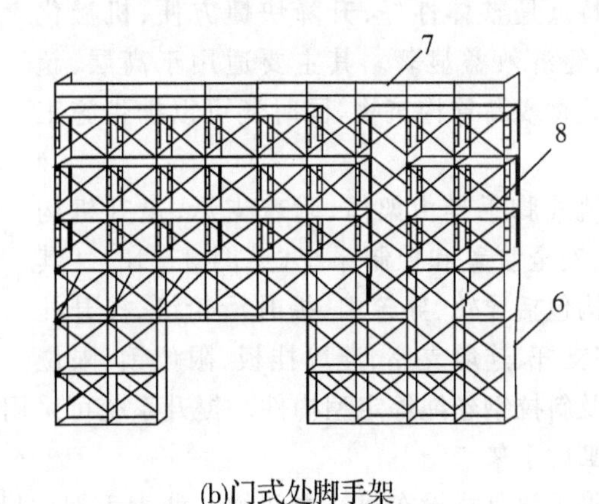

(b)门式处脚手架

图 3-11 门式脚手架

5.塔式钢管脚手架

塔式钢管脚手架有方塔式和三角框塔式脚手架(见图 3 - 12)。方塔式脚手架主要由标准架、交叉撑杆、连接棒、可调底座(或带行走轮)和可调顶托、脚手板、钢梯等构件组成;三角框塔式脚手架由三角框架、端头连接杆、水平对角拉杆等主要构件组成。

塔式脚手架搭设时,先安放底座,装配框架并装交叉斜撑(或端头接杆)形成单层塔架,然后层层叠放塔架,上层塔架的框面与下层塔架的框面应错开组装,再配上顶托完成单塔搭设。多塔搭设时,需用钢管及扣件组成加固管。

(a) 方塔式钢管脚手架

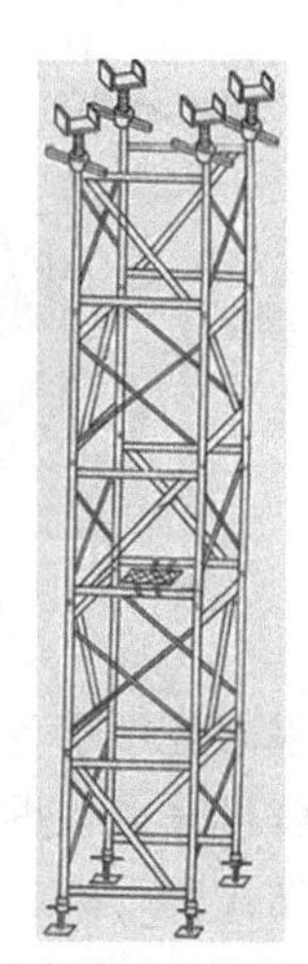
(b) 三角框塔式钢管脚手架

图 3 - 12 塔式钢管脚手架

6.附着升降式脚手架

附着升降式脚手架(也称爬架)是指采用各种形式的架体结构及附着支承结构,依靠架体上或工程结构上的专用升降设备实现升降的脚手架。附着升降式脚手架主要有套框式、导轨式、导座式、挑轨式、套轨式、吊套式、吊轨式、互爬式等。其特点是整体性好、升降快捷方便、机械化程度高、经济效益显著。其主要适用于高层、超高层建筑物或高耸构筑物,同时还可以携带施工模板。

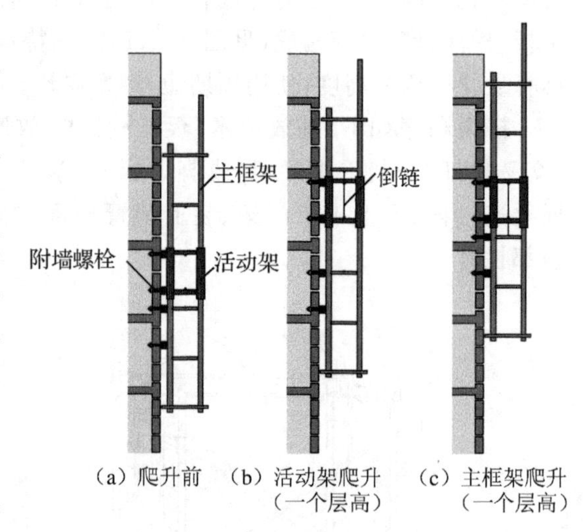

(a) 爬升前 (b) 活动架爬升(一个层高) (c) 主框架爬升(一个层高)

图 3 - 13 导轨式附着升降脚手架爬升示意

导轨式脚手架由架体、附着支承、提升机构和设备、安全装置和控制系统(见图 3 - 13)。其爬升机构包括导轨、导轮组、提升滑轮组、提升挂座、连墙支杆、连墙支座、连墙挂板、限位锁、限位锁挡块及斜拉钢丝绳等定型构件。提升系统可采用手拉葫芦或电动葫芦。

7.里脚手架

里脚手架是搭设在建筑内部的一种脚手架(见图 3 - 14),主要用于楼地层上砌筑或装饰装修等。里脚手架主要有折叠式、支柱式、马凳式、梯式、门架式、平台架等形式,可用角钢或钢管制作,连接形式有套管式和承插式,是常用的工具式里脚手架。其特点是可随施工进度频繁装拆和转移,轻便灵活,使用方便。

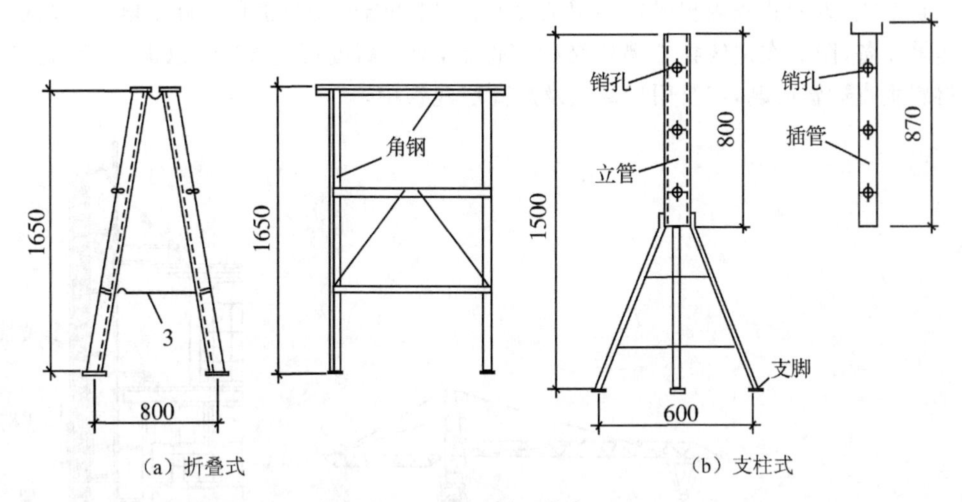

图 3-14 里脚手架(单位:mm)

3.2.2 垂直运输设备

垂直运输设备是担负运输施工材料、设备和人员上下的提升机械设备。常用的有井架、龙门架、塔式起重机和施工电梯(升降机)等,分别见图 3-15~图 3-18。

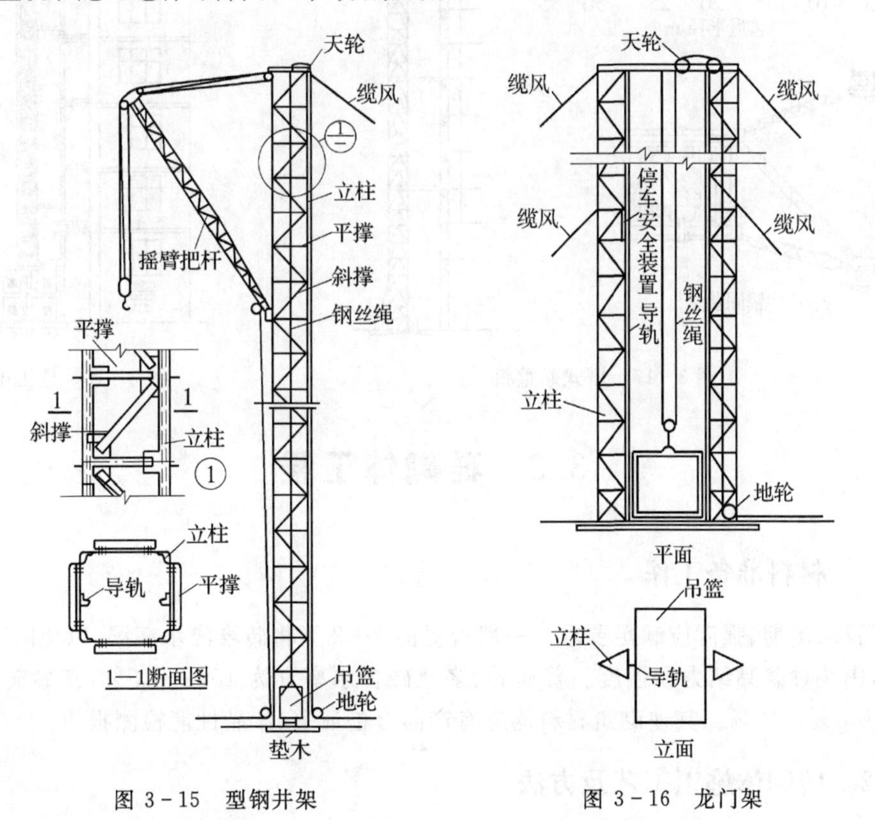

图 3-15 型钢井架　　图 3-16 龙门架

井架、龙门架采用卷扬机提升,吊盘有可靠的安全装置,以防发生事故,广泛用于一般建筑工程。井架用型钢或钢管制作,也可用扣件式钢管搭设。龙门架由两根立柱及天轮梁(横梁)构成的门式架。塔式起重机具有提升、回转和水平输送等功能,满足垂直和水平运输要求,有固定式、移动式和自升式(附着式和内爬式),多用于大型、高层和结构安装工程。施工电梯是高层建筑中的垂直运输设备,附着在建筑物外墙或结构部位上,架设高度可达200m以上,可解决施工人员上下和材料垂直运输问题,广泛用于高层及超高层建筑中。

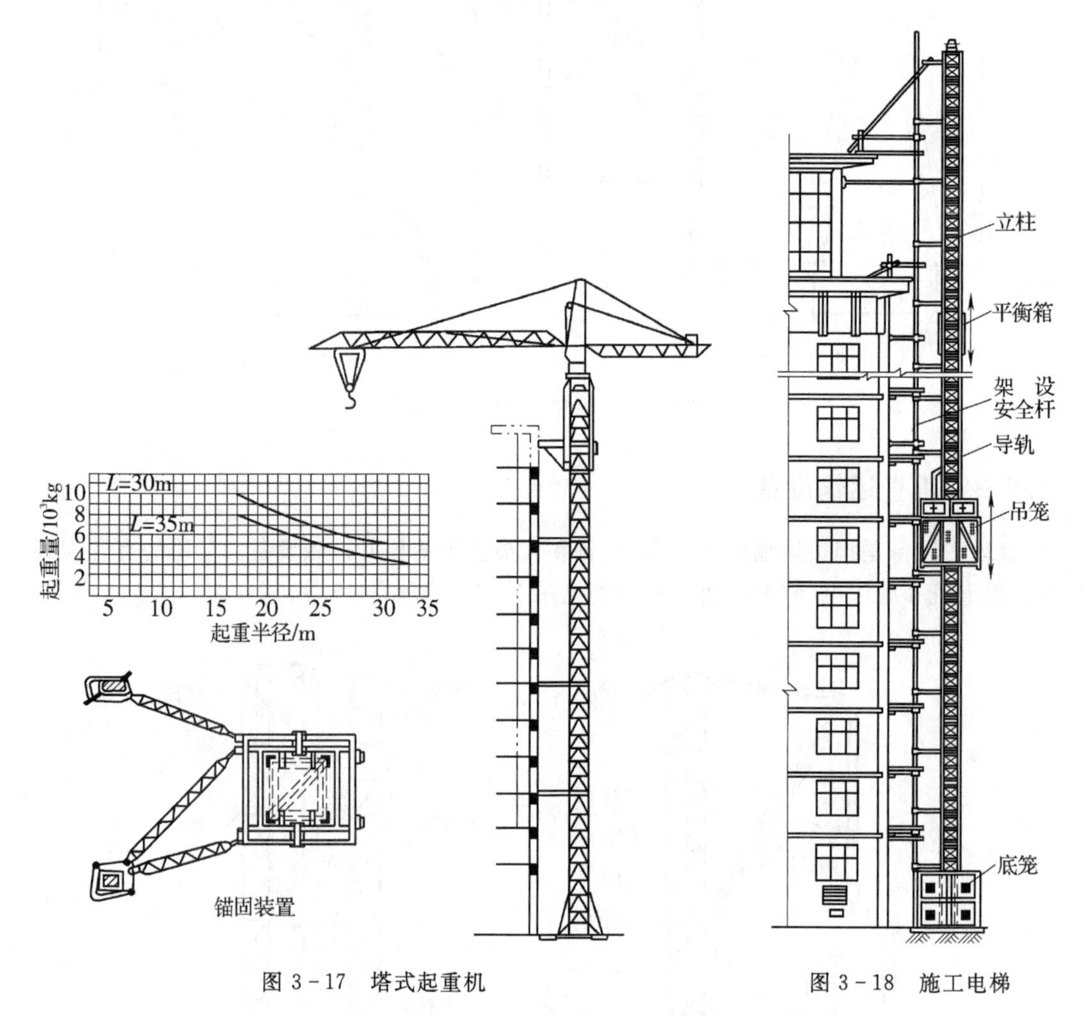

图 3-17 塔式起重机

图 3-18 施工电梯

3.3 砖砌体工程

3.3.1 材料准备工作

砖的品种、龄期、强度应满足要求。一般应提前1~2天将砖堆浇水润湿,以免因砖吸收砂浆中的水分,影响砂浆黏结力和强度。普通砖、多孔砖含水率宜为10%~15%,灰砂砖、粉煤灰砖含水率宜为8%~10%。其他砌筑材料均应有产品合格证书、产品性能检测报告。

3.3.2 砖砌体施工工艺及方法

砖砌体施工工艺如下:抄平→放线→摆砖样(撂底)→立皮数杆→盘角、挂线→砌筑(勾缝)→各楼层轴线、标高引测与控制。

1. 抄平

砌墙前应对基层或楼面抄平，如不平可用水泥砂浆或 C15 细石混凝土找平，并在建筑物四角外墙面上引测标高，并用符号注明，使各层砖墙底部标高符合设计要求。

2. 放线

在龙门板上的轴线拉通线，并沿通线挂线锤，将墙轴线引测到基础面上，再以轴线为标准弹出墙边线，定出门窗洞口的平面位置线(见图 3-19)。放完轴线并经复查无误后，将轴线引测到外墙面上并画上符号，作为各楼层轴线引测标准。

3. 摆砖样

摆砖样是指在基面上，按墙身长度和组砌方式用于砖试摆，核对所弹的门洞位置线及窗口、附墙垛的墨线是否符合所选用砖型的模数，对灰缝进行调整，以使每层砖的砖块排列和灰缝均匀，尽量减少砍砖次数。

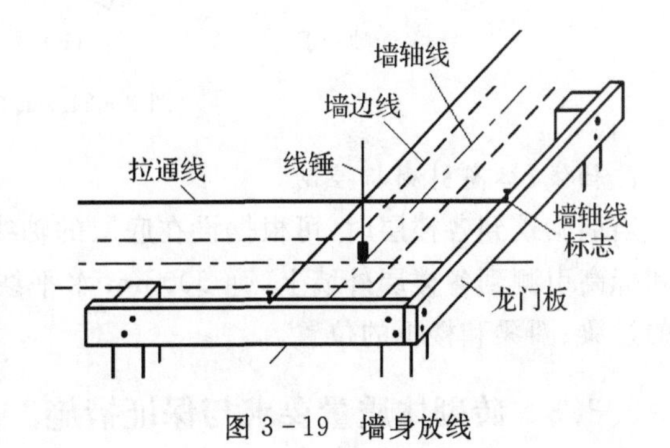

图 3-19 墙身放线

4. 立皮数杆

皮数杆是一种方木或角钢制作的标志杆(见图 3-20)，用于控制每皮砖的竖向尺寸，并使灰缝、砌砖厚度均匀，保证砖水平。皮数杆上标有每皮砖、灰缝厚度、门窗洞、过梁、圈梁、楼板等的位置和标高，用于控制墙体各部位构件的标高。皮数杆长度应有一层楼高，一般立于墙转角处，内外墙交接处，间距不大于 15m。立皮数杆时，应使皮数杆上的±0.000 线与房屋的设计标高线相吻合。

5. 盘角、挂线

砌墙前应先盘角，即对照皮数杆的砖层和标高，先砌墙角，保证转角垂直、平整。每次盘角不超过五皮，并应及时进行吊靠，发现偏差及时修整。然后将准线挂在墙侧面，每砌一皮，准线向上移动一次(见图 3-20)。砌筑一砖半厚及以上者，必须双面挂通线，并以双面挂线为准。其余可单面挂线。每皮砖都要拉线看平，使水平缝均匀一致，平直通顺。

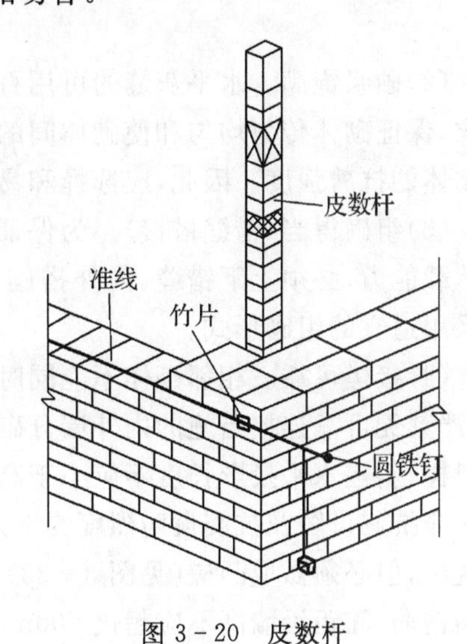

图 3-20 皮数杆

6. 砌筑

砖砌体的组砌形式一般采用一顺一丁或三顺一丁、梅花丁形式(见图 3-21)，各种组砌上下皮砖的竖缝应相互错开 1/4 砖长，多孔砖应错开 1/2 或 1/4 砖长。240mm 厚承重墙的最上一皮砖或各挑出层，均应丁砌。填充墙、隔墙应采取措施与周边构件可靠连接，最上皮也用丁砌挤紧。

砌筑方法宜优先采用“三一”砌砖法，其次是铺浆法。“三一”砌砖法，即一铲灰、一块砖、一揉压的砌筑方法，对抗震有利。砌砖时应上下错缝、内外搭砌。当采用铺浆法砌筑时，铺浆长度不得超过 750mm，施工期间气温超过 30℃时，铺浆长度不得超过 500mm。砖墙每天砌筑高度以不超过 1.8m 为宜。砖墙分段砌筑时，分段位置宜设在变形缝、构造柱或门窗洞口处；相邻工作段的砌筑高度不得超过一个楼层高度，也不宜大于 4m。如需勾缝可采用原浆勾缝或加浆勾缝。

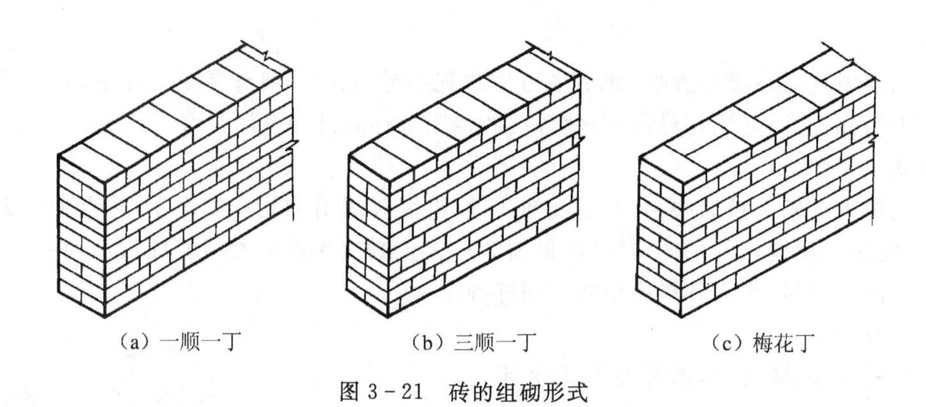

(a) 一顺一丁　　(b) 三顺一丁　　(c) 梅花丁

图 3-21　砖的组砌形式

7. 轴线、标高引测与控制

当墙砌筑到各楼层时，可根据设在底层的轴线和标高引测点，利用经纬仪或线垂，把控制轴线和标高引测到各楼层外墙上，弹 500mm 水平线，俗称“50 线”(“+0.500 标高线”)，以控制各层的过梁、圈梁和楼板的位置。

3.3.3　砖砌体质量要求与保证措施

1. 砖砌体质量要求

砖砌体质量的基本要求如下：横平竖直、砂浆饱满、组砌得当(错缝搭接)、接槎可靠。

(1)横平竖直。要求砖砌体水平灰缝平直、厚薄均匀，缝厚宜为 10mm，不应小于 8mm，也不应大于 12mm。竖缝应垂直对齐，否则为游丁走缝。依靠挂线施工，勤吊勤靠(3 皮 1 吊，5 皮 1 靠)。

(2)砂浆饱满。水平灰缝的可用百格网检查，使砂浆饱满度应≥80%，以满足砌体抗压强度要求，保证砌体传力均匀和使砌体间的联结可靠。竖缝不得出现透明缝、瞎缝和假缝等，以免影响砌体的抗剪强度。因此，应选择和易性好的混合砂浆，避免干砖上墙，采用“三一”砌筑法。

(3)组砌得当(错缝搭接)。为保证砌体材料能均匀地传递荷载，提高砌体的整体性、稳定性和承载能力，必须上下错缝、内外搭砌，避免搭接长度小于 25mm 的通缝。不得采用包心砌法，应采用适宜的组砌形式。

(4)接槎可靠。相邻砌体不能同时砌筑时而应留设接槎，砖砌体的转角处和交接处应同时砌筑，严禁无可靠连接措施的内外墙分砌施工。对不能同时砌筑而又必须留置的临时间断处应砌成斜槎，斜槎水平投影长度不应小于高度的 2/3(见图 3-22)。

非抗震设防及抗震设防烈度为 6 度、7 度地区的临时间断处，除转角处外，不能留斜槎时可留直槎，但必须做成凸槎(见图 3-23)，且应加设拉结钢筋，其数量为每 120mm 墙厚放置 1 根 $\phi 6$ 拉结钢筋，间距沿墙高不应超过 500mm，埋入长度从留槎处算起每边均不应小于 500mm。抗震设防烈度 6 度、7 度的地区，不应小于 1000mm，末端应有 90°弯钩。

砖强度等级、砂浆强度等级、斜槎留置、直槎拉结钢筋及接槎处理、砂浆饱满度、轴线位移、垂直度等主控项目和组砌方法、水平灰缝厚度、顶(楼)面标高、表面平整度、门窗洞口、窗口偏移、水平灰缝垂直度、清水墙游丁走缝等一般项目应满足要求。

2. 砖砌体质量的保证措施

砖砌体除满足上述质量要求外，设置构造柱和圈梁是提高多层砖砌体抗震能力的一项重要措施和可靠保证(见图 3-24)。

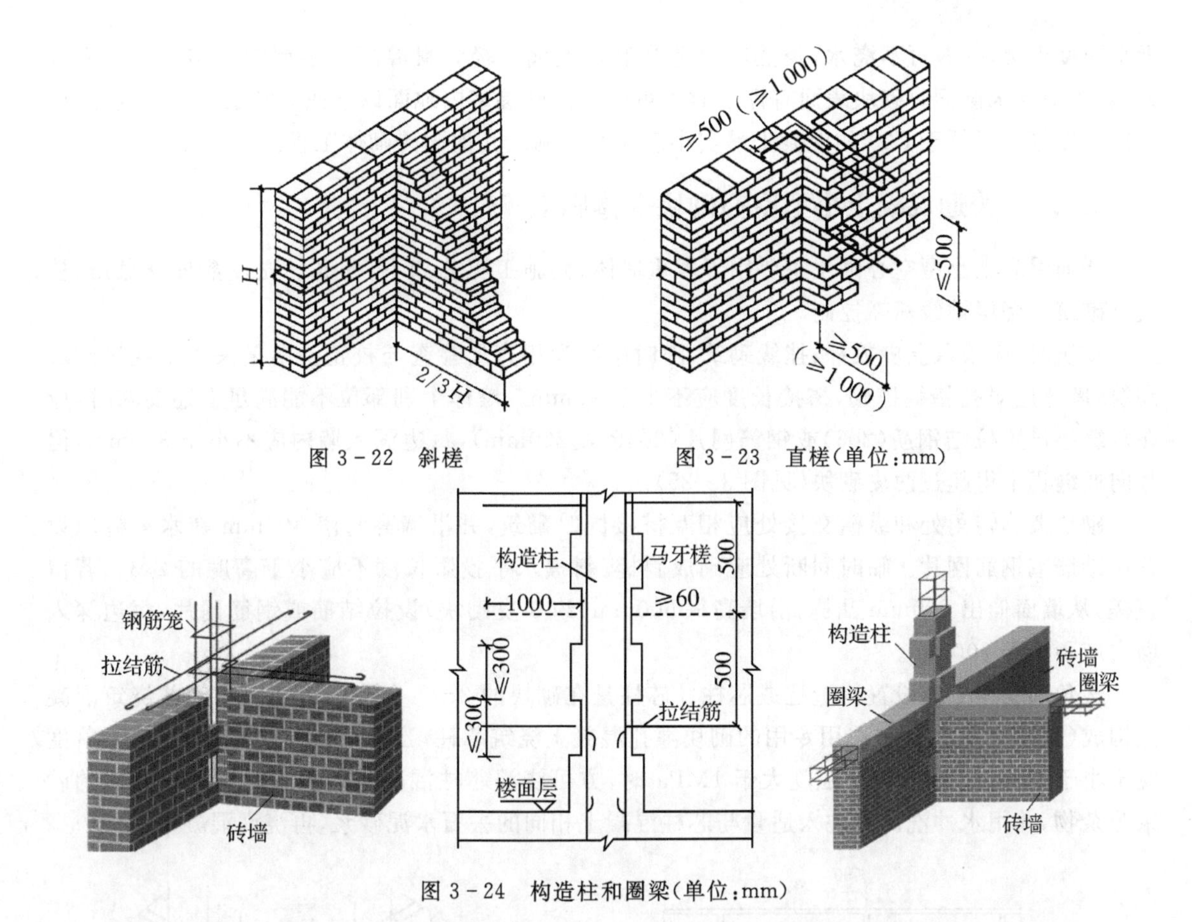

图 3－22 斜槎　　图 3－23 直槎(单位:mm)

图 3－24 构造柱和圈梁(单位:mm)

砌体中的钢筋混凝土构造柱砌成马牙槎形式,能大幅度提高结构极限变形能力和抵抗水平地震作用的能力。构造柱与圈梁连接起来,形成约束边框,也可阻止裂缝发展,限制开裂后块体的错位,使墙体竖向承载力不致大幅度下降,从而防止墙体坍塌或失稳倒塌。

马牙槎采用先退后进、五退五进的砌筑方法。截面尺寸应≥240mm×180mm,纵向钢筋为4ϕ12～4ϕ14,箍筋为ϕ6@200～250mm,沿墙高每500mm设置2ϕ6水平拉结筋,每边深入墙内应不小于1m,混凝土强度等级为C15,坍落度为50～70mm。构造柱应设置在墙体转角、内外墙交接处、门厅、楼梯间墙的端部。

层层设置的圈梁能提高结构的整体稳定性和抗震性,减少地基不均匀沉降引起的墙身开裂。施工时高度应不小于120mm,宽度同墙厚,配置不小于4ϕ8的纵向钢筋,接头的搭接长度按受拉钢筋考虑,箍筋为ϕ6@不大于300mm,应形成封闭状。如洞口有断开处时,应在洞口上部或下部设置不小于圈梁截面的附加圈梁,其搭接长度L不小于1m,并应大于两梁高差H的2倍,即不小于$2H$且L不大于1m。

3.4　砌块砌体工程

3.4.1　材料准备工作

施工时准备好各种砌块、砂浆、钢筋或钢筋网片。所用的砌块产品龄期不应小于28天。砌筑时应清除表面污物和芯柱及砌块孔洞底部的毛边。普通混凝土小型空心砌块饱和吸水率低、吸水速度迟缓，一般可不浇水，炎热时可适当洒水湿润。轻骨料混凝土小型空心砌块吸水率较大，宜提前浇水湿润。砌块表面有浮水时不得施工。底层室内地面以下或防潮层以下的砌体，应采用强度等级不低于C20的混凝土灌实小砌块的孔洞。其他同砖砌体工程。

3.4.2 普通混凝土小型空心砌块砌体施工

普通混凝土小型空心砌块主要用于承重墙体，其施工工艺如下：撂底→立皮数杆→盘角、挂线→砌筑→楼层轴线标高控制。

砌筑时，应采取立皮数杆、挂线砌筑、随时吊线和用直尺检查与校正。尽量采用主规格砌块砌筑，墙体应对孔错缝搭砌，搭接长度应不小于90mm。墙体个别部位不能满足上述要求时，应在灰缝中设置拉结钢筋(2ϕ6)或钢筋网片(2ϕ4@≤200mm)，每边深入墙内应不小于300mm，但竖向通缝仍不得超过两皮砌块(见图3-25)。

砌块墙体转角处和纵横交接处应相互搭接同时砌筑，并沿墙高每隔400mm在水平缝内设置拉结筋或钢筋网片。临时间断处应砌成斜槎，斜槎水平投影长度不应小于高度的2/3。若留直槎，从墙面伸出200mm凸槎，沿墙高每600mm(约3皮砌块)设拉结筋或钢筋网片，每边深入墙内应不小于600mm。

转角和交接处应设置构造柱或芯柱。芯柱是在砌块的3～7个孔洞内插入钢筋并浇筑混凝土构成(见图3-26)。宜选用专用的砌块灌孔混凝土浇筑芯柱，当采用普通混凝土时，其坍落度应不小于90mm。砌筑砂浆强度大于1MPa时，方可浇灌芯柱混凝土。浇灌时清除孔洞内的砂浆等杂物，并用水冲洗。先注入适量与芯柱混凝土相同的去石水泥砂浆，再浇灌混凝土。

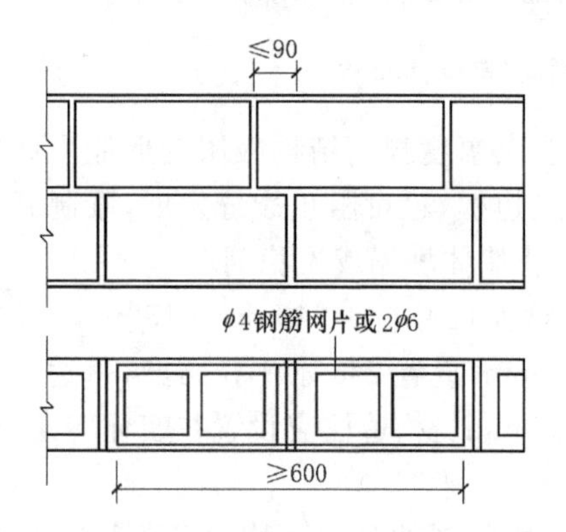

图3-25 灰缝中设置拉结钢筋或网片(单位：mm)

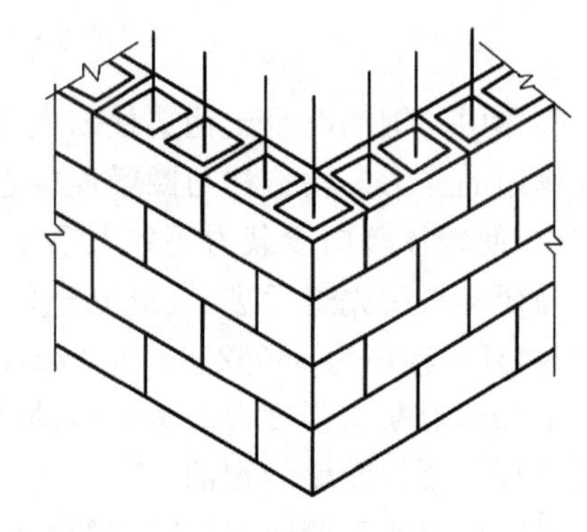

图3-26 芯柱

砌块砌体的灰缝应横平竖直、灰浆饱满、错缝搭接、接槎可靠，水平灰缝应平直、表面平整，竖向灰缝应垂直。水平灰缝厚度和竖向灰缝宽度宜为10mm，一般在8～12mm之间。水平灰缝的砂浆饱满度，按净面积计算应不小于90%，竖向灰缝饱满度应不小于80%，竖缝凹槽部位宜采用加浆措施用砌筑砂浆填实，不得出现瞎缝、透明缝和假缝等。其他的要求同砖砌体施工。

3.4.3 填充墙砌体施工

框架结构的围护墙和隔墙常采用蒸压加气混凝土砌块、粉煤灰砌块、轻骨料混凝土小型空心砌块和烧结空心砖等轻质材料砌筑，因此也称为填充墙砌体。

其施工工艺如下：筑坎台→排块撂底→立皮数杆→挂线砌筑→塞缝、收尾。

砌筑前，应根据施工图纸的平、立面图以及门窗洞口的大小、楼层标高、构造要求等条件，绘制出各墙体的砌块排列图。砌块排列图应按每片纵横墙分别绘制,并标出楼板、大梁、过梁、楼梯、孔洞等位置,在纵横墙上绘出水平灰缝线,再按砌块错缝搭砌的构造要求和竖缝大小进行排列。

在弹好线的地面或楼面上的墙底部先浇筑细石混凝土带,制作高在200mm以上(或至少3皮以上的烧结普通砖)的坎台,待混凝土强度达到70%以上时,才能摞底和砌筑。在墙体转角即墙头角(十字形、T形、L形墙等)处设置皮数杆,皮数杆上应标出每皮砌块高度、灰缝厚度及门窗洞高、过梁、楼板、梁底等标高位置,并挂通线砌筑,墙头角砌成形,作为上部砌体砌筑的控制标准。

粉煤灰砌块的砌筑面应适量浇水,可采用铺浆法铺设,即先用瓦刀在已砌砖面的周肋上满铺灰浆(长度约为2～3m),再在待砌的砌块端头抹头灰,然后双手搬运砌块进行挤浆砌筑。砌块上下皮的竖向灰缝应相互错开,错开长度应不小于砌块长度的1/3,满足不了上述要求时,应在灰缝中设置拉结钢筋或钢筋网片。每一楼层内的砌块墙应连续砌完,尽量不留接槎。墙砌到接近上层楼板底时,应在7天后用烧结普通砖斜砌挤紧,以保证结合紧密。

砌筑时墙的灰缝应横平竖直,砂浆饱满密实,严禁用水冲浆灌缝。砌块水平灰缝厚度、竖向灰缝宽度宜分别为15mm和20mm。水平灰缝砂浆饱满度应不小于80%,竖向灰缝砂浆饱满度不应小于80%。砌块墙体如需勾缝,应采用原浆随砌随勾缝的施工法,先勾水平缝,再勾竖向缝。所勾灰缝与砌块面要平整、密实、不得有丢缝、开裂和黏结不牢等瑕疵,以避免墙面渗水和开裂,不利于墙面粉刷和装饰。其余的要求同砖砌体和普通混凝土小型空心砌块砌体施工。

3.5 砌体工程冬期施工

3.5.1 冬期施工的规定

当室外日平均气温连续5天稳定低于5℃时,砌体工程应采取冬期施工措施;或当日最低气温低于0℃时,也应按冬期施工技术规定进行。

冬期施工总的原则是保证工程质量、节约能源、缩短工期、安全生产、经济合理。

冬期施工应优先采用普通硅酸盐水泥拌制砂浆。石灰膏、黏土膏或电石膏等遭冻结,应融化后使用。砂中不能含直径大于10mm冻结块或冰块。拌合砂浆的水温度不得超过80℃,砂的温度不得超过40℃。砂浆试块的留置,除按常温规定外,还应增留不少于一组与砌体同条件养护的试块,检验28天的强度。砌筑前清除表面污物、冰雪等,材料不得遭水浸冻。普通砖、多空砖和空心砖无法浇水润湿时,砂浆稠度较常温宜适当增大,无特殊措施不得砌筑。加气混凝土砌块承重墙体及围护外墙不宜在冬期施工。冬期施工每日砌筑后应及时在砌体表面覆盖保温材料。每日砌筑高度不宜超过1.2m。

3.5.2 冬期施工的方法

冬期施工时,砂浆具有30%以上设计强度时,即达到了砂浆允许受冻的临界强度值,再遇到负温也不会引起强度的损失。因此,冬期施工宜按"三一"砌砖法进行,必须采取相应的施工方法和保护措施减少冻害,以确保工程质量。冬期施工常用的方法有氯盐砂浆法、冻结法和暖棚法等。

1.氯盐砂浆法

氯盐砂浆法是在拌合水中掺入一定数量的氯盐(氯化钠、氯化钙等),以降低冰点,使砂浆中的水分在负温条件下不冻结,强度继续保持增长。

掺入氯盐类的水泥砂浆、水泥混合砂浆或微沫砂浆称为氯盐砂浆,采用这种砂浆砌筑的方法称为氯盐砂浆法。该方法具有施工简便、费用低、货源充足等特点,一般多采用氯盐砂浆法。但氯盐砂浆吸湿性大,有析盐现象等,对保温、潮湿(湿度大于80%)、地下水位变化、配筋、高压电路、绝缘、防腐、装饰等有特殊要求的工程,不得采用氯盐砂浆法,但可采用冻结法或其他施工方法。氯盐砂浆法的砂浆砌筑温度不应低于5℃。当日最低气温等于或低于 - 15℃时,宜将砂浆强度等级提高一级。

2.冻结法

冻结法是指采用不掺外加剂的砂浆砌筑墙体,允许砂浆遭受一定程度的冻结。当气温回到0℃以上后,砂浆开始解冻,强度几乎为零,转入正温后强度会不断增长。强度在经过冻结、融化、硬化的过程,其强度以及与砌体的黏结力都有不同程度的下降。

混凝土小型空心砌块、承受侧压力的砌体、解冻期间可能受到振动或动力荷载以及不允许发生沉降的砌体等,不得采用冻结法施工。砂浆的使用温度不应低于10℃,当日最低气温高于-25℃时,砌筑承重砌体的砂浆强度等级应提高一级;当日最低气温等于或低于-25℃时,应提高两级。砌体在解冻期内需进行观测、检查,发现裂缝、不均匀下沉、倾斜等情况,应采取加固措施。

3.暖棚法

暖棚法是利用简易结构和廉价的保温材料,将砌筑工作面临时封闭起来,使砌体在正温条件下砌筑和养护。棚内温度不得低于5℃,需经常采用热风机加热。因此,暖棚法成本高,一般用于较寒冷的地下工程、基础工程和局部性抢修工程的砌筑。

暖棚内砌体的养护时间应视棚内温度而定,以保证拆棚后砂浆强度能达到允许受冻临界强度值。棚内温度为+5℃时养护时间不少于6天,+10℃时不少于5天,+15℃时不少于4天,+20℃时不少于3天。

思考与练习

1. 砌筑砂浆有哪些种类和要求?
2. 砌筑用脚手架的基本要求是什么?
3. 常用的脚手架和垂直运输设备有哪些?
4. 简述砖砌体的砌筑施工工艺。
5. 砖墙组砌的形式有哪些?
6. 什么是“三一”砌砖法?
7. 砖墙临时间断处的接槎方式有哪几种?有何要求?
8. 砖砌体的质量要求有哪些?
9. 砌块砌体施工有哪些要求?
10. 普通混凝土小型空心砌块砌体施工的主要工艺是什么?
11. 填充墙砌体施工应注意哪些问题?
12. 砌体冬季施工应注意哪些问题?施工方法有哪些?

第4章 钢筋混凝土结构工程

学习要求

掌握模板的技术要求；掌握各种构件模板的安装与拆除；熟悉组合钢模板、木模板的构造；熟悉模板系统设计；了解模板的类型；了解模板构造中的其他类型模板。掌握钢筋工程的钢筋的配料；掌握钢筋各种连接方法的特点和适用范围；熟悉钢筋的代换；熟悉钢筋的加工；熟悉钢筋的绑扎和安装；熟悉钢筋工程的质量要求；了解钢筋的种类和进场的验收。掌握混凝土工程的混凝土浇筑中的技术要求，基础、主体结构的浇筑方法；掌握混凝土的自然养护；熟悉施工配合比的确定；熟悉混凝土的拌制，混凝土的运输，浇筑前的准备工作，大体积混凝土、水下混凝土等的浇筑方法；熟悉混凝土密实成型中的机械振动成型；了解混凝土配制中对各种原材料的要求和混凝土配合比的确定；了解混凝土密实成型中的离心法和真空作业法成型；了解蒸汽养护；了解混凝土的质量验收和缺陷的技术处理。掌握混凝土冬期施工的基本概念；熟悉混凝土冬期施工的工艺要求和蓄热法养护，了解其他养护方法。

工程案例

大面积钢筋楼地面一次成型施工方案

1. 工程概况

某工程A1一期及A1二期地面、楼面结构为现浇有梁板结构，混凝土地面及楼面平面尺寸分别为172.5m×97.5m、172.5m×82.5m，地面板、楼面板厚150mm、200mm不等，混凝土强度等级为C30，配设双层双向ϕ14@150构造钢筋，为整体钢筋混凝土有梁板地面。单块为172.5m×30m的混凝土地面，作为一个施工段，采用传统施工工艺，平整度的控制与保证难度大，现有混凝土摊铺整平机械的一次作业宽度又无法满足本工程施工。所以采用以下施工方法，使本工程16 818.75m^{2}钢筋混凝土地面施工，地面平整度控制在3mm(2m靠尺)的水平，满足国家质量规范关于地面5mm(2m靠尺)允许偏差的规定，达到了预期的质量目标。

2. 主要特点

其特点为：单块混凝土地面一次浇捣成型面积大。

3. 主要施工方法

混凝土浇捣成型采取研制的专用整平设施，机械整平的施工方法，有效地控制地面平整度及标高。混凝土浇捣成型及抹压过程，采用测量设备，实时对混凝土平整度及标高进行监测。选用燃油抹平机、抹光机及铁抹子手工相配合作业，既施工操作简便、地面光洁，又提高了工效。

混凝土的浇筑必须按照现行国际标准《混凝土结构工程施工及验收规范》(GB 50204—2002)的有关规定办理。

4.1 模板工程

模板是使混凝土结构和构件按设计的位置、形状、尺寸浇筑成型的模型板。模板系统包括模板和支架两部分,模板工程是指对模板及其支架的设计、安装、拆除等技术工作的总称,是混凝土结构工程的重要内容之一。

模板在现浇混凝土结构施工中使用量大而面广,每 $1m^3$ 混凝土工程模板用量高达 $4\sim5m^2$,其工程费用占现浇混凝土结构造价的 30%~35%,劳动用工量占 40%~50%。因此,正确选择模板的材料、形式和合理组织施工,对于保证工程质量、提高劳动生产率、加快施工速度、降低工程成本和实现文明施工,都具有十分重要的意义。

4.1.1 模板工程概述

1.模板的技术要求

(1)模板及其支架应根据工程结构形式、荷载大小、地基土类别、施工设备和材料供应等条件进行设计。模板及其支架应具有足够的承载能力、刚度和稳定性,能可靠地承受浇筑混凝土的重量、侧压力以及施工荷载。

(2)模板应保证工程结构和构件各部分形状尺寸及相互位置的正确。

(3)模板应构造简单、装拆方便,并便于钢筋的绑扎与安装,符合混凝土的浇筑及养护等工艺要求。

(4)模板的接缝不应漏浆;在浇筑混凝土前,木模板应浇水湿润,但模板内不应有积水。

(5)模板与混凝土的接触面应清理干净并涂刷隔离剂,但不得采用影响结构性能或妨碍装饰工程施工的隔离剂;在涂刷模板隔离剂时,不得沾污钢筋和混凝土接槎处。

(6)对清水混凝土工程及装饰混凝土工程,应使用能达到设计效果的模板。

2.板的类型

(1)按所用的材料,模板分为木模板、钢模板、胶合板模板、钢木(竹)组合模板、塑料模板、玻璃钢模板、铝合金模板、压型钢板模板、装饰混凝土模板、预应力混凝土薄板模板等。

(2)按施工方法,模板可分为装拆式模板、活动式模板、永久性模板等。装拆式模板由预制配件组成,现场组装,拆模后稍加清理和修理可再周转使用,常用的有木模板和组合钢模板,以及大型的工具式定型模板,如大模板、台模、隧道模等。活动式模板是指按结构的形状制作成工具式模板,组装后随工程的进展而进行垂直或水平移动,直至工程结束才拆除,如滑升模板、提升模板、移动式模板等。永久性模板则永久地附着于结构构件上,并与其成为一体,如压型钢板模板、预应力混凝土薄板模板等。

(3)按结构类型,模板分为基础模板、柱模板、梁模板、楼板模板、墙模板、楼梯模板、壳模板、烟囱模板、桥梁墩台模板等。

(4)按其形式不同,模板可分为以下几种:

①整体式模板:大多用于整体支模的框架类的建筑物。

②定型模板:用定型尺寸制作的模板(包括钢制大模板),可以重复使用。

③滑升模板:多用于筒仓和烟囱一类的特殊结构,有时也用于框架和剪力墙结构。

④工具式模板:一般用于较长的筒壳结构和隧道结构。

⑤台模:用于框架和剪力墙结构中,是浇筑混凝土楼板的一种大型工具式模板。

现浇混凝土结构中采用高强、耐用、定型化、工具化的新型模板，有利于多次周转使用、安拆方便，是提高工程质量、降低成本、加快进度、取得良好经济效益的重要施工措施。

4.1.2　模板的构造

1.组合钢模板

组合钢模板是按预定的几种规格、尺寸设计和制作的模板，它具有通用性，且拼装灵活，能满足大多数构件几何尺寸的要求。使用时，仅需根据构件的尺寸选用相应规格尺寸的定型模板加以组合即可。组合钢模板由一定模数的钢模板块、连接件和支承件组成。

(1)钢模板。钢模板的主要类型有平面模板、阴角模板、阳角模板和连接角模等，常用规格见表4-1。

表4-1　常用组合钢模板规格(mm)

规格	平面模板	阴角模板	阳角模板	连接角模
宽度	300,250,200, 150,100	150×150 50×50	150×150 50×50	50×50
长度	1500,1200,900,750,600,450			
肋高	55			

平面模板由面板和肋条组成，采用Q235钢板制成。面板厚2.3mm或2.5mm(见图4-1)，边框及肋采用55mm×2.8mm的扁钢，边框开有连接孔。平面模板可用于基础、柱、梁、板和墙等各种结构的平面部位。

转角模板的长度与平面模板相同(见图4-2)。其中阴角模板用于墙体和各种构件的内角(凹角)的转角部位；阳角模板用于柱、梁及墙体等外角(凸角)的转角部位；连接角模亦用于梁、柱和墙体等外角(凸角)的转角部位。(2)钢模板连接件。组合钢模板的连接件主要有U形卡、L形插销、钩头螺栓、紧固螺栓、对拉螺栓和扣件等，如图4-3所示。相邻模板的拼接均采用U形卡，U形卡安装距离一般不大于300mm。L形插销插入钢模板端部横肋的插销孔内，以增强两相邻模板接头处的刚度和保证接头处板面平整。钩头螺栓用于钢模板与内外钢楞的连接与紧固。紧固螺栓用于紧固内外钢楞。对拉螺栓用于连接墙壁两侧模板。扣件用于钢模板与钢楞或钢楞之间的紧固，并与其他配件一起将钢模板拼装成整体。扣件应与相应的钢楞配套使用，按钢楞的不同形状，分为“3”形扣件(见图4-4)和蝶形扣件(见图4-5)。

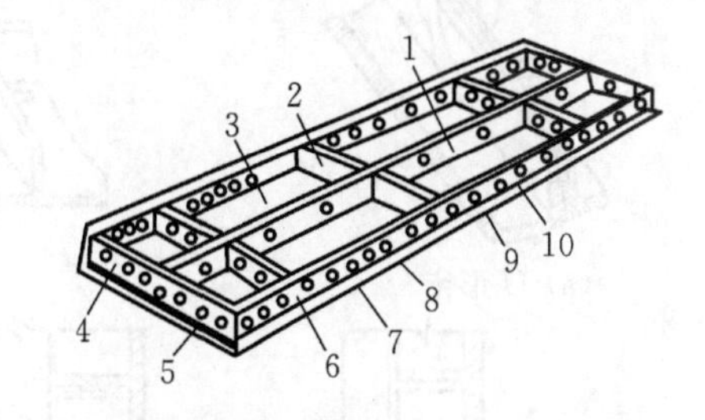

1—中纵肋；2—中横肋；3—面板；4—横肋；5—插销孔；6—纵肋；7—凸棱；8—凸鼓；9—U型卡孔；10—钉子孔

图4-1　平面模板

组合钢模板的模数应与现行国家标准《建筑模数协调统一标准》(GBJ2—86)、《住宅建筑模数协调标准》(GB50100—2001)和《厂房建筑模数协调标准》(GB/T50006—2010)相一致。

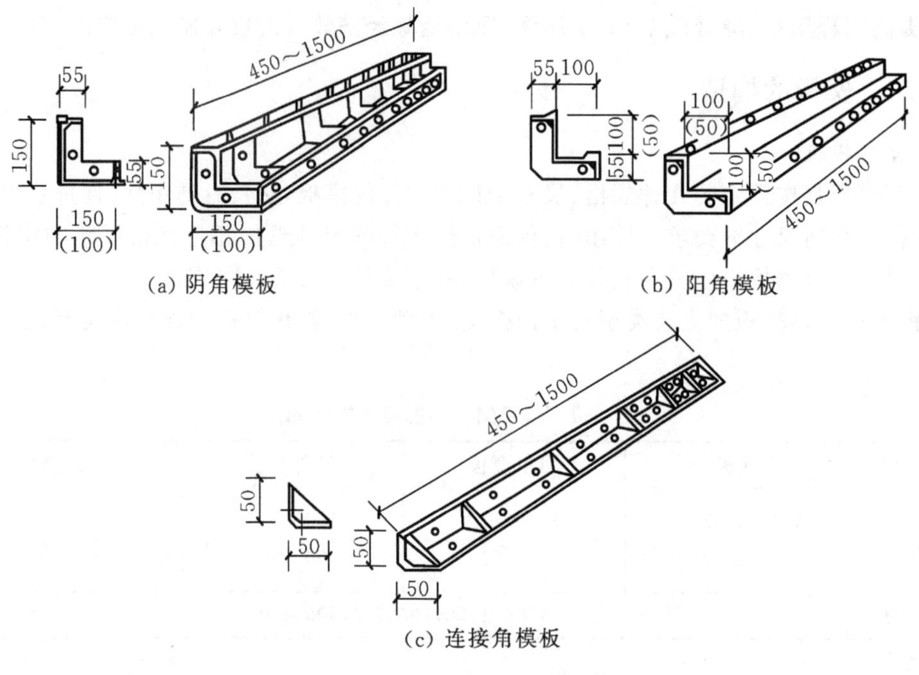

(a) 阴角模板　(b) 阳角模板

(c) 连接角模板

图 4-2　转角模板

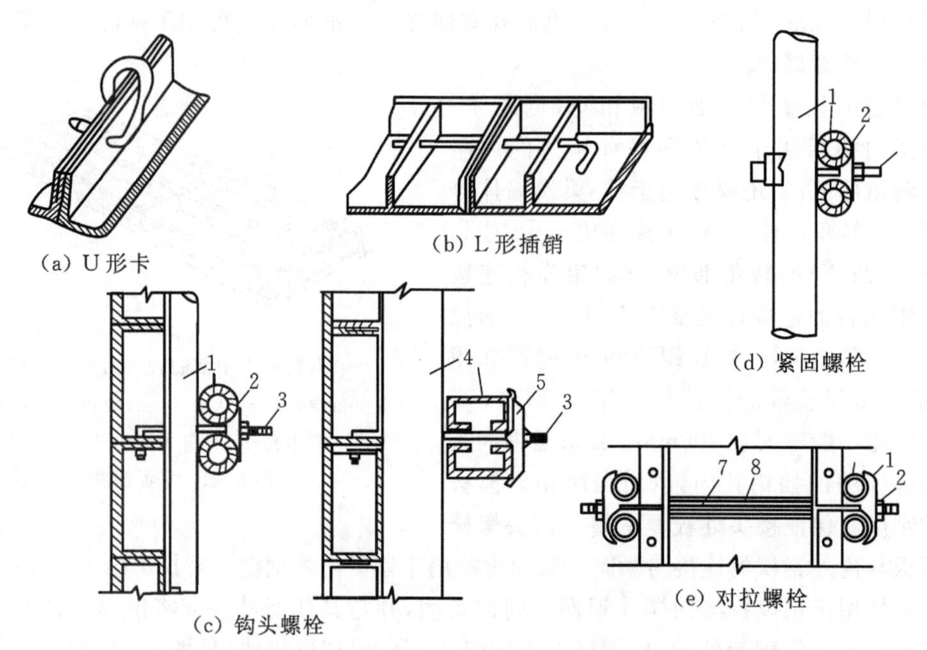

(a) U形卡　(b) L形插销　(c) 钩头螺栓　(d) 紧固螺栓　(e) 对拉螺栓

1—圆钢管钢楞；2—“3”形扣件；3—钩头螺栓；4—内卷边槽钢钢楞；
5—蝶形扣件；6—紧固螺栓；7—对拉螺栓；8—塑料套管；9—螺母

图 4-3　模板连接件

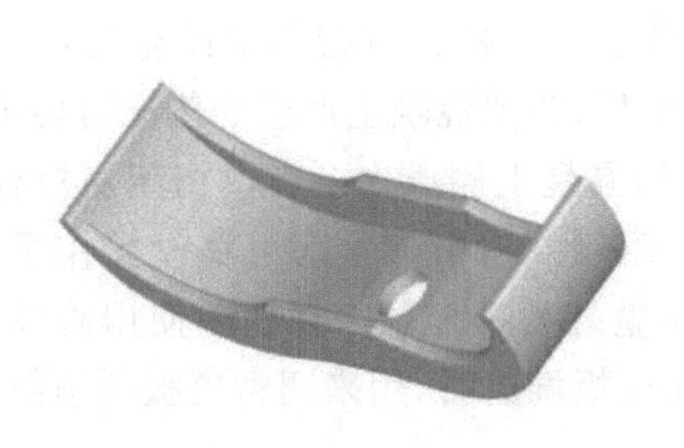

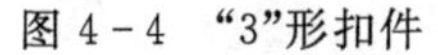
图 4-4 "3"形扣件

图 4-5 蝶形扣件

(3)钢模板支承件。组合钢模板的支承件包括钢楞、支柱、斜撑、柱箍、平面组合式桁架等。

2.钢框定型模板

钢框定型模板包括钢框木胶合板模板和钢框竹胶合板模板。这两类模板是继组合钢模板后出现的新型模板,它们的构造相同(见图 4-6)。但钢框木胶合板模板成本较高,推广受到限制;而钢框竹胶合板模板是利用我国丰富的竹材资源制成的多层胶合板模板,其成本低、技术性能优良,有利于模板的更新换代和推广应用。

钢框竹胶合板模板中,用于面板的竹胶合板主要有 3～5 层竹片胶合板、多层竹帘胶合板等不同类型。模板钢框主要由型钢制作,边框上设有连接孔。面板镶嵌在钢框内,并用螺栓或铆钉与钢框固定,当面板损坏时,可将面板翻面使用或更换新面板。面板表面应作防水处理,制作时板面要与边框齐平。钢框竹胶合板有 55 系列(即钢框高 55mm)和 63、70、75 等系列,其中 55 系列的边框和孔距与组合钢模板相互匹配,可以混合使用。

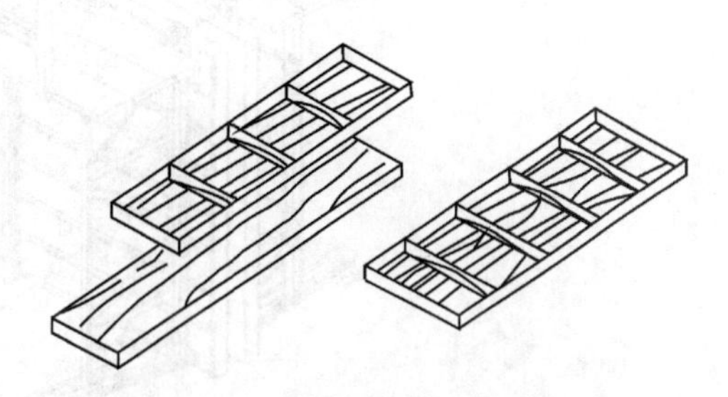

图 4-6 钢框竹(木)胶合板模板

钢框定型模板具有以下特点:自重轻;用钢量少拼装工作量小,拼缝少;保温性好,有利于冬期施工;模板维修方便;但其刚度、强度较钢模板差。目前已广泛应用于建筑工程中现浇混凝土基础、柱、墙、梁、板及筒体等结构,以及桥梁和市政工程等,施工效果良好。

3.木模板与胶合板模板

木模板目前在土木工程中仍有广泛应用。这类模板一般为散装散拆式模板,也有加工成基本元件(拼板)在现场拼装的。木模板拆除后可周转使用,但周转次数较少。拼板用一些板条钉拼而成,板条厚度一般为 25～50mm,板条宽度不宜超过 200mm,以保证干缩时缝隙均匀,浇水后易于密缝。但用于梁底模的板条宽度不受限制,以减少漏浆。拼板的小肋的间距取决于新浇混凝土的压力和板条的厚度,多为 400～500mm。

胶合板模板由胶合板和木楞组成,是将胶合板钉在木楞上。胶合板模板用作混凝土模板时具有以下优点:①板幅大、自重轻、板面平整,即可减少安装工作量,又可使模板的运输、堆放、使用和管理方便,也使混凝土表面平整,用于清水混凝土模板最为理想;②锯截方便、易加工成各种形状的模板,可用作曲面模板;③保温性能好,能防止温度变化过快,冬期施工有助于混凝土的保温。

4. 大模板

大模板一般由面板、加劲肋、竖楞、支撑桁架、稳定机构和操作平台、穿墙螺栓等组成，是一种用于现浇钢筋混凝土墙体的大型工具式模板，如图 4－7 所示。面板是直接与混凝土接触的部分，可由胶合板、木板、钢板等制成。加劲肋的作用是固定面板，并把混凝土产生的侧压力传给竖楞。竖楞的作用是加强大模板的整体刚度，承受模板传来的混凝土侧压力。支撑桁架用螺栓或焊接与竖楞连接，其作用是承受风荷载等水平力，防止大模板倾覆，桁架上部可搭设操作平台。稳定机构为大模板两端桁架底部伸出的支腿上设置的可调整螺旋千斤顶。在模板使用阶段，用以调整模板的垂直度，并把作用力传递到地面或楼面上；在模板堆放时，用来调整模板的倾斜度，以保证模板稳定。

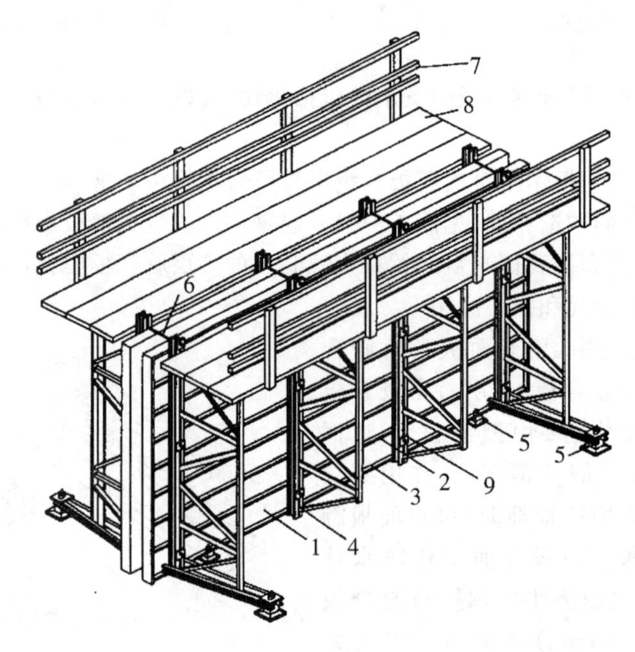

1—面板；2—水平加劲肋；3—支撑桁架；4—竖楞；5—调整水平度螺旋千斤顶；6—固定卡具；7—栏杆；8—脚手板；9—穿墙螺栓

图 4－7　大模板构造示意图

5. 滑升模板

滑升模板是一种工具式模板，常用于浇筑高耸构筑物和建筑物的竖向结构，如烟囱、筒仓、高桥墩、电视塔、竖井、沉井、双曲线冷却塔和高层建筑等。

滑升模板施工的特点如下：在构筑物或建筑物的底部，沿结构的周边组装高 1.2m 左右的滑升模板，随着向模板内不断地分层浇筑混凝土，用液压提升设备使模板不断沿着埋在混凝土中的支撑杆向上滑升，直到需要浇筑的高度为止。用滑升模板施工，可以大大节约模板和支撑材料、减少支、拆模板用工、加快施工速度和保证结构的整体性；但其模板一次性投资多、耗钢量大，对立面造型和结构断面变化有一定的限制；施工时宜连续作业，施工组织要求较严。

滑升模板主要由模板系统、操作平台系统、液压提升系统三部分组成，如图 4－8 所示。模板系统包括模板、围圈、提升架；操作平台系统包括操作平台（平台桁架和铺板）和吊脚手架；液压提升系统包括支承杆、液压千斤顶、液压控制台、油路系统。

6. 爬升模板

爬升模板是在下层墙体混凝土浇筑完毕后，利用提升装置将模板自行提升到上一个楼层，然后浇筑上一层墙体的垂直移动式模板。它由模板、提升架和提升装置三部分组成，图 4-9 是利用液压千斤顶作为提升装置的外墙面爬升模板示意图。

爬升模板采用整片式大平模，模板由面板及肋组成，不需要支撑系统；提升设备可采用电动螺杆提升机、液压千斤顶或导链。爬升模板是将大模板工艺和滑升模板工艺相结合，既保持了大模板施工墙面平整的优点，又保持了滑模利用自身设备使模板向上提升的优点，即墙体模板能自行爬升而不依赖塔吊。爬升模板适用于高层建筑墙体、电梯井壁、管道间混凝土墙体的施工。

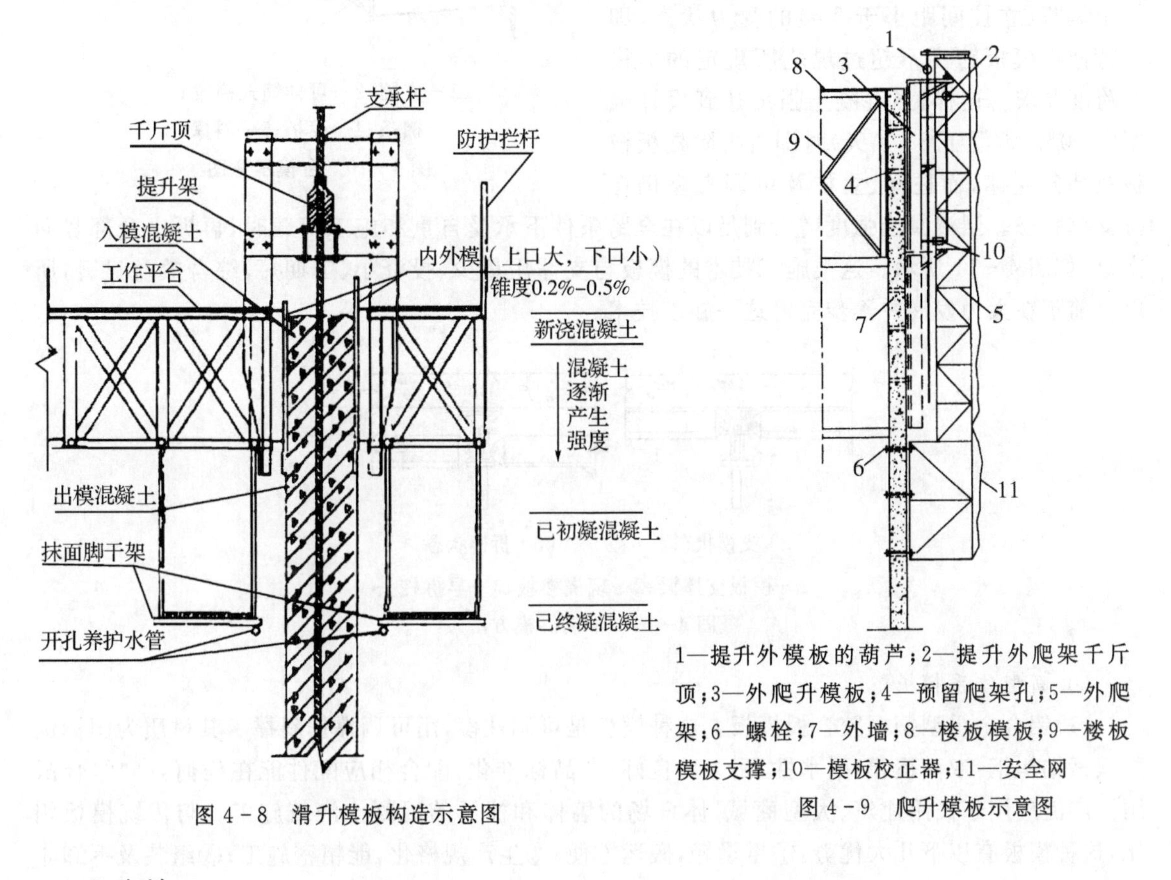

图 4-8　滑升模板构造示意图

1—提升外模板的葫芦；2—提升外爬架千斤顶；3—外爬升模板；4—预留爬架孔；5—外爬架；6—螺栓；7—外墙；8—楼板模板；9—楼板模板支撑；10—模板校正器；11—安全网

图 4-9　爬升模板示意图

7. 台模

台模是浇筑钢筋混凝土楼板的一种大型工具式模板。在施工中可以整体脱模和转运，利用起重机从浇筑完的楼板下吊出，转移至上一楼层，中途不再落地，所以也称“飞模”。

按支承形式台模分为支腿式和无支腿式。无支腿式台模悬挂于墙上或柱顶。支腿式台模由面板、檩条、支撑框架等组成，如图 4-10 所示。面板是直接接触混凝土的部件，可采用胶合板、钢板、塑料板等，其表面应平整光滑，具有较高的强度和刚度。支撑框架的支腿可伸缩或折叠，底部一般带有轮子，以便移动。单座台模面板的面积从 2～6m^2 及到 60m^2 以上。台模自身整体性好，浇出的混凝土表面平整、施工进度快，适用于各种现浇混凝土结构的小开间、小进深楼板。

8. 隧道模

隧道模是将楼板和墙体一次支模的一种工具式模板，相当于将台模和大模板组合起来，用于墙体和楼板的同步施工。隧道模有整体式和双拼式两种，整体式隧道模自重大、移动困难，现应用较少；双拼式隧道模在“内浇外挂”和“内浇外砌”的高层、多层建筑中应用较多。

9.早拆模板体系

早拆模板体系是为实现早期拆除楼板模板而采用的一种支模装置和方法，其工艺原理实质上就是“拆板不拆柱”。早拆支撑利用柱头、立柱和可调支座组成竖向支撑系统，支撑于上下层楼板之间。拆模时使原设计的楼板处于短跨（立柱间距小于 2m）的受力状态，即保持楼板模板跨度不超过规范所规定的拆模的跨度要求。这样，当混凝土强度达到设计强度的 50%（常温下 3～4 天）时即可拆除楼板模板及部分支撑，而柱间、立柱及可调支座仍保持支撑状态。当混凝土强度增大到足以在全跨条件下承受自重和施工荷载时，再拆去全部竖向支撑，如图 4－11 所示。这类施工技术的模板与支撑用量少、投资小、工期短，综合效益显著，所以目前正在大力发展并逐步完善这一施工技术。

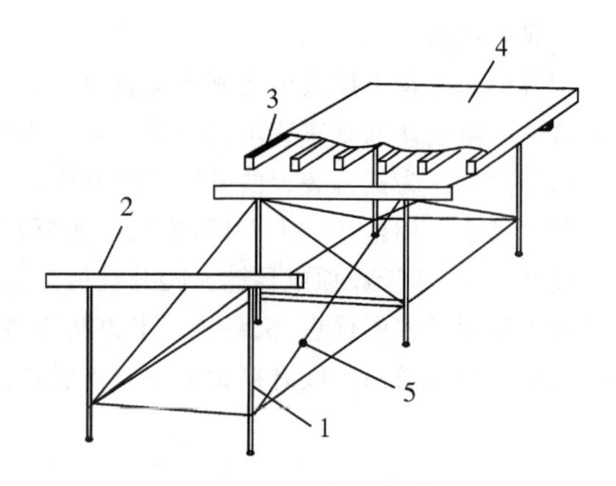

1—支腿；2—可伸缩式横梁；
3—檩条；4—面板；5—斜撑
图 4－10 台模示意图

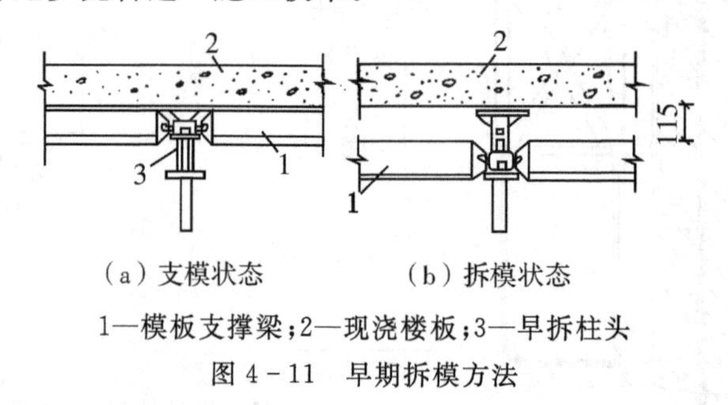

（a）支模状态　（b）拆模状态

1—模板支撑梁；2—现浇楼板；3—早拆柱头

图 4－11 早期拆模方法

10.新型体系模板

（1）铝合金重型钢框胶合板模板。这种模板是可调柱模，用可调撑作斜撑。其材质为国标优质碳素结构钢，双面覆膜，耐水性、耐久性良好；产品标准化，配合相应配件能在任何方向组合试用。广泛应用于民用建筑、大型商城、体育场的墙体和柱子的混凝土浇筑施工。与传统模板相比，这种模板有以下几大优势：①重量轻，搬运方便；②生产规格化，能精密施工；③组装及拆卸非常简单，效率高，节省试用费用；④重复使用，节省大量木材；⑤单位面积可承受侧压极大，变形小，脱模后混凝土面非常美观。

（2）可变截面柱模。这是一种可变截面柱模，由框架、加强筋、面板所组成。可变截面柱模的独特构造在于：在两加强筋之间设有条形板，条形板上分布有间隔均匀的若干个孔，条形板贴在面板上；框架在与条形板上的孔同等高度位置上设有孔；若需浇筑一定边长柱形时，四块模板围成所需柱形，用螺栓穿过框架上的孔、面板、条形板上的孔将两块模板相互垂直连接。这种可变截面柱模结构简单、截面可变，因而一模多用，使用范围广泛，并可重复使用。

（3）清水混凝土模板技术。清水混凝土模板是按照清水混凝土技术要求进行设计加工，满足清水混凝土质量要求和表面装饰效果的模板。模板设计前应对清水混凝土工程进行全面深化设计，妥善解决好对饰面效果产生影响的关键问题如：明缝、蝉缝、对拉螺栓孔眼、施工缝的处理、后浇带的处理等。

清水混凝土模板施工特点是模板安装时应遵循“先内侧后外侧，先横墙后纵墙，先角模后墙模”的原则。吊装时注意对面板保护，保证明缝、禅缝的垂直度及交圈。模板配件紧固要用力均匀，保证相邻模板配件受力大小一致，避免模板产生不均匀变形。

4.1.3 模板系统设计

模板系统的设计，包括选型、选材、荷载计算、结构计算、拟定制作安装和拆除方案及绘制模板图等。模板及其支架的设计应根据工程结构形式、荷载大小、地基土类别、施工设备和材料供应等条件进行。

1.钢模板配板的设计原则

钢模板的配板设计除应满足前述模板的各项技术要求以外，还应遵守以下原则：

(1)配制模板时，应优先选用通用、大块模板，使其种类和块数最小，木模镶拼量最少。设置对拉螺栓的模板，为了减少钢模板的钻孔损耗，可在螺栓部位改用55mm×100mm的刨光方木代替，或使钻孔的模板能多次周转使用。

(2)模板长向拼接宜采用错开布置，以增加模板的整体刚度。

(3)内钢楞应垂直于模板的长度方向布置，以直接承受模板传来的荷载；外钢楞应与内钢楞相互垂直，承受内钢楞传来的荷载并加强模板结构的整体刚度和调整平整度，其规格不得小于内钢楞。

(4)模板端缝齐平布置时，每块钢模板应有两处钢楞支承；错开布置时，其间距可不受端部位置的限制。

(5)支承柱应有足够的强度和稳定性，一般支柱或其节间的长细比宜小于110；对于连续形式或排架形式的支承柱，应配置水平支撑和剪刀撑，以保证其稳定性。

2.模板的荷载及荷载组合

(1)荷载标准值。

①模板及支架自重标准值。模板及其支架的自重标准值应根据模板设计图纸确定。对肋形楼板及无梁楼板模板的荷载可参考表4-2的标准。

表4-2 模板及支架自重标准值(kN/m^2)

项次	模板构件的名称	木模板	定型组合钢模板	钢框胶合板模板
1	平板的模板及小楞	0.30	0.50	0.40
2	楼板模板(其中包括梁的模板)	0.50	0.75	0.60
3	楼板模板及其支架(楼层高度为4m以下)	0.75	1.10	0.95

②新浇筑混凝土自重标准值。对普通混凝土可采用$24kN/m^3$，对其他混凝土可根据实际重力密度确定。

③钢筋自重标准值。钢筋自重标准值应根据设计图纸计算确定。一般可按每立方米混凝土的含量计算，其取值为：楼板按$1.1kN/m^3$，框架梁按$1.5kN/m^3$。

④施工人员及设备荷载标准值。具体要求如下：计算模板及直接支承模板的小楞时，对均布荷载取$2.5kN/m^2$，另应以集中荷载2.5kN再进行验算，比较两者所得的弯矩值，取其中较大者采用；计算直接支承小楞的结构构件时，均布活荷载取$1.5kN/m^2$；计算支架立柱及其他支承结构构件时，均布活荷载取$1.0kN/m^2$。

对大型浇筑设备，如上料平台、混凝土输送泵等，按实际情况计算；混凝土堆集料高度超过100mm以上者，按实际高度计算；模板单块宽度小于150mm时，集中荷载可分布在相邻的两块板上。

⑤振捣混凝土时产生的荷载标准值。对水平面模板为2.0kN/m²；对垂直面模板为4.0kN/m²（作用范围在新浇混凝土侧压力的有效压头高度之内）。

⑥新浇筑混凝土对模板侧面的压力标准值。影响新混凝土堆模板侧压力的因素很多。如水泥的品种与用量、骨料种类、水灰比、外加剂等混凝土原材料和混凝土浇筑时的温度、浇筑速度、振捣方法等外界施工条件以及模板情况、构件厚度、钢筋用量、钢筋排放位置等，都是影响混凝土对模板侧压力的主要因素，它们是计算新浇筑混凝土堆模板侧面的压力的控制因素。

⑦ 倾倒混凝土时产生的荷载标准值。倾倒混凝土时对垂直面模板产生的水平荷载标准值，可参考表4-3的标准。

表4-3 倾倒混凝土时产生的水平荷载标准值

项次	向模板内供料方法	水平荷载(kN/m²)
1	用溜槽、串筒或导管输出	2
2	用容积小于0.2m³的运输器具倾倒	2
3	用容积为0.2～0.8m³的运输器具倾倒或泵送混凝土	4
4	用容积为大于0.8m³的运输器具倾倒	6

注：作用范围在有效压头高度以内。

⑧风荷载标准值。对风压较大地区及受风荷载作用易倾倒的模板，尚需考虑风荷载作用下的抗倾覆稳定性。风荷载标准值按《建筑结构荷载规范》(GB 50009—2001)的规定，其中基本风压除按不同地形调整外，可乘以0.8的临时结构调整系数。

将上述1～8项荷载标准值乘以表4-4中的相应荷载分项系数，即可计算出模板及其支架的荷载设计值。

表4-4 模板及支架荷载分项系数

<table>
<tr><th>项次</th><th>荷载类别</th><th>分项系数</th></tr>
<tr><td>1</td><td>模板及支架自重</td><td>1.2</td></tr>
<tr><td>2</td><td>新浇混凝土自重</td><td rowspan="2"></td></tr>
<tr><td>3</td><td>钢筋自重</td></tr>
<tr><td>4</td><td>施工人员及施工设备荷载</td><td rowspan="2">1.4</td></tr>
<tr><td>5</td><td>振捣混凝土时产生的荷载</td></tr>
<tr><td>6</td><td>新浇混凝土对模板侧面的压力</td><td>1.2</td></tr>
<tr><td>7</td><td>倾倒混凝土时产生的荷载、风荷载</td><td>1.4</td></tr>
</table>

(2)荷载组合。模板及其支架的荷载效应，应根据结构形式按表4-5给出的标准进行组合。

表 4-5 模板及其支架的荷载组合

项次	模板类别	参与组合的荷载项	
		计算承载能力	验算刚度
1	平板和薄壳的模板及其支架	1,2,3,4	1,2,3
2	梁和拱模板的底板及支架	1,2,3,5	1,2,3
3	梁、拱、柱(边长≤300mm)、墙(厚≤100mm)的侧面模板	5,6	6
4	大体积结构、柱(边长>300mm)、墙(厚>100mm)的侧面模板	6,7	6

3.模板设计的计算规定

模板系统设计时,其计算简图应根据模板的具体构造确定,但对不同的构件在设计时所考虑的重点有所不同,例如:对定型模板、梁模板、楞木等,主要考虑抗弯强度及挠度;对于支柱、排架等系统,主要考虑受压稳定性;对于桁架支撑,应考虑上弦杆的抗弯能力;对于木构件,则应考虑支座处抗剪及承压等问题。

(1)荷载折减(调整)系数。模板工程属临时性工程。由于我国目前还没有临时性工程的设计规范,所以只能按正式工程结构设计规范执行,并进行适当调整。

①对钢模板及其支架的设计,其荷载设计值可乘以系数 0.85 予以折减;但其截面塑性发展系数取 1.0。

②采用冷弯薄壁型钢材时,其荷载设计值不应折减,系数为 1.0。

③对木模板及其支架的设计,当木材含水率小于 25%时,其荷载设计值可乘以系数 0.90 予以折减。

④在风荷载作用下,验算模板及其支架的稳定性时,其基本风压值可乘以系数 0.80 予以折减。

(2)模板结构的挠度要求。当验算模板及其支架的刚度时,其最大变形值不得超过下列允许值:

①对结构表面外露(不做装修)的模板,为模板构件计算跨度的 1/400。

②对结构表面隐蔽(做装修)的模板,为模板构件计算跨度的 1/250。

③支架的压缩变形值或弹性挠度,为相应的结构计算跨度的 1/1000。

支架的立柱或桁架应保持稳定,并用撑拉杆件固定。当验算模板及其支架在自重和风荷载作用下的抗倾覆稳定性时,其抗倾覆系数不小于 1.15,并符合有关的专门规定。

4.1.4 模板的安装与拆除

1.模板的安装

(1)模板的安装方法。模板经配板设计、构造设计和强度、刚度验算后,即可进行现场安装。为加快工程进度,提高安装质量,加速模板周转率,在起重设备允许的条件下,也可将模板预拼成扩大的模板块再吊装就位。

模板安装顺序是随着施工的进程来进行的,一般按照基础→柱或墙→梁→楼板的顺序进行。在同一层施工时模板安装的顺序是先柱或墙,再梁、板同时支设。下面分别介绍各部位模板的安装。

①基础模板。基础的特点是高度小而体积较大。如土质良好、阶梯形基础的最下一级可不用模板而进行原槽浇筑。

基础模板一般在现场拼装。拼装时先依照边线安装下层阶梯模板，然后在下层阶梯模板上安装上层阶梯模板。安装时要保证上、下层模板不发生相对位移，并在四周用斜撑撑牢固定。如有杯口还要在其中放入杯口模板。采用钢模板时，其构造见图 4－12；木模板的构造如图 4－13 所示。

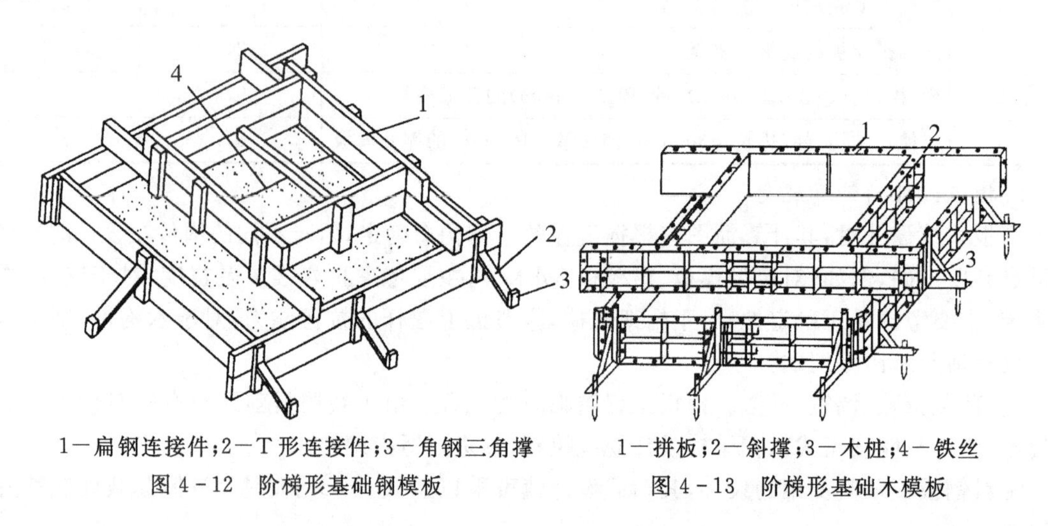

1－扁钢连接件；2－T 形连接件；3－角钢三角撑

图 4－12　阶梯形基础钢模板

1－拼板；2－斜撑；3－木桩；4－铁丝

图 4－13　阶梯形基础木模板

②柱模板。柱子的特点是高度大而断面较小。因此柱模板主要解决垂直度、浇筑混凝土时的侧向稳定、及抵抗混凝土的侧压力等问题，同时还应考虑方便浇筑混凝土、清理垃圾与钢筋绑扎等问题。

柱模板安装的顺序为：调整柱模板安装底面的标高→拼板就位→检查并纠偏→安装柱箍→设置支撑。

柱模板由四块拼板围成，当采用组合钢模板时，每块拼板由若干块平面钢模板组成，柱模四角用连接角模连接。柱顶梁缺口处用钢模板组合往往不能满足要求，可在梁底标高以下采用钢模板，以上与梁模板接头部分用木板镶拼。其构造见图 4－14。采用胶合板模板时，柱模板构造见图 4－15。

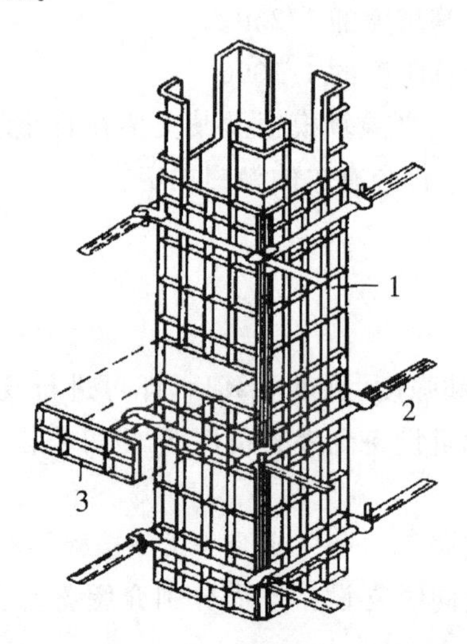

1—平面钢模板；2—柱箍；3—浇筑孔盖板

图 4－14　矩形柱钢模板

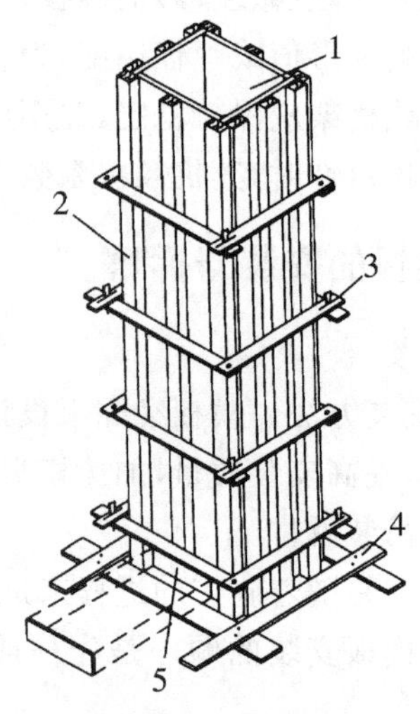

1—内拼板；2—外拼板；3—柱箍；4—定位木框；5—清理孔

图 4－15　矩形柱胶合板模板

根据配板设计图可将柱模板预拼成单片、L形和整体式三种形式。L形即为相邻两拼板互拼，一个柱模由两个L形板块组成；整体式即由四块拼板全部拼成柱的筒状模板，当起重能力足够时，整体式预拼柱模的效率最高。

为了抵抗浇筑混凝土时的侧压力及保持柱子断面尺寸不变，必须在柱模板外设置柱箍，其间距视混凝土侧压力的大小及模板厚度通过设计计算确定。柱模板底部应留有清理孔，便于清理安装时掉下的木屑垃圾。当柱身较高时，为方便浇筑、振捣混凝土，以保证混凝土的质量，通常沿柱高每2m左右设置一个浇筑孔。

柱模板安装时，应采用经纬仪或由顶部用垂球校正其垂直度，并检查其标高位置准确无误后，即用斜撑卡牢固定。当柱高不小于4m时，一般应四面支撑；柱高超过6m时，不宜单根柱支撑，宜用几根柱同时支撑连成构架。对通排柱模板，应先安装两端柱模板，校正固定后，再在柱模板上口拉通长线校正中间各柱的模板。

③梁模板。梁的特点是跨度较大而宽度一般不大，梁高可达1m以上，工业建筑中有的高达2m以上。梁的下面一般是架空的，因此梁模板既承受竖向压力，又承受混凝土的水平侧压力，这就要求梁模板及其支撑系统具有足够的强度、刚度和稳定性，不致产生超过规范允许的变形。

梁模板安装的顺序为：搭设模板支架→安装梁底模板→梁底起拱→安装侧模板→检查校正→安装梁口夹具。

梁模板由三片模板组成，采用组合钢模板时，底模板与两侧模板可用连接角模连接，梁侧模板顶部可用阴角模板与楼板模板相接，见图4-16。采用胶合板模板的构造见图4-17。两侧模板之间可根据需要设置对拉螺栓，底模板常用门型脚手架或钢管脚手架作支架。

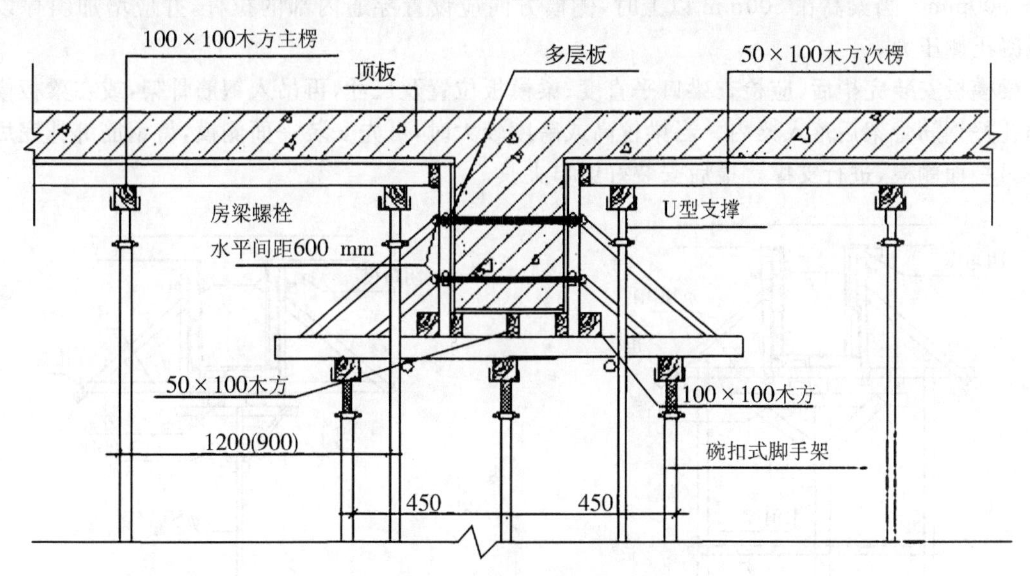

图4-16 梁和楼板钢模板

梁模板应在复核梁底标高、校正轴线位置无误后进行安装。安装模板前需先搭设模板支架。支柱（或琵琶撑）安装时应先将其下面的土夯实，放好垫板以保证底部有足够的支撑面积，并安放木楔以便校正梁底标高。支柱间距应符合模板设计要求，当设计无要求时，一般不宜大于2m；支柱之间应设水平拉杆、剪刀撑使之互相联结成一整体以保持稳定，水平拉杆离地面500mm设一道，以上每隔2m设一道；当梁底距地面高度大于6m时，宜搭设排架支撑，或满堂钢管模板支撑架；上下层楼板模板的支柱，应安装在同一条竖向中心线上，或采取措施保证上层支柱的荷载能

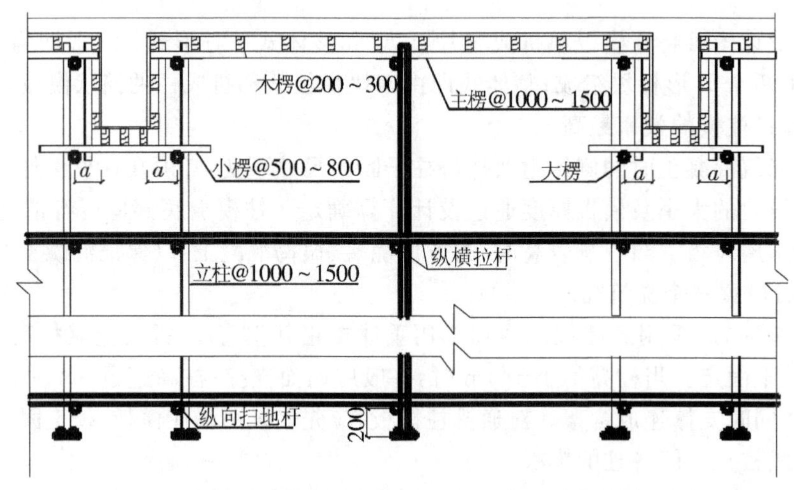

图 4-17　梁和楼板胶合板模板(a=200～300mm)

传递至下层的支撑结构上，以防止压裂下层构件。为防止浇筑混凝土后梁跨中底模下垂，当梁的跨度不小于 4m 时，应使梁底模中部略为起拱，如设计无规定，起拱高度宜为全跨长度的 1/1 000～3/1 000。起拱时可用千斤顶顶高跨中支柱，打紧支柱下楔块或在横楞与底模板之间加垫块。

梁底模板可采用钢管支托或桁架支托，如图 4-18 所示。支托间距应根据荷载计算确定，采用桁架支托时，桁架之间应设拉结条，并保持桁架垂直。梁侧模可利用夹具夹紧，间距一般为 600～900mm。当梁高在 600mm 以上时，侧模方向应设置穿通内部的拉杆，并应增加斜撑以抵抗混凝土侧压力。

梁模板安装完毕后，应检查梁口平直度、梁模板位置及尺寸，再吊入钢筋骨架，或在梁板模板上绑扎好钢筋骨架后落入梁内。当梁较高或跨度较大时，可先安装一面侧模，待钢筋绑扎完后再安装另一面侧模，进行支撑。最后安装好梁口夹具。

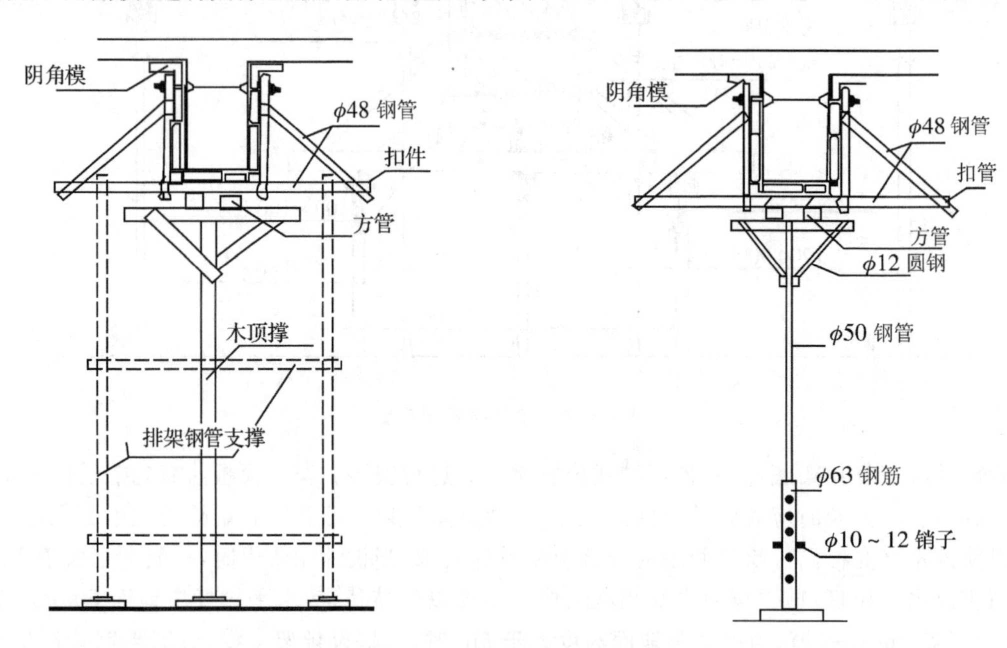

图 4-18　钢管支托和桁架支托

对于圈梁，由于其断面小但很长，一般除窗洞口及某些个别地方架空外，其他部位均设置在墙上。故圈梁模板主要由侧模和固定侧模用的卡具所组成，底模仅在架空部分使用。如架空跨度较大，也可用支柱(或琵琶撑)支撑底模。

④楼板模板。板的特点是面积大而厚度一般不大，因此模板承受的侧压力很小，板模板及其支撑系统主要是抵抗混凝土的竖向荷载和其他施工荷载，保证模板不变形下垂。

板模板安装的顺序为：复核板底标高→搭设模板支架→铺设模板。

楼板模板采用钢模板时，由平面模板拼装而成，其周边用阴角模板与梁或墙模板相连接，如图4-16所示。采用木模板的构造见图4-17。楼板模板可用钢楞及支架支撑，或者采用平面组合式桁架支撑，以扩大板下施工空间。钢模板的支柱底部应设通长垫板及木楔找平。挑檐模板必须撑牢拉紧，防止向外倾覆，确保施工安全。楼板模板预拼装面积不宜大于$20m^2$，如楼板的面积过大，则可分片组合安装。

⑤墙模板。墙体的特点是高度大而厚度小，其模板主要承受混凝土的侧压力，因此必须加强墙体模板的刚度，并保证其垂直度和稳定性，以确保模板不变形和发生位移。

墙模板安装的顺序为：模板基底处理→弹出中心线和两边线→模板安装→校正→加撑头或对拉螺栓→固定斜撑。

墙模板由两片模板组成，用对拉螺栓保持它们之间的间距，模板背面用横、竖钢楞加固，并设置足够的斜撑来保持其稳定。墙模板如图4-19所示。

墙模板的每片大模板可由若干平面钢模板拼成。钢模板可横拼也可竖拼；可预拼成大板块吊装也可散拼，即按配板图由一端向另一端，由下而上逐层拼装；如墙面过高，还可分层组装。安装时，首先沿边线抹水泥砂浆做好安装墙模板的基底处理，弹出中心线和两边线，然后开始安装。墙的钢筋可以在模板安装前绑扎，也可以在安装好一侧的模板后设立支撑，绑扎钢筋，再竖立另一侧模板。模板安装完毕后在顶部用线锤吊直，并拉线找平后固定支撑。为了保持墙体的厚度，墙板内应加撑头或对拉螺栓。对拉螺栓孔须在钢模板上划线钻孔，板孔位置必须准确平直，不得错位；预拼时为了使对拉螺孔不错位，板端均不错开；拼装时不允许斜拉、硬顶等。

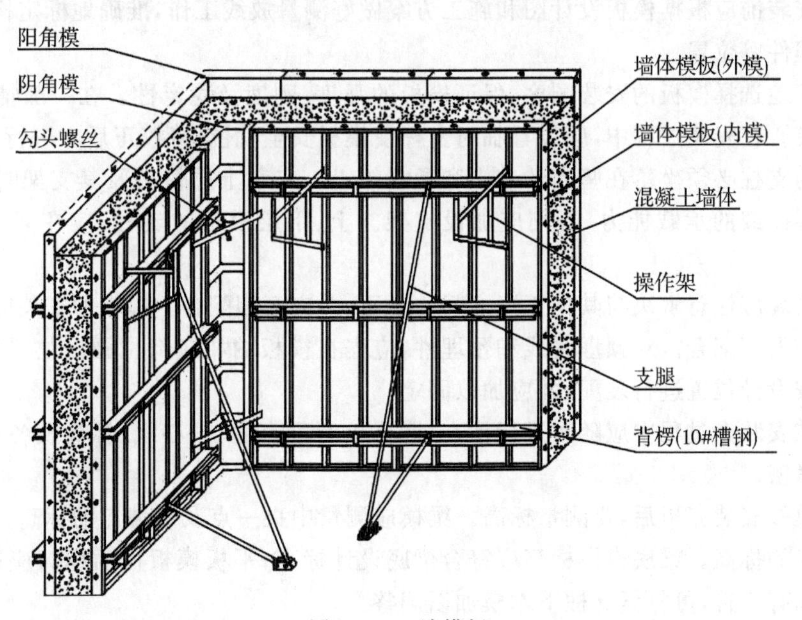

图4-19　墙模板

⑥楼梯模板。楼梯模板由梯段底模、外帮侧模、和踏步模板组成，如图 4－20 所示。

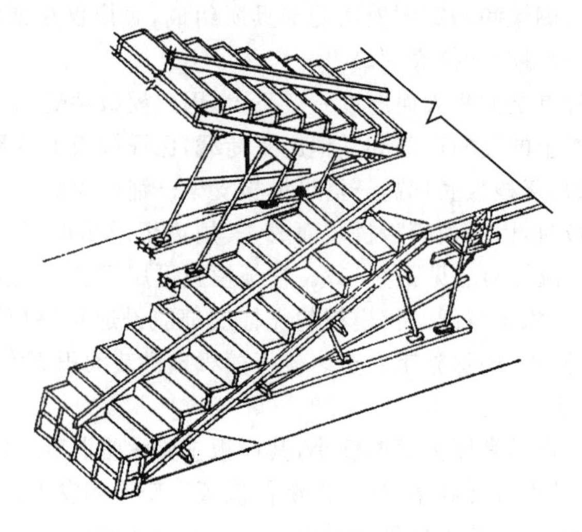

图 4－20　楼梯模板

楼梯模板的安装顺序为：安装平台梁及基础模板→安装楼梯斜梁或梯段底模板→楼梯外帮侧模→安装踏步模板。

楼梯模板施工前应根据设计放样，外帮侧模应先弹出楼梯底板厚度线，并画出踏步模板位置线。踏步高度要均匀一致，特别要注意在确定每层楼梯的最下一步及最上一步高度时，必须考虑到楼地面面层的厚度，防止因面层厚度不同而造成踏步高度不协调。外帮侧模和踏步模板安装完毕后，应钉好固定踏步模板的档木。

(2) 模板安装的技术措施。

①施工前应认真熟悉设计图纸、有关技术资料和构造大样图；进行模板设计，编制施工方案；作好技术交底，确保施工质量。

②模板安装前应根据模板设计图和施工方案做好测量放线工作，准确地标定构件的标高、中心轴线和预埋件等位置。

③应合理地选择模板的安装顺序，保证模板的强度、刚度及稳定性。在一般情况下，模板应自下而上安装。在安装过程中，应设置临时支撑使模板安全就位，待校正后方进行固定。

④模板的支柱必须坐落在坚实的基土和承载体上。安装上层模板及其支架时，下层楼板应具有承受上层荷载的承载能力，否则应加设支架。上、下层模板的支柱，应在同一条竖向中心线上。

⑤模板安装应注意解决与其他工序之间的矛盾，并应互相配合。模板的安装应与钢筋绑扎、各种管线安装密切配合。对预埋管线和预埋件，应先在模板的相应部位画出位置线，作好标记，然后将它们按设计位置进行装配，并应加以固定。

⑥模板在安装全过程中应随时进行检查，严格控制垂直度、中心线、标高及各部分尺寸。模板接缝必须紧密。

⑦楼板模板安装完毕后，要测量标高。梁模应测量中央一点及两端点的标高；平板的模板测量支柱上方点的标高。梁底模板标高应符合梁底设计标高；平板模板板面标高应符合乎板底面设计标高。如有不符，可打紧支柱下木楔加以调整。

⑧浇筑混凝土时，要注意观察模板受荷后的情况，如发现位移、鼓胀、下沉、漏浆、支撑颤动、

地基下陷等现象，应及时采取有效措施加以处理。

2.模板的拆除

(1)模板拆除时对混凝土强度的要求。模板和支架的拆除是混凝土工程施工的最后一道工序，与混凝土质量及施工安全有着十分密切的关系。现浇混凝土结构的模板及其支架拆除时的混凝土强度，应符合以下规定：

①侧模：应在混凝土强度能保证其表面及棱角不因拆模而受损伤时，方可拆除。

②底模及其支架：拆除时的混凝土强度应符合设计要求；当设计无具体要求时，混凝土强度应符合表4-6的规定，且混凝土强度以同条件养护的试件强度为准。

表4-6 底模拆除时的混凝土强度要求

构件类型	构件跨度(m)	达到设计的混凝土立方体抗压强度标准值的百分率(%)
板	≤2	≥50
	>2,≤8	≥75
	>8	≥100
梁、拱、壳	≤8	≥75
	>8	≥100
悬臂构件	—	≥100

已拆除模板及其支架的结构，应在混凝土强度达到设计的混凝土强度等级后，方可承受全部使用荷载。当施工荷载所产生的效应比使用荷载的效应更为不利时，必须经过验算，加设临时支撑，方可施加施工荷载。

(2)模板的拆除顺序。模板拆除应按一定的顺序进行，一般应遵循先支后拆、后支先拆、先拆除非承重部位、后拆除承重部位，以及自上而下的原则。重大复杂模板的拆除，事前应制订拆除方案。

(3)模板拆除应注意的问题。

①拆模时，操作人员应站在安全处，以免发生安全事故；待该片(段)模板全部拆除后，方可将模板、配件、支架等运出，进行堆放。

②拆模时不要用力过猛、过急，严禁用大锤和撬棍硬砸硬撬，以避免混凝土表面或模板受到损坏。

③模板拆除时，不应对楼层形成冲击荷载。拆下的模板及配件严禁抛扔，要有人接应传递，并按指定地点堆放；要做到及时清理、维修和涂刷好隔离剂，以备待用。

④多层楼板施工时，若上层楼板正在浇筑混凝土，下一层楼板模板的支柱不得拆除，再下一层楼板模板的支柱，仅可拆除一部分；跨度4m及4m以下的梁下均应保留支柱，其间距不得大于3m。

⑤冬季施工时，模板与保温层应在混凝土冷却到5℃后方可拆除。当混凝土与外界温差大于20℃时，拆模后应对混凝土表面采取保温措施，如加临时覆盖，使其缓慢冷却。

⑥在拆除模板过程中，如发现混凝土出现异常现象，可能影响混凝土结构的安全和质量问题时，应立即停止拆模，并经处理认证后，方可继续拆模。

4.2 钢筋工程

在钢筋混凝土结构中，钢筋工程的施工质量对结构的质量起着关键性的作用，而钢筋工程又属于隐蔽工程，当混凝土浇筑后，就无法检查钢筋的质量。所以，从钢筋原材料的进场验收，到一系列的钢筋加工和连接，直至最后的绑扎安装，都必须进行严格的质量控制，才能确保整个结构的质量。

4.2.1 钢筋的种类和验收

1. 钢筋的种类

钢筋的种类很多，土木工程中常用的钢筋，一般可按以下几方面分类。

钢筋按化学成分不同，可分为碳素钢筋和普通低合金钢筋。碳素钢筋按含碳量多少，又可分为低碳钢筋（含碳量低于 0.25%）、中碳钢筋（含碳量 0.25%～0.7%）和高碳钢筋（含碳量 0.7%～1.4%）。普通低合金钢筋是在低碳钢和中碳钢的成分中加入少量合金元素，如钛、钒、锰等，其含量一般不超过总量的 3%，能获得强度高和综合性能好的钢种。

钢筋按力学性能不同，可分为 HPB300 级钢筋、HRB335 级钢筋、HRB400 级钢筋和 HRB500 级钢筋等。钢筋级别越高，其强度及硬度越高，但塑性逐级降低。为了便于识别，在不同级别的钢材端头涂有不同颜色的油漆。

钢筋按轧制外形不同，可分为光圆钢筋和变形钢筋（月牙形、螺旋形、人字形钢筋）。

钢筋按供应形式不同，可分为盘圆钢筋（直径不大于 10mm）和直条钢筋（直径 12mm 及以上）。直条钢筋长度一般为 6～12m，根据需方要求也可按订货尺寸供应。

钢筋按直径大小，可分为钢丝（直径 3～5mm）、细钢筋（直径 6～10mm）、中粗钢筋（直径 12～20mm）和粗钢筋（直径大于 20mm）。

普通钢筋混凝土结构中，常用的钢筋按生产工艺不同，可分为热轧钢筋、冷轧带肋钢筋、冷轧扭钢筋、余热处理钢筋、精轧螺纹钢筋等。

（1）热轧钢筋。热轧钢筋是经热轧成型并自然冷却的成品钢筋，分为热轧光圆钢筋和热轧带肋钢筋。目前，HRB400 级钢筋正逐步成为现浇混凝土结构的主导钢筋。热轧钢筋的力学机械性能见表 4-7。

表 4-7 热轧钢筋的力学性能

表面形状	强度代号	钢筋级别	公称直径 d(mm)	屈服点 σ_s(Mpa)	抗拉强度 σ_b(Mpa)	伸长率 δ_s(%)	冷弯性能	
				不小于			弯曲角度	弯心直径
光圆	HPB300	Ⅰ	8～20	235	370	25	180°	d
月牙肋	HRB335	Ⅱ	6～25 28～50	335	490	16	180° 180°	$3d$ $4d$
	HRB400	Ⅲ	6～25 28～50	400	570	14	180° 180°	$4d$ $5d$
	HRB500	Ⅳ	6～25 28～50	500	630	12	180° 180°	$6d$ $7d$

注：1. HRB500 级钢筋尚未列入《混凝土结构设计规范》(GB 50010—2002)；

2. 当采用直径 $d>40$mm 的钢筋时，应有可靠的工程经验。

(2)冷轧带肋钢筋。冷轧带肋钢筋是由热轧圆盘钢筋经冷轧后，在其表面带有沿长度方向均匀分布的三面或二面横肋的钢筋；分为 CRB550、CRB650、CRB800、CRB970、CRB1170 五个牌号。CRB550 为普通钢筋混凝土用钢筋，其他牌号为预应力混凝土用钢筋。冷轧带肋钢筋在预应力混凝土构件中是冷拔低碳钢丝的更新换代产品，在普通混凝土结构中可代替 HPB300 级钢筋以节约钢材，是同类冷加工钢材中较好的一种。冷轧带肋钢筋的力学性能见表 4－8。

表 4－8　冷轧带肋钢筋的力学性能

表面形状	强度等级代号	公称直径 d(mm)	抗拉强度 σ_b(Mpa)	伸长率(%)		冷弯性能		
				δ_{10}	δ_{100}	弯曲角度	弯心直径	反复弯曲次数
			不小于					
月牙肋	CRB/550	4 ～12	550	8.0	—	180°	3d	
	CRB650	4、5、6	650	—	4.0	—	—	3
	CRB800		800	—	4.0	—	—	3
	CRB970		970	—	4.0	—	—	3
	CRB1170		1 170	—	4.0	—	—	3

(3)冷轧扭钢筋。冷轧扭钢筋也称冷轧变形钢筋，是将低碳钢热轧圆盘钢筋经专用钢筋冷轧扭机调直、冷轧并冷扭一次成型，具有规定截面形状和节距的连续螺旋状钢筋。它具有较高的强度，足够的塑性性能，且与混凝土黏结性能优异，用于工程建设中一般可节约钢材 30%以上，有着明显的经济效益。冷轧扭钢筋的力学性能见表 4－9。

表 4－9　冷轧扭钢筋的力学性能

钢筋代号	截面形状	钢筋类型	标志直径 d(mm)	抗拉强度 σ(Mpa)	伸长率 δ_s(%)	冷弯性能	
						弯曲角度	弯心直径
LZN	矩形	Ⅰ型	6.5～14	≥580	≥4.5	180°	3d
	菱形	Ⅱ型	12				

(4)余热处理钢筋。余热处理钢筋是热轧成型后立即穿水，进行表面控制冷却，然后利用芯部余热自身完成回火处理所得的成品钢筋。钢筋表面形状为月牙肋，强度代号为 KL400，钢筋级别为Ⅲ级，公称直径 d＝8～25mm、28～40mm。这种钢筋应用较少。

(5)精轧螺纹钢筋。精轧螺纹钢筋是用热轧方法在整根钢筋表面上轧出不带纵肋的螺纹外形钢筋，接长用连接器，端头锚固直接用螺母。该钢筋有 40Si2Mn、15M2SiB、40Si2MnV 三种牌号，直径有 25mm 和 32mm。

2. 钢筋进场的验收

钢筋进场时，应有产品合格证、出厂检验报告，并按品种、批号及直径分批验收。验收内容包括钢筋标牌和外观检查，并按有关规定抽取试件进行钢筋性能检验。钢筋性能检验又分为力学性能检验和化学成分检验。

(1)外观检查。应对钢筋进行全数外观检查。检查内容包括钢筋是否平直、有无损伤，表面是否有裂纹、油污及锈蚀等，弯折过的钢筋不得敲直后作受力钢筋使用，钢筋表面不应有影响钢筋强度和锚固性能的锈蚀或污染。

常用钢筋的外观检查要求为:热轧钢筋表面不得有裂缝、结疤和折叠,表面凸块不得超过横肋的最大高度,外形尺寸应符合规定;对热处理钢筋,表面无肉眼可见的裂纹、结疤、折叠,如有凸块不得超过横肋高度,表面不得沾有油污;对冷轧扭钢筋要求其表面光滑,不得有裂纹、折叠夹层等,亦不得有深度超过0.2mm的压痕或凹坑。

(2)钢筋性能检验。

①应按《钢筋混凝土用热轧带肋钢筋》(GB 1499)、《钢筋混凝土用热轧光圆钢筋》(GB 13013)、《钢筋混凝土用余热处理钢筋》(GB 13014)等标准的规定,抽取试件作力学性能检验,即为进场复验,其质量必须符合有关标准的规定。若有关标准中对进场检验数量作了具体规定,即可遵照执行;若有关标准中只对产品出厂检验数量作了规定,则在进场检验时,检查数量可按下列情况确定:当一次进场的数量大于该产品的出厂检验批量时,应划分为若干个出厂检验批量,然后按出厂检验的抽样方案执行;当一次进场的数量小于或等于该产品的出厂检验批量时,应作为一个检验批量,然后按出厂检验的抽样方案执行;对连续进场的同批钢筋,当有可靠依据时,可按一次进场的钢筋处理。

各类钢筋对检验批及检验方案的要求不尽相同。热轧带肋钢筋按重量不大于60t为一批,每批应由同一牌号、同一炉罐号、同一规格、同一品种、同一交货状态的钢筋组成。允许由同一牌号、同一冶炼方法、同一浇筑方法的不同炉罐号的钢筋组成混合批,但各炉罐号含碳量之差不大于0.02%,含锰量之差不大于0.15%。

对钢筋作力学性能检验时,应从每批钢筋中任选两根,每根截取两个试件分别进行拉伸试验(包括屈服点、抗拉强度和伸长率的测定)和冷弯试验。如有一项检验结果不符合规定,则应从同一批钢筋中另取双倍数量的试件重作各项检验;如果仍有一个试件不合格,则该批钢筋为不合格品,应不予验收或降级使用。

②对有抗震设防要求的框架结构,其纵向受力钢筋的强度应满足设计要求;当设计无具体要求时,对一、二级抗震等级,检验所得的强度实测值应符合下列规定:钢筋的抗拉强度实测值与屈服强度实测值的比值不应小于1.25;钢筋的屈服强度实测值与强度标准值的比值不应大于1.3。

③当发现钢筋脆断、焊接性能不良或力学性能显著不正常等现象时,应对该批钢筋进行化学成分检验或其他专项检验。

4.2.2 钢筋配料

构件中的钢筋,须根据设计图纸准确地下料(即切断),再加工成各种形状。为此,必须了解各种构件的混凝土保护层厚度及钢筋弯曲、搭接、弯钩等有关规定,采用正确的计算方法,按图中尺寸计算出实际下料长度。

1.钢筋下料长度计算

钢筋下料长度,可按下列公式计算:

钢筋下料长度=钢筋外包尺寸之和-弯曲量度差+弯钩增加长度

箍筋下料长度=箍筋周长+箍筋调整值

(1)钢筋外包尺寸。其计算公式如下:

钢筋外包尺寸=构件外形尺寸-保护层厚度

(2)弯曲量度差。钢筋弯曲成各种角度的圆弧形状时,其轴线长度不变,但内皮收缩、外皮延伸。而钢筋的量度方法是沿直线量取其外包尺寸，因此弯曲钢筋的量度尺寸大于轴线尺寸(即大于下料尺寸)，两者之间的差值称为弯曲量度差(见图4-21)。

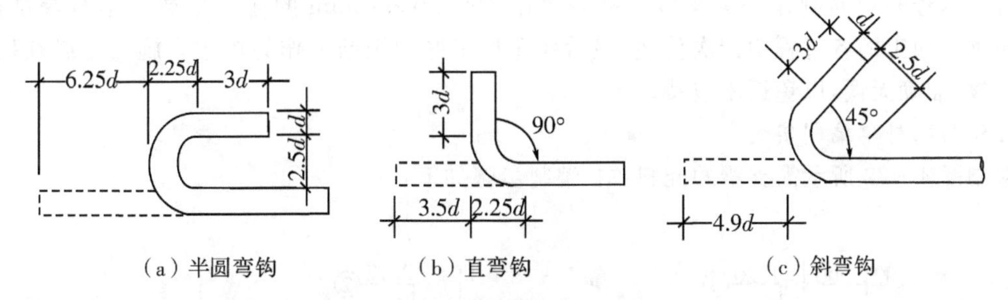

(a) 半圆弯钩　(b) 直弯钩　(c) 斜弯钩

图4-21 钢筋弯钩计算简图

(3)箍筋调整值。箍筋调整值即弯钩增加长度和弯曲量度差两项之差或和，应根据量度的箍筋外包尺寸或内皮尺寸计算，实际工程中可参考表4-10计算。

表1-10 箍筋调整值(mm)

箍筋量度方法	箍筋直径			
	4～5	6	8	10～12
量外包尺寸	40	50	60	70
量内皮尺寸	80	100	120	150～170

(4)保护层厚度。受力钢筋的混凝土保护层厚度，应符合设计要求；当设计无具体要求时，不应小于受力钢筋直径，并应符合表4-11的规定。

表4-11 纵向受力钢筋的混凝土保护层最小厚度(mm)

环境与条件	构件名称	混凝土强度等级		
		≤C20	C25～C45	≥C50
室内正常环境	板、墙、壳	20	15	15
	梁	30	25	25
	柱	30	30	30
露天或室内潮湿环境	板、墙、壳	—	20	20
	梁	—	30	30
	柱	—	30	30
有垫层	础	40		
无垫层		70		

2. 钢筋配料单与料牌

(1)钢筋配料单。钢筋配单是根据设计图中各构件钢筋的品种、规格、外形尺寸及数量进行编号，计算下料长度，并用表格形式表达出来。钢筋配料单是钢筋加工的依据，也是提出材料计划、签发任务单和限额领料单的依据。合理的配料不但能节约钢材，还能使施工操作简化。

钢筋配料单的具体编制步骤如下：熟悉图纸(构件配筋表)→绘制钢筋简图→计算每种规格

钢筋的下料长度→填写和编制钢筋配料单→填写钢筋料牌。

(2)钢筋料牌。在钢筋工程施工中,仅有钢筋配料单还不能作为钢筋加工与绑扎的依据,还要对每一编号的钢筋制作一块料牌。料牌可用 100mm×70mm 的薄木板或纤维板等制作成。料牌在钢筋加工的各过程中依次传递,最后系在加工好的钢筋上作为标志。施工中必须按料牌严格校核,准确无误,以免返工浪费。

3. 钢筋配料单编制实例

编制图 4-22 所示简支梁的配料单。编制步骤如下:

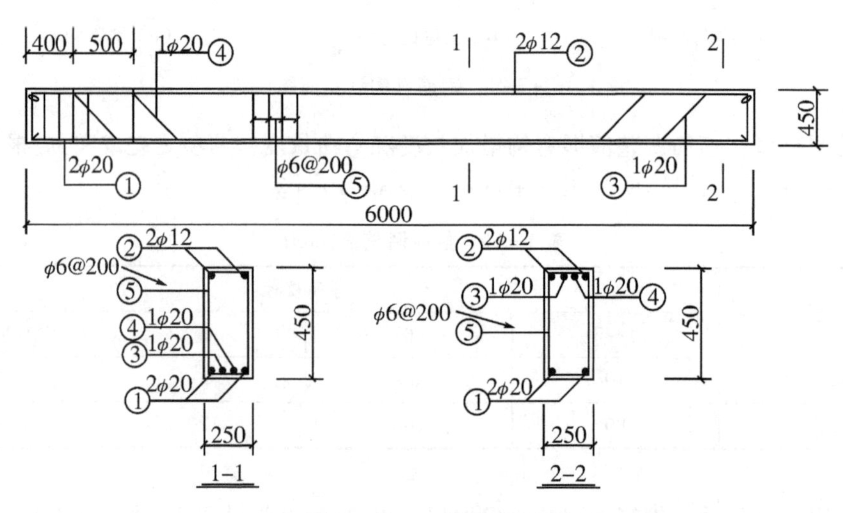

图 4-22 L_1 梁钢筋图

(1)熟悉图纸(配筋图)。

(2)绘制各编号钢筋的小样图,见图 4-23 所示。

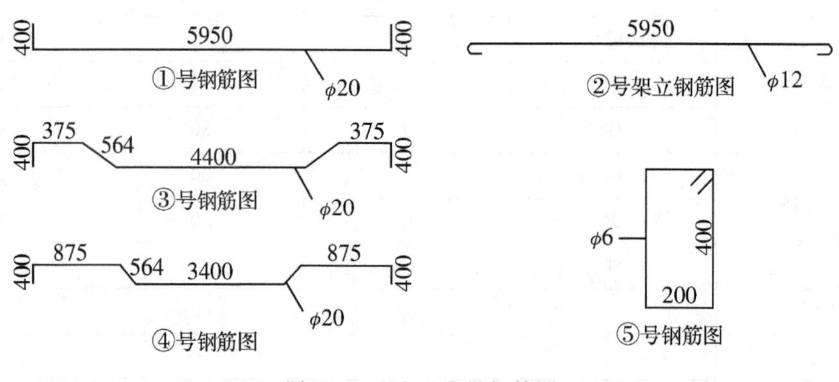

图 4-23 ①~⑤号钢筋图

(4)填写和编制钢筋配料单,见表 4-12 所示。

表 4-12　钢筋配料单

构件名称	钢筋编号	简图	直径/mm	钢号	下料长度/m	单位相数	合计根数	质量/kg
某教学楼 L_1 梁共5根	1	400 5950 400	20	ϕ	6.67	2	10	164.7
	2	5950	12	ϕ	6.10	2	10	54.2
	3	400 375 564 4400 375 400	20	ϕ	6.96	1	5	86.0
	4	400 875 564 3400 875 400	20	ϕ	6.96	1	5	86.0
	5	400 200	6	ϕ	1.30	31	155	44.7

注:此表内容不全,仅作示例。

(5)填写钢筋料牌。现仅表示出 L_1 梁③号钢筋的料牌,如图 4-24 所示,其他钢筋的料牌也应按此格式填写。

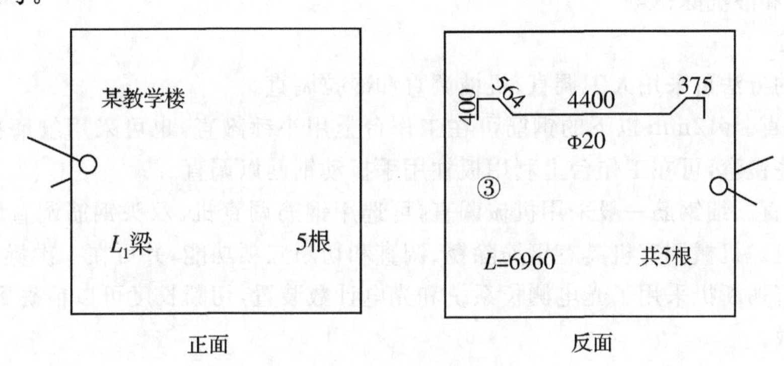

图 4-24　钢筋料牌

4.2.3　钢筋代换

在施工过程中,钢筋的品种、级别或规格必须按设计要求采用。但往往由于钢筋供应不及,当其品种、级别或规格不能满足设计要求时,为确保施工质量和进度,常需对钢筋进行变更代换。

1. 代换原则和方法

(1)等强度代换。当结构构件受强度控制时,钢筋可按强度相等的原则代换。

(2)等面积代换。当构件按最小配筋率配筋时,钢筋可按面积相等的原则代换。

(3)当结构构件受裂缝宽度或挠度控制时,代换后应进行裂缝宽度或挠度验算。

2. 代换注意事项

(1)钢筋的品种、级别或规格需作变更时,应办理设计变更文件。

(2)对某些重要构件,如吊车梁、桁架下弦等,不宜用 HPB300 级光圆钢筋代替 HRB335 级和 HRB400 级带肋钢筋。

(3)钢筋代换后,应满足配筋的构造规定,如钢筋的最小直径、间距、根数、锚固长度等。

(4)同一截面内,可同时配有不同种类和直径的代换钢筋,但每根钢筋的拉力差不应过大(若相同品种钢筋,直径差值一般不大于5mm),以免构件受力不均。

(5)梁的纵向受力钢筋与弯起钢筋应分别代换,以保证正截面与斜截面强度。

(6)偏心受压构件(如框架柱、有吊车厂房柱、桁架上弦等)或偏心受拉构件进行钢筋代换时,不应取整个截面的配筋量计算,而应按受力面(受压或受拉)分别代换。

(7)当构件受裂缝宽度控制时,如以小直径钢筋代换大直径钢筋,或强度等级低的钢筋代换强度等级高的钢筋,则可不作裂缝宽度验算。

钢筋代换后,有时由于受力钢筋直径加大或根数增多,而需要增加钢筋的排数,则构件截面的有效高度 h_0 之值会减小,截面强度降低,此时需复核截面强度。

4.2.4 钢筋加工

钢筋加工的基本作业有除锈、调直、切断、连接、弯曲成型等工序。

1.钢筋除锈

钢筋由于保管不善或存放过久,其表面会结成一层铁锈,严重的铁锈将影响钢筋和混凝土的黏结力,并影响到构件的使用效果,因此在使用前应清除干净。钢筋的除锈,可在钢筋的冷拉或调直过程中完成除锈(ϕ12mm以下钢筋);也可用电动除锈机除锈;还可采用手工除锈(用钢丝刷、砂盘)、喷砂和酸洗除锈等。

2.钢筋调直

钢筋调直的方法可采用人工调直、机械调直和冷拉调直。

(1)人工调直。ϕ12mm以下的钢筋可在工作台上用小锤敲直,也可采用绞磨拉直。粗钢筋一般仅出现一些慢弯,可在工作台上利用扳柱用手扳动钢筋以调直。

(2)机械调直。细钢筋一般采用机械调直,可选用钢筋调直机、双头钢筋调直联动机或数控钢筋调直切断机。机械调直机具有钢筋除锈、调直和切断三项功能,并可在一次操作中完成。其中数控钢筋调直切断机采用了光电测长系统和光电计数装置,切断长度可以精确到毫米,并能自动控制切断根数。

(3)冷拉调直。粗钢筋常采用卷扬机冷拉调直,且在冷拉时因钢筋变形,其上锈皮自行脱落。冷拉调直时必须控制钢筋的冷拉率。

3.钢筋切断

钢筋切断常采用手动液压切断器和钢筋切断机。前者能切断ϕ16mm以下的钢筋,这种机具体积小、重量轻、便于携带。后者能切断$\phi 6 \sim \phi 40$mm的各种直径的钢筋。

4.钢筋弯曲成型

钢筋根据设计要求常需弯折成一定形状。钢筋的弯曲成型一般采用钢筋弯曲机、四头弯筋机(主要用于弯制箍筋),在缺乏机具设备的情况下,也可以采用手摇扳手弯制细钢筋,用卡盘与扳头弯制粗钢筋。对形状复杂的钢筋,在弯曲前应根据钢筋料牌上标明的尺寸划出各弯曲点。

4.2.5 钢筋的连接

钢筋在土木工程中的用量很大,但在运输时却受到运输工具的限制。当钢筋直径 $d<12$mm时,一般以圆盘形式供货;当直径 $d\geqslant 12$mm时,则以直条形式供货,直条长度一般为6～12m,由此带来了钢筋混凝土结构施工中不可避免的钢筋连接问题。目前钢筋的连接方法有机械连接、焊接连接和绑扎连接三类。机械连接由于具有连接可靠、作业不受气候影响、连接速度快等优

点，目前已广泛应用于粗钢筋的连接。焊接连接和绑扎连接是传统的钢筋连接方法，与绑扎连接相比，焊接连接可节约钢材、改善结构受力性能、保证工程质量、降低施工成本，宜优先选用。

1.钢筋的焊接

焊接连接是利用焊接技术将钢筋连接起来的连接方法，应用广泛。但焊接是一项专门的技术，要求对焊工进行专门培训，持证上岗；焊接施工受气候、电流稳定性的影响较大；其接头质量不如机械连接可靠。

在钢筋焊接连接中，普遍采用的有闪光对焊、电阻点焊、电弧焊、电渣压力焊及埋弧压力焊等。

(1)闪光对焊。闪光对焊是将两根钢筋沿着其轴线，使钢筋端面接触对焊的连接方法。闪光对焊须在对焊机上进行，操作时使两段钢筋的端面接触，通过低电压强电流，把电能转换为热能，待钢筋加热到一定温度后，再施加以轴向压力顶锻，使两根钢筋焊合在一起，接头冷却后便形成对焊接头。对焊原理如图4-25所示。

闪光对焊具有成本低、质量好、工效高、并能适用于各种钢筋的特点，因而得到普遍的应用。

闪光对焊根据其工艺不同，可分为连续闪光焊、预热闪光焊、闪光—预热—闪光焊及焊后通电热处理等工艺。

①连续闪光焊。当对焊机夹具夹紧钢筋并通电后，先使钢筋的端面轻微接触，由于电阻的原因，端头金属很快熔化，熔化的金属液像火花般地从钢筋端面向间隙处喷射出来，称为闪光。继续将钢筋端面逐渐移近，即形成连续闪光过程。待钢筋烧化完一定的预留量后，迅速加压进行顶锻，先带电顶锻，再断电顶锻到一定长度，焊接接头即完成。该工艺适宜焊接直径25mm以下的钢筋。

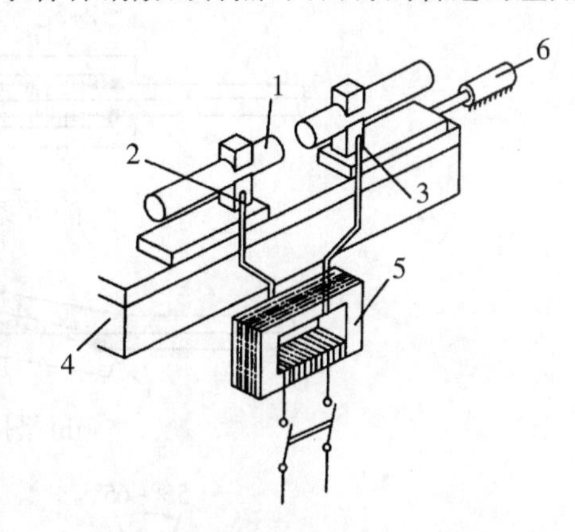

1—钢筋；2—固定电极；3—可动电极；4—机座；5—变压器；6—顶压机构

图4-25 钢筋对焊原理图

②预热闪光焊。预热闪光焊是在连续闪光前，增加一个钢筋预热过程，然后再进行闪光和顶锻。该工艺适宜焊接直径大于25mm且端面比较平整的钢筋。

③闪光—预热—闪光焊。闪光—预热—闪光焊是在预热闪光前，再增加一次闪光过程，使不平整的钢筋端面先闪成比较平整的端面，并将钢筋均匀预热。该工艺适宜焊接直径大于25mm且端面不平整的钢筋。

④焊后通电热处理。Ⅳ级钢筋因焊接性能较差，其接头易出现脆断现象，可在焊后进行通电热处理。即待接头冷却至300℃以下时，采用较低变压器级数，进行脉冲式通电加热，频率以(0.5～1)s/次为宜，热处理温度一般在7 500～850℃范围内选择。该法可提高焊接接头处钢筋的塑性。

(2)电阻点焊。电阻点焊是将交叉的钢筋叠合在一起，放在两个电极间预压夹紧，然后通电使接触点处产生电阻热，钢筋加热熔化并在压力下形成紧密连接点，冷凝后即得牢固焊点。电阻点焊用于焊接钢筋网片或骨架，适于直径6～14mm的HPB300、HRB335级钢筋及直径3～5mm的钢丝。当焊接不同直径的钢筋，其较小钢筋直径小于10mm时，大小钢筋直径之比不宜大于3；其较小钢筋的直径为12～14mm时，大小钢筋直径之比不宜大于2。承受重复荷载并需进行疲劳验算的钢筋混凝土结构和预应力混凝土结构中的非预应力筋不得采用该工艺。

(3)电弧焊。电弧焊是利用弧焊机在焊条与焊件之间产生高温电弧,使焊条和电弧燃烧范围内的焊件熔化,待其凝固后便形成焊缝或接头,其中电弧是指焊条与焊件金属之间空气介质出现的强烈持久的放电现象。电弧焊使用的弧焊机有交流弧焊机、直流弧焊机两种,常用的为交流弧焊机。

电弧焊的应用非常广泛,常用于钢筋的接长、钢筋骨架的焊接、钢筋与钢板的焊接、装配式钢筋混凝土结构接头的焊接及各种钢结构的焊接等。用于钢筋的接长时,其接头形式有帮条焊、搭接焊和坡口焊几种。

①帮条焊。帮条焊适用于直径10～40mm的HPB300、HRB335、HRB400级钢筋,帮条焊接头如图4-26(a)所示。钢筋帮条长度见表4-13;主筋端面的间隙为2～5mm。所采用帮条的总截面积要求如下:被焊接的钢筋为HPB300级钢筋时,应不小于被焊接钢筋截面积的1.2倍;被焊接钢筋为HRB335、HRB400级钢筋时,应不小于被焊接钢筋截面积为1.5倍。

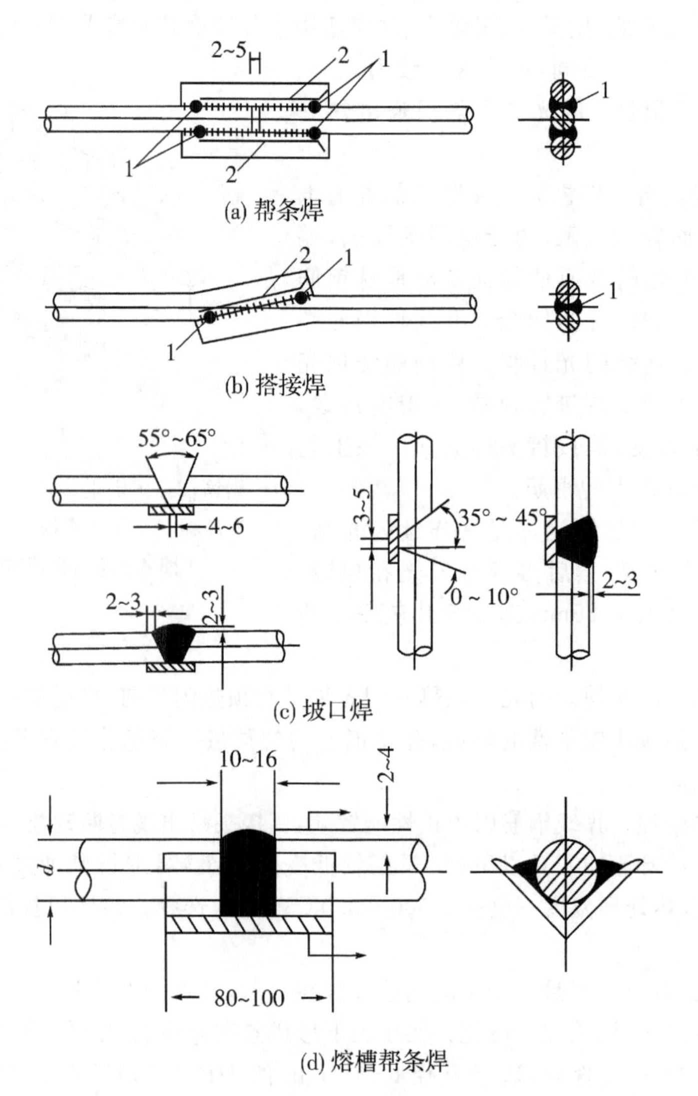

1—定位焊缝;2—弧坑拉出方位

图4-26　电弧焊接头形式

表 4-13　钢筋帮条长度

项次	钢筋级别	焊缝形式	帮条长度
1	HPB300 级	单面焊	≥8d
		双面焊	≥4d
2	HRB335 级、HRB400 级	单面焊	≥10d
		双面焊	≥5d

注：d 为钢筋直径。

②搭接焊。搭接焊适用于直径 10～40mm 的 HPB300、HRB335、HRB400 级钢筋。搭接接头的钢筋需预弯，以保证两根钢筋的轴线在一条直线上，如图 4-26(b)所示。焊接时，最好采用双面焊，对其搭接长度的要求所示：HPB300 级钢筋为 4d(钢筋直径)，HRB335、HRB400 级钢筋为 5d；若采用单面焊，则搭接长度均须加倍。

③坡口焊。坡口焊接头多用于装配式框架结构现浇接头的钢筋焊接，分为平焊和立焊两种。钢筋坡口平焊采用 V 形坡口，坡口夹角为 60°，两根钢筋的间隙为 3～5mm，下垫钢板，然后施焊。钢筋坡口立焊采用半 V 形坡口或 K 形坡口，如图 4-26(c)所示。

(4)电渣压力焊。电渣压力焊是利用电流通过渣池产生的电阻热将钢筋端部熔化，然后施加压力使钢筋焊合。该焊接方式主要用于现浇结构中直径为 14～40mm 的 HPB300、HRB335、HRB400 级的竖向或斜向(倾斜度在 4∶1内) 钢筋的接长。这种焊接方法操作简单、工作条件好、工效高、成本低，比电弧焊接头节电 80%以上，比绑扎连接和帮条焊、搭接焊节约钢筋 30%，可提高工效 6～10 倍。

①焊接设备及焊剂。电渣压力焊设备包括焊接电源、焊接夹具和焊剂盒等(见图 4-27)。

焊接夹具应具有一定刚度，上下钳口同心。焊剂盒呈圆形，由两个半圆形铁皮组成，内径为 80～100mm，与所焊钢筋的直径相应，焊剂盒宜与焊接机头分开。当焊接完成后，先拆机头，待焊接接头保温一段时间后再拆焊剂盒，特别是在环境温度较低时，可避免发生冷淬现象。焊剂除起到隔热、保温及稳定电弧作用外，在焊接过程中还起到补充熔渣、脱氧及添加合金元素的作用，使焊缝金属合金化。

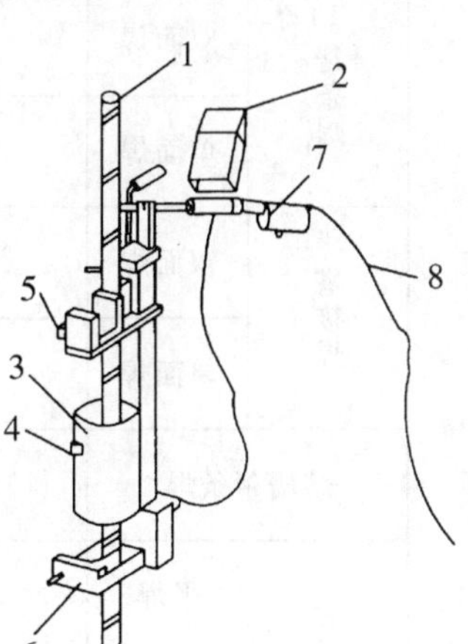

1—钢筋；2—监控仪表；3—焊剂盒；4—焊剂盒扣环；5—活动夹具；6—固定夹具；7—操作手柄；8—控制电缆

图 4-27　电渣压力焊焊接原理示意图

②焊接工艺。电渣压力焊焊接的工艺包括引弧、造渣、电渣和挤压四个过程，如图 4-27 所示。

(5)埋弧压力焊。埋弧压力焊是利用焊剂层下的电弧燃烧将两焊件相邻部位熔化，然后加压顶锻使两焊件焊合；适用于直径 6～20mm 的 HPB300、HRB335 级钢筋与钢板 T 形接头的焊接，亦即预埋件 T 形接头。

预埋件 T 形接头的形式分为贴角焊和穿孔塞焊两种，如图 4-28 所示。焊接时，钢板厚度不小于 0.5d，且不宜小于 5mm；钢筋应采用 HPB300、HRB335 级，受力锚固钢筋直径不宜小于 8mm，构造锚固直径不宜小于 6mm。锚固钢筋直径在 18mm 以内，可采用贴角焊；锚固钢筋直径为 18～22mm 时，宜采用穿孔塞焊。

若钢筋与钢板搭接焊时，HPB300 级钢筋的搭接长度不小于 4d，HRB335 级钢筋的搭接长

度不小于 $5d$。

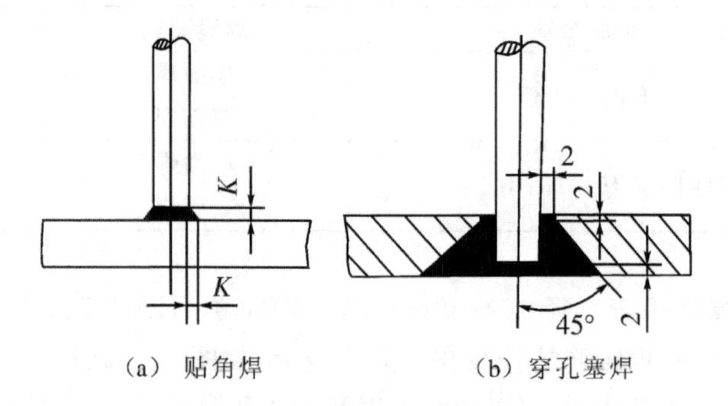

（a） 贴角焊　　（b） 穿孔塞焊

图 4-28　预埋件 T 形接头

钢筋焊接的接头类型及其适用范围，详见表 4-14 。

表 4-14　钢筋焊接接头类型与适用范围

焊接方法			适用范围	
			钢筋种类与级别	钢筋直径(mm)
电阻点焊			热轧 HPB300、HRB335 级	6～14
			消除应力钢丝	4～5
			冷轧带肋钢筋 CRB550 级	4～12
闪光对焊			热轧 HPB300、HRB335、HRB400 级	10～40
			热轧 RRB400 级	10～25
			余热处理钢筋 KL400 级	10～25
电弧焊	帮条焊	双面焊	热轧 HPB300、HRB335、HRB400 级	10～40
			余热处理钢筋 KL400 级	10～25
		单面焊	热轧 HPB300、HRB335、HRB400 级	10～40
			余热处理钢筋 KL400 级	10～25
	搭接焊	双面焊	热轧 HPB300、HRB335、HRB400 级	10～40
			余热处理钢筋 KL400 级	10～25
		单面焊	热轧 HPB300、HRB335、HRB400 级	10～40
			余热处理钢筋 KL400 级	10～25
	熔槽帮条焊		热轧 HPB300、HRB335 级	20～40
			余热处理钢筋 KL400 级	25
	坡口焊	平焊	热轧 HPB300、HRB335、HRB400 级	18～40
			余热处理钢筋 KL400 级	18～25
		立焊	热轧 HPB300、HRB335、HRB400 级	18～40
			余热处理 KL400 级	18～25
	钢筋与钢板搭接焊		热轧 HPB300、HRB335 级	8～40
	窄间隙焊		热轧 HPB300、HRB335、HRB400 级	16～40
	预埋件电弧焊	角 焊	热轧 HPB300、HRB335 级	6～25
		穿孔塞焊	热轧 HPB300、HRB335 级	20～25
电渣压力焊			热轧 HPB300、HRB335 级	14～40
预埋件埋弧压力焊			热轧 HPB300、HRB335 级	6～25

注：电阻点焊时，适用范围的钢筋直径系指较小钢筋的直径。

2.钢筋的机械连接

钢筋机械连接的优点如下:其设备简单,操作技术易于掌握,施工速度快;接头性能可靠,节约钢筋,适用于钢筋在任何位置与方向(竖向、横向、环向及斜向等)的连接;施工不受气候条件影响,尤其在易燃、易爆、高空等施工条件下作业安全可靠。虽然机械连接的成本较高,但其综合经济效益与技术效果显著,目前已在现浇大跨结构、高层建筑、桥梁、水工结构等工程中广泛用粗钢筋的连接。钢筋机械连接的方法主要有套筒挤压连接和螺纹套筒连接。

(1)套筒挤压连接。钢筋套筒挤压连接的基本原理是将两根待连接的钢筋插入钢套筒内,采用专用液压压接钳侧向或轴向挤压套筒,使套筒产生塑性变形,套筒的内壁变形后嵌入钢筋螺纹中,从而产生抗剪能力来传递钢筋连接处的轴向力。挤压连接有径向挤压和轴向挤压两种,如图4-29所示。它适用于连接ϕ20~ϕ40mm的HRB335、HRB400级钢筋。当所用套筒的外径相同时,连接钢筋的直径相差不宜大于两个级差,钢筋间操作净距宜大于50mm。

钢筋接头处宜采用砂轮切割机断料;钢筋端部的扭曲、弯折、斜面等应予以校正或切除;钢筋连接部位的飞边或纵肋过高时应采用砂轮机修磨,以保证钢筋能自由穿入套筒内。

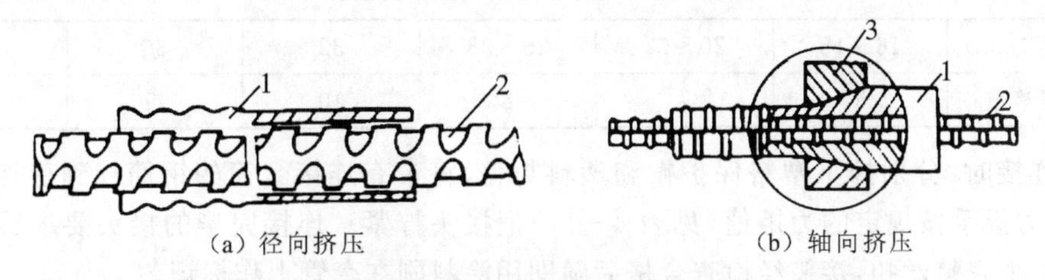

(a)径向挤压　　(b)轴向挤压

1—钢套筒;2—肋纹钢筋;3—压模

图4-29 钢筋挤压连接

①径向挤压连接。挤压接头的压接一般分两次进行,第一次先压接半个接头,然后在钢筋连接的作业部位再压接另半个接头。第一次压接时宜在靠套筒空腔的部位少压一扣,空腔部位应采用塑料护套保护;第二次压接前拆除塑料护套,再插入钢筋进行挤压连接。挤压连接基本参数如表4-15所示。

表4-15 采用YJ650和YJ800型挤压机基本参数

钢筋直径(mm)	钢套筒外径×长度(mm)	挤压力(KN)	每端压接道数
ϕ25	43×175	500	3
ϕ28	49×196	600	4
ϕ32	54×224	650	5
ϕ36	60×252	750	6

注:压模宽度为18mm、20mm两种。

②轴向挤压连接。先用半挤压机进行钢筋半接头挤压,再在钢筋连接的作业部位用挤压机进行钢筋连接挤压。

(2)螺纹套筒连接。钢筋螺纹套筒连接包括锥螺纹连接和直螺纹连接,它是利用螺纹能承受轴向力与水平力,密封自锁性较好的原理,靠规定的机械力把钢筋连接在一起。

①锥螺纹连接。锥螺纹连接的工艺是:先用钢筋套丝机把钢筋的连接端加工成锥螺纹,然后通过锥螺纹套筒,用扭力扳手把两根钢筋与套筒拧紧,如图4-30所示。这种钢筋接头,可用于连接ϕ10~ϕ40mm的HRB335、HRB400级钢筋,也可用于异直径钢筋的连接。

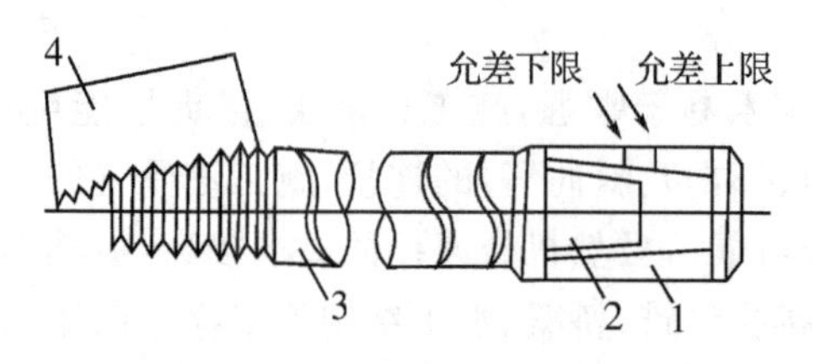

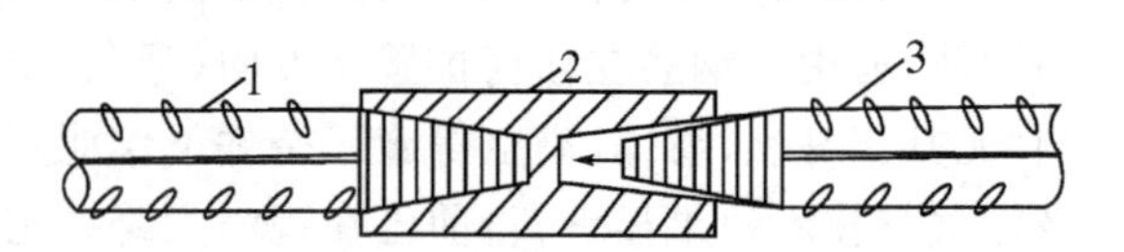

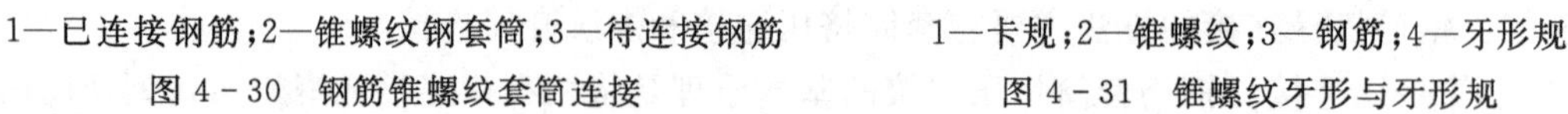

1—已连接钢筋；2—锥螺纹钢套筒；3—待连接钢筋

图 4-30　钢筋锥螺纹套筒连接

1—卡规；2—锥螺纹；3—钢筋；4—牙形规

图 4-31　锥螺纹牙形与牙形规

锥螺纹连接钢筋的下料，可用钢筋切断机或砂轮锯，但不准用气割下料，端头不得挠曲或有马蹄形。钢筋端部采用套丝机套丝，套丝时采用冷却液进行冷却润滑。加工好的丝扣完整数要达到要求，见表 4-16；锥螺纹的牙形应与牙形规吻合，小端直径必须在卡规的允许误差范围内(见图 4-29)。锥螺纹经检查合格后，一端拧上塑料保护帽，另一端旋入连接套筒用扭力扳手拧紧，并扣上塑料封盖。运输过程中应防止塑料保护帽破坏使丝扣损坏。

表 4-16　钢筋锥螺纹丝扣完整数

钢筋直径(mm)	16～18	20～22	25～28	32	36	40
丝扣完整数	5	7	8	10	11	12

钢筋连接时，分别拧下塑料保护帽和塑料封盖，将带有连接套筒的钢筋拧到待连接的钢筋上，并用扭力扳手按规定的力矩值(见表 4-17)把接头拧紧。连接完毕的接头要求锥螺纹外露不得超过一个完整丝扣，接头经检查合格后随即用涂料刷在套管上作标记。

表 4-17　锥螺纹钢筋接头的拧紧力矩值

钢筋直径(mm)	16	18	20	22	25—28	32	36～40
拧紧力矩(N. m)	118	145	177	216	275	314	343

②直螺纹连接。直螺纹连接包括钢筋镦粗直螺纹和钢筋滚压直螺纹套筒连接，目前前者采用较多。钢筋镦粗直螺纹套筒连接是先将钢筋端头镦粗，再切削成直螺纹，然后用带直螺纹的套筒将两根钢筋拧紧的连接方法。此种工艺的特点如下：钢筋端部经冷镦后不仅直径增大，使套丝后丝扣底部的横截面面积不小于钢筋原横截面面积，而且冷镦后钢材强度得到提高，因而使接头的强度大大提高。钢筋直螺纹的加工工艺及连接施工与锥螺纹连接相似，但所连接的两根钢筋相互对顶锁定连接套筒。直螺纹钢筋接头规定的拧紧力矩值见表 4-18。

表 4-18　直螺纹钢筋接头的拧紧力矩值

钢筋直径(mm)	16～18	20～22	25	28	32	36～40
拧紧力矩(N. m)	100	200	250	280	320	350

3. 钢筋的绑扎连接

钢筋绑扎连接主要是使用规格为 20～22 号镀锌铁丝或绑扎钢筋专用的火烧丝将两根钢筋搭接绑扎在一起。其工艺简单、工效高、不需要连接设备；但因需要有一定的搭接长度而增加钢筋用量，且接头的受力性能不如机械连接和焊接连接。所以，规范规定如下：轴心受拉及小偏心受拉杆件的纵向受力钢筋不得采用绑扎搭接接头，直径 $d>28$mm 的受拉钢筋和直径 $d>32$mm 的受压钢筋，不宜采用绑扎搭接接头。

钢筋绑扎接头宜设置在受力较小处，在接头的搭接长度范围内，应至少绑扎三点以上，绑扎连接的质量应符合规范要求,详见本节 4.2.7 中有关内容。

焊接骨架和焊接网采用绑扎连接时,应符合下列规定:①焊接骨架和焊接网的搭接接头,不宜位于构件的最大弯矩处;②受拉焊接骨架和焊接网在受力钢筋方向的搭接长度,应符合表4-19的规定;受压焊接骨架和焊接网在受力方向的搭设长度,为表 4-19 数值的 0.7 倍;③焊接网在非受力方向的搭设长度,宜为 100mm。

表 4-19　受拉焊接骨架和焊接网绑扎接头的搭接长度

项次	钢筋类型	混凝土强度等级		
		C20	C25	≥C30
1	HPB300 级钢筋	30d	25d	20d
2	HRB335 级钢筋	40d	35d	30d
3	HRB400 级钢筋	45d	40d	35d
4	消除应力钢丝	250mm		

注:1. 搭接长度除应符合本表规定外在受拉区不得小于 250mm,在受压区不得小于 200mm。

2. 当混凝土强度等级低于 C20 时,对 HPB 235 级钢筋最小搭接长度不得小于 40d;HRB335 级钢筋不得小于 50d;HRB400 级钢筋不宜采用。

3. 当月牙纹钢筋直径 $d \geqslant 25$mm 时,其搭接长度应按表中数值增加 5d 采用。

4. 当螺纹钢筋直径 $d \leqslant 25$mm 时,其搭接长度应按表中数值减小 5d 采用。

5. 当混凝土在凝固过程中易受扰动时(如滑模施工),搭接长度宜适当增加。

6. 有抗震要求时,对 HPB300 级钢筋相应增加 10d,HRB335 级钢筋相应增加 5d。

4.2.6　钢筋的绑扎与安装

1. 钢筋的现场绑扎

加工完毕的钢筋即可运到施工现场进行绑扎。绑扎前应核对钢筋的钢号、直径、形状、尺寸及数量是否与配料单和钢筋加工料牌相符,核查无误后方可开始绑扎施工。钢筋的绑扎一般采用 20～22 号铁丝。

对于基础、板和墙的钢筋网,四周两行钢筋的交叉点应每点扎牢,中间部分的交叉点可间隔交错扎牢,但必须保证钢筋不位移;双向受力的钢筋网,其交叉点应全部扎牢。柱中钢筋绑扎时,箍筋的接头(弯钩叠合处)应交错布置在四角纵向钢筋上,箍筋的转角与纵向钢筋的交叉点均应扎牢,箍筋的平直部分与纵筋的交叉点可间隔交错扎牢。梁中箍筋的接头应交错布置在上部两根纵向钢筋上,其绑扎方法同柱。

为了控制混凝土保护层的厚度,常采用预制水泥砂浆垫块垫在钢筋与模板之间,垫块的厚度即为保护层厚度,也可采用塑料卡固定在钢筋与模板之间。钢筋的绑扎应与模板安装相配合。柱与墙钢筋的绑扎,应在模板安装前进行。梁的钢筋一般在梁底模上绑扎,其两面或一面侧模则后安装;当梁的高度较小时,也可在梁模板的顶部架空绑扎钢筋,然后再落位。板的模板安装好之后,即可绑扎板筋。

2. 钢筋网片、骨架的制作与安装

为了加快施工速度,常常把单根钢筋预先绑扎或焊接成钢筋网片或骨架,再运至现场安装。

钢筋网片和钢筋骨架的制作,应根据结构的配筋特点及起重运输能力来分段,一般钢筋网片的分块面积为 6～20m^2,钢筋骨架分段长度为 6～12m。为了防止绑扎钢筋网片、骨架在运输过程中发生歪斜变形，应采用加固钢筋进行临时加固。钢筋网片和骨架的吊点应根据其尺寸、重量、刚度来确定。宽度大于1m的水平钢筋网片宜采用四点起吊；跨度小于6m的钢筋骨架采用两点起吊；跨度大、刚度差的钢筋骨架应采用横吊梁四点起吊。

钢筋网片和骨架安装时，对于绑扎钢筋网片、骨架，其交接处的做法，与钢筋的现场绑扎相同。焊接钢筋网的搭接、构造应符合4.2.5中钢筋绑扎连接的有关规定。两张钢筋网片搭接时，在搭接区中心及两端应用铁丝扎牢，在附加钢筋与焊接网连接的每个接点处均应绑扎牢固。

4.2.7 钢筋工程的质量要求

1.钢筋加工的质量要求

(1)钢筋加工前应对所采用的钢筋进行外观检查。钢筋应无损伤，表面不得有裂纹、油污、颗粒状或片状老锈。

(2)钢筋调直宜采用机械方法，也可采用冷拉方法。当采用冷拉方法调直钢筋时，HPB300级钢筋的冷拉率不宜大于4%，HRB335级、HRB400级和RRB400级钢筋的冷拉率不宜大于1%。

(3)受力钢筋的弯钩和弯折应符合下列规定：

①HPB300级钢筋末端应作180°弯钩，其弯弧内直径不应小于钢筋直径的2.5倍，弯钩的弯后平直部分长度不应小于钢筋直径的3倍。

②当设计要求钢筋末端需作135°弯钩时，HRB335级、HRB400级钢筋的弯弧内直径不应小于钢筋直径的4倍，弯钩的弯后平直部分长度应符合设计要求。

③钢筋作不大于90°的弯折时，弯折处的弯弧内直径不应小于钢筋直径的5倍。

(4)除焊接封闭环式箍筋外，箍筋的末端应作弯钩，弯钩形式应符合设计要求；当设计无具体要求时，应符合下列规定：

①箍筋弯钩的弯弧内直径除应满足上述③条的规定外，尚应不小于受力钢筋直径。

②对一般结构，箍筋弯钩的弯折角度不应小于90°；对有抗震等要求的结构，箍筋弯钩的弯折角度应为135°。

③对一般结构，箍筋弯后平直部分长度不宜小于箍筋直径的5倍；对有抗震等要求的结构，箍筋弯后平直部分长度不应小于箍筋直径的10倍。

(5) 钢筋加工的形状、尺寸应符合设计要求，其偏差应符合表4-20的规定。

表4-20 钢筋加工的允许偏差(mm)

项目	允许偏差
受力钢筋顺长度方向全长的净尺寸	±10
弯起钢筋的弯折位置	±20
箍筋内净尺寸	±5

2.钢筋连接的质量要求

(1)纵向受力钢筋的连接方式应符合设计要求。

(2)在施工现场，应按国家现行标准的规定抽取钢筋机械连接接头、焊接接头试件作力学性能检验，其质量应符合有关规程的规定；并应按国家现行标准的规定对接头的外观进行检查，其质量应符合有关规程的规定。

(3)钢筋的接头宜设置在受力较小处。同一纵向受力钢筋不宜设置两个或两个以上接头。

接头末端至钢筋弯起点的距离不应小于钢筋直径的10倍。

(4)当受力钢筋采用机械连接接头或焊接接头时，设置在同一构件内的接头宜相互错开。纵向受力钢筋机械连接接头及焊接接头连接区段的长度为35d(d为纵向受力钢筋的较大直径)且不小于500mm。同一连接区段内，纵向受力钢筋的接头面积百分率应符合设计要求；当设计具体要求时，应符合下列规定：在受拉区不宜大于50%；接头不宜设置在有抗震设防要求的框架梁端、柱端的箍筋加密区；当无法避开时，对等强度高质量机械连接接头，不应大于50%；直接承受动力荷载的结构构件中，不宜采用焊接接头；当采用机械连接接头时，不应大于50%。

(5)同一构件中相邻纵向受力钢筋的绑扎搭接接头宜相互错开。绑扎搭接接头中钢筋的横向净距不应小于钢筋直径，且不宜小于25mm。钢筋绑扎搭接接头连接区段的长度为1.3（ 为搭接长度）。同一连接区段内，纵向受拉钢筋搭接接头面积百分率应符合设计要求；当设计无具体要求时，应符合以下规定：对梁类、板类及墙类构件，不宜大于25%；对柱类构件，不宜大于50%；当工程中确有必要增大接头面积百分率时，对梁类构件不应大于50%，对其他构件可根据实际情况放宽。

(6)在梁、柱类构件的纵向受力钢筋搭接长度范围内，应按设计要求配置箍筋。当无设计要求时，应符合下列规定：箍筋直径不应小于搭接钢筋较大直径的0.25倍；受拉搭接区段的箍筋间距不应大于搭接钢筋较小直径的5倍，且不应大于100mm；受压搭接区段的箍筋间距不应大于搭接钢筋较小直径的10倍，且不应大于200mm；当柱中纵向受力钢筋直径大于25mm时，应在搭接接头两个端面外100mm范围内各设置两个箍筋，其间距宜为50mm。

3.钢筋安装的质量要求

(1)钢筋安装时，受力钢筋的品种、级别、规格和数量必须符合设计要求。应进行全数检查，检查方法为观察和用钢尺检查。

(2)钢筋安装位置的偏差应符合表4-21的规定。

表4-21　钢筋安装位置的允许偏差和检验方法

项目			允许偏差(mm)	检验方法
绑扎钢筋网	长、宽		±10	钢尺检查
	网眼尺寸		±20	钢尺量连续三档，取最大值
绑扎钢筋骨架	长		±10	钢尺检查
	宽、高		±5	钢尺检查
受力钢筋	间距		±10	尺量两端、中间各一点，取最大值
	排距		±5	
	保护层厚度	基础	±10	钢尺检查
		柱、梁	±5	钢尺检查
		板、墙、壳	±3	钢尺检查
绑扎箍筋、横向钢筋间距			±20	钢尺量连续三档，取最大值
钢筋弯起点位置			20	钢尺检查
预埋件	中心线位置		5	钢尺检查
	水平高差		+3,0	钢尺和塞尺检查

注：1.检查预埋件中心线位置时，应沿纵、横两个方向量测，并取其中的较大值；

2.表中梁类、板类构件上部纵向受力钢筋保护层厚度的合格率应达到90%及以上，且不得有超过表中数值1.5倍的尺寸偏差。

4.3 混凝土工程

混凝土工程包括配料、搅拌、运输、浇捣、养护等过程。在整个工艺过程中,各工序紧密联系又相互影响,若对其中任一工序处理不当,都会影响混凝土工程的最终质量。对混凝土的质量要求,不但要具有正确的外形尺寸,而且要获得良好的强度、密实性、均匀性和整体性。因此,在施工中应对每一个环节采取合理的措施,以确保混凝土工程的质量。

4.3.1 混凝土的配制

为了使混凝土达到设计要求的强度等级,并满足抗渗性、抗冻性等耐久性要求,同时还要满足施工操作对混凝土拌合物和易性的要求,施工中必须执行混凝土的设计配合比。由于组成混凝土的各种原材料直接影响到混凝土的质量,所以必须对原材料加以控制。而各种材料的温度、湿度和体积又经常在变化,同体积的材料有时重量相差很大,所以拌制混凝土的配合比应按重量计量,才能保证配合比准确、合理,使拌制的混凝土质量达到要求。

1. 对原材料的要求

组成混凝土的原材料包括水泥、砂、石、水、掺合料和外加剂。

(1)水泥。常用的水泥品种有硅酸盐水泥、普通硅酸盐水泥、矿渣硅酸盐水泥、火山灰质硅酸盐水泥、粉煤灰硅酸盐水泥等五种水泥;某些特殊条件下也可采用其他品种水泥,但水泥的性能指标必须符合现行国家有关标准的规定。水泥的品种和成分不同,其凝结时间、早期强度、水化热、吸水性和抗侵蚀的性能等也不相同,所以应合理地选择水泥品种。

水泥进场时应对其品种、级别、包装或散装仓号、出厂日期等进行检查,并应对其强度、安定性及其他必要的性能指标进行复验,其质量必须符合现行国家标准的规定。当在使用中对水泥质量有怀疑或水泥出厂超过三个月(快硬硅酸盐水泥超过一个月)时,应进行复验,并按复验结果使用。钢筋混凝土结构、预应力混凝土结构中,严禁使用含氯化物的水泥。

入库的水泥应按品种、强度等级、出厂日期分别堆放,并树立标志。做到先到先用,并防止混掺使用。为了防止水泥受潮,现场仓库应尽量密闭。袋装水泥存放时,应垫起离地约30cm高,离墙间距亦应在30cm以上。堆放高度一般不要超过10包。露天临时暂存的水泥也应用防雨篷布盖严,底板要垫高,并采取防潮措施。

(2)细骨料。混凝土中所用细骨料一般为砂,根据其平均粒径或细度模数可分为粗砂、中砂、细砂和特细砂四种。混凝土用砂一般以细度模数为2.5～3.5的中、粗砂最为合适,孔隙率不宜超过45%。因为砂越细,其总表面积就越大,需包裹砂粒表面和润滑砂粒用的水泥浆用量就越多;而孔隙率越大,所需填充孔隙的水泥浆用量又会增多,这不仅将增加水泥用量,而且较大的孔隙率也将影响混凝土的强度和耐久性。为了保证混凝土有良好的技术性能,砂的颗粒级配、含泥量、坚固性、有害物质含量等方面性质必须满足国家有关标准的规定,其中对砂中有害杂质含量的限制如表4-22所示。此外,如果怀疑砂中含有活性二氧化硅,可能会引起混凝土的碱—骨料反应时,应根据混凝土结构或构件的使用条件进行专门试验,以确定其是否可用。

表 4-22 砂的质量要求

项目	≥C30 混凝土	<C30 混凝土
含泥量,按质量计(%)	≤3.0	≤5.0
泥块含量,按质量计(%)	≤1.0	≤2.0
云母含量,按质量计(%)	≤2.0	
轻物质含量,按质量计(%)	≤1.0	
硫化物和硫酸盐含量,按质量计(折算为 SO_3)(%)	≤1.0	
有机质含量(用比色法试验)	颜色不应深于标准色。如深于标准色,则应配制成水泥胶砂进行强度对比试验,抗压强度比不应低于0.95。	

(3)粗骨料。混凝土中常用的粗骨料(石子)有碎石或卵石。由天然岩石或卵石经破碎、筛分而得的粒径大于5mm的岩石颗粒,称为碎石;由自然条件作用而形成的粒径大于5mm的岩石颗粒,称为卵石。

石子的级配和最大粒径对混凝土质量影响较大。级配越好,其空隙率越小,这样不仅能节约水泥,而且混凝土的和易性、密实性和强度也较高,所以碎石或卵石的颗粒级配应符合规范的要求。在级配合适的条件下,石子的最大粒径越大,其总表面积就越小,这对节省水泥和提高混凝土的强度都有好处。但由于受到结构断面、钢筋间距及施工条件的限制,选择石子的最大粒径时应符合下述规定:石子的最大粒径不得超过结构截面最小尺寸的1/4,且不得超过钢筋最小净间距的3/4;对实心板,最大粒径不宜超过板厚的1/3,且不得超过40mm;在任何情况下石子粒径不得大于150mm。故在一般桥梁墩、台等大断面工程中常采用120mm的石子,而在建筑工程中常采用80mm或40mm的石子。

石子的质量要求如表4-23所示。当怀疑石子中因含有活性二氧化硅而可能引起碱—骨料反应时,必须根据混凝土结构或构件的使用条件进行专门试验,以确定是否可以用。

表 4-23 石子的质量要求

项目	≥C30 混凝土	<C30 混凝土
针、片状颗粒含量,按质量计(%)	≤15	≤25
含泥量,按质量计(%)	≤1.0	≤2.0
泥块含量,按质量计(%)	≤0.5	≤0.7
硫化物和硫酸盐含量(折算为 SO_3,按质量计%)	≤1.0	
卵石中有机质含量(用比色法试验)	颜色不应深于标准色。如深于标准色,则应配制成混凝土进行强度对比试验,抗压强度比不应低于0.95。	

(4)水。拌制混凝土宜采用饮用水;当采用其他水源时,水质应符合国家现行标准的有关规定。

(5)矿物掺合料。矿物掺合料也是混凝土的主要组成材料,它是指以氧化硅、氧化铝为主要成分,且掺量不小于5%的具有火山灰活性的粉体材料。它在混凝土中可以替代部分水泥,起着改善传统混凝土性能的作用,某些矿物细掺合料还能起到抑制碱—骨料反应的作用。常用的掺合料有粉煤灰、磨细矿渣、沸石粉、硅粉及复合矿物掺合料等。混凝土中掺用矿物掺合料的质量应符合现行国家标准的有关规定,其掺入量应通过试验确定。

(6)外加剂。为了改善混凝土的性能,以适应新结构、新技术发展的需要,目前广泛采用在混凝土中掺外加剂的办法。外加剂的种类繁多,按其主要功能可归纳为四类:一是改善混凝土流变性能的外加剂,如减水剂、引气剂和泵送剂等;二是调节混凝土凝结、硬化时间的外加剂,如早强剂、速凝剂、缓凝剂等;三是改善混凝土耐久性能的外加剂,如引气剂、防冻剂和阻锈剂等;四是改善混凝土其他性能的外加剂,如膨胀剂等。商品外加剂往往是兼有几种功能的复合型外加剂。现将常用的几种外加剂和具体要求介绍如下。

①常用外加剂。

A. 减水剂。减水剂是一种表面活性材料,加入混凝土中能对水泥颗粒起扩散作用,把水泥凝胶体中所包含的游离水释放出来。掺入减水剂后可保证混凝土在工作性能不变的情况下显著减少拌和用水量,降低水灰比,提高其强度或节约水泥;若不减少用水量,则能增加混凝土的流动性,改善其和易性。减水剂适用于各种现浇和预制混凝土,多用于大体积和泵送混凝土。

B. 引气剂。引气剂能在混凝土搅拌过程中引入大量封闭的微小气泡,可增加水泥浆体积,减小与砂石之间的摩擦力并切断与外界相通的毛细孔道。因而可改善混凝土的和易性,并能显著提高其抗渗性、抗冻性和抗化学侵蚀能力。但混凝土的强度一般随含气量的增加而下降,使用时应严格控制掺量。引气剂适用于水工结构,而不宜用于蒸养混凝土和预应力混凝土。

C. 泵送剂。泵送剂是流变类外加剂中的一种,它除了能大大提高混凝土的流动性以外,还能使新拌混凝土在60～180min时间内保持其流动性,从而使拌合物顺利地通过泵送管道,不阻塞、不离析且黏塑性良好。泵送剂适用于各种需要采用泵送工艺的混凝土。

D. 早强剂。早强剂可加速混凝土的硬化过程,提高其早期强度,且对后期强度无显著影响。因而可加速模板周转、加快工程进度、节约冬期施工费用。早强剂适用于蒸养混凝土和常温、低温,以及最低温度不低于－5℃环境中的有早强或防冻要求的混凝土工程。

E. 速凝剂。速凝剂能使混凝土或砂浆迅速凝结硬化,其作用与早强剂有所区别,它可使水泥在2～5min内初凝,10min内终凝,并提高其早期强度,抗渗性、抗冻性和黏结能力也有所提高,但7*d*以后强度则较不掺者低。速凝剂用于喷射混凝土或砂浆、堵漏抢险等工程。

F. 缓凝剂。缓凝剂能延缓混凝土的凝结时间,使其在较长时间内保持良好的和易性,或延长水化热放热时间,并对其后期强度的发展无明显影响。缓凝剂广泛应用于大体积混凝土、炎热气候条件下施工的混凝土,以及需较长时间停放或长距离运输的混凝土。缓凝剂多与减水剂复合应用,可减小混凝土收缩,提高其密实性,改善耐久性。

G. 防冻剂:防冻剂能显著降低混凝土的冰点,使混凝土在一定负温度范围内,保持水分不冻结,并促使其凝结、硬化,在一定时间内获得预期的强度。防冻剂适用于负温条件下施工的混凝土。

H. 阻锈剂:阻锈剂能抑制或减轻混凝土中钢筋或其他预埋金属的锈蚀,也称缓蚀剂。阻锈剂的适用情况有:以氯离子为主的腐蚀性环境中(海洋及沿海、盐碱地的结构),使用环境中遭受腐蚀性气体或盐类作用的结构。此外,施工中掺有氯盐等可腐蚀钢筋的防冻剂时,往往同时使用阻锈剂。

I. 膨胀剂:膨胀剂能使混凝土在硬化过程中,体积非但不收缩,且有一定程度的膨胀。其适用范围有:补偿收缩混凝土(地下、水中的构筑物,大体积混凝土、屋面与浴厕间防水、渗漏修补等),填充用膨胀混凝土(结构后浇缝、梁柱接头等),填充用膨胀砂浆(设备底座灌浆、构件补强、加固等)。

②外加剂使用要求。选择外加剂的品种时,应根据使用外加剂的主要目的,通过技术经济比较确定。外加剂的掺量,应按其品种并根据使用要求、施工条件、混凝土原材料等因素通过试验确定。该掺量应以水泥重量的百分率表示,称量误差不应超过2%。

此外,有关规范还规定混凝土中掺用外加剂的质量及应用技术应符合现行国家标准和有关环境保护的规定。预应力混凝土结构中,严禁使用含氯化物的外加剂。钢筋混凝土结构中,当使用含氯化物的外加剂时,混凝土中氯化物的总含量应符合现行国家标准的规定。混凝土中氯化物和碱的总含量应符合现行国家标准和设计要求。

2.混凝土配合比的确定

混凝土应按国家现行标准《普通混凝土配合比设计规程》(JGJ 55－2011)的有关规定,根据混凝土设计强度等级、耐久性和施工和易性等要求进行配合比设计。对有抗冻、抗渗等特殊要求的混凝土,其配合比设计尚应符合国家现行有关标准的专门规定。设计中还应考虑合理使用材料和经济的原则,并通过试配确定。

为了保证混凝土的耐久性以及施工和易性的要求,混凝土的最大水灰比和最小水泥用量,应符合表4－24的规定。

表4－24 混凝土的最大水灰比和最小水泥用量

混凝土所处的环境条件	最大水灰比		最小水泥用量(kg/m^3)			
			普通混凝土		轻骨料混凝土	
	配筋	无筋	配筋	无筋	配筋	无筋
室内正常环境	0.65	不作规定	225	200	250	225
室内潮湿环境;非严寒和非寒冷地区的露天环境、与无侵蚀性的水或土壤直接接触的环境	0.60	0.70	250	225	275	250
严寒和寒冷地区的露天环境、与无侵蚀性的水或土壤直接接触的环境	0.55	0.55	275	250	300	275
使用除冰盐的环境;严寒和寒冷地区冬季水位变动的环境;滨海室外环境	0.50	0.50	300	275	325	300

注:1.表中的水灰比对轻骨料混凝土系指不包括轻骨料1h吸水量在内的净用水量与水泥用量的比值;

2.当采用活性掺合料替代部分水泥时,表中最大水灰比和最小水泥用量为替代前的水灰比和水泥用量;

3.当混凝土中加入活性掺合料或能提高耐久性的外加剂时,可适当降低最小水泥用量;

4.寒冷地区系指最冷月份平均气温在－5℃～－15℃之间,严寒地区系指最冷月份平均气温低于－15℃。

3.混凝土施工配合比

(1)施工配合比的计算。混凝土的设计配合比,是在实验室内根据完全干燥的砂、石材料确定的,但施工中使用的砂、石材料都含有一些水分,而且含水率随气候的改变而发生变化。所以,在拌制混凝土前应测定砂、石骨料的实际含水率,并根据测试结果将设计配合比换算为施工配合比。

若混凝土的实验室配合比为水泥∶砂∶石∶水＝$1:S:G:W$,而现场实测砂的含水率为WS,石子的含水率为Wg,则换算后的施工配合比为:

$$1:S(1+W_S):G(1+W_g):(W-S\cdot W_S-G\cdot W_g)$$

4.3.2 混凝土的拌制

1. 混凝土搅拌机的选择

混凝土搅拌机按其搅拌原理分为自落式搅拌机和强制式搅拌机两类。根据其构造的不同，又可分为若干种，见表4－25。自落式搅拌机主要是利用材料的重力机理进行工作，其适用于搅拌塑性混凝土和低流动性混凝土。强制式搅拌机主要是利用剪切机理进行工作，其适用于搅拌干硬性混凝土及轻骨料混凝土。

表4－25　混凝土搅拌机类型

<table>
<tr><td rowspan="3">自落式</td><td colspan="3">鼓筒式</td><td></td></tr>
<tr><td rowspan="2">双锥式</td><td colspan="2">反转出料(JZ)</td><td></td></tr>
<tr><td colspan="2">倾翻出料(JF)</td><td></td></tr>
<tr><td rowspan="5">强制式</td><td rowspan="3">立轴式</td><td colspan="2">涡桨式</td><td></td></tr>
<tr><td rowspan="2">行星式(JX)</td><td>定盘式</td><td></td></tr>
<tr><td>盘转式</td><td></td></tr>
<tr><td rowspan="2">卧轴式</td><td colspan="2">单卧轴式(JD)</td><td></td></tr>
<tr><td colspan="2">比卧轴式(JS)</td><td></td></tr>
</table>

混凝土搅拌机一般是以出料容积(公升)标定其规格的，常用的有250L、350L、500L型等。选择搅拌机型号时，要根据工程量大小、混凝土的坍落度要求和骨料尺寸等确定，既要满足技术上的要求，亦要考虑经济效益和节约能源。

2. 搅拌制度的确定

为了获得均匀优质的混凝土拌合物，除合理选择搅拌机的型号外，还必须正确地确定搅拌制度，包括搅拌机的转速、搅拌时间、装料容积及投料顺序等，其中搅拌机的转速已由生产厂家按其型号确定。

(1)搅拌时间。从原材料全部投入搅拌筒内起，至混凝土拌合物卸出所经历的全部时间称为搅拌时间，它是影响混凝土质量及搅拌机生产率的重要因素之一。若搅拌时间过短，混凝土拌合不均匀，其强度将降低；但若搅拌时间过长，不仅降低了生产效率，而且会使混凝土的和易性降低或产生分层离析现象。搅拌时间的确定与搅拌机型号、骨料的品种和粒径，以及混凝土的和易性等有关。混凝土搅拌的最短时间可参考表4-26的标准。

表4-26　混凝土搅拌的最短时间(s)

混凝土坍落度(mm)	搅拌机类型	搅拌机出料容积(L)		
		<250	250～500	>500
≤30	强制式	60	90	120
	自落式	90	120	150
>30	强制式	60	60	90
	自落式	90	90	120

注：掺有外加剂时，搅拌时间应适当延长。

(2)装料容积。搅拌机的装料容积指搅拌一罐混凝土所需各种原材料松散体积的总和。为了保证混凝土得到充分拌和，装料容积通常只为搅拌机几何容积的1/2～1/3。一次搅拌好的混凝土拌合物体积称为出料容积，约为装料容积的0.5～0.75(又称出料系数)。如J1—400型自落式搅拌机，其装料容积为400L，出料容积为260L。搅拌机不宜超载，若超过装料容积的10%，就会影响混凝土拌合物的均匀性；反之，装料过少又不能充分发挥搅拌机的功能，亦影响了生产效率。

(3)投料顺序。在确定混凝土各种原材料的投料顺序时，应考虑如何保证混凝土的搅拌质量，减少混凝土的粘罐现象和水泥飞扬，减少机械磨损，降低能耗和提高劳动生产率等。目前采用的投料顺序有一次投料法和二次投料法。

①一次投料法。这是目前广泛使用的一种方法，即将砂、石、水泥依次投入料斗后，再进入搅拌筒内加水进行搅拌。这种方法工艺简单、操作方便。例如采用自落式搅拌机的投料顺序是先倒石子，再加水泥，最后加砂，材料由料斗进入搅拌筒内的顺序则与之相反。这种投料顺序的优点是水泥位于砂石之间，进入搅拌筒时可减少水泥飞扬；同时砂和水泥先进入搅拌筒形成砂浆，可缩短包裹石子的时间，也避免了水向石子表面聚集而产生不良影响，可提高搅拌质量。

②二次投料法。二次投料法又可分为预拌水泥砂浆法和预拌水泥净浆法。预拌水泥砂浆法是先将水泥、砂和水投入搅拌筒搅拌1～1.5min后，再加入石子搅拌1～1.5min。预拌水泥净浆法是先将水和水泥投入搅拌筒搅拌1/2搅拌时间，再加入砂石搅拌到规定时间。由于预拌水泥砂浆或水泥净浆对水泥有一种活化作用，因而搅拌质量明显高于一次投料法。若水泥用量不变，混凝土强度可提高15%左右，或在混凝土强度相同的情况下，可减少水泥用量约15%～20%。

③水泥裹砂法。水泥裹砂法又称为SEC法，用这种方法拌制的混凝土称为造壳混凝土。它主要采取两项工艺措施：一是对砂子的表面湿度进行处理，控制在一定范围内；二是进行两次加水搅拌。第一次加水搅拌称为造壳搅拌，使砂子周围形成黏着性很高的水泥糊包裹层。第二次加入水及石子，经搅拌部分水泥浆便均匀地分散在已经被造壳的砂子及石子周围。国内外的试验结果表明：砂子的表面湿度控制在4%～6%，第一次搅拌加水量为总加水量的20%～26%时，造壳混凝土的增强效果最佳。此外增强效果与造壳搅拌时间也有密切关系，时间过短不能形成均匀的水泥浆壳，时间过长造壳的效果并不十分明显，强度并无较大提高，而以45s～75s为宜。

4.3.3 混凝土运输

1.对混凝土运输的要求

混凝土自搅拌机中卸出后,应及时运至浇筑地点,为了保证混凝土工程的质量,对混凝土运输的基本要求如下:

(1)混凝土运输过程中要能保持良好的均匀性,不分层、不离析、不漏浆;

(2)保证混凝土浇筑时具有规定的坍落度;

(3)保证混凝土在初凝前有充分的时间进行浇筑并捣实完毕;

(4)保证混凝土浇筑工作能连续进行;

(5)转送混凝土时,应注意使拌合物能直接对正倒入装料运输工具的中心部位,以免骨料离析。

2.混凝土的运输工具

混凝土运输分为地面水平运输、垂直运输和高空水平运输等三种情况。

地面水平运输常用的工具有双轮手推车、机动翻斗车、混凝土搅拌运输车和自卸汽车。当混凝土需要量较大,运距较远或使用商品混凝土时,多采用混凝土搅拌运输车和自卸汽车。混凝土搅拌运输车如图 4-32 所示。它是将锥形倾翻出料式搅拌机装在载重汽车的底盘上,可以在运送混凝土的途中继续搅拌,以防止在运距较远的情况下混凝土产生分层离析现象;在运输距离很长时,还可将配好的混凝土干料装入筒内,在运输途中加水搅拌,这样能减少由于长途运输而引起的混凝土坍落度损失。

1—搅拌筒;2—进料斗;3—固定卸料溜槽;4—活动引料斗

图 4-32 混凝土搅拌运输车外形示意图

混凝土的垂直运输,多采用塔式起重机、井架运输机或混凝土泵等。用塔式起重机时一般均配有料斗。

混凝土高空水平运输,如垂直运输采用塔式起重机,可将料斗中的混凝土直接卸到浇筑点;如采用井架运输机,则以双轮手推车为主;如采用混凝土泵,则用布料机布料。高空水平运输时应采取措施保证模板和钢筋不变位。

3.混凝土输送泵运输

混凝土输送泵是一种机械化程度较高的混凝土运输和浇筑设备,它以泵为动力,将混凝土沿管道输送到浇筑地点,可一次完成地面水平、垂直和高空水平运输。混凝土输送泵具有输送能力大、效率高、作业连续、节省人力等优点,目前已广泛应用于建筑、桥梁、地下等工程中。该整套设备包括混凝土泵、输送管和布料装置，按其移动方式又分为固定式混凝土泵和混凝土汽车泵（或称移动泵车）。

采用泵送的混凝土必须具有良好的可泵性。为减小混凝土与输送管内壁的摩阻力，对粗骨料最大粒径与输送管径之比的要求如下：泵送高度在50m以内时碎石为1∶3，卵石为1∶2.5；泵送高度在50～100m时碎石为1∶4，卵石为1∶3；泵送高度在100m以上时碎石为1∶5，卵石为1∶4。砂宜采用中砂，通过0.315mm筛孔的砂不少于15%，砂率宜为35%～45%。为避免混凝土产生离析现象，水泥用量不宜少，且宜掺加矿物掺合料（通常为粉煤灰），水泥和掺合料的总量不宜小于300kg/m³。混凝土坍落度宜为10～18cm。为提高混凝土的流动性，混凝土内宜掺入适量外加剂，主要有泵送剂、减水剂和引气剂等。

泵送混凝土施工中，应注意以下问题：应使混凝土供应、输送和浇筑的效率协调一致，应能保证泵送工作连续进行，防止输送管道阻塞；输送管道的布置应尽量直，转弯宜少且缓，管道的接头应严密；在泵送混凝土前，应先用适量的与混凝土内成分相同的水泥浆或水泥砂浆湿润输送管内壁；泵的受料斗内应经常有足够的混凝土，防止吸入空气引起阻塞；预计泵送的间歇时间超过初凝时间或混凝土出现离析现象时，应立即用压力水冲洗管内残留的混凝土；输送混凝土时，应先输送远处的混凝土，以便随混凝土浇筑工作的逐步完成，逐步拆除管道；泵送完毕，应将混凝土泵和输送管清洗干净。

4.混凝土的运输时间

混凝土的运输应以最少的转运次数和最短的时间，从搅拌地点运至浇筑地点，并在初凝前浇筑完毕。混凝土从搅拌机中卸出后到浇筑完毕的延续时间不宜超过表4-27的规定。

表4-27　混凝土从搅拌机中卸出到浇筑完毕的延续时间(min)

气温	采用搅拌运输车		其他运输设备	
	≤C30	＞C30	≤C30	＞C30
≤250℃	120	90	90	75
＞250℃	90	60	60	45

注：掺有外加剂或采用快硬水泥拌制的混凝土，其延续时间应通过试验确定。

4.3.4　混凝土浇筑

1.混凝土浇筑前的准备工作

(1)应检查模板的位置、标高、尺寸、强度、刚度等各方面是否满足要求，模板接缝是否严密；

(2)应检查钢筋及预埋件的品种、规格、数量、摆放位置、保护层厚度等是否满足要求，并作好隐蔽工程质量验收记录；

(3)模板内的杂物应清理干净，木模板应浇水湿润，但不允许留有积水；

(4)应将材料供应、机具安装、道路平整、劳动组织等工作安排就绪，并作好安全技术交底。

2.混凝土浇筑的技术要求

(1)混凝土浇筑的一般要求。

①混凝土拌合物运至浇筑地点后，应立即浇筑入模，如发现拌合物的坍落度有较大变化或有离析现象，应及时处理。

②混凝土应在初凝前浇筑完毕，如已有初凝现象，则应进行一次强力搅拌，使其恢复流动性

后，方可浇筑。

③为防止混凝土浇筑时产生分层离析现象，混凝土的自由倾倒高度一般不宜超过 2m，在竖向结构（如墙、柱）中混凝土的倾落高度不得超过 3m，否则应采用串筒、斜槽、溜管或振动溜管等下料。串筒布置应适应浇筑面积、浇筑速度和摊铺混凝土的能力，间距一般应不大于 3m，其布置形式可分为行列式和交错式两种，以交错式居多。串筒下料后，应用振动器迅速摊平并捣实，如图 4-33 所示。

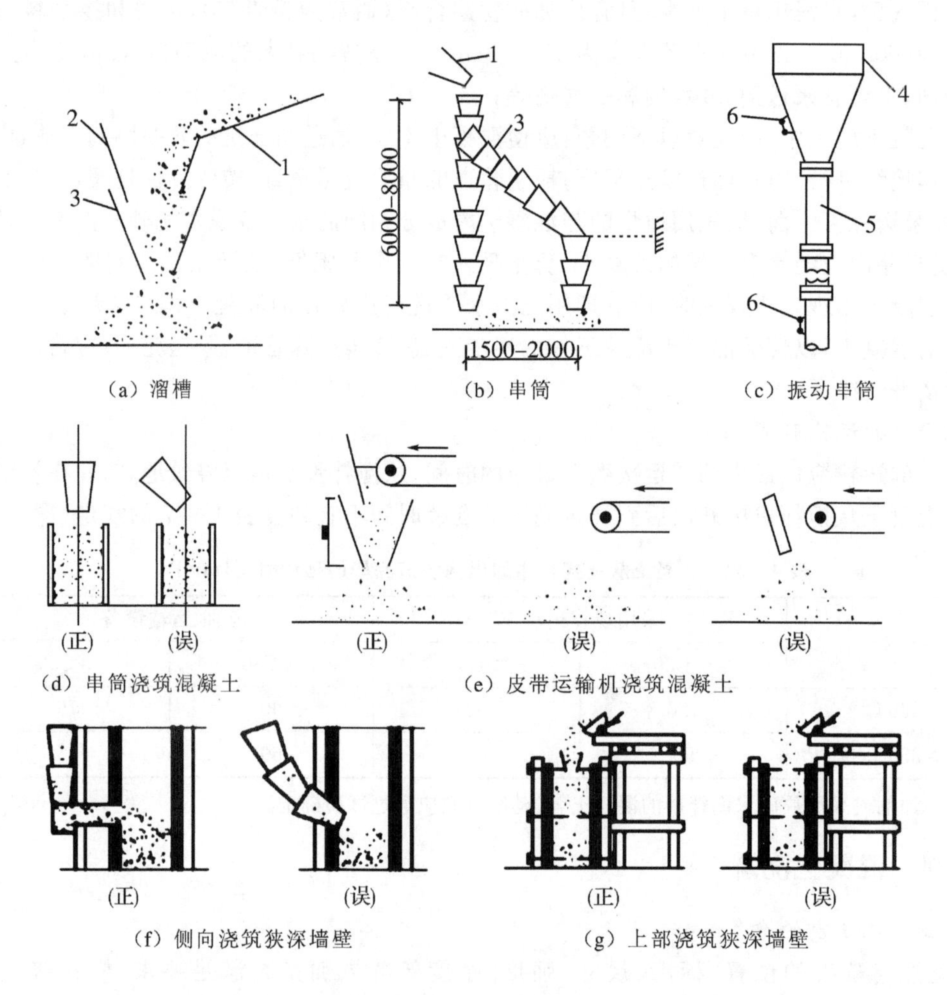

1—溜槽；2—挡板；3—串筒；4—漏斗；5—节管；6—振动器

图 4-33　自高处倾落混凝土的方法

④浇筑竖向结构（如墙、柱）的混凝土之前，底部应先浇入 50～100mm 厚与混凝土成分相同的水泥砂浆，以避免构件底部因砂浆含量较少而出现蜂窝、麻面、露石等质量缺陷。

⑤混凝土在浇筑及静置过程中，应采取措施防止产生裂缝；混凝土因沉降及干缩产生的非结构性的表面裂缝，应在终凝前予以修整。

(2)浇筑层厚度。为保证混凝土的密实性，混凝土必须分层浇筑、分层捣实，其浇筑层的厚度应符合表 4-28 的规定。

表 4-28 混凝土浇筑层厚度(mm)

捣实混凝土的方法		浇筑层厚度
插入式振捣		振捣器作用部分长度的 1.25 倍
表面振动		200
人工捣固	在基础、无筋混凝土或配筋稀疏的结构中	250
	在梁、墙板、柱结构中	200
	在配筋密列的结构中	150
轻骨料混凝土	插入式振捣	300
	表面振动(振动时需加荷)	200

(3)浇筑间歇时间。为保证混凝土的整体性,浇筑工作应连续进行。如必须间歇时,其间歇时间应尽可能缩短,并应在前层混凝土初凝之前,将次层混凝土浇筑完毕。混凝土运输、浇筑及间歇的全部时间不应超过混凝土的初凝时间,可按所用水泥品种及混凝土条件确定,或根据表4-29确定。若超过初凝时间必须留置施工缝。

表 4-29 混凝土运输、浇筑和间歇的时间(min)

混凝土强度等级	气温	
	≤25℃	>25℃
≤C30	210	180
>C30	180	150

注:当混凝土中掺有促凝或缓凝型外加剂时,其允许时间应通过试验确定。

(4)混凝土施工缝。若由于技术上或施工组织上的原因,不能连续将混凝土结构整体浇筑完成,且间隙的时间超过表 4-29 所规定的时间,则应在适当的部位留设施工缝。施工缝是指继续浇筑的混凝土与已经凝结硬化的先浇混凝土之间的新旧结合面,它是结构的薄弱部位,必须认真对待。

施工缝的位置应在混凝土浇筑之前预先确定,设置在结构受剪力较小且便于施工的部位。其留设位置应符合下列规定:①柱子的施工缝留置在基础的顶面、梁或吊车梁牛腿的下面、吊车梁的上面、无梁楼板柱帽的下面,如图 4-34 所示;②与板连成整体的大截面梁,施工缝留置在板底面以下 20～30mm 处,当板下有梁托时留置在梁托下部,如图 4-35 所示;③单向板的施工缝可留置在平行于板的短边的任何位置,如图 4-36 所示;④有主次梁的楼板,宜顺着次梁方向浇筑,施工缝应留置在次梁跨度的中间 1/3 范围内,如图 4-37 所示;⑤墙体的施工缝留置在门洞口过梁跨中的 1/3 范围内,也可留置在纵横墙的交接处;⑥双向受力的板、大体积混凝土结构、拱、穹拱、薄壳、蓄水池、斗仓、多层刚架及其他结构复杂的工程,施工缝的位置应按设计要求留置。

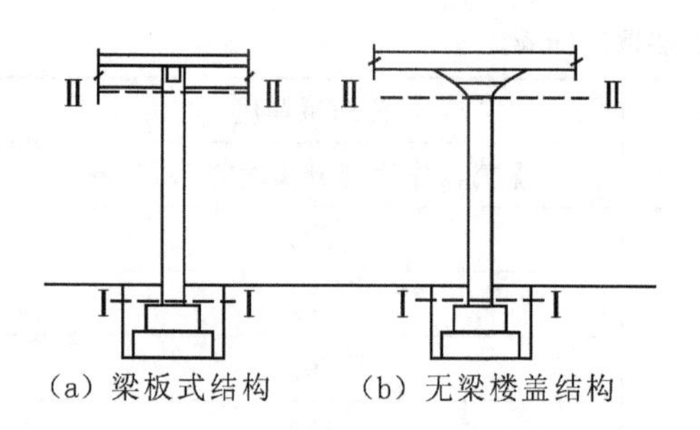

(a) 梁板式结构　(b) 无梁楼盖结构

Ⅰ-Ⅰ;Ⅱ-Ⅱ表示施工缝位置

图 4-34　浇筑柱的施工缝位置

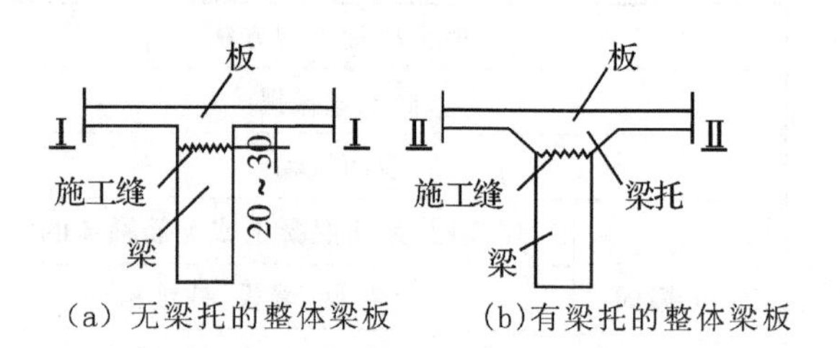

(a) 无梁托的整体梁板　(b)有梁托的整体梁板

图 4-35　浇筑与板连成整体的梁的施工缝位置

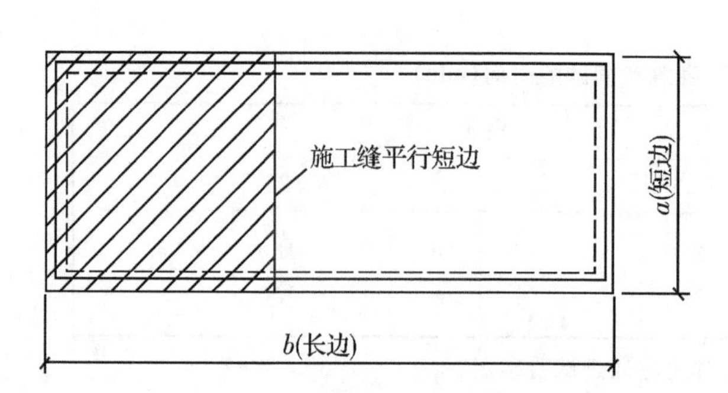

图 4-36　浇筑单向板的施工缝位置($b/a \geqslant 2$)

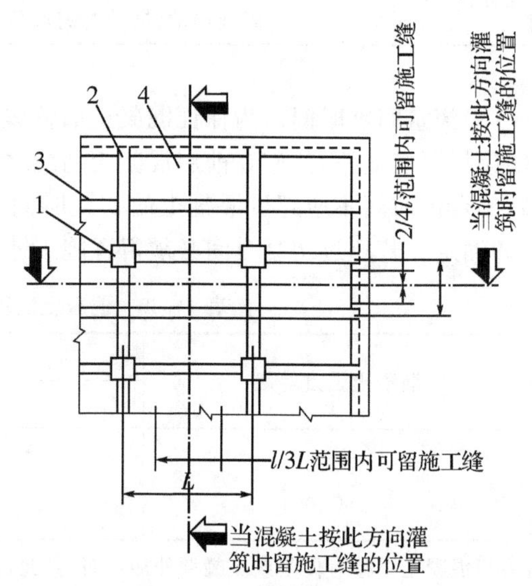

1—柱;2—主梁;3—次梁;4—板;L—梁跨;l—板跨

图 4-37　浇筑有主次梁楼板的施工缝位置

在施工缝处继续浇筑混凝土时,须待已浇筑的混凝土抗压强度达到 1.2N/mm² 后才能进行。而且必须对施工缝进行必要的处理,以增强新旧混凝土的连接,尽量降低施工缝对结构整体性带来的不利影响。处理方法如下:先在已硬化的混凝土表面上,清除水泥薄膜、松动石子以及软弱混凝土层,还应将混凝土表面凿毛,并用水冲洗干净、充分湿润,但不得留有积水;然后在施工缝处抹一层 10～15mm 厚与混凝土成分相同的水泥砂浆;从施工缝处继续浇筑混凝土时,需仔细振捣密实,使新旧混凝土结合紧密。

3. 现浇混凝土结构的浇筑方法

(1)基础的浇筑。

①浇筑台阶式基础时,可按台阶分层一次浇筑完毕,不允许留施工缝。每层混凝土的浇筑顺序是先边角后中间,使混凝土能充满模板边角。施工时应注意防止垂直交角处混凝土出现脱空(即吊脚)、蜂窝现象。其措施如下:将第一台阶混凝土捣固下沉 2～3cm 后暂不填平,继续浇筑第二台阶时,先用铁锹沿第二台阶模板底圈内外均做成坡,然后再分层浇筑,待第二台阶混凝土灌满后,再将第一台阶外圈混凝土铲平、拍实、抹平。

②浇筑杯形基础时,应注意杯口底部标高和杯口模板的位置,防止杯口模板上浮和倾斜。浇筑时,先将杯口底部混凝土振实并稍停片刻,然后对称均衡浇筑杯口模板四周的混凝土。当浇筑

高杯口基础时，宜采用后安装杯口模板的方法，即当混凝土浇捣到接近杯口底时再安装杯口模板，并继续浇捣。为加快杯口芯模的周转，可在混凝土初凝后终凝前将芯模拔出，并随即将杯壁混凝土划毛。

③浇筑锥形基础时，应注意斜坡部位混凝土的捣固密实，在用振动器振捣完毕后，再用人工将斜坡表面修正、拍实、抹平，使其符合设计要求。

④浇筑现浇柱下基础时，应特别注意柱子插筋位置的准确，防止其移位和倾斜。在浇筑开始时，先满铺一层5～10cm厚的混凝土并捣实，使柱子插筋下端和钢筋网片的位置基本固定，然后再继续对称浇筑，并在下料过程中注意避免碰撞钢筋，有偏差时应及时纠正。

⑤浇筑条形基础时，应根据基础高度分段分层连续浇筑，一般不留施工缝。每段浇筑长度控制在2～3m左右，各段各层间应相互衔接，呈阶梯形向前推进。

⑥浇筑设备基础时，一般应分层浇筑，并保证上下层之间不出现施工缝，分层厚度为20～30cm，并尽量与基础截面变化部位相符合。每层浇筑顺序宜从低处开始，沿长边方向自一端向另一端推进，也可采取自中间向两边或自两边向中间推进的顺序。对一些特殊部位，如地脚螺栓、预留螺栓孔、预埋管道等，浇筑时要控制好混凝土上升速度，使两边均匀上升，同时避免碰撞，以免发生歪斜或移位。对螺栓锚板及预埋管道下部的混凝土要仔细振捣，必要时采用细石混凝土填实。对于大直径地脚螺栓，在混凝土浇筑过程中宜用经纬仪随时观测，发现偏差及时纠正。预留螺栓孔的木盒应在混凝土初凝后及时拔出，以免硬化后再拔出会损坏预留孔附近的混凝土。

(2)主体结构的浇筑。主体结构的主要构件有柱、墙、梁、楼板等。在多、高层建筑结构中这些构件是沿垂直方向重复出现的，因此一般按结构层分层施工；如果平面面积较大，还应分段进行，以便各工序流水作业。在每层每段的施工中，浇筑顺序为先浇筑柱、墙，后浇筑梁、板。

①柱子混凝土的浇筑，宜在梁板模板安装完毕、钢筋尚未绑扎之前进行，以便利用梁板模板来稳定柱模板，并用作浇筑混凝土的操作平台。浇筑一排柱子的顺序，应从两端同时开始向中间推进，不宜从一端推向另一端，以免因浇筑混凝土后模板吸水膨胀而产生横向推力，累积到最后一根柱造成弯曲变形。当柱截面在40× 40cm以上且无交叉箍筋、柱高不超过3.5m时，可从柱顶直接浇筑；超过3.5m时须分段浇筑或采用竖向串筒输送混凝土。当柱截面在40cm× 40cm以内或有交叉箍筋时，应在柱模板侧面开不小于30cm高的门子洞作为浇筑口，装上斜溜槽分段浇筑，每段高度不超过2m，如图4-38、图4-39所示。柱子应沿高度分层浇筑，并一次浇筑完毕，其分层厚度应符合表4-28的规定。

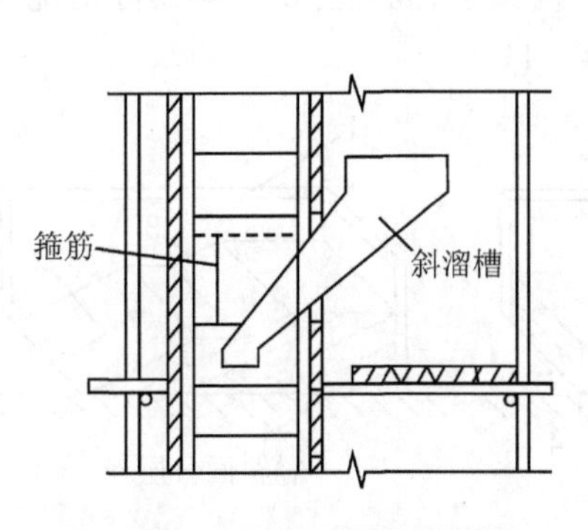

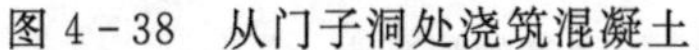

图4-38 从门子洞处浇筑混凝土

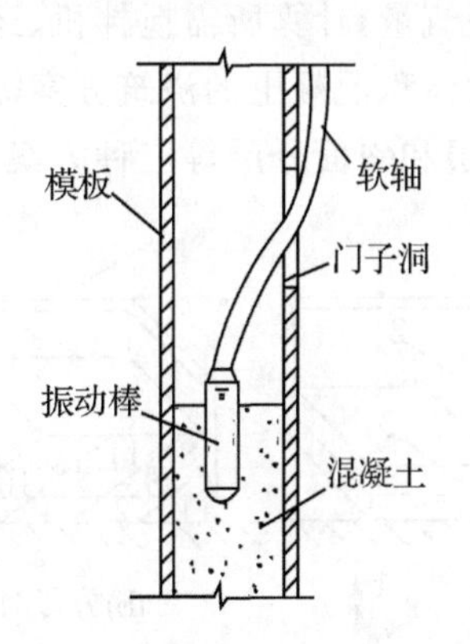

图4-39 从门子洞伸入振捣

②剪力墙混凝土的浇筑，除遵守一般规定外，在浇筑门窗洞口部位时，应在洞口两侧同时浇

筑，且使两侧混凝土高度大体一致，以防止门窗洞口部位模板的移动；窗户部位应先浇筑窗台下部混凝土，停歇片刻后再浇筑窗间墙处。当剪力墙的高度超过 3m 时，亦应分段浇筑。

③梁与板的混凝土一般同时浇筑。浇筑时先将梁的混凝土分层浇筑成阶梯形，当达到板底位置时即与板的混凝土一起浇筑，随着阶梯形的不断延长，板的浇筑也不断向前推进。倾倒混凝土的方向应与浇筑方向相反，如图 4-40 所示。当梁的高度大于 1m 时，可先单独浇筑梁，在距板底以下 2～3cm 处留设水平施工缝。

在浇筑与柱、墙连成整体的梁、板时，应在柱、墙的混凝土浇筑完毕后停歇 1～1.5h，使其初步沉实，排除泌水后，再继续浇筑梁、板的混凝土。

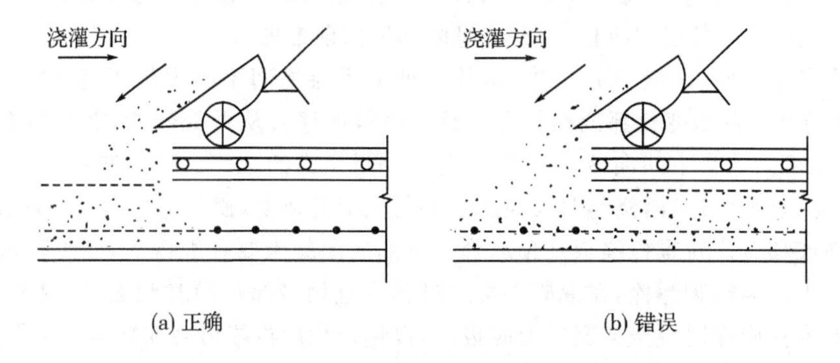

图 4-40　混凝土的倾倒方向

(3)大体积混凝土的浇筑。大体积混凝土是指厚度大于或等于 1m、且长度和宽度都较大的结构，如高层建筑中钢筋混凝土箱形基础的底板、工业建筑中的设备基础、桥梁的墩台等。大体积混凝土结构的施工特点如下：一是整体性要求高，一般都要求连续浇筑，不允许留设施工缝；二是由于结构的体积大，混凝土浇筑后产生的水化热量大，且聚积在内部不易散发，从而形成较大的内外温差，引起较大的温差应力，导致混凝土出现温度裂缝。因此，大体积混凝土施工的关键是：为保证结构的整体性应确定合理的混凝土浇筑方案，为避免产生温度裂缝应采取有效的措施降低混凝土内外温差。

①浇筑方案的选择。为了保证混凝土浇筑工作能连续进行，应在下一层混凝土初凝之前，将上一层混凝土浇筑完毕。

根据混凝土的浇筑量，计算所需搅拌机、运输工具和振动器的数量，并据此拟定浇筑方案和进行劳动力组织。大体积混凝土的浇筑方案需根据结构大小、混凝土供应等实际情况决定，一般有全面分层、分段分层和斜面分层等三种方案，见图 4-41。

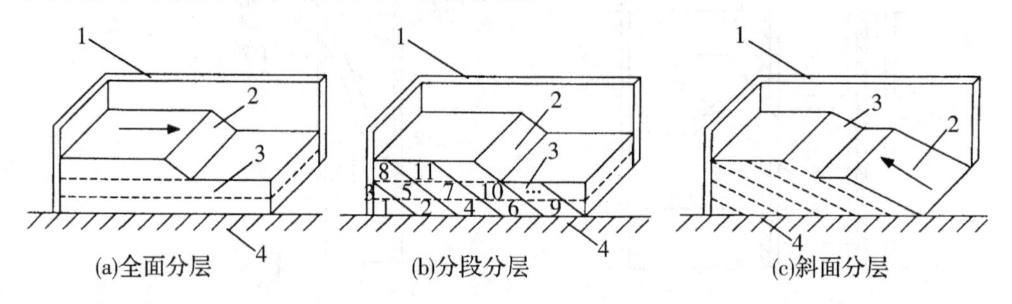

1—模板；2—新浇筑的混凝土；3—已新浇筑的混凝土

图 4-41　大体积混凝土的浇筑方案

A. 全面分层。全面分层是在整个结构内全面分层浇筑混凝土，要求每一层的混凝土浇筑必须在下层混凝土初凝前完成，见图 4-41(a)。此浇筑方案适用于平面尺寸不太大的结构，施工时宜从短边开始，沿长边方向推进，必要时也可从中间开始向两端推进或从两端向中间推进。

B. 分段分层。若采用全面分层浇筑，混凝土的浇筑强度太高，施工难以满足时，则可采用分段分层浇筑方案，见图 4-41(b)。它是将结构从平面上分成几个施工段，厚度上分成几个施工层，混凝土从底层开始浇筑，进行一定距离后就回头浇筑第二层，如此依次向前浇筑以上各层。施工时要求在第一层第一段末端混凝土初凝前，开始第二段的施工，以保证混凝土结合良好。该方案适用于厚度不大而面积或长度较大的结构。

C. 斜面分层。当结构的长度超过厚度的 3 倍时，宜采用斜面分层浇筑方案，见图4-41(c)。施工时，混凝土的振捣应从浇筑层下端开始，逐渐上移，以保证混凝土的施工质量。

②混凝土温度裂缝的产生原因及防治措施。大体积混凝土在凝结硬化过程中，会产生大量的水化热。在混凝土强度增长初期，蓄积在内部的大量热量不易散发，致使其内部温度显著升高，而表面散热较快，这样就形成较大的内外温差。该温差使混凝土内部产生压应力，而混凝土外部产生拉应力，当温差超过一定程度后，就易在混凝土表面产生裂缝。在浇筑后期，当混凝土内部逐渐散热冷却产生收缩时，由于受到基岩或混凝土垫层的约束，接触处将产生很大的拉应力。一旦拉应力超过混凝土的极限抗拉强度，便会在约束接触处产生裂缝，甚至形成贯穿整个断面的裂缝。这将严重破坏结构的整体性，对于混凝土结构的承载能力和安全极为不利，在施工中必须避免。

为了有效地控制温度裂缝，应设法降低混凝土的水化热和降低混凝土的内外温差，一般将温差控制在 20～25℃以下时，则不会产生温度裂缝。降低混凝土水化热的措施如下：选用低水化热水泥配置混凝土，如矿渣水泥、火山灰水泥等；尽量选用粒径较大、级配良好的粗细骨料，控制砂石含泥量，以减少水泥用量，并可减小混凝土的收缩量；掺加粉煤灰等掺合料和减水剂，改善混凝土的和易性，以减少用水量，相应可减少水泥用量；掺加缓凝剂以降低混凝土的水化反应速度，可控制其内部的升温速度。降低混凝土内外温差的措施如下：降低混凝土拌合物的入模温度，如夏季可采用低温水（地下水）或冰水搅拌，对骨料用水冲洗降温，或对骨料进行覆盖或搭设遮阳装置以避免暴晒；必要时可在混凝土内部预埋冷却水管，通入循环水进行人工导热；冬季应及时对混凝土覆盖保温、保湿材料，避免其表面温度过低而造成内外温差过大；扩大浇筑面和散热面，减小浇筑层厚度和适当放慢浇筑速度，以便在浇筑过程中尽量多地释放出水化热，从而可降低混凝土内部的温度。

此外，为了控制大体积混凝土裂缝的开展，在某些情况下可在施工期间设置作为临时伸缩缝的"后浇带"，将结构分为若干段，以有效降低温度收缩应力。待混凝土经过一段时间的养护收缩后，再在后浇带中浇筑补偿收缩混凝土，将分段的混凝土连成整体。在正常的施工条件下，后浇带的间距一般为 20～30m，带宽 0.7～1.0m，混凝土浇筑 30～40 天后用比原结构强度等级提高 1～2 个等级的混凝土填筑，并保持不少于 15 天的潮湿养护。

(4)水下混凝土的浇筑。在钻孔灌注桩、地下连续墙等基础工程以及水利工程施工中常需要直接在水下浇筑混凝土，而且灌注桩与地下连续墙是在泥浆中浇筑混凝土。水下或泥浆中浇筑混凝土一般采用导管法，其特点如下：利用导管输送混凝土并使其与环境水或泥浆隔离，依靠管中混凝土自重挤压导管下部管口周围的混凝土，使其在已浇筑的混凝土内部流动、扩散，边浇筑边提升导管，直至混凝土浇筑完毕。采用导管法，不但可以避免混凝土与水或泥浆的接触，而且可保证混凝土中骨料和水泥浆不分离，从而保证了水下浇筑混凝土的质量。

导管法浇筑水下混凝土的主要设备有金属导管、盛料漏斗和提升机具等(见图 4-42)。导管一般由钢管制成，管径为 200～300mm，每节管长 1.5～2.5m。导管下部设有球塞，球塞可用软木、橡胶、泡沫塑料等制成，其直径比导管内径小 15～20mm。盛料漏斗固定在导管顶部，起着盛混凝土和调节导管中混凝土量的作用，盛料漏斗的容积应足够大，以保证导管内混凝土具有必需的高度。盛料漏斗和导管悬挂在提升机具上，常用的提升机具有卷扬机、起重机、电动葫芦等，可操纵导管的下降和提升。

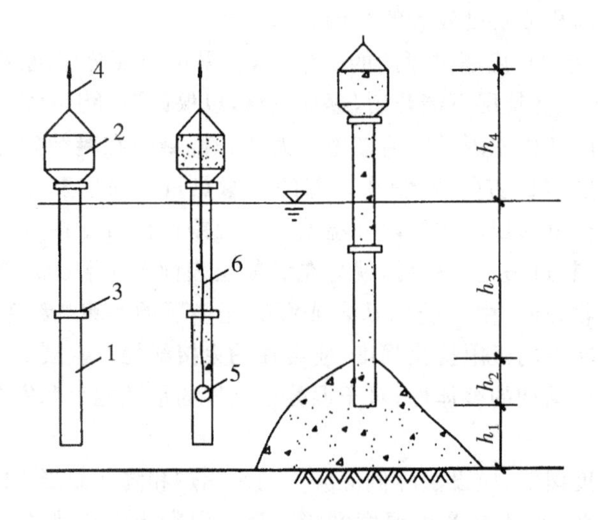

1—导管；2—盛料漏斗；3—接头；4—提升吊索；5—球塞；6—铁丝

图 4-42　导管法浇筑水下混凝土示意图

施工时，先将导管沉入水中底部距水底约 100mm 处，导管内用铁丝或麻绳将球塞悬吊在水位以上 0.2m 处，然后向导管内浇筑混凝土。待导管和盛料漏斗装满混凝土后，即可剪断吊绳，水深 10m 以内时可立即剪断，水深大于 10m 时可将球塞降到导管中部或接近管底时再剪断吊绳。此时混凝土靠自重推动球塞下落，冲出管底后向四周扩散，形成一个混凝土堆，并将导管底部埋于混凝土中。当混凝土不断从盛料漏斗灌入导管并从其底部流出扩散后，管外混凝土面不断上升，导管也相应地进行提升。每次提升高度应控制在 150～200mm 范围内，以保证导管下端始终埋在混凝土内，其最小埋置深度见表 4-30，最大埋置深度不宜超过 5m，以保证混凝土的浇筑顺利进行。

表 4-30　导管的最小埋入深度

混凝土水下浇筑深度(m)	导管埋入混凝土的最小深度(m)	混凝土水下浇筑深度(m)	导管埋入混凝土的最小深度(m)
≤10	0.8	15～20	1.3
10～15	1.1	＞20	1.5

当混凝土从导管底部向四周扩散时，靠近管口的混凝土均匀性较好、强度较高，而离管口较远的混凝土易离析，强度有所下降。为保证混凝土的质量，导管作用半径取值不宜大于 4m，多根

导管共同浇筑时，导管间距不宜大于 6m，每根导管浇筑面积不宜大于 30m^2。当采用多根导管同时浇筑时，应从最深处开始，并保证混凝土面水平、均匀地上升，相邻导管下口的标高差值不应超过导管间距的 1/15～1/20。

混凝土的浇筑工作应连续进行不得中断，应保证混凝土的供应量大于管内混凝土必须保持的高度所需要的混凝土量。

采用导管法浇筑时，由于与水接触的表面一层混凝土结构松软，故在浇筑完毕后应予以清除。软弱层的厚度，在清水中至少按 0.2m 取值，在泥浆中至少按 0.4m 取值。因此，浇筑混凝土时的标高控制，应比设计标高超出此值。

4.3.5　混凝土密实成型

混凝土灌入模板以后，由于骨料间的摩阻力和水泥浆的黏滞力，使其不能自行填充密实，因而内部是疏松的，且有一定体积的空洞和气泡，不能达到所要求的密实度，从而影响混凝土的强度和耐久性。因此，混凝土入模后，必须进行密实成型，以保证混凝土构件的外形及尺寸正确、表面平整、强度和其他性能符合设计及使用要求。混凝土密实成型的途径有三种：一是借助于机械外力（如机械振动）来克服拌合物内部的摩阻力而使之液化后而密实；二是在拌合物中适当增加水分以提高其流动性，使之便于成型，成型后用离心法、真空抽吸法将多余的水分和空气排出；三是在拌合物中掺高效减水剂，使其坍落度大大增加，以自流浇筑成型，这是一种有发展前途的方法。目前施工中多采用机械振动成型的方法。

1.机械振动成型

常用的混凝土振动机械按其工作方式分为内部振动器、外部振动器、表面振动器和振动台，如图 4-43 所示。

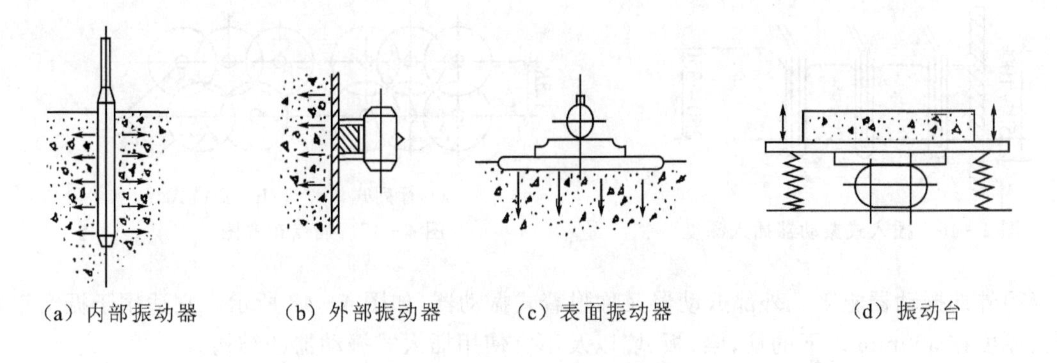

图 4-43　振动机械示意图

(1)内部振动器施工。内部振动器又称插入式振动器，常用的有电动软轴内部振动器（见图 4-44）和直联式内部振动器（见图 4-45）。电动软轴内部振动器由电动机、软轴、振动棒、增速器等组成。其振捣效果好，且构造简单，维修方便，使用寿命长，是土木工程施工中应用最广泛的一种振动器。

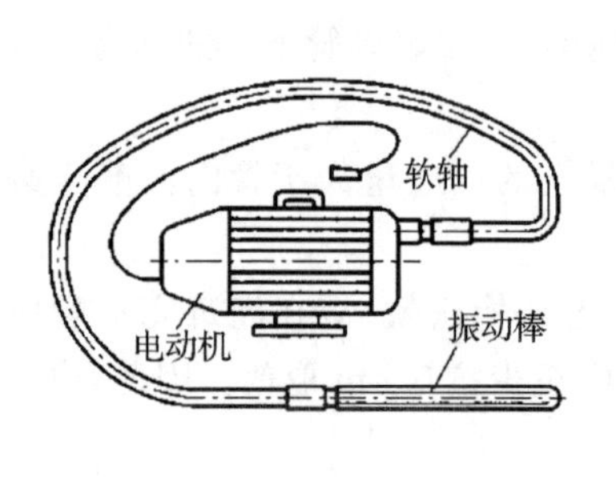

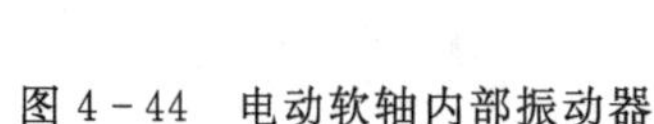
图 4-44 电动软轴内部振动器

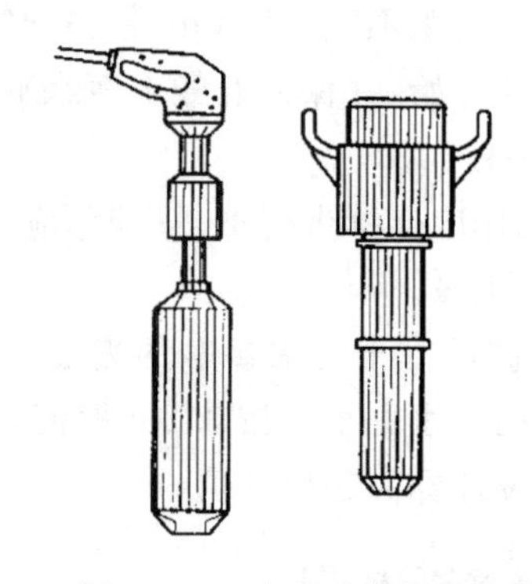
图 4-45 直联式内部振动器

插入式振动器常用于振捣基础、柱、梁、墙及大体积结构混凝土。使用时，一般应垂直插入，并插到下层尚未初凝的混凝土中约 50mm～100mm，如图 4-46 所示。

为使上、下层混凝土互相结合，操作时要做到快插慢拔。如插入速度慢，会先将表面混凝土振实，与下部混凝土发生分层离析现象；如拔出速度过快，则由于混凝土来不及填补而在振动器抽出的位置形成空洞。振动器的插点要均匀排列，排列方式有行列式和交错式两种，如图 4-47 所示。插点间距不应大于 $1.5R$（R 为振动器的作用半径），振动器与模板距离不应大于 $0.5R$，且振动中应避免碰振钢筋、模板、吊环及预埋件等。每一插点的振动时间一般为 20～30s，用高频振动器时不应小于 10s，过短不易振实，过长可能使混凝土分层离析。若混凝土表面已停止排出气泡，拌合物不再下沉并在表面呈现浮浆时，则表明已被充分振实。

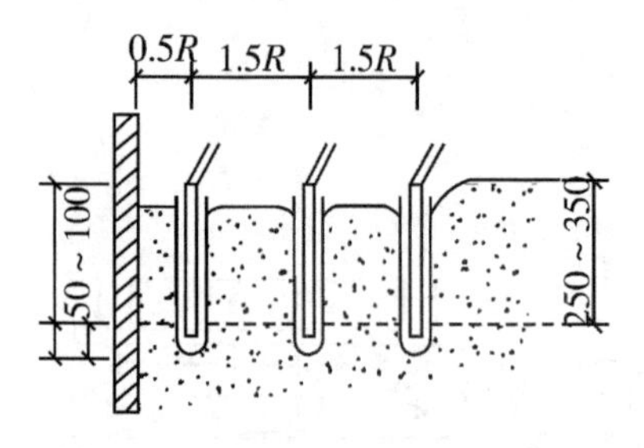

图 4-46 插入式振动器插入深度

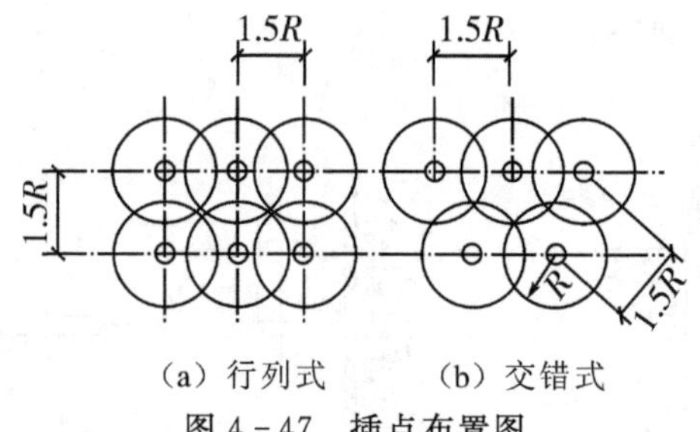

(a) 行列式　(b) 交错式

图 4-47 插点布置图

(2)外部振动器施工。外部振动器又称附着式振动器，如图 4-48 所示。它适用于振实钢筋较密、厚度在 300mm 以下的柱、梁、板、墙以及不宜使用插入式振动器的结构。

使用附着式振动器时模板应支设牢固，振动器应与模板外侧紧密连接，以使振动作用能通过模板间接地传递到混凝土中。振动器的侧向影响深度约为 250mm，如构件较厚时，须在构件两侧同时安装振动器，振动频率必须一致，其相对应的位置应错开，以使振动均匀。当混凝土浇筑入模的高度高于振动器安装部位后方可开始振动。振动器的设置间距(有效作用半径)及振动时间宜通过试验确定，一般距离 1.0～1.5m 设置一台，振动延续时间则以混凝土表面成水平面且不再出现气泡时为止。

(3)表面振动器施工。表面振动器又称平板式振动器，是将振动器固定在一块底板上而成，如图 4-49 所示。它适用于振动平面面积大、表面平整而厚度较小的构件，如楼板、地面、路面和薄壳等构件。

使用表面振动器时应将混凝土浇筑区划分若干排，依次成排平拉慢移，顺序前进。移动间距

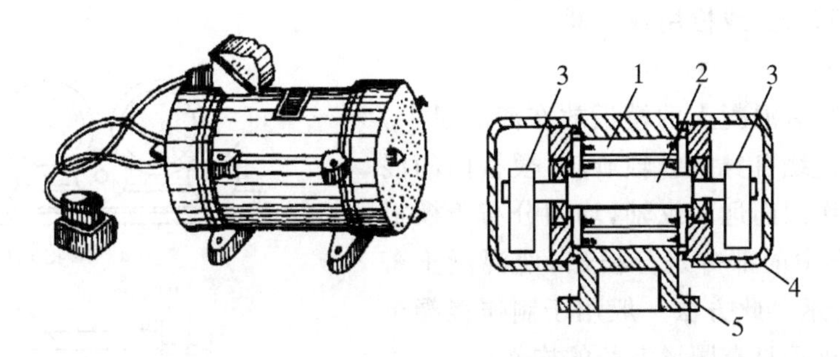

1—电动机；2—轴；3—偏心块；4—护罩；5—机座

图 4-48　附着式振动器

应使振动器的平板覆盖已振完混凝土的边缘 30～50mm，以防漏振。最好振动两遍，两遍方同互相垂直，第一遍主要使混凝土密实，第二遍主要使其表面平整。振动倾斜表面时，应由低处逐渐向高处移动，以保证混凝土振实。平板振动器在每一位置上的振动延续时间一般约为 25～40s，以混凝土停止下沉、表面平整并均匀出现浆液为止。平板振动器的有效作用深度，在无筋及单层配筋平板中约为 200mm；在双层配筋平板中约 120mm。

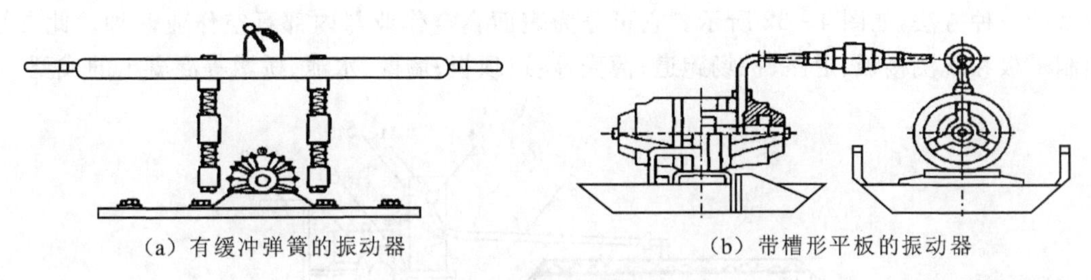

(a) 有缓冲弹簧的振动器　　(b) 带槽形平板的振动器

图 4-49　表面式振动器

(4)振动台施工。振动台是一个支承在弹性支座上的平台，平台下有振动机械，模板固定在平台上，如图 4-50 所示。它一般用于预制构件厂内振动干硬性混凝土，以及在试验室内制作试块时的振实。

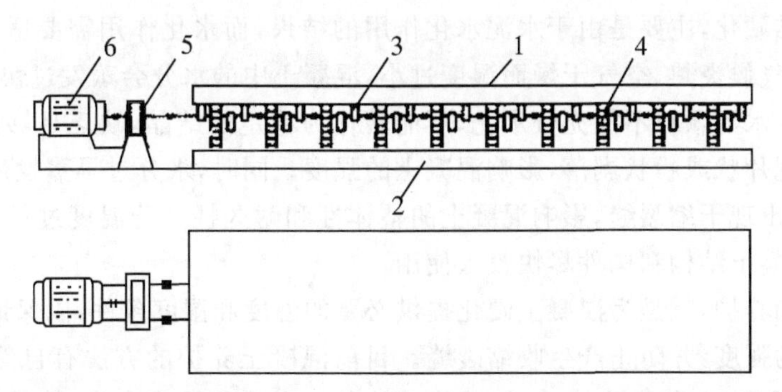

1—振动平台；2—固定框架；3—偏心振动子；4—支承弹簧；5—同步器；6—电动机

图 4-50　振动台

采用机械振动成型时，混凝土经振动后表面会有水分出现，称泌水现象。泌水不宜直接排走，以免带走水泥浆，应采用吸水材料吸水。必要时可进行二次振捣或二次抹光。如泌水现象严重,应考虑改变配合比,或掺用减水剂。

2. 离心法成型

离心法是将装有混凝土的模板放在离心机上,使模板以一定转速绕自身的纵轴旋转,模板内的混凝土由于离心力作用而远离纵轴,均匀分布于模板内壁,并将混凝土中的部分水分挤出,使混凝土密实,如图 4-51 所示。此方法一般用于制作混凝土管道、电线杆、管桩等具有圆形空腔的构件。

离心机有滚轮式和车床式两类,都具有多级变速装置。离心成型过程分为两个阶段:第一阶段是使混凝土沿模板内壁分布均匀,形成空腔,此时转速不宜太高,以免造成混凝土离析现象;第二阶段是使混凝土密实成型,此时可提高转速,增大离心力,以压实混凝土。

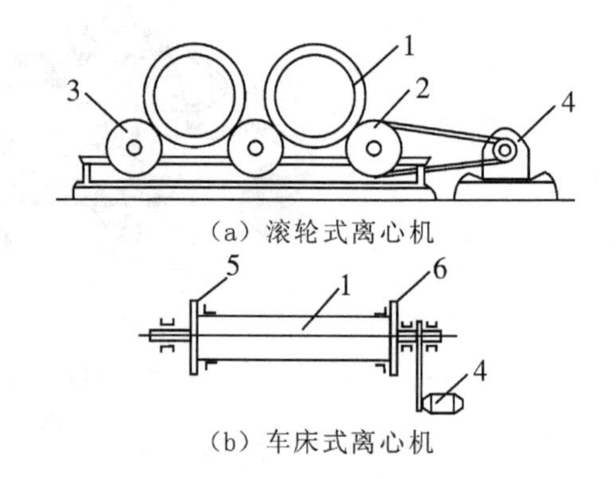

1—模板;2—主动轮;3—从动轮;4—电动机;5、6—卡盘

图 4-51 离心法成型示意图

3. 真空作业法成型

真空作业法是借助于真空负压,将水分从已初步成型的混凝土拌合物中吸出,并使混凝土密实成型的一种方法,如图 4-52 所示。它可分为表面真空作业与内部真空作业两种。此方法适用预制平板和现浇楼板、道路、机场跑道;薄壳、隧道顶板;墙壁、水池、桥墩等混凝土的成型。

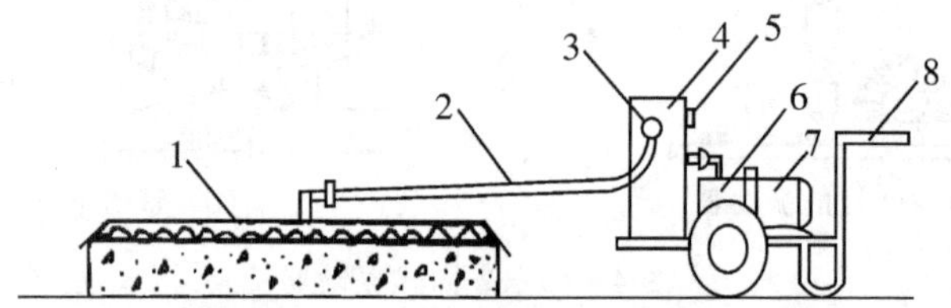

1—真空吸水装置;2—软管;3—吸水进口;4—集水箱;5—真空表;6—真空泵;7—电动机;8—手推小车

图 4-52 真空作业法成型机示意图

4.3.6 混凝土养护

混凝土的凝结硬化,主要是由于水泥水化作用的结果,而水化作用需要适当的湿度和温度。混凝土浇筑后,如气候炎热、空气干燥而湿度过小,混凝土中的水分会蒸发过快而出现脱水现象,使已形成凝胶体的水泥颗粒不能充分水化,不能转化为稳定的结晶,缺乏足够的黏结力,从而会在混凝土表面出现片状或粉状剥落,影响混凝土的强度。同时,水分过早蒸发还会使混凝土产生较大的收缩变形,出现干缩裂缝,影响混凝土的整体性和耐久性。若温度过低,混凝土强度增长缓慢,则会影响混凝土结构和构件尽快投入使用。

所谓混凝土的养护,就是为混凝土硬化提供必要的温度和湿度条件,以保证其在规定的龄期内达到设计要求的强度,并防止产生收缩裂缝。目前混凝土养护的方法有自然养护、蒸汽养护、热拌混凝土热模养护、太阳能养护、远红外线养护等。自然养护成本低,简单易行,但养护时间长、模板周转率低、占用场地大;而蒸汽养护时间可缩短到十几个小时,热拌热模养护时间可减少到 5～6h,模板周转率相应提高,占用场地大大减少。下面着重介绍自然养护和蒸汽养护。

1. 自然养护

混凝土的自然养护,即指在平均气温高于+5℃的自然气温条件下,于一定时间内使混凝土保持湿润状态。自然养护可分为覆盖浇水养护和塑料薄膜养护两种方法。

覆盖浇水养护是用吸水保湿能力较强的材料，如草帘、麻袋、锯末等，将混凝土裸露的表面覆盖，并经常洒水使其保持湿润。

塑料薄膜养护是用塑料薄膜将混凝土表面严密地覆盖起来，使之与空气隔绝，即可防止混凝土内部水分的蒸发，从而达到养护的目的。塑料薄膜养护又有两种方法，即薄膜布直接覆盖法和喷洒塑料薄膜养护液法。后者是指将塑料溶液喷涂在混凝土表面，溶剂挥发后结成一层塑料薄膜。这种养护方法用于不易洒水养护的高耸构筑物、大面积混凝土结构以及缺水地区。

对于一些地下结构或基础，可在其表面涂刷沥青乳液或用湿土回填以代替洒水养护。对于表面积大的构件(如地坪、楼板、屋面、路面等)，也可用湿土、湿砂覆盖，或沿构件周边用黏土等围住，在构件中间蓄水进行养护。

混凝土的自然养护应符合下列规定：

(1)应在浇筑完毕后的12h以内对混凝土加以覆盖并保湿养护。

(2)混凝土浇水养护的时间规定如下：对采用硅酸盐水泥、普通硅酸盐水泥或矿渣硅酸盐水泥拌制的混凝土，不得少于7天；对掺用缓凝型外加剂或有抗渗性要求的混凝土，不得少于14天。

(3)浇水次数应能保持混凝土处于润湿状态；当日平均气温低于5℃时，不得浇水；混凝土养护用水应与拌制用水相同。

(4)采用塑料薄膜覆盖养护混凝土，其敞露的全部表面应覆盖严密，并应保证塑料布内有凝结水。

(5)混凝土强度达到1.2N/mm^{2}以前，不得在其上踩踏或安装模板及支架。

2.蒸汽养护

蒸汽养护是将混凝土构件放置在充满饱和蒸汽或蒸汽与空气混合物的养护室内，在较高的温度和相对湿度的环境中进行养护，以加速混凝土的硬化，使其在较短的时间内达到规定的强度。蒸汽养护的过程分为静停、升温、恒温、降温四个阶段。

(1)静停阶段：即混凝土构件成型后在室温下停放养护一段时间，以增强混凝土对升温阶段结构破坏作用的抵抗力。静停时间，对普通硅酸盐水泥制作的构件一般应2～6h；对火山灰质硅酸盐水泥或矿渣硅酸盐水泥，则不需静停。

(2)升温阶段：即构件的吸热阶段。升温速度不宜过快，以免构件表面和内部产生过大温差而出现裂缝。升温速度，对薄壁构件(如多肋楼板、多孔楼板等)每小时不得超过25℃；其他构件不得超过20℃；用干硬性混凝土制作的构件，不得超过40℃。

(3)恒温阶段：即升温后温度保持不变的时间。此阶段混凝土强度增长最快，应保持90％～100％的相对湿度。恒温的温度，对普通水泥的混凝土不超过80℃；矿渣水泥、火山灰水泥的可提高到85～90℃。恒温时间一般为5～8h。

(4)降温阶段：即构件的散热阶段。降温速度不宜过快，否则混凝土会产生表面裂缝。一般情况下，构件厚度在10cm左右时，降温速度每小时不超过20～30℃。此外，出室构件的温度与室外温度之差不得大于40℃；当室外为负温时，不得大于20℃。

4.3.7 混凝土的质量验收和缺陷的技术处理

1.混凝土的质量验收

混凝土的质量验收包括施工过程中的质量检查和施工后的质量验收。

(1)施工过程中混凝土的质量检查。

①混凝土拌制过程中应检查其组成材料的质量和用量,每工作班至少1次。原材料每盘称量的允许偏差是:水泥、掺合料为±2%;粗、细骨料为±3%;水、外加剂为±2%。当遇雨天或含水率有显著变化时,应增加含水率检测次数,并及时调整水和骨料的用量。

②应检查混凝土在拌制地点及浇筑地点的坍落度,每工作班至少检查2次。对于预拌(商品)混凝土,也应在浇筑地点进行坍落度检查。实测的混凝土坍落度与要求坍落度之间的允许偏差如下:要求坍落度<50mm时,为±10mm;要求坍落度50~90mm时,为±20mm;要求坍落度>90mm时,为±30mm。

③当混凝土配合比由于外界影响有变动时,应及时进行检查。

④对混凝土的搅拌时间,也应随时进行检查。

(2)施工后混凝土的质量验收。混凝土的质量验收,主要包括对混凝土强度和耐久性的检验、外观质量和结构构件尺寸的检查。

①结构混凝土的强度等级必须符合设计要求。用于检查结构构件混凝土强度的试件,应在混凝土的浇筑地点随机抽取。取样与试件留置应符合下列规定:每拌制100盘且不超过100m^{3}的同配合比的混凝土,取样不得少于一次;每工作班拌制的同一配合比的混凝土不足100盘时,取样不得少于一次;当一次连续浇筑超过1 000m^{3}时,同一配合比的混凝土每200m^{3}取样不得少于一次;每一层楼、同一配合比的混凝土,取样不得少于一次;每次取样应至少留置一组标准养护试件,同条件养护试件的留置组数应根据实际需要确定。

当混凝土试件强度评定不合格时,可采用非破损或局部破损的检测方法,对结构构件的混凝土强度进行推定。非破损的方法有回弹法、超声波法和超声波回弹综合法。局部破损法通常是采用钻芯取样检验法。

②对有抗渗要求的混凝土结构,其混凝土试件应在浇筑地点随机取样。同一工程、同一配合比的混凝土,取样不应少于一次,留置组数可根据实际需要确定。

③混凝土结构拆模后,应对其外观质量进行检查,即检查其外观有无质量缺陷。现浇结构的外观质量缺陷有以下几种:露筋、蜂窝、孔洞、夹渣、疏松、裂缝、连接部位缺陷、外形缺陷(缺棱掉角、棱角不直、翘曲不平、飞边凸肋等)和外表缺陷(构件表面麻面、掉皮、起砂、沾污等)。

现浇结构的外观质量不应有严重缺陷。对已经出现的严重缺陷,应由施工单位提出技术处理方案,并经监理(建设)单位认可后进行处理。对经处理的部位,应重新检查验收。

现浇结构的外观质量不宜有一般缺陷。对已经出现的一般缺陷,应由施工单位按技术处理方案进行处理,并重新检查验收。

④混凝土结构拆模后,还应对其外观尺寸进行检查。现浇结构尺寸检查的内容有轴线位置、垂直度、标高、截面尺寸、表面平整度、预埋设施中心线位置和预留洞中心线位置。设备基础尺寸检查的内容有坐标位置、不同平面的标高、平面外形尺寸、凸台上平面外形尺寸、凹穴尺寸、平面水平度、垂直度、预埋地脚螺栓(标高、中心距)、预留地脚螺栓孔(中心线位置、深度、孔垂直度)和预埋活动地脚螺栓锚板(标高、中心线位置、锚板平整度)。

现浇结构不应有影响结构性能和使用功能的尺寸偏差。混凝土设备基础不应有影响结构性能和设备安装的尺寸偏差。其尺寸允许偏差和检验方法应按国家现行有关规范的规定执行。对超过尺寸允许偏差且影响结构性能和安装、使用功能的部位,应由施工单位提出技术处理方案,并经监理(建设)单位认可后进行处理。对经处理的部位,应重新检查验收。

2. 混凝土缺陷的技术处理

在对混凝土结构进行外观质量检查时，若发现缺陷应分析其原因，并采取相应的技术处理措施。常见缺陷的原因及处理方法有以下几种：

(1)数量不多的小蜂窝、麻面。其主要原因如下：模板接缝处漏浆；模板表面未清理干净，或钢模板未满涂隔离剂，或木模板湿润不够；振捣不够密实。处理方法如下：先用钢丝刷或压力水清洗表面，再用1:2～1:2.5的水泥砂浆填满、抹平并加强养护。

(2)蜂窝或露筋。其主要原因如下：混凝土配合比不准确，浆少石多；混凝土搅拌不均匀，或和易性较差，或产生分层离析；配筋过密，石子粒径过大使砂浆不能充满钢筋周围；振捣不够密实。处理方法如下：先去掉薄弱的混凝土和突出的骨料颗粒，然后用钢丝刷或压力水清洗表面，再用比原混凝土强度等级高一级的细石混凝土填满，仔细捣实，并加强养护。

(3)大蜂窝和孔洞。其主要原因如下：混凝土产生离析，石子成堆；混凝土漏振。处理方法如下：在彻底剔除松软的混凝土和突出的骨料颗粒后，用压力水清洗干净并保持湿润状态72h，然后用水泥砂浆或水泥浆涂抹结合面，再用比原混凝土强度等级高一级的细石混凝土浇筑、振捣密实，并加强养护。

(4)裂缝。构件产生裂缝的原因比较复杂，如：养护不好，表面失水过多；冬季施工中，拆除保温材料时温差过大而引起的温度裂缝，或夏季烈日暴晒后突然降雨而引起的温度裂缝；模板及支撑不牢固，产生变形或局部沉降；拆模不当，或拆模过早使构件受力过早；大面积现浇混凝土的收缩和温度应力过大等。处理方法应根据具体情况确定：对于数量不多的表面细小裂缝，可先用水将裂缝冲洗干净后，再用水泥浆抹补；如裂缝较大较深(宽1mm以内)，应沿裂缝凿成凹槽，用水冲洗干净，再用1:2～1:2.5的水泥砂浆或用环氧树脂胶泥抹补；对于会影响结构整体性和承载能力的裂缝，应采用化学灌浆或压力水泥灌浆的方法补救。

4.4　混凝土的冬期施工

4.4.1　混凝土冬期施工的基本概念

我国规范规定：根据当地多年气温资料统计，当室外日平均气温连续5天稳定低于5℃时，即进入冬期施工；当室外日平均气温连续5天高于5℃时，解除冬期施工。在冬期施工期间，混凝土工程应采取相应的冬期施工措施。

1. 温度与混凝土硬化的关系

温度的高低对混凝土强度的增长有很大影响。在湿度合适的条件下，温度越高，水泥水化作用就越迅速、完全，强度就越高；当温度较低时，混凝土硬化速度较慢，强度就较低；当温度降至0℃以下时，混凝土中的水会结冰，水泥颗粒不能和冰发生化学反应，水化作用几乎停止，强度也就无法增长。

2. 冻结对混凝土质量的影响

混凝土在初凝前或刚初凝时遭受冻结，此时水泥来不及水化或水化作用刚刚开始，本身尚无强度，水泥受冻后处于"休眠"状态。恢复正常养护后，其强度可以重新发展直到与未受冻的基本相同，几乎没有强度损失。

若混凝土在初凝后，本身强度很小时遭受冻结，此时混凝土内部存在两种应力：一种是水泥水化作用产生的黏结应力；另一种是混凝土内部自由水结冻，体积膨胀8%～9%所产生的冻胀应力。当黏结应力小于冻胀应力时,已形成的水泥石内部结构就很容易被破坏,产生一些微裂纹,这些微裂纹是不可逆的;而且冰块融化后会形成孔隙,严重降低了混凝土的密实度和耐久性。在混凝土解冻后,其强度虽然能继续增长,但已不可能达到原设计的强度等级,极大地影响结构的质量。

3.混凝土受冻临界强度

若混凝土达到某一强度值以上后再遭受冻结,此时其内部水化作用产生的黏结应力足以抵抗自由水结冰产生的冻胀应力,则解冻后强度还能继续增长,可达到原设计强度等级,对强度影响不大,只不过是增长缓慢而已。因此,为避免混凝土遭受冻结所带来的危害,必须使混凝土在受冻前达到这一强度值,这一强度值通常称为混凝土受冻的临界强度。

临界强度与水泥的品种、混凝土强度等级等有关。规范规定冬期浇筑的混凝土,其受冻临界强度为:普通混凝土采用硅酸盐水泥或普通硅酸盐水泥配制时,应为设计的混凝土强度标准值的30%;采用矿渣硅酸盐水泥配制时,应为设计的混凝土强度标准值的40%,但混凝土强度等级为C10及以下时,不得小于5.0MPa;掺入防冻剂的混凝土,当室外最低气温不低于-15℃时不得小于4.0N/mm^2,当室外最低气温不低于-30℃时不得小于5.0N/mm^2。

冬期施工中,应尽量使混凝土不受冻,或受冻时使其已达到临界强度值而可保证混凝土最终强度不受到损失。

具体标准要求可参考《建筑工程冬期施工技术规程》(JGJ 104-2011)。

4.4.2 混凝土冬期施工方法

1.混凝土材料的选择及要求

配制冬期施工的混凝土,应优先选用硅酸盐水泥和普通硅酸盐水泥。水泥强度等级不应低于42.5级,最小水泥用量不应少于300kg/m^3,水灰比不应大于0.6。使用矿渣硅酸盐水泥时,宜采用蒸汽养护。

拌制混凝土所采用的骨料应清洁,不得含有冰、雪、冻块及其他易冻裂物质。在掺入含有钾、钠离子的防冻剂混凝土中,不得采用活性骨料或在骨料中混有这类物质的材料。

采用非加热养护法施工所选用的外加剂,宜优先选用含引气剂成分的外加剂,含气量宜控制在2%~4%。在钢筋混凝土中掺入氯盐类防冻剂时,氯盐掺量不得大于水泥重量的1%(按无水状态计算)。掺用氯盐的混凝土应振捣密实,且不宜采用蒸汽养护。掺用防冻剂、引气剂或引气减水剂的混凝土施工,应符合现行国家标准的有关规定。

2.混凝土材料的加热

冬期施工中要保证混凝土结构在受冻前达到临界强度,这就需要混凝土早期具备较高的温度,以满足强度较快增长的需要。温度升高所需要的热量,一部分来源于水泥的水化热,另外一部分则只有采用加热材料的方法获得。加热材料最有效、最经济的方法是加热水,当加热水不能获得足够的热量时,可加热粗、细骨料,一般采用蒸汽加热。任何情况下不得直接加热水泥,可在使用前把水泥运入暖棚,使其缓慢均匀地升高一定温度。

由于温度较高时会使水泥颗粒表面迅速水化,结成外壳,阻止内部继续水化,形成“假凝”现象,而影响混凝土强度的增长,故规范对原材料的最高加热温度作了限制,见表4-31。

表4-31 拌和水及骨料加热最高温度(℃)

项目	拌和水	骨料
强度等级小于52.5级的普通硅酸盐水泥、矿渣硅酸盐水泥	80	60
强度等级等于或大于52.5级的硅酸盐水泥、普通硅酸盐水泥	60	40

若水、骨料达到规定温度仍不能满足要求时，水可加热到100℃，但水泥不得与80℃以上的水直接接触。

冬期施工中，混凝土拌合物所需要的温度应根据当时的外界气温和混凝土入模温度等因素确定，再通过热工计算来确定原材料所需要的加热温度。

3.混凝土的搅拌与运输

混凝土搅拌前，应用热水或蒸汽冲洗搅拌机。投料顺序为先投入骨料和已加热的水，再投入水泥，以避免水泥“假凝”。混凝土搅拌时间应比常温下延长50%，以使拌合物的温度均匀。混凝土拌合物的出机温度不宜低于10℃，入模温度不得低于5℃。施工中应经常检查混凝土拌合物的温度及和易性，若有较大差异，应检查材料加热的温度和骨料含水率是否有误，并及时加以调整。在运输过程中应减少运输时间和距离，使用大容量的运输工具并加以保温，以防止混凝土热量的散失和冻结。

4.混凝土的浇筑

混凝土在浇筑前，应清除模板和钢筋上的冰雪和污垢。冬期不得在强冻胀性地基上浇筑混凝土；在弱冻胀性地基上浇筑混凝土时，基土不得遭冻；在非冻胀性地基上浇筑混凝土时，混凝土在受冻前的抗压强度不得低于临界强度。

对于加热养护的现浇混凝土结构，应注意温度应力的危害。加热养护时应合理安排混凝土的浇筑程序和施工缝的位置，以避免产生较大的温度应力；当加热养护温度超过40℃时，应征得设计单位同意，并采取一系列防范措施，如梁支座可处理成活动支座而允许其自由伸缩，或设置后浇带，分段进行浇筑与加热。

分层浇筑大体积混凝土时，为防止上层混凝土的热量被下层混凝土过多吸收，分层浇筑的时间间隔不宜过长。已浇筑层的混凝土温度在未被上一层混凝土覆盖前，不应低于按热工计算的温度，且不应低于2℃。采用加热养护时，养护前的温度也不得低于2℃。

5.混凝土冬期的养护方法

混凝土浇筑后应采用适当的方法进行养护，保证混凝土在受冻前至少已达到临界强度，才能避免其强度损失。冬期施工中混凝土养护的方法很多，有蓄热法、蒸汽加热法、电热法、暖棚法、掺外加剂法等。

(1)蓄热法。蓄热法是利用原材料预热的热量及水泥水化热，通过适当的保温措施，延缓混凝土的冷却，保证混凝土在冻结前达到所要求强度的一种冬期施工方法。该方法适用于室外最低温度不低于－15℃的地面以下工程，或表面系数(指结构冷却的表面积与其全部体积的比值)不大于$5m^{-1}$的结构。

蓄热法养护具有施工简单、不需外加热源、节能、费用低等特点。因此，在混凝土冬期施工时应优先考虑采用。只有当确定蓄热法不能满足要求时，才考虑选择其他方法。

蓄热法养护的三个基本要素是混凝土的入模温度、围护层的总传热系数和水泥水化热值，应通过热工计算调整以上三个要素，使混凝土冷却到0℃时，强度能达到临界强度的要求。

采用蓄热法时，宜选用强度等级高、水化热大的硅酸盐水泥或普通硅酸盐水泥，掺用早强型外加剂；适当提高入模温度；同时选用传热系数较小、价廉耐用的保温材料，如草帘、草袋、锯末、谷糠及炉渣等；保温层覆盖后要注意防潮和防止透风，对边、棱角部位要特别加强保温。此外，还可采用其他一些有利蓄热的措施，如地下工程可用未冻结的土壤覆盖；用生石灰与湿锯末均匀拌和覆盖，利用保温材料本身发热来保温；充分利用太阳的热能，白天有日照时，打开保温材料，夜间再覆盖等。

(2)蒸汽加热法。蒸汽加热养护分为湿热养护和干热养护两类。湿热养护是让蒸汽与混凝土直接接触，利用蒸汽的湿热作用来养护混凝土，常用的有棚罩法、蒸汽套法以及内部通汽法；而干热养护则是将蒸汽作为热载体，通过某种形式的散热器，将热量传导给混凝土使其升温，有毛管法和热模法等。

①棚罩法(蒸汽室法)。该方法是在现场结构物的周围制作能拆卸的蒸汽室，如在地槽上部加盖简易的盖子或在预制构件周围用保温材料(木材、篷布等)做成密闭的蒸汽室，通入蒸汽加热混凝土。棚罩法设施灵活、施工简便、费用较少，但耗气量大，温度不易均匀，适用于加热地槽中的混凝土结构及地面上的小型预制构件。

②蒸汽套法。该方法是在构件模板外再用一层紧密不透气的材料(如木板)做成蒸汽套，蒸汽套与模板间的空隙约为150mm，通入蒸汽加热混凝土。采用蒸汽套法时能适当控制温度，其加热效果取决于保温构造，但设施较复杂、费用较高，可用于现浇柱、梁及肋形楼板等整体结构的加热。

③内部通汽法。该方法是在混凝土构件内部预留直径为13～50mm的孔道，再将蒸汽送入孔内加热混凝土，当混凝土达到要求的强度后，排除冷凝水，随即用砂浆灌入孔道内加以封闭。内部通汽法节省蒸汽、费用较低，但进汽端易过热而使混凝土产生裂缝，适用于梁、柱、框架单梁等结构件的加热。

④毛管法。该方法是在模板内侧做成沟槽，其断面可做成三角形、矩形或半圆形，间距200～250mm，在沟槽上盖以0.5～2mm的铁皮，使之成为通蒸汽的毛管，通入蒸汽进行加热。毛管法用汽少，但仅适用于以木模浇筑的结构，对于柱、墙等垂直构件加热效果好，而对于平放的构件加热不易均匀。

⑤热模法。该方法是在模板外侧配置蒸汽管，管内通蒸汽加热模板，向混凝土进行间接加热。为了减少热量损失，模板外面再设一层保温层。热模法加热均匀、耗用蒸汽少、温度易控制、养护时间短，但设备费用高，适用于墙、柱及框架结构的养护。

(3)电热法。电热法施工主要有电极法、电热毯法、工频涡流加热法、远红外线养护法等。

①电极法。该方法是在混凝土内部或表面每隔100～300mm的间距设置电极(直径6～12的短钢筋或厚1～2mm、宽30～60mm的扁钢)，通以低压电流，由于混凝土的电阻作用，使电能变为热能，产生热量对混凝土进行加热。电极的布置应使混凝土温度均匀，通电前应覆盖混凝土的外露表面，以防止热量散失。为保证施工安全，电极与钢筋的最小距离应符合表4-32的规定，否则应采取适当的绝缘措施，振动混凝土时要避免接触电极及其支架。电极法仅适用于以木模浇筑的结构，且用钢量较大，耗电量也较高，只在特殊条件下采用。

表4-32　电极与钢筋之间的距离

工作电压(V)	65	87	106
电极与钢筋的最小距离(mm)	50～70	80～100	120～150

②电热毯法。该方法是采用设置在模板外侧的电热毯作为加热元件，适用于以钢模板浇筑的构件。电热毯由四层玻璃纤维布中间夹以电阻丝制成，其尺寸应根据钢模板外侧龙骨组成的区格大小而定，约为300mm×400mm，电压宜为60～80V，功率宜为每块75～100W。电热毯外侧应设置耐热保温材料(如岩棉板等)。在混凝土浇筑前先通电将模板预热，浇筑后根据混凝土温度的变化可连续或断续通电加热养护。

③工频涡流加热法。该方法是在钢模板外侧设置钢管，钢管内穿单根导线，利用导线通电后产生的涡流在管壁上产生热效应，并通过钢模板对混凝土进行加热养护。工频涡流法加热混凝土温度比较均匀，控制方便，但需制作专用模板，模板投资大，适用于以钢模板浇筑的墙体、梁、柱和接头。

④远红外线养护法。该方法是采用远红外辐射器向混凝土辐射远红外线，对混凝土进行辐射加热养护。产生远红外线的能源除电源外，还可以用天然气、煤气、石油液化气和热蒸汽等，可根据具体条件选择。远红外线养护法具有施工简便、升温迅速、养护时间短、降低能耗、不受气温和结构表面系数的限制等特点，适用于薄壁结构、装配式结构接头处混凝土的加热等。

(4)暖棚法。该方法是在所要养护的结构或构件周围用保温材料搭起暖棚，棚内设置热源，以维持棚内的正温环境，使混凝土浇筑和养护如同在常温下一样。暖棚内的加热，宜优先选用热风机，可采用强力送风的移动式轻型热风机。采用暖棚法养护混凝土时，棚内温度不得低于5℃，并应保持混凝土表面湿润。因搭设暖棚需大量材料和人工，能耗大，费用较高，故暖棚法一般只用于地下结构工程和混凝土量比较集中的结构工程。

(5)掺外加剂法。在冬期混凝土施工中掺入适量的外加剂，可使其强度尽快增长，在冻结前达到要求的临界强度或改善混凝土的某些性能，以满足冬期施工的需要。这是冬期施工的有效方法，可简化施工工艺、节约能源、降低成本，但掺用外加剂应符合冬期施工工艺要求的有关规定。目前冬期施工中常用的外加剂有早强剂、防冻剂、减水剂和引气剂。

①防冻剂和早强剂。冬期施工中，常将防冻剂与早强剂共同使用。防冻剂的作用是降低混凝土液相的冰点，使混凝土在负温下不冻结，并使水泥的水化作用能继续进行；早强剂则能提高混凝土的早期强度，使其尽快达到临界强度。

施工中须注意，掺有防冻剂的混凝土应严格控制水灰比；混凝土的初期养护温度，不得低于防冻剂的规定温度，若达不到规定温度时应采取保温措施；对于含有氯盐的防冻剂，由于氯盐对钢筋有锈蚀作用，故应严格遵守规范对氯盐的使用及掺量的有关规定。

②减水剂。混凝土中掺入减水剂，可在不影响其和易性的情况下，大量减少拌和用水，使混凝土孔隙中的游离水减少，因而冻结时承受的破坏力就明显减少；同时，由于拌和用水的减少，可提高混凝土中防冻剂和早强剂的溶液浓度，从而提高混凝土的抗冻能力。所以，减水剂具有减水及增强的双重作用。

③引气剂。在混凝土中掺入引气剂，能在搅拌时引入大量微小且分布均匀的封闭气泡。当混凝土具有一定强度后受冻时，孔隙中的部分水会被冰的冻胀压力挤入气泡中，从而缓解了冰的冻胀压力和破坏性，故可防止混凝土遭受冻害。

思考与练习

1. 混凝土工程中对模板有哪些技术要求？
2. 试述组合钢模板的特点和组成，简述其他常用模板的构造。
3. 组合钢模板配板设计时应遵循哪些原则？

4. 试分析不同结构模板(基础、柱、梁、板、墙、楼梯)的受力状况,模板安装中各应解决什么问题,如何解决。

5. 现浇结构模板拆除时对混凝土强度有何要求,拆模时应注意哪些问题?

6. 常用的普通钢筋按生产工艺可分为哪几种? 钢筋进场验收的主要内容有哪些?

7. 如何进行钢筋下料长度的计算?

8. 试述钢筋代换的原则和方法。

9. 钢筋加工时有哪几道基本工序?

10. 钢筋连接常用的方法有哪些,如何进行合理的选择?

11. 钢筋绑扎与安装时,如何控制混凝土保护层的厚度及保证钢筋的正确位置?

12. 简述混凝土常用外加剂的种类及适用情况。

13. 混凝土配料时为什么要进行施工配合比的计算,如何计算?

14. 混凝土搅拌制度包括哪些内容?

15. 对混凝土的运输有何基本要求?

16. 混凝土浇筑前应做好哪些准备工作?

17. 混凝土浇筑时应注意哪些事项?

18. 什么是施工缝,如何正确留设施工缝,对施工缝如何处理?

19. 如何进行主体结构(柱、墙、梁与板)混凝土的浇筑?

20. 简述大体积混凝土的浇筑方案,如何有效地控制混凝土温度裂缝。

21. 如何进行水下混凝土的浇筑?

22. 混凝土机械振动成型的设备有哪几种,如何使混凝土振捣密实?

23. 试述混凝土自然养护的概念和自然养护时应注意的事项。

24. 混凝土的质量验收主要包括哪几方面的内容?

25. 试述混凝土冬期施工和混凝土的受冻临界强度的概念。

26. 混凝土冬期施工中,对混凝土的各施工工艺有何特殊要求?

27. 混凝土冬期施工中常用的养护方法有哪几类,如何进行蓄热法养护?

第 5 章 预应力混凝土工程

学习要求

掌握先张法、后张法和有黏结、无黏结预应力混凝土施工工艺以及预应力筋下料长度的计算；了解预应力混凝土的概念、特点，以及施工中各类锚具和夹具的选择。

工程案例

抚通高速七标段预应力混凝土先张法空心板梁施工案例

一、工程概况

抚通高速七标段位于抚顺市新宾县境内，桩号为 K120000，沿途线过新宾县永陵镇、木奇镇，跨越的主要公路有省道木通线、铁长线，另外以隧道形式下穿省道木通线一次，跨越的主要河流有苏子河。终点桩号为 K124700，全长 6.7km。本标段涉及先张法预制梁的有大和睦大桥 1 座(10 跨 20m 预制空心板梁)，钢厂公公分离(7 跨 20m 预制空心板梁)，木奇公公分离(3 跨 20m 预制空心板梁)，K120579 通道桥(1 跨 10m 预制空心板梁)。

二、工程规模

本标段采用了 $L=10\text{m}$、$L=20\text{m}$ 两种跨径的预应力混凝土先张法空心板。$L=10\text{m}$ 跨径的预制梁高为 0.45m，$L=20\text{m}$ 跨径的预制梁高为 0.9m；$L=10\text{m}$ 的梁共有 16 片，$L=20\text{m}$ 的梁共有 320 片，见表 5-1。

表 5-1 空心析梁汇总表

先张法	中板			边板		度
	底板宽		数量	底板宽	数量	
10m	内边板	外边板	149.5	12	149.5	45
	2	2				
20m	内边板	外边板	149.5	240	149.5	90
	40	40				

三、空心板梁预制施工要点

1. 张拉前的准备工作

张拉前，应先安装定位板，检查定位板的力筋孔位置和孔径大小是否符合设计要求，然后将定位板固定在横梁上。在检查预应力筋数量、位置、张拉设备和锚具后，方可进行张拉。

2. 预应力空心板先张法施工工艺流程

施工工艺流程如图 5-1 所示。

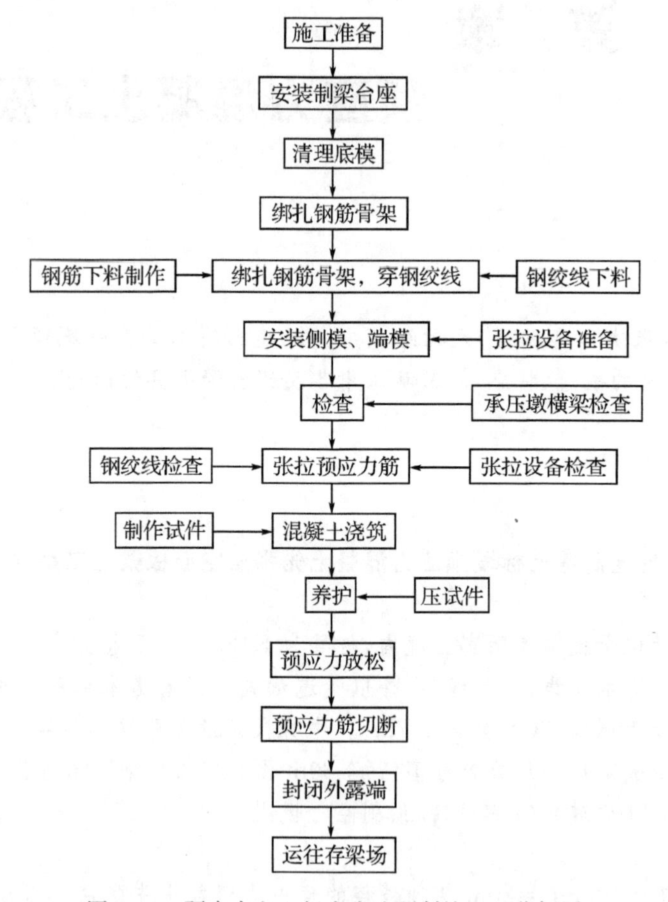

图 5-1　预应力空心板先张法预制施工工艺框图

3. 张拉程序

本标段先张法采用单根张拉，张拉时应按从中间向两边的顺序张拉，保证台座不承受过大的偏心力矩，确保张拉安全。钢绞线的张拉程序为：0 →初应力→σcon（持荷 2min 锚固）。张拉时预应力筋的断丝数量不能超过表 5-2 所列要求。

表 5-2　先张法预应力筋断丝限制

类别	检查项目	控制数
钢丝、钢绞线	同一构件内断丝数不得超过钢丝总数的	1%
钢筋	断丝	不容许

4. 操作程序

(1)调整预应力筋长度，使每根预应力筋受力均匀。

(2)初始张拉。施加 10%的张拉力，将预应力筋拉直，锚固端和连接器处拉紧，在预应力筋上选定适当的位置刻画标记，作为测量延伸量的基点。

(3)正式张拉。采用一端固定一段张拉的张拉方式，张拉顺序由中间向两侧对称进行，单根预应力筋张拉吨位不可一次拉至张拉应力。

(4)持荷。预应力筋张拉完成后，按规范要求持荷 2min，以减少钢丝锚固后的应力损失。

(5)锚固。补足或放松预应力筋的拉力至控制应力。测量、记录预应力筋的延伸量，并核对实测值与理论计算值，其误差应在±6%范围内，如不符合规定，则应找出原因及时处理。张拉满足要求后，锚固预应力筋，千斤顶回油至零。

(6)先张法预应力筋制作安装允许偏差及断丝数量限制。具体要求见表5-3、表5-4。

表5-3　先张法预应力筋制作安装允许偏差

项目		允许偏差(mm)
镦头钢丝同束长度相对差	束长＞20m	L/5000及5
	束长6～20m	L/3000
	束长＜6m	2
冷拉钢筋接头在同一平面的轴线偏差		2及1/10直径
力筋张拉后的位置与设计位置之间偏位		4%构件最短边长及5

表5-4　先张法预应力筋断丝限制

类别	检查项目	控制数
钢丝、钢绞线	同一构件内钢丝数不得超过钢丝总数的	1%
钢筋	断筋	不容许

5.1　预应力混凝土概述

为了充分利用高强度钢筋和高强度混凝土，避免钢筋混凝土结构裂缝的过早出现，在混凝土结构或构件承受使用荷载前，预先对受拉区施加压应力的混凝土就是预应力混凝土。预压应力用来减小或抵消荷载所引起的混凝土拉应力，从而将结构构件的拉应力控制在较小范围，甚至处于受压状态，以推迟混凝土裂缝的出现和开展，从而提高构件的抗裂性能和刚度。

5.1.1　预应力混凝土的现状

预应力混凝土广泛用于屋架、吊车梁、屋面板、空心板等大中小型预应力混凝土构件的制作，并且成功用于多高层建筑(现浇框架结构、楼板结构体系、整体预应力装配式板柱结构体系、大柱网结构)、大型桥梁、电视塔、筒仓、水池、大跨度薄壳、水工结构、海洋工程、核电站等整体或特种结构中；另外还可用于结构加固、旧房改造、土坡支护等。随着结构计算理论的日益成熟，预应力混凝土在现代结构中具有广阔的应用和发展前景。

5.1.2　预应力混凝土的特点

预应力混凝土的特点如下：

(1)抗裂性好，刚度大。

(2)节省材料，减小自重对大跨度和重荷载结构有着明显的优越性。

(3)提高构件的抗剪能力。

(4)提高受压构件的稳定性。如果对钢筋混凝土柱施加预应力，使纵向受力钢筋张拉得很紧，不但预应力钢筋本身不容易压弯，而且可以帮助周围的混凝土提高抵抗压弯的能力。

(5)提高构件的耐疲劳性能，对承受动荷载的结构来说是非常有利的。

(6)能扩大结构的使用功能(预制装配化程度)，综合效益好。

但预应力混凝土施工工艺较复杂，是技术较强的工种，对质量要求高；需要专门的设备，如张拉机具、灌浆设备等；预应力混凝土结构开工费用较大，对构件数量少的工程成本较高。

5.1.3 预应力混凝土的分类

预应力混凝土按施加预应力的大小分为全预应力混凝土、部分预应力混凝土；按施工方法分为预制预应力混凝土、现浇预应力混凝土、叠合预应力混凝土；按施加预应力的方法分为先张法预应力混凝土、后张法预应力混凝土；按预应力筋与混凝土的黏结状态分为有黏结预应力混凝土、无黏结预应力混凝土；按施加预应力的方式分为机械张拉预应力混凝土、电热张拉预应力混凝土。

5.1.4 预应力混凝土的新工艺

预应力混凝土新工艺现有电热先张法和热张法。采用电热先张法的特点是在模型外电热张拉钢筋，其目的是要在钢筋中建立要求和初始预应力，其值为 σ；σ 值同时也决定于所用钢筋的型号。采用热张法的特点是既不需要千斤顶，也不需要像电热法似的一套设备。只要在现场砌筑一座特殊设计的加热炉，将构件的应力钢筋的长度事先决定，放入条形的炉槽内进行加热至一定温度时将受热伸长的钢筋由槽中取出穿入构件，并按规定长度装上锚固设备，待钢筋逐渐冷却。

5.2 先张法预应力混凝土施工

先张法是在浇筑混凝土前先将预应力筋张拉到设计控制应力，用夹具临时固定在台座或钢模上，然后浇筑混凝土；待混凝土达到一定强度后，放松预应力筋，靠预应力筋与混凝土之间的黏结力或锚具使混凝土构件获得预压应力。先张法主要分为长线台座法（墩式和槽式）、短线台模法（机组流水和传送带生产法）两种，广泛用于中小型预制构件生产（见图 5－2）。

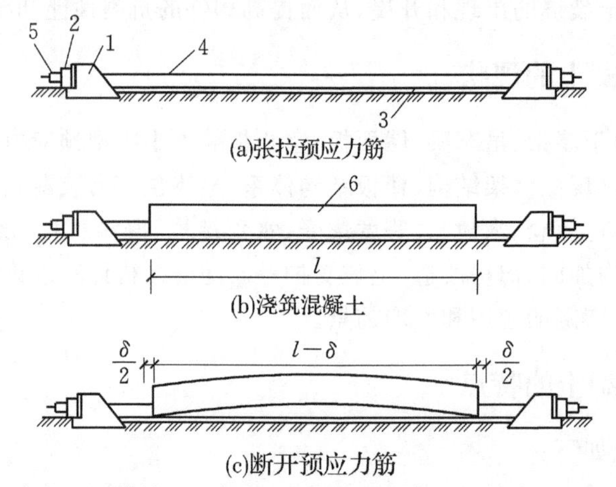

1—台座；2—横梁；3—台面；4—预应力钢筋；5—夹具；6—混凝土构件

图 5－2　先张法生产示意图

5.2.1 先张法预应力筋和张拉设备

1. 预应力筋

先张法预应力筋主要有钢丝（螺旋肋钢丝、刻痕钢丝）和钢绞线（1×3 钢绞线、1×7 钢绞线、标准型钢绞线、刻痕钢绞线)。

2.台座

台座是先张法生产的主要设备之一,承受预应力筋的全部张拉力。因此,台座应有足够的强度、刚度和稳定性。承载力要大,以免台座变形、倾覆、滑移而引起预应力值的损失。台座按构造不同分为墩式和槽式两类。选用时应根据构件的种类、张拉吨位和施工条件而定。

(1)墩式台座。墩式台座主要由承力台墩、台面、横梁构成,一般用于平卧生产的中小型构件,如屋架、空心板、平板等。台座尺寸由场地大小、构件类型和产量等因素确定。一般长度为100～150m,这样可利用预应力钢丝长的特点,张拉一次可生产多根构件,减少张拉及临时固定工作,又可减少因钢丝混动或台座横梁变形引起的应力损失。台座宽度约为2m,主要取决于构件的布筋宽度及张拉和浇筑是否方便。台座的承力大小每米宽为200～500kN。

在台座的端部应留出张拉操作用地和通道,两侧要有构件运输和堆放的场地。

①承力台墩。一般由现浇钢筋混凝土做成。台墩应有适合的外伸部分,以增大力臂而减少台墩自重。台墩应具有足够的强度、刚度和稳定性。

为了改善台墩的受力状态,提高台座承受张拉力的能力,可采用与台面共同工作的台墩。此时台墩倾覆点的位置,按理论计算应在混凝土台面的表面处,但考虑到台墩的倾覆趋势使得台面端部顶点出现局部应力集中和混凝土面抹面层的施工质量,因此,倾覆点的位置宜取在混凝土台面往下40～50mm处。

台墩的抗滑移验算,可按下式进行计算:

$$K_C=\frac{N_1}{N}\geqslant 1.30 \tag{5-1}$$

式中:K_c为抗滑移安全系数,一般不小于1.30;N_1为抗滑移力,对独立的台墩,由右侧壁土压力和底部摩阻力产生。

②台面。台面一般是在夯实的碎石垫层上浇筑一层厚度为60～100mm的混凝土而成,是预应力混凝土构建成型的胎模。当其与台墩共同工作时,其水平承载力F可按下式计算:

$$F=\frac{\varphi A f_c}{K_1 K_2}\geqslant N \tag{5-2}$$

式中:φ为轴心受压构件稳定系数,取1;A为台面载面面积;f_c为混凝土轴心抗压强度设计值;K_1为超载系数,取1.25;K_2为考虑台面载面不均匀和其他影响因素的附加安全系数,取1.5。

台面伸缩缝可根据当地温差和经验设置,一般约10m设置一道,也可采用预应力混凝土滑动台面,不留施工缝。

③横梁。台墩横梁一般用型钢制成,其挠度不应大于2mm,并不得产生翘曲。预应力筋的定位板必须安装准确,起挠度不大于1mm。

(2)槽式台座。槽式台座由端柱、传力柱(钢筋混凝土压杆)、柱垫、上下横梁和台面等组成,即可承受张拉力,又可作蒸汽养护槽,适用于张拉吨位较高的大型构件,如吊车梁、屋架等。槽式台座构造见图5-3。

槽式台座一般与地面相平,以便运送混凝土和蒸汽养护但需考虑地下水位和排水等问题。端柱、传力柱的断面必须平整,对接接头必须紧密;柱与柱垫连接必须牢靠。台座的长度一般不大于50m,宽度随构件外形及制作方式而定,一般不小于1m。

槽式台座需进行强度和稳定性计算,即抗倾覆性和承载力计算。端柱和传力柱的强度按钢筋混凝土节后偏心受压构件计算,端柱抗倾覆力矩由端柱、横梁自重力及部分张拉力组成。

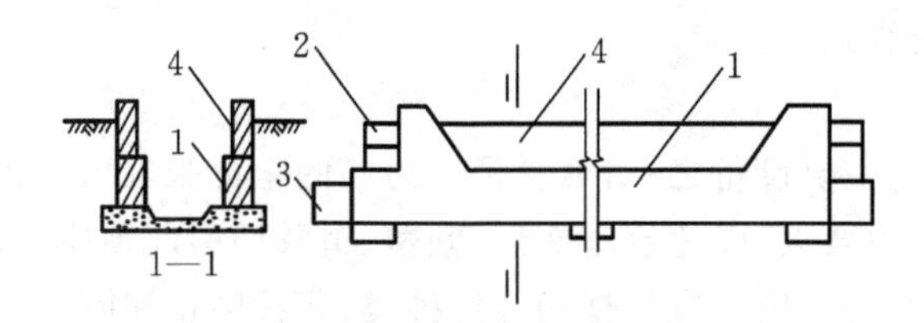

1—张拉端柱;2—砖墙;3—下横梁;4—上横梁;5—中间传力柱;6—柱垫

图 5-3　槽式台座构造示意

3. 张拉夹具及设备

(1)夹具。在先张法中,夹具是进行预应力筋张拉和临时锚固在台座上保持预应力筋张拉的工具,有张拉端夹具(称张拉夹具,简称夹具)和锚固端夹具(称锚固夹具,简称锚具)。根据工作方式不同分为支承式夹(锚)具和楔紧式夹(锚)具。

①镦头夹具。镦头夹具适用于具有镦粗头(热镦)的Ⅱ、Ⅲ、Ⅳ级单根带肋钢筋,也可用于冷镦的钢丝。常用于固定端用,夹持 ϕ7mm 钢丝。带肋钢筋镦头夹具的外形(见图 5-4)。夹具材料采用 45 号钢,热处理硬度 30~35HRC。另外,需要一个可转动的抓钩式连接头(材料采用 45 号钢,40~45HRC)。

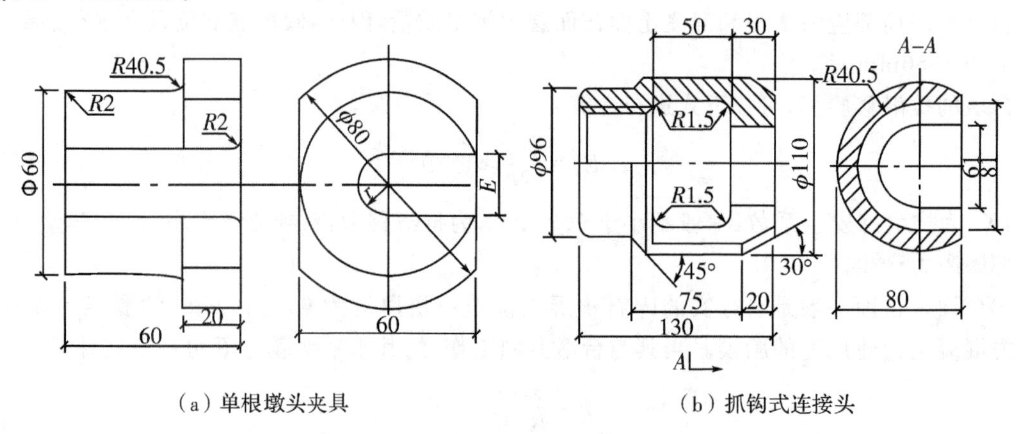

图 5-4　单根墩头夹具及张拉连接头

②夹片夹具。夹片夹具由套筒与夹片组成,夹片有二片、三片等。夹片夹具有固定端和张拉端夹具。圆套筒三片式夹具(见图 5-5),夹持直径为 12mm 与 14mm 的单根冷拔 II、III、IV 级钢筋,也可用于夹持单根的钢绞线,二片夹具的多用于夹持单根 ϕ5mm 钢丝。套筒与夹片均采用 45 号钢。套筒热处理硬度为 35~40HRC,夹片为 40~45HRC。

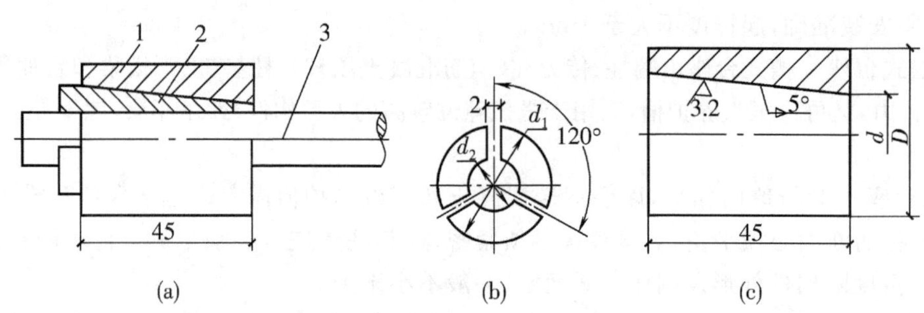

1—套筒;2—夹片;3—预应力钢筋

图 5-5　圆套筒三片式夹具

③圆锥齿板式夹具。即锥销夹具，用于夹持单根 ϕ4～5mm 的冷拔低碳钢丝和碳素钢丝，由套筒和锚塞(圆锥形带齿销子)组成(见图 5-6)。

(2)张拉设备。预应力筋张拉设备有电动螺杆张拉机、电动卷扬张拉机和液压千斤顶等，并应进行定期维护和标定。在先张法中，单根张拉可采用电动螺杆张拉机与电动卷扬张拉机。单根钢绞线张拉常用穿心式液压千斤顶。

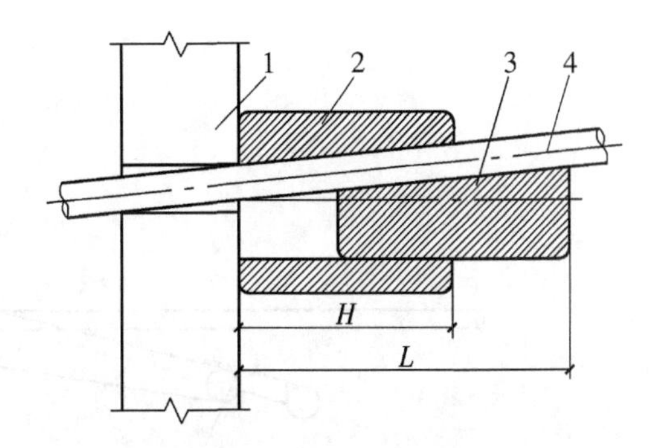

1—定位板；2—套筒；3—齿板；4—钢丝

图 5-6 圆锥齿板式夹具

①电动螺杆张拉机。电动螺杆张拉机主要适用于预制厂在长线台座上，张拉冷拔低碳钢丝。DL1 型电动螺杆张拉机构造(见图 5-7)，其工作原理为：电动机正向旋转时，通过减速箱带动螺母旋转，螺母即推动螺杆沿轴向向后运动张拉钢丝。弹簧测力计上装有计量标尺和微动开关，当张拉力达到要求数值时，电动机能够自动停止转动，锚固好钢丝后，使电动机反向旋转，螺杆机向前运动放松钢丝，完成张拉操作。其最大张拉力为 10kN，最大张力行程 780mm，张拉速度 2m/min，适于 ϕ^b3 ～ϕ^b5 的钢丝张拉。为了便于张拉和位移，常将其装在带轮的小车上。

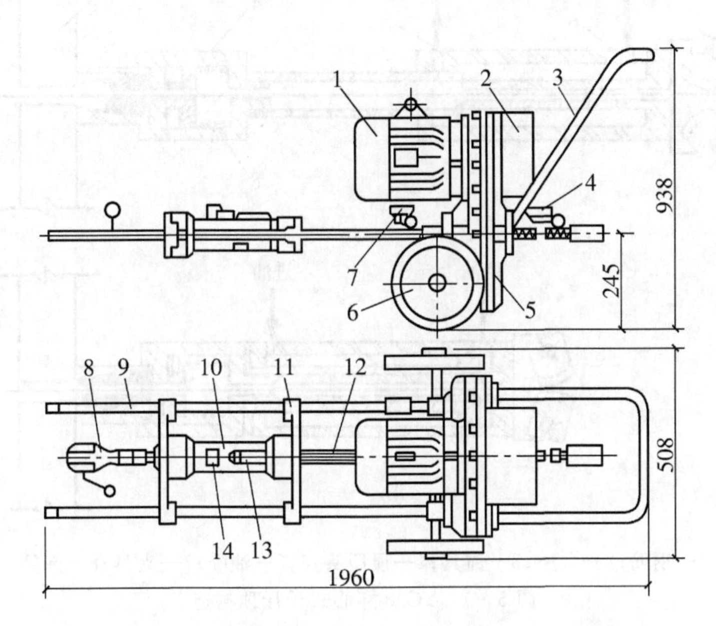

1—电动机；2—配电箱；3—手柄；4—前限位开关；5—减速箱；6—胶轮；7—后限位开关；8—钢丝钳；9—支撑杆；10—弹簧测力计；11—滑动架；12—梯形螺杆；13—计量标尺；14—微动开关

图 5-7 DL_1 型电动螺杆张拉机构造

②电动卷扬张拉机。电动卷扬张拉机主要用在长线台座上张拉冷拔低碳钢丝，常用 LYZ—1 型电动卷扬机最大张拉力 10kN，张拉行程 5m，张拉速度2.5/min，电动机功率0.75kW。该机型号分为 LYZ—1A 型(支撑式)和 LYZ—1B(夹轨式)两种，B 型适用于固定式大型预制场地，左右移动轻便、灵活、动作快、生产效率高。A 型适用于多处预制场地，移动变换场地方便(见图 5-8)。

③穿心式千斤顶。穿心式千斤顶有一个穿心孔，是利用双液压缸张拉预应力筋和顶压锚具

的双作用式千斤顶。既适用于张拉带JM型锚具的钢筋束或钢绞线束,配上撑脚与拉杆后,也可作为拉杆式穿心千斤顶。YC20穿心式千斤顶构造见图5-9。

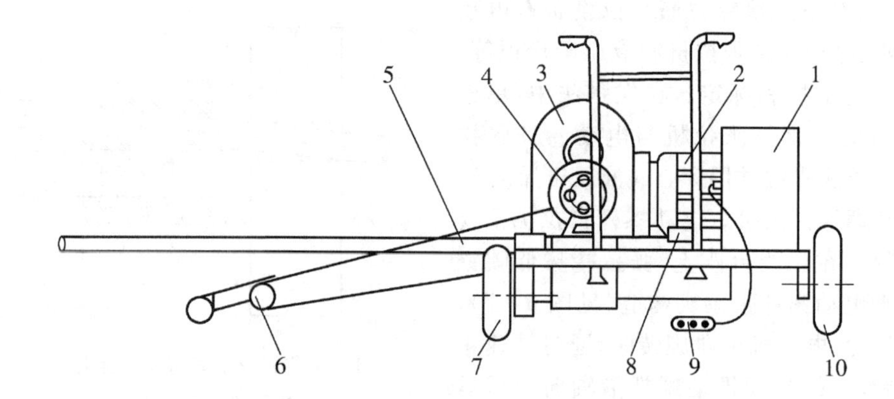

1—电气箱;2—电动机;3—减速箱;4—卷筒;5—撑杆;6—夹钳;7—前轮;8—测力计;9—开关;10—后轮

图5-8 LYZ—1A型张拉机

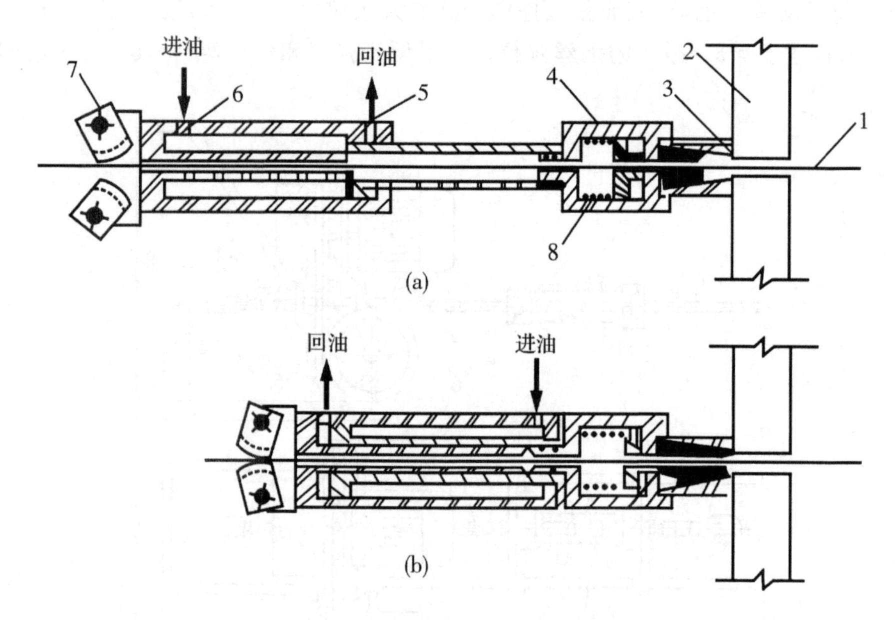

1—钢筋;2—台座;3—锚具;4—顶压头;5、6—油嘴;7—夹具;8—弹簧

图5-9 YC20穿心式千斤顶构造

5.2.2 先张法预应力混凝土施工工艺

先张法预应力混凝土施工的一般工艺流程见图5-10。

1. 预应力筋铺设

为了便于预应力构件的脱模,台座的台面和模板应涂刷隔离剂。同时在台面上每隔一定距离放一根定位钢筋或相当于保护层厚度的其他垫块,以防止预应力筋因自重而下垂,破坏隔离剂,沾污预应力筋。预应力钢丝可用牵引车铺设,钢丝需要接长,可借助钢丝拼接器用20~22号铁丝密排绑扎搭接。绑扎长度:螺旋肋钢丝不小于$45d$(d为钢丝直径)、刻痕钢丝不小于$80d$,钢丝搭接长度应比绑扎长度大$10d$。

2.预应力筋的张拉

预应力筋的张拉通常采用单根或多根成组张拉的方法，并严格按照张拉顺序和张拉程序进行。对于预制空心板的张拉顺序是先中间一根，后向两边对称张拉；梁左右对称进行张拉，若梁顶预拉区有预应力筋，应先张拉。张拉程序是指预应力筋由初始应力达到控制应力的加载过程和方法。

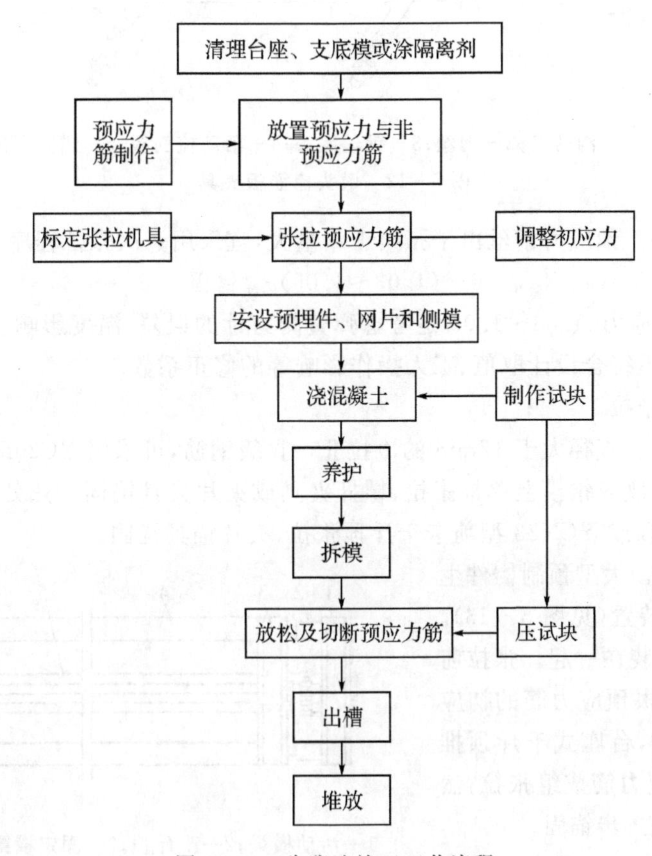

图5-10 先张法施工工艺流程

(1)预应力钢丝张拉。

①单根钢丝张拉。冷拔钢丝可采用10kN电动螺杆张拉机或电动卷扬张拉机单根张拉，弹簧测力计测力，锥销式夹具锚固(见图5-11)。刻痕钢丝可采用20～30kN电动卷扬张拉机单根张拉，优质锥销式夹具锚固。

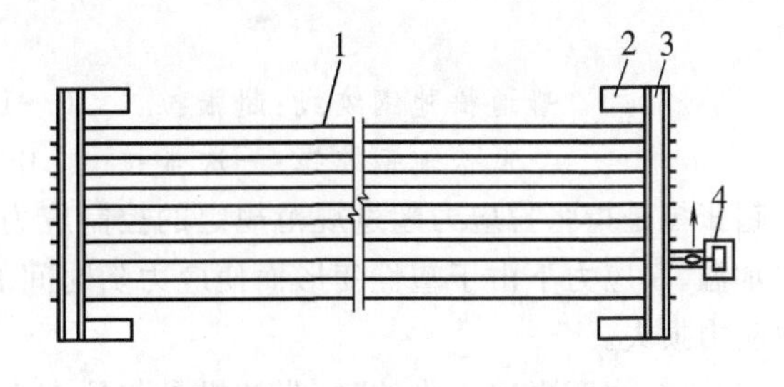

1—冷拔低碳钢丝；2—台墩；
3—钢横梁；4—电动卷扬张拉机

图5-11 电动卷扬机张拉单根钢丝

②成组钢丝张拉。在预制厂以机组流水法或传送带生产预应力多孔板时，还可以在钢模上用墩头梳筋板夹具成批张拉(见图5-12)。钢丝两端镦粗，一端卡在固定梳筋板上，另一端卡在张拉端的活动梳筋板上。用张拉钩钩住活动梳筋板，再通过连接套筒将张拉钩和拉杆式千斤顶连接，即可张拉。

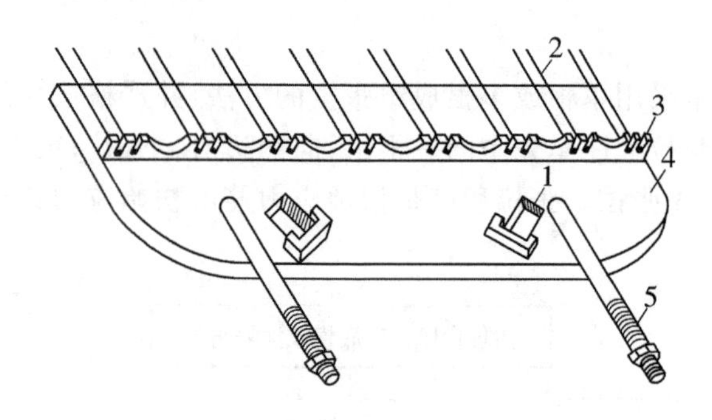

沟槽口;2—钢丝;3—钢丝墩头;4—活动梳筋板;5—锚固螺栓

图 5-12　墩头梳筋板夹具

③钢丝张拉程序。预应力钢丝由于张拉工作量大,宜采用一次张拉程序。

$$0 \rightarrow (1.03 \sim 1.05)\sigma_{con} \text{锚固}$$

其中,σ_{con}为张拉控制应力,1.03～1.05 是考虑弹簧测力计的误差、温度影响、台座横梁或定位板刚度不足、台座长度不符合设计取值、工人操作影响等的修正系数。

(2)预应力钢筋张拉。

①单根钢筋张拉。直径大于 12mm 的冷拉Ⅱ～Ⅳ级钢筋,可采用 YC20D、YC60 或 YL60 型千斤顶在双横梁式台座或钢模上单根张拉,螺杆夹具或夹片夹具锚固。热处理钢筋或钢绞线宜采用 YC20D 型千斤顶或 YCN23 型前卡千斤顶张拉,夹片锚具锚固。

②成组钢筋张拉。大型预制构件生产时,可采用三横梁装置(见图 5-13)。千斤顶与活动横梁组装在一起。张拉前应调整初应力,使每根预应力筋的初应力均匀一致。张拉时,台座式千斤顶推动活动横梁带动预应力筋成组张拉,然后用螺母或 U 型垫块逐步锚固。

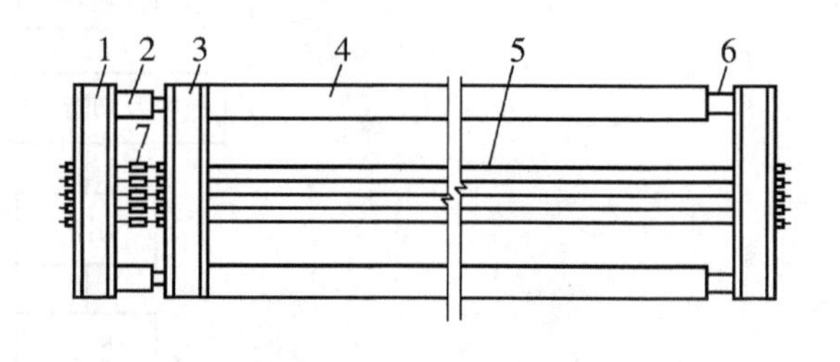

1—活动横梁;2—千斤顶;3—固定横梁;4—槽式台座;
5—预应力筋;6—放张装置;7—连接器

图 5-13　三横梁式成组张拉装置

③钢筋张拉程序。为了减少应力松弛损失,预应力钢筋宜采用超张拉程序。

普通松弛钢绞线:超张拉　　$0 \rightarrow 1.05\sigma_{con}$ 持荷 2min$\rightarrow \sigma_{con}$ 锚固

低松弛钢绞线:一次张拉　　$0 \rightarrow \sigma_{con}$ 锚固

超张拉是指张拉应力超过规范规定的控制应力值,目的是为了减少应力松弛损失。因为钢筋在常温、高应力下由于塑性变形而使应力随时间的延续而降低,持荷 2min 可减少 50%以上的松弛应力损失。

(3)张拉注意事项。张拉时,张拉机具与预应力筋应在一条直线上。顶紧锚塞时,用力不要过猛,以防止钢丝折断;在拧紧螺母时,应注意压力表度数始终保持所需要的张拉力。预应力筋张拉完毕后,与设计位置的偏差不得大于 5mm,也不得大于构建截面最短边长的 4%。在张拉过程中发生断丝或滑脱时,应予以更换。台座两段应有防护措施。张拉时沿台长度方向每隔 4～5m 放一个防护架,两端严禁站人,也不准许进入台座。

(4)预应力值校核。预应力钢筋的张拉力,一般用伸长值校核。张拉时预应力筋的理论伸长值与实际伸长值的误差在−5%～+10%范围内是允许的。钢绞线的实际伸长值与理论伸长值

的相对允许偏差为 ±6%。预应力钢丝张拉时伸长值不作校核。钢丝张拉锚固后应采用钢丝内力测定仪检查钢丝的预应力值，其偏差不得大于或小于设计规定相应阶段预应力值的 5%。

3. 混凝土的浇筑与养护

混凝土应一次浇筑完，混凝土强度等级不低于 C30。为了防止较大徐变和收缩，应选择收缩变形小的水泥，水灰比不大于 0.5，级配应良好。浇筑时，防止碰撞和踩踏钢丝。振捣应密实，特别是端部的混凝土。为减少应力损失，可采用自然养护或湿热养护。对非钢模台座生产，采取二次升温养护（开始温差与张拉时温差不超过 20℃，混凝土达到 7.5～10MPa 后按正常速度升温）。

4. 预应力筋放张

(1)放张要求。预应力筋放张时，混凝土强度应符合设计要求；如设计无规定时，不应低于强度等级的 75%。

(2)放张顺序。预应力筋的放张顺序应符合设计要求；如设计无规定，对轴心受预压力的构件（如拉杆、桩等），所有预应力筋应同时放张；对偏心受预压力的构件（如梁等），应先同时放张预压力较小区域的预应力筋，再同时放张预压力较大区域的预应力筋；如不能满足上述要求时，应分阶段、对称、交错的放张，以防止在放张过程中构件产生弯曲、裂纹和预应力筋断裂等现象。

(3)放张方法。放张前，应拆除侧模，使放张时构件能自由压缩，否则将损坏模板或使构件开裂。预应力筋的放张工作，应缓慢进行，防止冲击。

对预应力筋为钢丝或细钢筋的板类构件，放张时可直接用钢丝钳或氧—乙炔焰切割，并宜从生产线中间处切断，以减少回弹量，且有利于脱模。对每一块板，应从外向内对称放张，以免构件扭转两端开裂。对预应力筋为数量较少的粗钢筋的构件，可采用氧—乙炔焰在烘烤区轮换加热每根粗钢筋，使其同步升温，此时钢筋内力徐徐下降，外形慢慢伸长，待钢筋出现颈缩，即可切断。此法应采取隔热措施，防止烧伤构件端部混凝土。

对预应力筋配置较多的构件，不允许采用剪断或割断等方法突然放张，以避免最后放张的几根预应力筋产生过大的冲击而断裂，致使构件端部开裂。为此应采用千斤顶或在台座与横梁之间设置砂箱和楔块或在准备切割的一端先浇筑一块混凝土块（作为切割时冲击力的缓冲体，使构件不受或少受冲击）进行缓慢放张。

用千斤顶逐根放张，应拟定合理的放张顺序并控制每一循环的放张力，以免构件在放张过程中受力不均。防止先放张的预应力筋引起后放张的预应力筋内力增大，而造成最后几根拉不动或拉断。在四横梁长线台座上，也可用台座式千斤顶推动拉力架逐步放大螺杆上的螺母，达到整体放张预应力筋的目的。

采用砂箱放张方法，在预应力筋张拉时，箱内砂被压实，承受横梁的反力，预应力筋放张时，将出砂口打开，砂慢慢流出，从而使整批预应力筋徐徐放张。此放张方法能控制放张速度，工作可靠、施工方便，可用于张拉力大于 1000kN 的先张法预应力钢筋放张。

采用楔块放张时，旋转螺母使螺杆向上运动，带动楔块向上移动，钢块间距变小，横梁向台座方向移动，从而同时放张预应力筋。楔块放张一般用于张拉力不大于 300kN 的情况。

5.3 后张法预应力混凝土施工

后张法预应力混凝土分为有黏结预应力混凝土和无黏结预应力混凝土两种。后张法有黏结预应力混凝土是指先制作构件（或块体），并在放置预应力筋的位置预留出相应的孔道，待混凝土达到一定强度（≥75%），将预应力筋穿入孔道中并进行张拉，然后用锚具将预应力筋锚固在构件上，最后进行孔道灌浆。将预应力筋承受的张拉力通过锚具直接传递给混凝土构件，使混凝土产生预压应力。而后张法无黏结预应力混凝土是不留孔道，直接铺设无黏结预应力筋，无需孔道灌浆。

后张法不需要台座设备，大型构件可分块制作，运到现场拼装，利用预应力筋连成整体（见图5-14）。因此，后张法灵活性大，但工序较多，锚具耗量较大。

5.3.1 后张法预应力筋和张拉设备

1.预应力筋

后张法无黏结预应力筋采用消除应力光面钢丝、1×7钢绞线、精轧螺纹钢筋和热轧HRB400、RRB400级钢筋等。预应力钢丝有普通松弛钢丝和低松弛钢丝。预应力钢绞线有标准型钢绞线和模拔型钢绞线。可归纳为三种类型，即钢丝束、钢绞线束（钢筋束）和单根粗钢筋。钢丝束是由10余根或几十根钢丝组成一束。钢绞线束（钢筋束）是由3～6根直径ϕ12mm钢筋组成。单根粗钢筋一般是ϕ12～ϕ40mm的HRB335、HRB400、RRB400级钢筋。

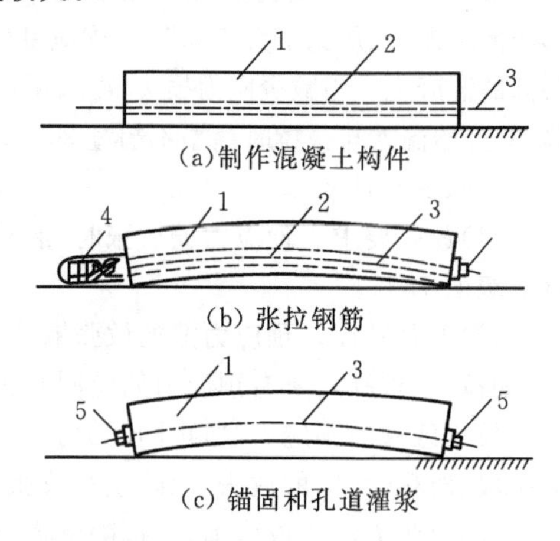

1—混凝土构件；2—预留孔道；3—预应力筋；4—千斤顶；5—锚具

图5-14 后张法生产示意图

2.锚具

锚具是后张法结构或构件中为保持预应力筋拉力并将其传递到混凝土上用的永久性锚固装置；通常由若干个机械部件组成。锚具的类型很多，按锚固方式分为夹片式（单孔或多孔）、支承式（镦头、螺母锚具）、锥塞式（钢质锥形）、握裹式（挤压、压花锚具）等；按锚固预应力筋不同分为单根钢筋锚具、钢绞线（或钢筋束）锚具和钢丝束锚具。

锚具应有良好的自锚和自锁功能。所谓自锚是指锚具锚固后，使预应力筋在拉力作用下回缩时能带动锚塞（或夹片）在锚环中自动楔紧而达到可靠锚固预应力筋的能力。所谓自锁是指锚具锚固时，将锚塞（或夹片）顶压塞紧在锚环内而不致自行回弹脱出的能力。

(1)单根钢筋锚具。

①螺丝端杆锚具。螺丝端杆锚具由螺丝端杆、螺母及垫板组成（见图5-15），是单根预应力粗钢筋张拉端常用的锚具。此锚具也可作先张法夹具使用，电热张拉时也可采用。

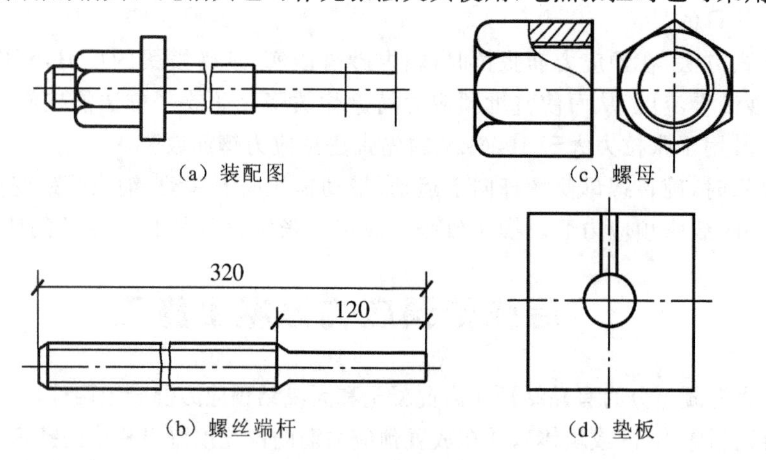

图5-15 螺丝端杆锚具

②帮条锚具。帮条锚具由衬板和三根帮条焊接而成(见图 5－16),是单根预应力粗钢筋固定端用锚具。帮条采用与预应力钢筋同级别的钢筋。帮条安装时,三根帮条应互成 120°。其与衬板相接触的截面应在一个垂直平面上,以免受力时产生扭曲。帮条的焊接可在预应力钢筋冷拉前或冷拉后进行,施焊方向应由里向外,引弧及熄弧均应在帮条上,严禁在预应力钢筋上引弧和将地线搭在预应力钢筋上。

③精轧螺纹钢筋锚具。精轧螺纹钢筋锚具由螺母和垫板组成,并配有连接器,螺母和垫板有锥面和平面形式;适用于直接锚固直径 25mm 和 32mm 的高强精轧螺纹钢筋。

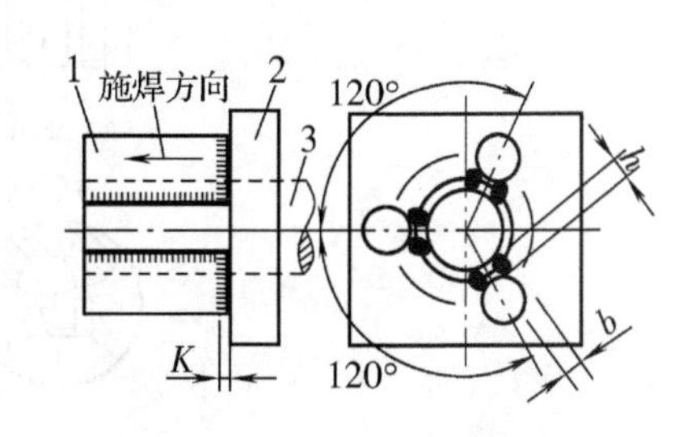

1—帮条;2—衬板;3—预应力筋

图 5－16　帮条锚具

(2)预应力钢绞线(或钢筋束)锚具。

①单根钢绞线锚具。单根钢绞线锚具由锚环与夹片组成。夹片的形状为三片式(见图 5－5),斜角度为 4°～5°。夹片的尺寸为“短牙三角螺纹”,这是一种齿顶较宽,齿高较矮的特殊螺纹,强度高、耐腐性强。该锚具适用于锚固直径 12mm 和 15mm 的钢绞线,也可用作先张法夹具。锚具尺寸按钢绞线直径而定。

②KT－Z 型锚具(可锻铸铁锥形锚具)。KT－Z 型锚具由锚环与锚塞组成(见图 5－17);适用于锚固 3～6 根直径 12mm 的冷拉螺纹钢筋与钢绞线束。锚环与锚塞均用可锻铸铁铸造成型。

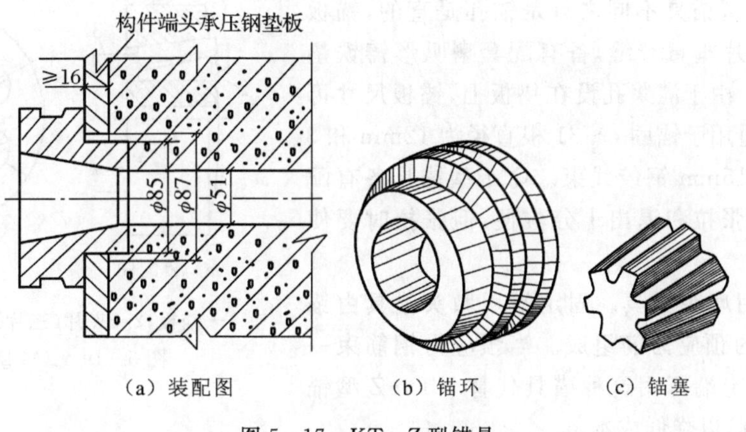

(a) 装配图　(b) 锚环　(c) 锚塞

图 5－17　KT－Z 型锚具

③JM 锚具。JM 锚具由锚环和夹片组成(见图 5－18)。锚环是单孔的,夹片属于分体组合型,组合起来形成一个整体锥形楔块,可以锚固多根预应力筋。锚固时,用穿心式千斤顶张拉钢筋后随即顶紧夹片。其特点是尺寸小、端部不需扩孔,锚具构造简单,但对吨位较大的锚固不能使用。其中,JM－12 锚具主要用于锚固 3～6 根直径为 12mm 钢筋束和 4～6 根直径 12～15mm 钢绞线束,也可兼作工具锚使用,但以使用专用工具锚为好。JM 型锚具根据所锚固的预应力筋的种类、强度及外形的不同,其尺寸、材料、齿形及硬度等有所差异,使用时应注意。

④XM 型锚具。XM 型锚具由锚板和夹片组成(见图 5－19)。锚板尺寸由锚孔数确定,锚孔沿锚板圆周排列,中心线倾角 1∶20,与锚板顶面垂直。夹片均为分斜开缝二片式。沿轴向的偏转角与钢绞线的扭角相反。该锚具适用于锚固 1～12 根直径为 15 钢绞线,也可用于锚固钢丝束。其特点是每根钢绞线都是分开锚固的,任何一根钢绞线的锚固失效(如钢绞线拉断、夹片碎裂等),不会引起整束锚固失效。XM 型锚具可用作工具锚和工作锚,当用于工具锚时,在夹片和

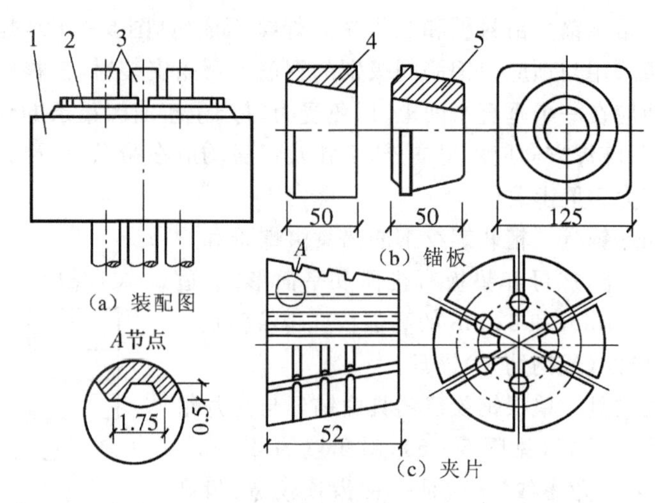

1—锚环;2—夹片;3—预应力筋或钢绞线;4—圆锚环;5—方锚环

图 5-18 JM 型锚具

锚板之间涂抹一层固体润滑剂(如石墨、石蜡等),以利夹片松脱。用于工作锚时,具有连续反复张拉的功能,可用行程不大的千斤顶张拉任意长度的钢绞线。

⑤QM 型锚具。QM 型锚具也是由锚板与夹片组成,但与 XM 型锚具不同之点是锚孔是直的,锚板顶面是平的,夹片垂直开缝,备有配套喇叭形铸铁垫板与弹簧圈等。由于灌浆孔设在垫板上,锚板尺寸可稍小。该锚具适用于锚固 4～31 根直径为 12mm 和 3～19 根直径为 15mm 钢绞线束。QM 型锚具备有配套自动工具锚,张拉和退出十分方便,但张拉时要使用配套限位器。

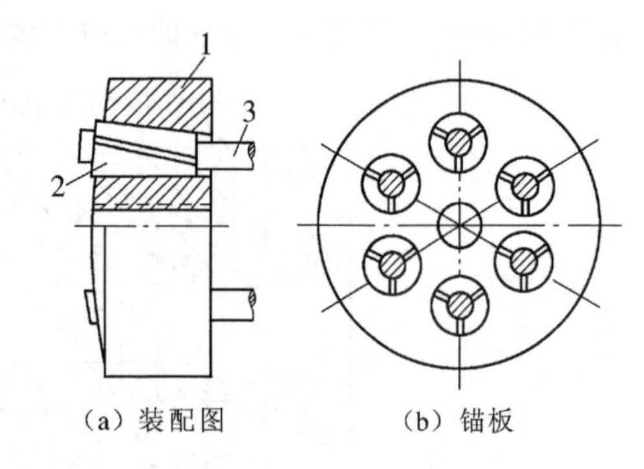

1—锚板;2—夹片(三片);3—钢绞线

图 5-19 XM 型锚具

⑥固定端用墩头锚具。固定端用墩头锚具由锚固板和带墩头的预应力筋组成。当预应力钢筋束一端张拉时,在固定端可用这种锚具代替 KT-Z 型锚具或 JM 型锚具,以降低成本。

另外,固定端锚具还可用挤压锚具和压花锚具等。

(3)预应力钢丝束锚具。

①锥形螺杆锚具。锥形螺杆锚具由锥形螺杆、套筒、螺母、垫板组成(见图 5-20);适用于锚固 14～28 根直径为 5mm 钢丝束。使用时,先将钢丝束均匀整齐地紧贴在螺杆锥体部分,然后套上套筒,用拉杆式千斤顶使端杆锥体通过钢丝挤压套筒,从而锚紧钢丝。由于锥形螺杆锚具不能自锚,必须事先加力顶压套筒才能锚固钢丝。锚具的预紧力取张拉力的 120%～130%。

②镦头锚具。该锚具适用于锚固任意根数直径为 5mm 与 7mm 钢丝束。镦头锚具的型号与规格,可根据需要自行设计。常用的镦头锚具为 A 型和 B 型(见图 5-21)。A 型由锚环与螺母组成,用于张拉端;B 型为锚板,用于固定端,利用钢丝两端的墩头进行锚固。锚环与锚板采用 45 号钢制作,螺母采用 30 号钢或 45 号钢制作。锚环与锚板上的孔数由钢丝根数而定,孔洞间距应力求准确,尤其要保证锚环内螺纹一面的孔距准确。钢丝镦头要在穿入锚环或锚板后进行,镦头采用镦头机冷镦成型。镦头的头型分为鼓型和蘑菇型两种。镦头锚具构造简单、加工容易、

锚固可靠、施工方便，但对下料长度要求较严。

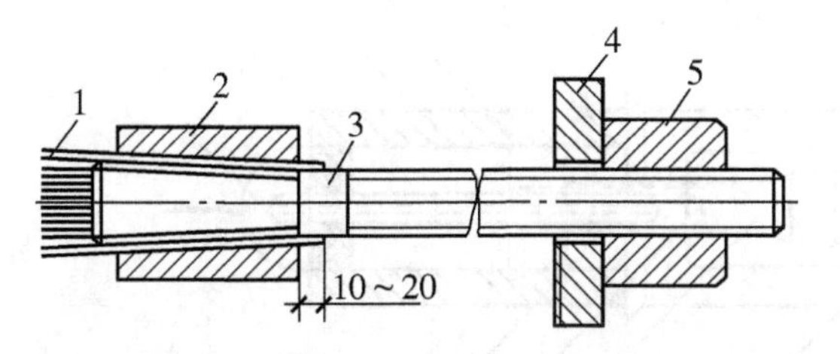

1—碳素钢丝；2—套筒；3—锥形螺杆；
4—垫板；5—螺母

图5-20 锥形螺杆锚具

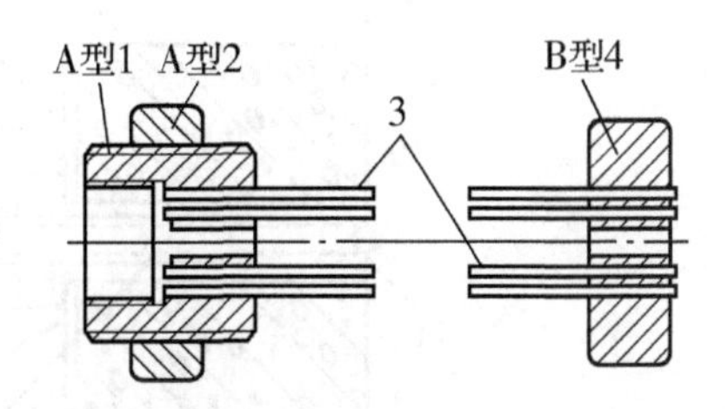

1—锚环；2—螺母；3—钢丝束；4—锚板

图5-21 钢丝束镦头锚具

③钢质锥型锚具(又称弗氏锚具)。钢质锥型锚具由锚环和锚塞组成(见图5-22)。适用锚固6根、12根、18根与24根直径为5mm或7mm的钢丝束。锚环采用45号钢制作，锚塞采用45号钢或T7、T8碳素工具钢制作。锚环与锚塞的锥度应严格保证一致。锚环与锚塞配套时，锚环锚形孔与锚塞的大小头只允许同时出现正偏差或负偏差。钢质锥形锚具尺寸按钢丝数量确定。

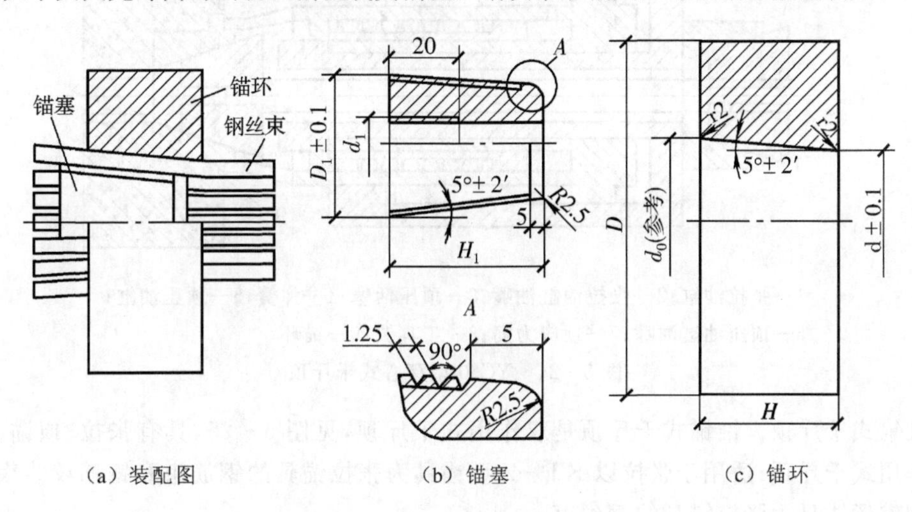

(a) 装配图 (b) 锚塞 (c) 锚环

图5-22 钢质锥型锚具

3.张拉设备

在后张法预应力混凝土施工中，采用液压千斤顶进行张拉，并配有高压油泵和外接油管。液压千斤顶按机型不同分为拉杆式千斤顶、穿心式千斤顶、锥锚式千斤顶和台座式千斤顶；按功能分为单作用式和双作用式千斤顶；按张拉吨位大小分为小吨位(≤250kN)、中吨位(>250kN，<1000kN)和大吨位(≥1000kN)千斤顶；此外，还有前置内卡式千斤顶和大孔径穿心式千斤顶。

①拉杆式千斤顶。拉杆式千斤顶适用于张拉以螺丝端杆锚具的粗钢筋，张拉以锥形螺杆锚具为张拉锚具的钢丝束，张拉式千斤顶的构造及工作过程见图5-23。

②穿心式千斤顶。穿心式千斤顶是双作用式千斤顶，主要有YC20、YC20D、YC60和YC120型千斤顶等。YC60型穿心式千斤顶适用于张拉各种形式的预应力筋，是目前预应力混凝土施工中应用最为广泛的张拉机械(见图5-24)。YC60型穿心式千斤顶加装撑脚、张拉杆和连接器后，可以张拉以螺丝端杆为张拉锚具的张拉粗钢筋，也可张拉以锥形螺杆锚具和DM5A型镦头锚具为张拉锚具的钢丝束。YC60型穿心式千斤顶增设顶压分束器，可以张拉以KT－Z型锚具为张拉锚具的钢筋束和钢绞线束。

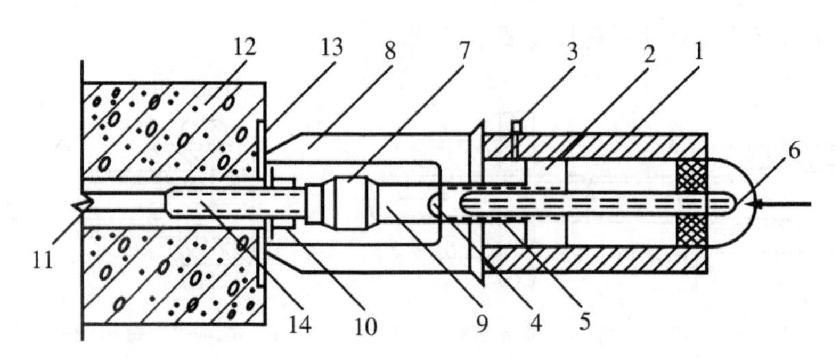

1—主缸；2—主缸活塞；3—主缸油嘴；4—副缸；5—副缸活塞；6—副缸油嘴；7—连接器；8—顶杆；
9—拉杆；10—螺母；11—预应力筋；12—混凝土构件；13—预埋钢板；14—螺丝端杆

图 5－23　拉杆式千斤顶

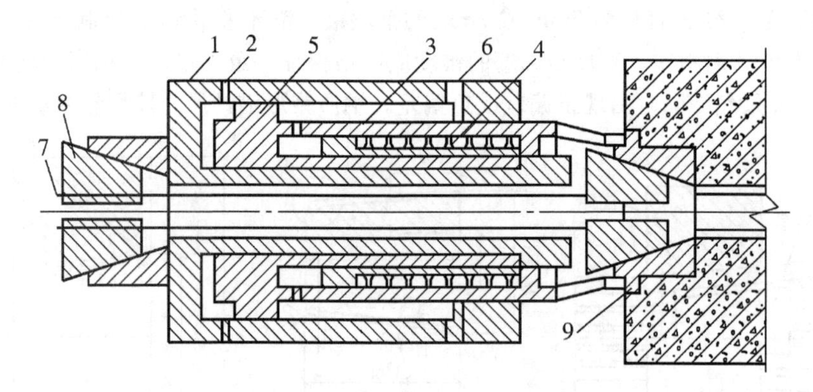

1—张拉油缸；2—张拉油缸油嘴；3—顶压活塞；4—弹簧；5—顶压油缸；
6—顶压油缸油嘴；7—预应力筋；8—工具锚；9—锚环

图 5－24　YC60 型穿心式千斤顶

③锥锚式千斤顶。锥锚式千斤顶是双作用式千斤顶，见图 5－25，具有张拉、顶锚和退楔功能的三作用式千斤顶；适用于张拉以 KT—Z 型锚具为张拉锚具的钢筋束和钢筋绞线束，也可张拉以钢制锥形锚具为张拉锚具的钢丝束。

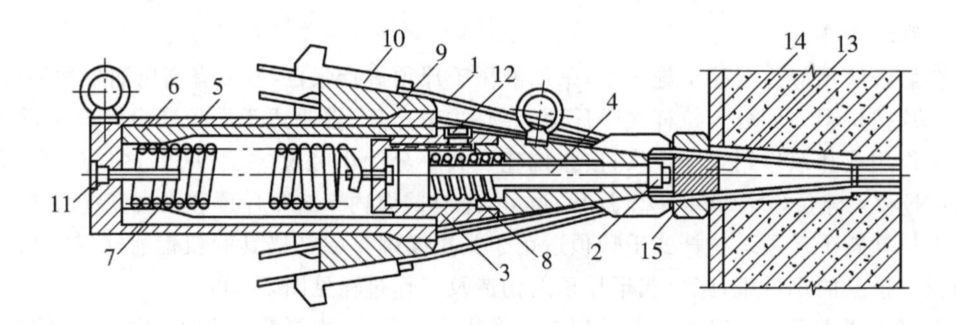

1—预应力筋；2—预压头；3—副缸；4—副缸活塞；5—主缸；6—主缸活塞；7—主缸拉力弹簧；8—副缸压力弹簧；
9—锥形卡环；10—楔块；11—主缸油嘴；12—副缸油嘴；13—锚塞；14—构件；15—锚环

图 5－25　锥锚式千斤顶

5.3.2 后张法有黏结预应力混凝土施工工艺

后张法有黏结预应力混凝土施工的一般工艺流程见图5-26。

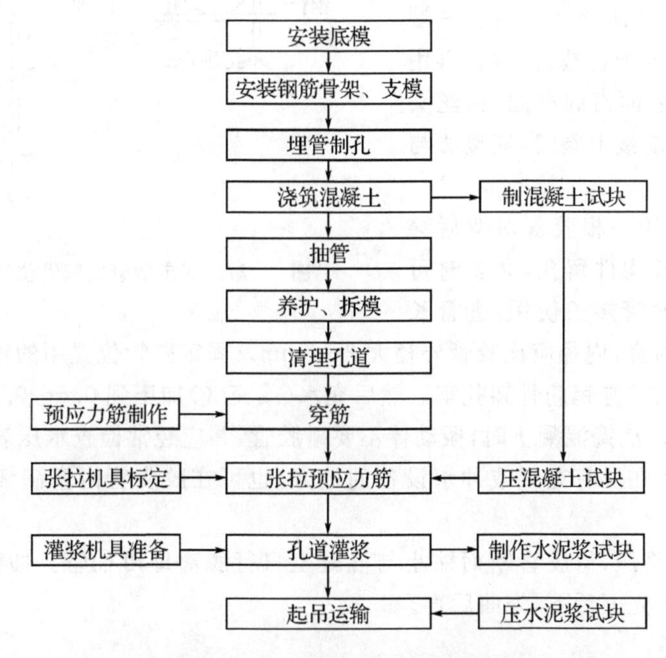

图5-26 后张法施工工艺流程

1.预留孔道

预应力筋的孔道形状有直线、曲线和折线三种。孔道的直径与布置，主要根据预应力混凝土构件或结构的受力性能，并参考预应力筋张拉锚固体系的特点与尺寸确定。

预应力筋孔道可采用预埋金属螺旋(波纹)管法、钢管抽芯法和胶管抽芯法等方法成型。对孔道成型的基本要求如下:孔道的尺寸与位置应正确，孔道应平顺，接头不漏浆，端部预埋钢板应垂直于孔道中心线等。孔道成型的质量对孔道摩阻损失的影响较大，应严格把关。

(1)预埋螺旋(波纹)管法。预埋螺旋(波纹)管有金属和塑料两种，是采用薄钢带经压波后螺旋咬合或由塑料而成;具有重量轻、刚度好、弯折方便、连接容易、与混凝土黏结良好等优点，可做成直线、曲线和折线等各种形状的预应力筋孔道，是现代后张预应力筋孔道成型用的理想材料。金属螺旋管(波纹管)按波纹数量分为单波和双波;按截面形状分为圆形和扁形;按径向刚度分为标准型和增强型。圆形的内径为40～120mm，长4～6m，用接头管(长200～300mm)接长，密封胶带或塑料热缩管封裹。安装固定时，将钢筋支托焊在箍筋上支托间距0.8～1.2m，箍筋底部用垫块垫牢，用铁丝绑牢螺旋管。

(2)钢管抽芯法。钢管抽芯用于直线孔道留设。钢管表面必须圆滑，预埋前应除锈、刷油，如用弯曲的钢管，转动时会沿孔道方向产生裂缝，甚至塌陷。在构件中每隔1.0～1.5m用钢筋井字架将钢管固定(见图5-27)，并与钢筋骨架扎牢。两根钢管接头处可用0.5mm厚铁皮做成长300～400mm的套管进行连接，套管内表面要与钢管外表面紧密结合，以防漏浆堵塞孔道。钢管一端钻16mm的小孔，以备插入钢筋棒，转动钢管。抽管前应每隔10～15min转管一次。如发现表面混凝土产生裂纹，应用铁抹子压实抹平。

(3)胶管抽芯法。留孔用胶管采用5～7层帆布夹层、壁厚6～7mm的普通橡皮管，可用于直线、曲线或折线孔道。使用前，把胶管一头密封，勿使漏水漏气。密封的方法是将胶管一端外表面削去1～3层胶皮及帆布，然后将外表面带有粗丝扣的钢管（钢管一端用铁板密封焊牢）插入胶管端头孔内，再用20号铅丝在胶管外表面密缠牢固，铅丝头用锡焊牢，胶管另一端接上阀门，其接法与密封基本相同。

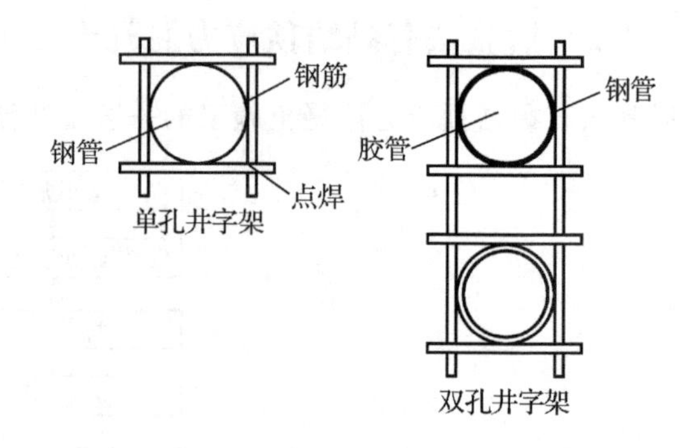

图5-27　固定钢管或胶管位置用的井字架

短构件留孔，可用一根胶管对弯后穿入两个平行孔道。长构件留孔，必要时可将两根胶管用铁皮套管接长使用，套管长度以400～500mm为宜，内径应比胶管外径大2～3mm。固定胶管位置用的钢筋井字架，一般每隔600mm放置一个，并与钢筋骨架扎牢。然后充水（或充气）加压到0.6～0.8MPa，此时胶皮管直径可增大约3mm。浇捣混凝土时，振动棒不要碰胶管，并应经常检查水压表的压力是否正常，如有变化必须补压。在没有充气或冲水设备的地方，也可在胶皮管内塞满细钢筋，能收到同样效果。

抽管前，先放水降压，待胶管断面缩小与混凝土自行脱离即可抽管。抽管时间比抽钢管略迟。抽管顺序一般为先上后下，先曲后直。

2.预应力筋制作

预应力筋的制作，对钢丝、钢绞线、热处理钢筋及冷拉Ⅳ级钢筋一般采用砂轮锯或切断机切断下料，不能用电弧切割。预应力筋下料在冷拉后进行。预应力的下料长度主要根据所用的预应力钢材品种、锚（夹）具形式及生产工艺等确定，并经计算确定。计算时应考虑结构的孔道长度、锚夹具厚度、千斤顶长度、焊接接头或镦头的预留量、冷拉伸长率、弹性回缩值、张拉伸长值等。

（1）钢丝束下料长度。

①采用钢质锥形锚具，以锥锚式千斤顶张拉（见图5-28）时，钢丝的下料长度L为：

两端张拉　$$L=l+2(l_1+l_2+80) \qquad (5-3)$$

一端张拉　$$L=l+2(l_1+80)+l_2 \qquad (5-4)$$

式中：l为构件孔道长度；l_1为锚环厚度；l_2为千斤顶分丝头至卡盘外端距离，对YZ85型千斤顶为470mm。

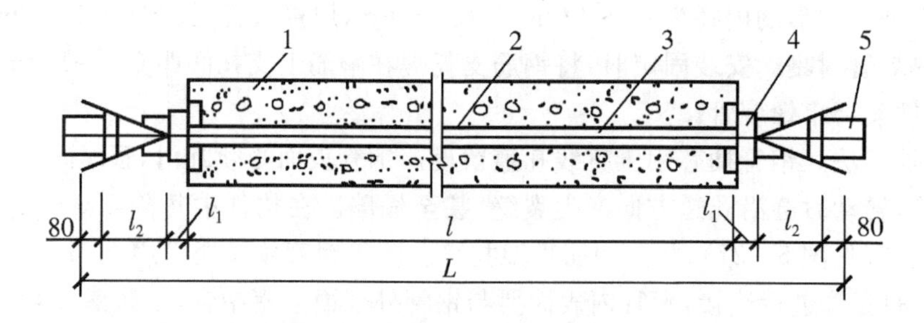

1—混凝土构件；2—孔道；3—钢丝束；4—钢质锥形锚具；5—锥锚式千斤顶

图5-28　采用钢质锥形锚具时钢丝下料长度计算简图

②采用墩头锚具，以拉杆式或穿心式千斤顶在构件上张拉（见图 5-29）时，钢丝下料长度 L 为：

$$L=l+2(h+\delta)-k(H-H_1)-\Delta L-C \quad (5-5)$$

式中：l 为构件孔道长度，按实际丈量；h 为锚环底部厚度或锚板厚度；δ 为钢丝镦头预留量，对 ϕ^p5 取 10mm；k 为系数，一端张拉取 0.5，两端张拉取 1.0；H 为锚环高度；H_1 为螺母高度；ΔL 为钢丝束张拉伸长值；c 为张拉时构件混凝土的弹性伸缩值。

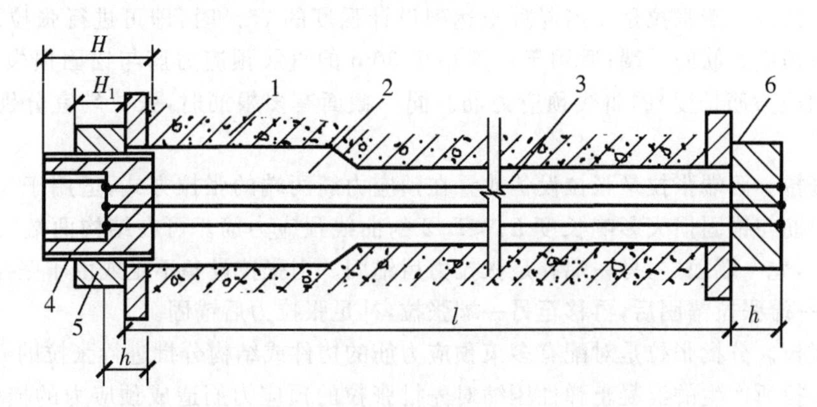

1—混凝土构件；2—孔道；3—钢筋束；4—锚环；5—螺母；6—锚板

图 5-29　采用墩头锚具时钢丝下料长度计算简图

采用墩头锚具时，同一束中各根钢丝必须等长下料，下料长度的相对偏差值，应不大于钢丝束长度的 L/5 000，且不得大于 5mm。为了达到这一要求，钢丝下料可用钢管限位法或牵引索在拉紧状态下进行。钢管限位法是将钢丝穿入钢管（直径比钢丝大 3～5mm）调直并固定在工作台上进行下料。矫直回火钢丝放开后是直的，可直接下料。

钢丝束下料完即可进行钢丝束制作。钢丝束制作工序是调直、下料、编束和安装锚具。编束是为了保证穿入构件孔道中的预应力筋束不发生扭结。

(2)钢绞线（束）的下料长度。当采用夹片式锚具，以穿心式千斤顶在构件上张拉（见图 5-30）时，钢绞线束的下料长度 L 为：

两端张拉　　$L=l+2(l_1+l_2+l_3+100)$　　(5-6)

一端张拉　　$L=l+2(l_1+100)+l_2+l_3$　　(5-7)

式中：l 为构件孔道长度；l_1 为夹片式工作锚厚度；l_2 为穿心式千斤顶长度；l_3 为夹片式工具锚厚度。

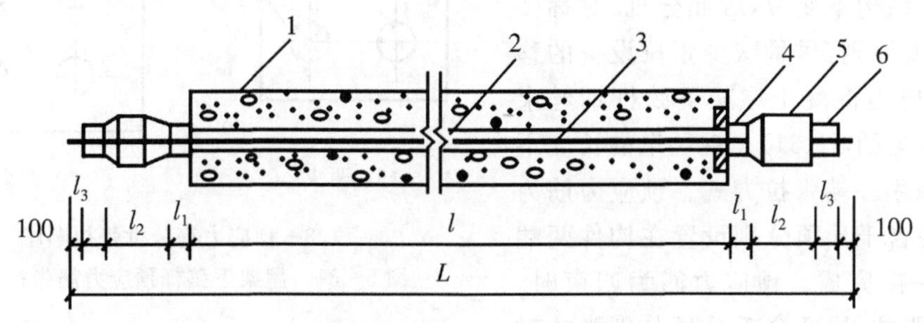

凝土构件；2—孔道；3—钢绞线；4—夹片式工作锚；5—穿心式千斤顶；6—夹片式工具锚

图 5-30　钢绞线（束）下料长度计算简图

钢绞线在出厂前经过低温回火处理，因此在进场后无需预拉。钢绞线下料前应在切割口两侧各50mm处用20号铁丝绑扎牢固，以免切割后松散。钢绞线(束)制作工序为张拉、下料、编束和安装锚具。

3.预应力筋张拉

(1)张拉方式。根据预应力混凝土结构特点、预应力筋形状与长度以及施工方法的不同，预应力筋张拉方式有以下几种。

①一端张拉。一瑞张拉是在当混凝土达到设计强度的75%时，即可进行张拉。张拉时，张拉设备放置在预应力筋的一端；适用于长度小于30m的直线预应力筋与锚固损失影响长度$L_f \geqslant L/2$(L为预应力筋长度)的曲线预应力筋。同一截面有多根筋时，张拉端宜分别设置在结构的两端。

②两端张拉。两端张拉是张拉设备放置在预应力筋两端的张拉方式；适用于长度大于30m的直线预应力筋与锚固损失影响长度$L_f < L/2$的曲线预应力筋。可在结构两端安置设备同时张拉同一束筋，先一端固定，另一端补足张拉力后锚固。当张拉设备不足或由于张拉顺序安排关系，也可以在一端张拉锚固后，再移至另一端张拉，补足张拉力后锚固。

③分批张拉。分批张拉是对配有多束预应力筋的构件或结构分批进行张拉的方式。由于后批预应力筋张拉所产生的混凝土弹性压缩对先批张拉的预应力筋造成预应力的损失；所以先批张拉的预应力筋张拉力应加上该弹性压缩损失值或将弹性压缩损失平均值统一分配到每根预应力筋的张拉力内。

④分段张拉。在多跨连续梁板分段施工时，通长的预应力筋需要采用逐段进行张拉力的方式。对大跨度多跨连续梁，在第一段混凝土浇筑与预应力筋张拉锚固后，第二段预应力筋利用锚头连接器接长，以形成通长的预应力筋。

⑤分阶段张拉。在后张传力梁等结构中，为了平衡各阶段的荷载，采取分阶段逐步施加预应力的方式。所加荷载不仅是外载(如楼层重量)，也包括由内部体积变化(如弹性压缩、收缩与徐变)产生的荷载。梁在跨中处下部与上部应力控制在允许范围内。这种张拉方式具有应力、挠度与反拱容易控制、材料省等优点。

⑥补偿张拉。补偿张拉是在早期预应力损失基本完成后，再进行张拉的方式。采用这种补偿张拉，可克服弹性压缩损失，减少钢材应力松弛损失、混凝土收缩徐变损失等，以达到预期的预应力效果。此法在水利工程与岩土锚杆中应用较多。

(2)张拉顺序。预应力筋的张拉顺序，应使混凝土不产生超应力、构件不偏心、不扭转与侧弯、结构不变位，因此分批、对称张拉是一项重要原则，尽量减少张拉设备的移动次数。预应力混凝土屋架下弦杆钢丝束的张拉顺序(见图5-31)。钢丝束的长度不大于30m，采用一端张拉方式。预应力筋为两束时，用两台千斤顶分别设置在构件两端对称张拉，一次完成。预应力筋为四束时，需要分两批张拉，用两台千斤顶分别张拉对角线上的两束，然后张拉另两束。分批张拉引起的预应力损失，统一增加到张拉力内。

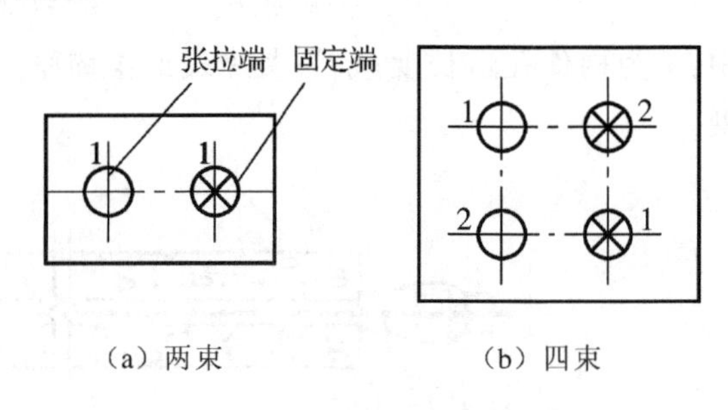

(a) 两束　　(b) 四束

1、2—预应力筋分批张拉顺序

图5-31　屋架下弦杆预应力筋张拉顺序

后张法预应力混凝土屋架等构件一般在施工现场平卧重叠制作，重叠层数为3～4层。其张拉顺序宜先上后下逐层进行。为了减少上下层之间因摩擦引起的预应力损失，可逐层加大张拉力。根据层数和隔离剂的不同，增加的张拉力约为1%～5%。

(3)张拉操作程序。预应力筋张拉操作程序，主要根据构件类型、张拉锚固体系、松弛损失取值等因素确定。

①采用低松弛钢丝和钢绞线时，按一次张拉程序取值：0→σ_{con}锚固

②采用普通松弛预应力筋时，按超张拉程序取值如下：

对镦头等可拆卸锚具：　　　　♯0→1.05σ_{con}持荷2min→σ_{con}锚固

对夹片、锥销等不可拆卸锚具：♯ 0 →1.03σ_{con}锚固

以上各种张拉操作程序，均可分级加载。对于曲线束，一般以0.2σ_{con}为起点，分级加载(0.6σ_{con}、1.0σ_{con})或四级加载(0.4σ_{con}、0.6σ con、0.8σ_{con}、1.0σ_{con})，每级加载均应量测伸长值。

(4)张拉伸长值校核。预应力筋张拉时，通过伸长值的校核，可以综合反映张拉力是否足够、孔道摩阻损失是否偏大，以及预应力筋是否有异常现象等。因此，对张拉伸长值的校核，要引起重视。采用应力控制法控制，应校核伸长值，实际伸长值与设计计算理论伸长值的误差为±6%。

规范规定：如实际伸长值比计算伸长值大于10%或小于5%应暂停张拉，在采取措施予以调整后，方可继续张拉。此外，在锚固时应检查张拉预应力筋的内缩值，以免由于锚固引起的预应力损失超过设计值。如实测的预应力筋内缩量大于规定值，则应改善操作工艺，更换锚具或采取超张拉办法弥补。张拉伸长值校核可参考《混凝土结构工程施工质量验收规范》(GB50204—2002)(2011年版)。

4.孔道灌浆和封锚

预应力筋张拉后，孔道应及时灌浆。目的是防止预应力筋锈蚀，增加结构的耐久性；同时也使预应力筋与混凝土结构黏结成整体，提高结构的抗裂性和承载能力。大量研究证明，在预应力筋张拉后立即灌浆，可减少预应力松弛损失20%～30%。因此，对孔道灌浆的质量必须重视。

(1)灌浆材料。灌浆所用的水泥浆，应有足够强度和黏结力，也应有较大的流动性和较小的干缩性及泌水性。故配制灌浆用水泥浆应采用强度等级不低于42.5Mpa的普通硅酸盐水泥，水灰比宜为0.4～0.45，流动度为120～170mm。搅拌后3h泌水率宜控制在2%，最大不超过3%；当需要增加孔道灌浆的密实性时，水泥浆中可掺入对预应力筋无腐蚀作用的外加剂，如掺入占水泥重量0.25%的木质素磺酸钙等。对空隙大的孔道，可采用砂浆灌浆。水泥及砂浆强度，均不应小于30Mpa，起吊或拆底模时，不应小于15Mpa。

(2)灌浆施工。灌浆前应检查孔道、灌浆孔、泌水孔、排气孔。灌浆孔、排气孔可留在端部或中部，间距≤12m，孔径20mm。对抽芯孔用压力水冲洗湿润，预埋孔道用压缩空气清孔。灌浆水泥浆用电动或手动灰浆泵搅拌，且应过筛(网眼<5mm)，置于贮浆桶内，并不断搅拌，以防泌水沉淀。灌浆顺序应先下后上，以免上层孔道漏浆把下层孔道堵塞；直线孔道灌浆，应从构件的一端到另一端；在曲线孔道中灌浆，应从孔道低处开始向两端进行。用连接器连接的多跨连接预应力筋的孔道灌浆，应张拉完一跨随即灌注另一跨，不得在各跨全部张拉完毕后，一次性灌注。

灌浆工作应缓慢均匀地进行，不得中断，并应排气通顺；在孔道两端冒出浓浆并封闭排气孔后，宜再继续加压至0.5～0.7N/mm^2，稳压2min后再封闭灌浆孔。孔径较大且水泥浆中不掺微膨胀剂或减水剂时，用二次压浆法，二次灌浆时间要掌握恰当，一般在水泥泌水基本完成、初凝尚未开始时进行(夏季约30～40min，冬季约1～2h)。

(3)端头封锚。孔道灌满后应及时将锚具封闭保护，锚具保护层厚度不应小于50mm。预应力筋锚固后的外露长度不应小于30mm，且钢绞线不应小于直径的1.5倍，多余部分切割掉。封

锚混凝土应用比构件设计强度高一等级的细石混凝土，其尺寸应大于预埋钢板的尺寸。

5.3.3 后张法无黏结预应力混凝土施工工艺

无黏结预应力混凝土结构是在构件中配置无黏结筋的一种现浇预应力混凝土结构体系；无需留孔与灌浆，使用灵活、施工方便，张拉摩阻力小，预应力筋易弯成曲线形状，但锚固要求高；广泛用于单、双向大跨度连续平板和密肋板、多跨连续梁等结构。

1. 无黏结预应力筋

无黏结预应力筋是指施加预应力后沿全长与周围混凝土不黏结的预应力筋，主要由钢绞线、涂料层和外包层(护套层)组成(见图 5-32)。

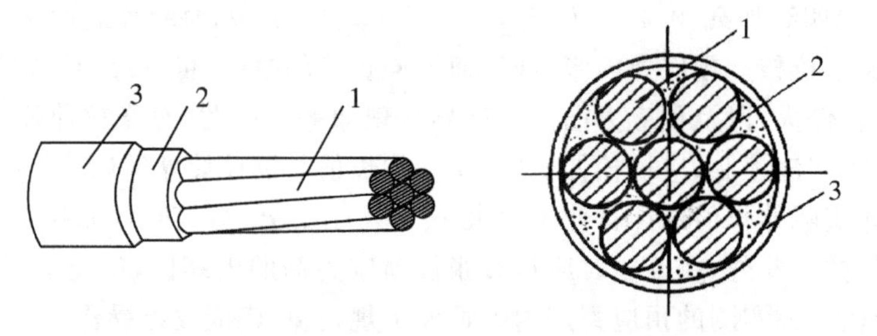

1—钢绞线或钢丝束；2—油脂；3—外包层(塑料护套)

图 5-32　场地设计标高 H0 计算示意图

注释：无黏结预应力筋用外包层聚乙烯应符合《高密度聚乙烯》(GB 11116—89)。

钢绞线采用 1×7 结构，直径有 ϕ9.5、ϕ12.7、ϕ15.2 和 ϕ15.7 等，其力学性能经检验合格后，方可制作无连接预应力筋。涂料层具有隔离、减少摩擦力和防止腐蚀的作用，一般采用防腐润滑油脂。涂料层应具有良好的化学稳定性，对周围材料无侵蚀作用；不透水，不吸湿，抗腐蚀性能强；润滑性能好，摩擦阻力小；在规定温度范围内(－20～＋70℃)高温不流淌，低温不脆化，并有一定韧性。油脂涂饰应饱满均匀，不漏涂。外包层宜采用高密度聚乙烯塑料管，应圆滑和光滑，松紧恰当，具有足够的韧性，抗磨性、抗冲击性，保证预应力筋在运输、储存、铺设、浇筑中不发生破坏。外包层厚度在正常环境不小于 0.8mm，在腐蚀环境不小于 1.2mm。

注释：无黏结预应力筋用预应力钢绞线应符合《预应力混凝土用钢绞线》(GB/T 5224—85)。

无黏结预应力筋制作是在工厂连续生产、一次性完成的，并整盘供应，盘内径不宜小于2000 mm。钢绞线或钢丝束中的每根钢丝应由整根钢丝组成，不得有接头与死弯。一般采用挤塑机挤出成型，称为挤压涂层工艺，其工艺设备主要有放线盘、给油装置、塑料挤出机、水冷装置、牵引机、收线机等组成。钢绞线(或钢丝束)经给油装置涂油后，通过塑料挤出机的机头出口处，塑料融物被挤成管状包覆在钢绞线上，经冷却水槽塑料套管硬化，即形成无黏结预应力筋；牵引机继续将钢绞线牵引至收线装置，自动排列成盘卷。

2. 无黏结预应力筋的铺设与固定

①铺设顺序。在单向板中，无黏结预应力筋的铺设与非预应力筋铺设基本相同。在双向板中，无黏结预应力筋需要配置成两个方向的悬垂曲线，两个方向的筋相互穿插，施工操作较为困难，必须事先编出无黏结筋的铺设顺序。其方法是将各向无黏结预应力筋各搭接点的标高标出，对各搭接点相应的两个标高分别进行比较，若一个方向某一无黏结筋的各点标高均分别低于与其相交的各筋相应点标高时，则此筋通常是先铺设。

②就位固定。无黏结预应力筋应严格按设计要求的曲线形状就位并固定牢靠。竖向曲率位

置宜用支撑钢筋或钢筋马凳控制，其间距为1～2m。板类中其矢高的允许偏差±5mm。无黏结筋的水平位置应保持顺直。钢丝束就位后，标高及水平位置经调整、检查无误后，用铁丝与非预应力钢筋绑扎牢固，防止预应力筋在浇筑混凝土中位移和变形。在双向连续平板中，各无黏结筋曲线高度的控制点用马凳垫好并扎牢。在支座部位，可直接绑扎在梁或墙的顶部钢筋上。在跨中部位，可直接绑扎在板的底部钢筋上。

③端部固定。张拉端的承压板应用点焊固定在钢筋上。无黏结预应力筋曲线或折线筋张拉端的末端切线应与承压钢板垂直，固定端挤压锚具与承压钢板贴紧。曲线段的起始点至张拉锚固点应有不小于300mm的直线段。当张拉端采用凹入式作法时，可采用塑料穴模或泡沫塑料、木块等形成凹口(见图5-33)。无黏结预应力筋铺设固定完毕后，应进行隐蔽工程验收，确认合格后，方可浇筑混凝土。混凝土浇筑时，严禁踏压、撞碰无黏结预应力筋、支撑钢筋及端部预埋件；张拉端与固定端混凝土必须振捣密实。

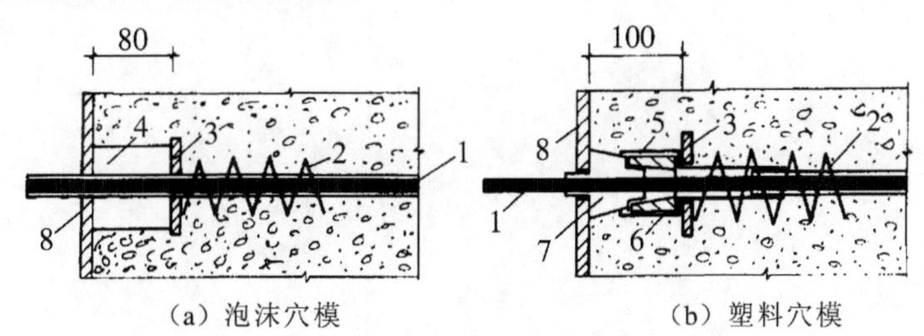

(a) 泡沫穴模　　(b) 塑料穴模

1—无黏结筋；2—螺旋筋；3—承压钢板；4—泡沫穴模；5—锚环；
6—带杯口的塑料套管；7—塑料穴模；8—模板

图5-33　无黏结筋张拉端凹口作法

3. 无黏结预应力筋张拉与锚固

无黏结预应力筋张拉时，应清理承压板面，并检查板面后的混凝土质量。如有空鼓现象，应在无黏结预应力筋张拉前修补。无黏结预应力混凝土楼盖结构的张拉顺序，宜先张拉楼板，后张拉楼面梁。板中的无黏结筋，可依次单根张拉。张拉机具宜采用前置内卡式千斤顶和单孔夹片式锚具。梁中的无黏结筋宜对称张拉。当筋长小于35m时，宜采取一端张拉，张拉端交错设置在结构的两端。当筋长超过35m时，宜采取两端张拉。先一端锚固，另一端补足张拉力后锚固。为减少摩擦损失，张拉中先用千斤顶往复抽动1～2次，再张拉到所需的张拉力。当筋长超过70m时宜采取分段张拉。如遇到摩擦损失较大，则宜先松动依次再张拉。

在梁板顶面或墙壁侧面的斜槽内张拉无黏结预应力筋时，宜采用变角张拉装置。变角张拉装置是由顶压器、变角块和千斤顶等组成。其关键部位是变角块，变角块有单孔变角块和多孔变角块；变角块可以是整体的或分块的，前者仅为某一特定工程用，后者通用性强。分块式变角块的搭接，采用阶梯式定位方式。每一变角块的变角量为5°，通过叠加不同数量的变角块，可满足5°～60°的变角要求。安装变角块时要注意块与块之间的槽口搭接，一定要保证变角轴线向结构外侧为弯曲。

无黏结预应力筋张拉伸长值校核与有黏结预应力筋相同；对超长无黏结筋，由于张拉初期的阻力大，初拉力以下的伸长值比常规推算伸长值小，应通过试验修正。无黏结预应力筋张拉完毕后，应及时对锚固区进行保护。锚固区必须有严格的密封防腐措施，严防水汽进入锈蚀预应力筋和锚具。锚固后的外露长度不小于30mm，多余部分宜用手提砂轮锯切割，不得采用电弧切割。

注释：无黏结预应力筋施工可参考《钢绞线、钢丝束无黏结预应力筋》(JG 3006—93)。

思考与练习

1.预应力混凝土的主要优点是什么?

2.预应力钢筋张拉与钢筋冷拉的作用有何区别?

3.简述先张法与后张法的施工工艺。

4.什么是超张拉、持荷 2min? 建立张拉程序的依据是什么?

5.预应力混凝土孔道留设的几种方法? 应注意哪些问题?

6.后张法施工时,预应力筋张拉应注意哪些问题?

7.为什么要进行孔道灌浆? 对孔道灌浆有何要求? 如何进行?

8.什么叫无黏结预应力? 施工中应注意哪些问题?

第6章 地下工程

学习要求

掌握地下连续墙主要的施工工艺流程，掌握导墙和泥浆作用的有关概念；熟悉挖深槽中单元槽段划分应考虑的因素，熟悉清底的方法、混凝土的浇筑方式；了解地下连续墙的接头方式、防止槽壁坍塌的措施，以及钢筋笼的制作与吊装。熟悉一般沉井的施工工艺；了解沉井的辅助下沉方法和水中沉井施工方法。熟悉盾构法施工的主要工艺；了解盾构的基本构造、盾构机械的分类与适用范围。熟悉掘进顶管法施工的主要工艺；了解顶管法的基本设备构成，了解挤压式顶管法施工。

工程案例

顶管法施工实例

该工程是广州市白云区污水处理系统某段横穿广从公路铺设长90m，管径600mm的玻璃钢管。该路面车辆流量大，路面为混凝土，厚约30cm。混凝土垫层以下为填土，层厚1～3m，地下3～10m主要以第四纪的砂层及粉质黏土为主，局部淤泥质土；地下水较丰富，管道埋置深度5～7m。采用非开挖技术，管前人工挖土、顶管方式铺设管道。

1.工作坑布置

本工程根据管道布置、检查井的设置、地形及地表建筑物分布，设置1个顶管工作坑和1个接受坑。工作坑确定为4m×4m×6m，坑底两侧设置1m×1m×1m焊接工作坑，坑内设集水坑。工作坑基础使用碎石道床、道床厚度不少于350mm，装枕木，枕木规格150mm×200mm×2500mm，间距500mm，以防止工作坑下沉和顶进位置的偏差。

道轨采用38kg/m重轨，左右各一根，轨长6m，轨高134mm，管道底部距枕木顶按40mm设置，轨距392mm。本工程采用1台300t液压千斤顶，最大顶距不超过50mm，管道由于受工作空间的限制每节长为2.0m。

2.顶进设备选择

顶进设备主要包括千斤顶、高压油泵、顶铁、工具管及运土设备等。千斤顶是掘进顶管的主要设备。根据理论计算和实际情况，本工程选用的千斤顶为300t。

工具管即导向头，采用人工直接挖土和运土。

3.顶进施工

工作坑内设备安装完毕后，经检查各部分处于良好状态，即可进行开挖和顶进。

管前挖土是保证顶进质量及地上建筑物安全的关键，管前挖土的方向和开挖形状，直接影响顶进管位的准确性，因为管子在顶进中是循环已挖好的土壁前进的。因此，管前周围超挖应严格控制，对于密实土质，管端上方最好留有小于等于1.5cm空隙，以减少顶进阻力；管端下部135°中心角范围内不得超挖，保持管壁与土壁相平，也可预留1cm厚土层，在管子顶进过程中切去，这样可防止管端下沉。在不允许顶管上部土壤下沉地段顶进时，管周一律不得超挖。

管前挖土深度，一般等于千斤顶出镐长度，如土质较好，可超前0.5m。超前过大，土壁开挖形状就不易控制，容易引起管位偏差和上方土坍塌。由于本工程地层含水比较丰富，容易引起土方塌陷，因此，在每掘进50cm时顶进一次，确保施工安全。

管前挖出的土用牵引小车及时运出管道，用工作平台上的卷扬机送到平台，然后运出工作场地。

4. 管道顶进误差调整

在工作坑内设有水准点和预设的方向线，采用激光水准仪直接测量前端管底高程和方向。每顶进50cm时，测量一次，如果在顶进中发现偏差，利用纠偏千斤顶进行校正，使其复位。在顶进过程中，顶管前面的第一节管道作为工具管，不和后面的管道焊接在一起，有利于在顶进过程中调整管道的顶进误差。

6.1 地下连续墙施工

6.1.1 地下连续墙概述

地下连续墙施工是沿着深开挖工程的周边，在泥浆护壁(又称稳定液)的条件下，先开挖一定槽段长度的沟槽，在清槽之后将钢筋笼放入沟槽；再采用导管法施工的方式，浇筑混凝土将沟槽中的稳定液置换出来；最后将各个单元槽段采用一定的接头方式连接，形成一道连续、封闭的地下钢筋混凝土墙。施工程序如图6-1所示。

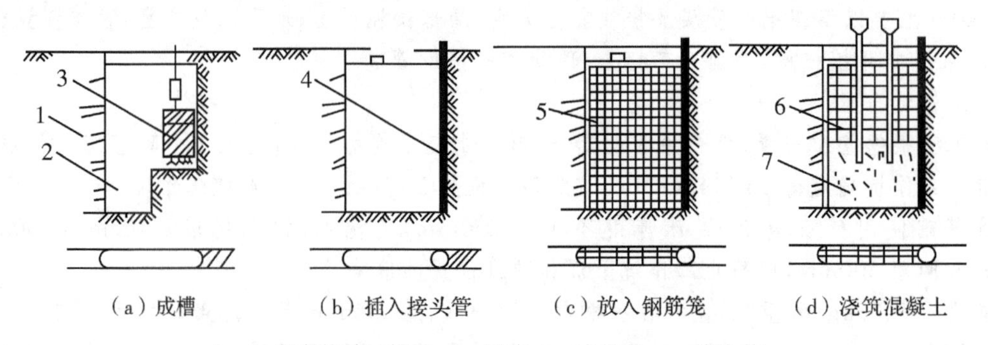

(a) 成槽　(b) 插入接头管　(c) 放入钢筋笼　(d) 浇筑混凝土

1—已完成的单元槽段；2—泥浆；3—成槽机；4—接头管；
5—钢筋笼；6—导管；7—浇筑的混凝土

图6-1 地下连续墙的施工示意图

地下连续墙施工的优点如下：①可适用于各种土质条件；②施工时无振动、噪声低，能够紧邻相近的建筑及地下管线施工，对沉降及变位较易控制。③地下连续墙为整体连续结构，加上现浇墙壁厚度一般不少于60cm，钢筋保护层厚度又较大，故抗渗性能好，能抵挡较高的水头压力。除特殊情况外，施工时基坑外无需再降水。④可用于逆筑法施工。⑤地下连续墙刚度大、整体性好，因而结构和地基变形都较小，既可用于超深围护结构，也可用于主体结构。

地下连续墙施工的缺点如下：①地质条件和施工的适应性问题。当地层条件复杂时，会增加施工难度和提高造价。②弃土、废泥浆处理问题。如处理不当，还会造成新的环境问题。③地下连续墙墙面通常较粗糙。若对墙面要求较高时，尚需加工处理或另作衬壁。④槽壁坍塌问题。槽壁坍塌轻则引起墙体混凝土超方和结构尺寸超出允许的界限，重则引起临地面沉降、坍塌，危害邻近建筑和地下管线的安全。这是一个必须重视的问题。

地下连续墙在基础工程中的适用条件如下：①基坑深度大于10m；②软土地基或砂土地基；③在密集的建筑群中施工基坑，对周围地面沉降，建筑物的沉降要求需严格限制时；④围护结构与主体结构相结合，用作主体结构的一部分，且对抗渗有较严格要求时；⑤采用逆作法施工，内衬与护壁形成复合结构的工程。

注释：逆筑法施工是通过建筑物地下连续墙，逆作柱及地下室结构各层梁板的组合形成稳定的支护体系，使地上、地下结构工程能同时交叉施工的一类施工方法。

6.1.2 地下连续墙施工方法

由于目前挖槽机械发展很快，与之适应的挖槽工法层出不穷。其中，近几年较为典型的国家级工法如表6-1所示。

表6-1 导墙形式及适用范围

工法名称	适用范围	工艺原理	设备材料	应用实例
抓取法混凝土防渗墙（地下连续墙）成槽施工工法（YJGF 272-2006）	一般适合较松散地层	利用抓斗进行挖掘，并同时将渣土直接排出孔外，完成槽孔的构筑	膨润土、烧碱导板式液压抓斗导杆式液压抓斗钢丝绳抓斗	广州英德北江防渗墙工程 湖北黄冈长江堤防除险加固工程
接头管（板）法混凝土防渗墙（地下连续墙）墙段连接施工工法（YJGF 273-2006）	适用于水电站大坝基础、围堰、大堤、高层建筑、地铁等地下连续墙施工	一期槽成槽后，在墙段连接部位设置一根直径与墙体厚度接近的钢管（板），然后进行混凝土浇筑，待混凝土接近初凝状态时将其拔出，使接头部位形成深井，然后进行二期槽施工	拔管机 接头管 起重吊车 运输汽车 方木 补浆软管 电缆	尼尔基水利枢纽主坝混凝土防渗墙 沙湾水电站一期围堰补强工程 狮子坪水电站坝基防渗墙工程
掏挖法地下连续墙施工工法（YJGF 284-2006）	适用于在地下管线不切改的情况下进行地下连续墙施工	潜水钻头安装液压导向系统，根据管线管径及分布情况调整钻头钻进方向，从而达到管线部位成槽	潜水钻 拔管机 电动空压机 泥浆泵 接头管 混凝土灌注架	津滨轻轨中山门西段

续表 6-1

工法名称	适用范围	工艺原理	设备材料	应用实例
地下连续墙液压铣槽机施工工法(YJGF 299-2006)	适用于足够安放铣槽机及配套设备的各类均质地层和坚硬岩层的成槽作业	两个铣刀盘相互反向转动,土就被铣刀剥落下来;位于铣刀盘上方的泥浆泵,随即把铣削下来的泥土以固体形态在反循环系统中被排除,经过滤后输送至地面上的泥浆池	液压双轮铣槽机 泥浆筛分净化器 泥浆泵 液压挖掘机 液压器重机 高速泥浆搅拌机 混凝土运输车 装载机 自卸汽车	河北省唐山市京唐港王滩电厂循环水泵房地下连续墙

6.1.3 地下连续墙施工工艺流程

地下连续墙由多幅槽段依次连接形成整体,其中一个单元槽段的施工工艺流程如图 6-2 所示。

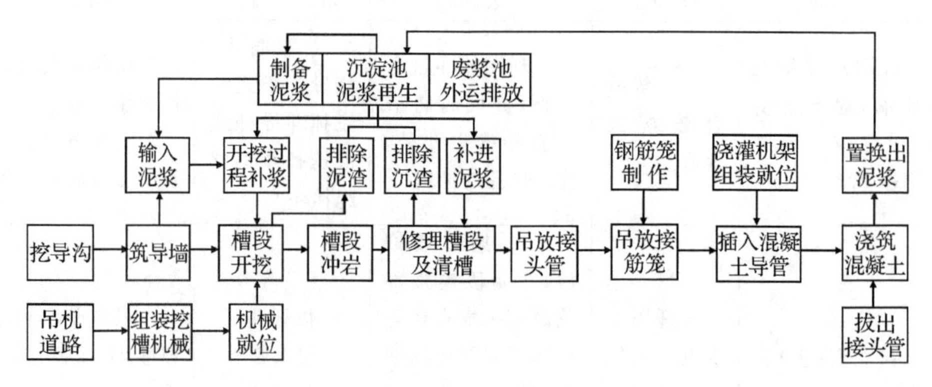

图 6-2 地下连续墙的施工工艺过程

1. 导墙

导墙是地下连续墙挖槽之前修筑的导向墙。

(1)导墙的作用。

①导墙能起到支挡上部土压力的作用和为防止导墙在土、水压力的作用下产生位移,一般在导墙内侧每隔 1m 左右加设上、下两道木支撑;如附近地面有较大荷载或有机械运行时,可在导墙内每隔 20～30m 设一道钢板支撑。

②导墙上可标明单元槽段的划分位置,并可将其作为测量挖槽标高、垂直度和精度的基准。

③导墙既是挖槽机械轨道的支承,又是搁置钢筋笼、接头管等重物的支承,有时还要承受其他施工设备的荷载。

④存储泥浆。此外,导墙还可以防止雨水等地面水流入槽内;当地下连续墙距离已建建筑物很近时,施工中导墙还可起到一定的支挡作用。

(2)导墙的形式。导墙宜采用现浇混凝土结构。混凝土等级不应低于 C20,厚度不应小于 200mm。导墙形式及适用范围可见表 6-2。

表 6-2 导墙形式及适用范围

导墙形式示意图	适用范围
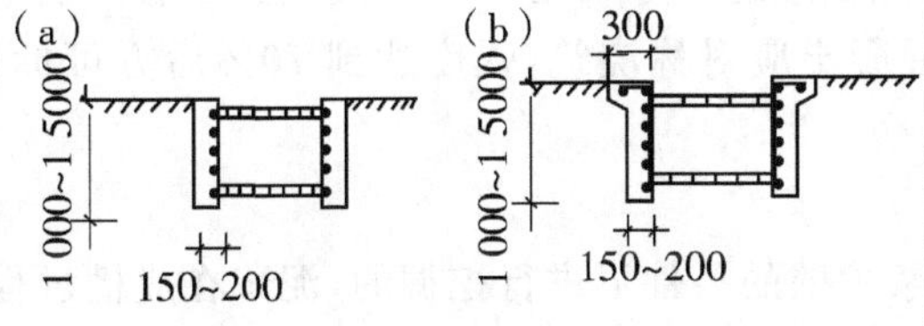 (a) 1 000~1 5000 150~200 (b) 300 1 000~1 5000 150~200	形式(a)、(b)断面最简单，适用于表层土良好(如紧密的黏性土等)和导墙上荷载较小的情况。
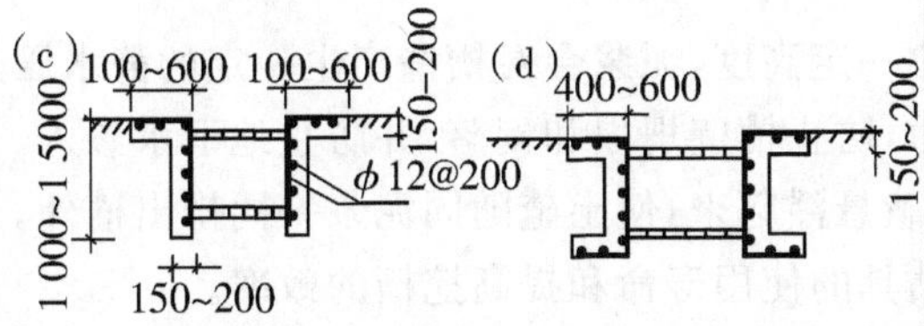 (c) 100~600 100~600 150~200 1 000~1 5000 ϕ12@200 150~200 (d) 400~600 150~200	形式(c)、(d)为应用较多的两种，适用于表层土为杂填土、软黏土等承载力较弱的土层，因而将导墙做成倒“*L*”形或上、下部皆向外伸出“[”形。
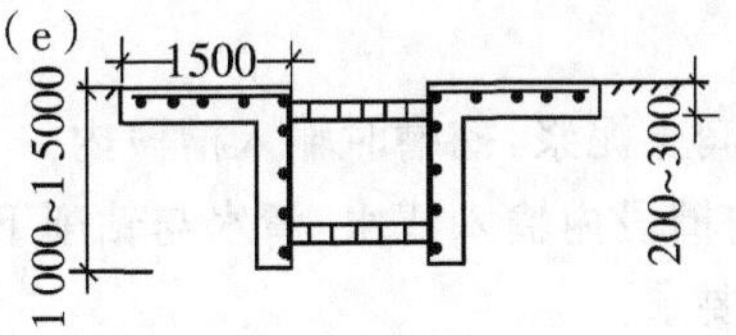 (e) 1500 1 000~1 5000 200~300	形式(e)适用于作用在导墙上的荷载很大的情况，可根据荷载的大小计算确定其伸出部分的长度。
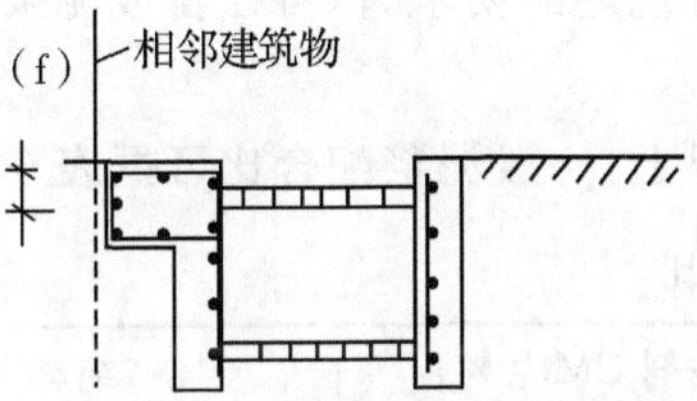 (f) 相邻建筑物	当地下连续墙距离现有建(构)筑物很近，对相邻结构需要加以保护时，宜采用形式(f)的导墙。其邻近建(构)筑物的一肢适当加强，在施工期间可阻止相邻结构变形。
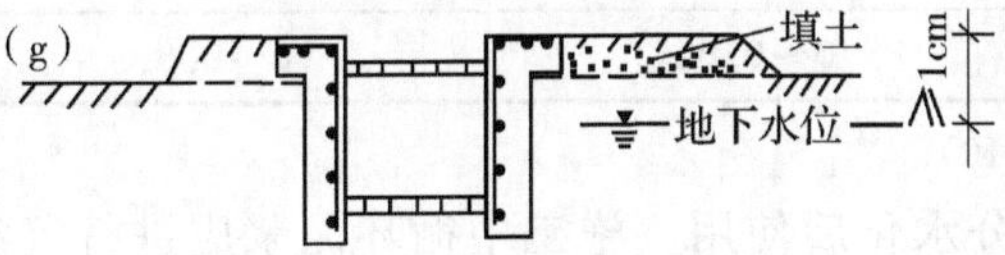 (g) 填土 地下水位 1cm	当地下水位很高而又不宜采用井点降水的方法降水时，为确保墙内泥浆面高于地下水位 1m 以上，需将导墙面上提而高出地面。在这种情况下，需在导墙周边填土，可采用形式(g)。
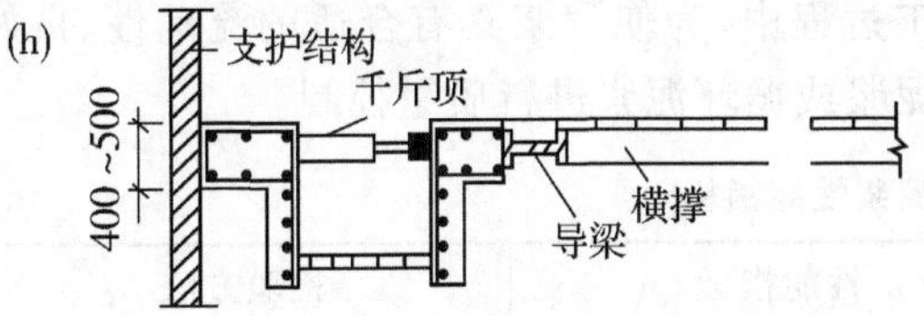 (h) 支护结构 千斤顶 400~500 横撑 导梁	当施工作业面在地下(如路面以下)时，导墙需要支撑已施工结构作为临时支承用的水平导梁，可采用形式(h)的导墙。此时导墙需适当加强，而且导墙内侧的横撑宜用千斤顶顶替。
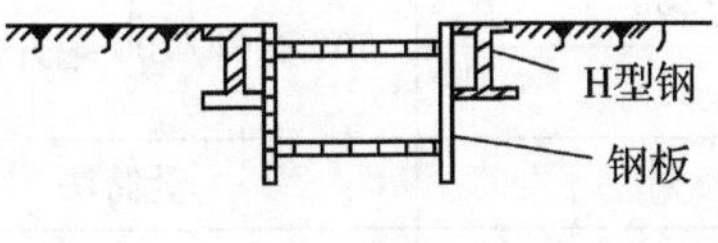 H型钢 钢板	金属结构的可拆装导墙的形式很多，形式(i)是其中一种，它由 H 形钢(常采用 300×300)和钢板组成。这种导墙可以重复使用。

(3)导墙施工。现浇钢筋混凝土导墙的施工顺序如下：平整场地→测量定位→挖槽及处理弃土→绑扎钢筋→支模板→浇筑混凝土→拆模板并设置横撑→导墙外侧回填土。

在《地下连续墙施工规程》(DG/TJ08－2073－2010)中，规定导墙必须满足以下要求：①导墙顶面宜高出地面100mm，且应高于地下水位0.5m以上。②导墙内侧墙面应垂直，导墙净距应比地下连续墙设计厚度加宽30～50mm。③导墙底面应进入原状土200mm以上，导墙高度不应小于1.2m。④导墙外侧应用黏性土填实，导墙混凝土应对称浇筑，强度达到70%后方可拆模，拆模后导墙应加设对撑。

2.泥浆护壁

(1)泥浆的作用。地下连续墙的深槽是在泥浆护壁的条件下进行挖掘的，泥浆在成槽过程中有如下作用：

①护壁作用。当槽内泥浆液面高出地下水位一定高度，泥浆会对槽壁产生一定的静水压力。静水压力可以抵抗槽壁外的侧向土压力和水压力，防止槽壁坍塌和剥落，并防止地下水渗入。

②携碴作用。泥浆具有一定的黏度，能将土碴悬浮起来，使土碴随同泥浆一同排出槽外。

③冷却和滑润作用。泥浆护壁有利于延长钻具的使用寿命和提高挖槽的效率。

(2)泥浆的制备。泥浆材料的选用既要考虑护壁效果，又要考虑其经济性。泥浆制备方法如下：

①制备泥浆。挖槽前利用专用设备事先制备好膨润土泥浆，挖槽时输入槽段内。

②自成泥浆。用钻头式挖槽机挖槽时，边挖槽边向槽段内输入清水，清水与钻削下来的泥土拌和，自成泥浆，应注意泥浆的性能指标须符合规定的要求；

③半自成泥浆。当自成泥浆的某些性能指标不符合规定的要求时，可在自成泥浆的过程中，加入一些需要的成分，使其满足要求。

泥浆的储备量宜为每日计划最大成槽方量的2倍以上，一般泥浆配合比可据表6－3选用。

表6－3 泥浆配合比

土层类型	膨润土(%)	增黏剂CMC(%)	纯碱
黏性土	8～10	0～0.02	0～0.5
砂性土	10～12	0～0.05	0～0.5

注：详见《地下连续墙施工规程》(DG/TJ 08－2073－2010)。

新拌制的泥浆应贮存24h以上，使膨润土充分水化后使用。施工中循环泥浆应进行沉淀或除砂处理手段，符合要求后使用。新制泥浆性能指标见表6－4。

(3)泥浆质量的控制指标。在地下连续墙施工过程中，为使泥浆具有合适的流动性、良好的泥皮形成能力以及适当的相对密度，需对制备的泥浆或循环泥浆进行质量控制。

表6－4 新制泥浆性能指标

项次	项目		性能指标	检验方法
1	比重		1.03～1.01	泥浆比重称
2	黏度	黏性土	15～25s	500毫升/700毫升漏斗法
		砂性土	30～35s	
3	胶体率		>98%	量筒法
4	失水量		<30ml/30min	失水量仪
5	泥皮厚度		<1mm	失水量仪
6	pH值		8～9	pH试纸

3.成槽

地下连续墙挖槽的主要工作包括:单元槽段的划分;挖槽机械的选择与正确使用;制定防止槽壁坍塌的措施等。

(1)单元槽段的划分。地下连续墙施工前,需预先沿墙体长度方向划分好施工的单元槽段。单元槽段的最小长度不得小于挖土机械挖土工作装置的一次挖土长度(称为一个挖掘段)。单元槽段宜尽量长一些,以减少槽段的接头数量和增加地下连续墙的整体性,又可提高其防水性能和施工效率。但在确定其长度时除考虑设计要求和结构特点外,还应考虑以下各方面因素:

①地质条件。当土层不稳定时,为防止槽壁坍塌,应减少单元槽段的长度,以缩短挖槽时间。

②地面荷载。若附近有高大的建筑物、构筑物,或邻近地下连续墙有较大的地面静载或动载时,为了保证槽壁的稳定,亦应缩短单元槽段的长度。

③起重机的起重能力。一个单元槽段的钢筋笼多为整体吊装(钢筋笼过长时可水平分为两段),所以应根据起重机械的起重能力估算钢筋笼的重量和尺寸,以此推算单元槽段的长度。

④单位时间内混凝土的供应能力。一般情况下一个单元槽段长度内的全部混凝土,宜在4h内一次浇筑完毕,所以可按4h内混凝土的最大供应量来推算单元槽段的长度。

⑤泥浆池(罐)的容积。一般情况下,单元槽段的长度宜为4~5m。

(2)挖槽机械。在地下连续墙施工中,国内外常用的挖槽机械,按工作机理可分为挖斗式、冲击式和回转式三大类,每一类中又有多种类型。目前,我国应用较多的挖槽机械是吊索式蚌式抓斗、导杆式蚌式抓斗、多头钻挖槽机(见图6-3)和冲击式挖槽机。

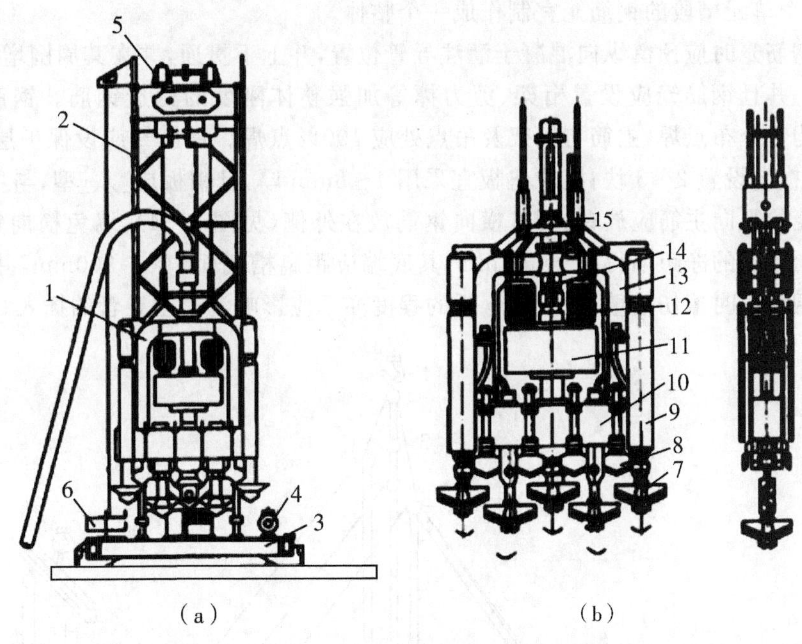

1—多头钻;2—机架;3—底盘 ;4—空气压缩机;5—顶梁;6—电缆收线盘 7—钻头;8—侧刀;9—导板;10—齿轮箱;11—减速箱;12—潜水电机;13—纠偏装置;14—高压进气管;15—泥浆管

图6-3 多头钻成槽机

(3)防止槽壁坍塌的措施。理论研究和实践表明,避免槽壁坍塌可采取的措施如下:根据土质选择适宜的泥浆配合比,改善泥浆质量;注意地下水位的变化,保证泥浆在安全液位以上;缩小单元槽段的长度,缩短挖槽时间;减少地面荷载,防止附近的车辆和机械对地层产生振动等。

(4)刷壁与清底。槽段挖至设计标高后，可用钻机的钻头或超声波等方法测量槽段的断面。若误差超过规定要求则需修槽。清理槽段接头时可采用刷子清刷或用压缩空气压吹的方法；清底时，可根据需要在吊放钢筋笼、浇筑混凝土之前进行一次清底。

清底的方法一般有沉淀法和置换法两种。沉淀法是在土碴基本都沉淀到槽底之后再进行清底，常用的有砂石吸力泵排泥法，压缩空气升液排泥法，带搅动翼的潜水泥浆泵排泥法等。置换法是在挖槽结束之后，土碴还没有沉淀之前就用新泥浆把槽内的泥浆置换出来，使槽内泥浆的相对密度降低到1.15以下。我国多采用置换法进行清底。

清底后应对槽段泥浆进行检测，每幅槽段检测两处。取样点距离槽底0.5～1.0m，泥浆指标应符合表6-5规定。

表6-5 清底后的泥浆指标

项目		清底后泥浆	检验方法
比重	黏性土	≤1.15	重计
	砂性土	≤1.20	
黏度(s)		20～30	漏斗计
含砂率(%)		≤7	洗砂瓶

注：详见《地下连续墙施工规程》(DG/TJ08-2073-2010)。

4.钢筋笼的制作与吊放

(1)钢筋笼制作。钢筋笼应根据地下连续墙墙体的配筋图和单元槽段的划分来制作。一般情况下，每个单元槽段的钢筋笼宜制作成一个整体。

制作钢筋笼时应预留纵向混凝土灌注导管位置，并上下贯通，并在其周围增设箍筋和连接筋进行加固。并且钢筋笼应设置桁架、剪力撑等加强整体刚度的构造钢筋。钢筋笼主筋交点应50%并应均匀分布点焊，主筋与桁架及吊点处应100%点焊。钢筋笼应设保护层垫板，纵向间距为3～6m，横向设置2～3块；定位垫板宜采用4～6mm厚，且钢板成⌒型，与主筋焊接。

钢筋笼的纵向主筋应放在内侧，横向钢筋放在外侧(见图6-4)，以免横向钢筋阻碍导管的插入。纵向钢筋的净距不得小于100mm，其底端应距离槽底面100～200mm，并应稍向内弯，以防止吊放钢筋笼时擦伤槽壁，但向内弯折的程度亦不应影响混凝土导管的插入。

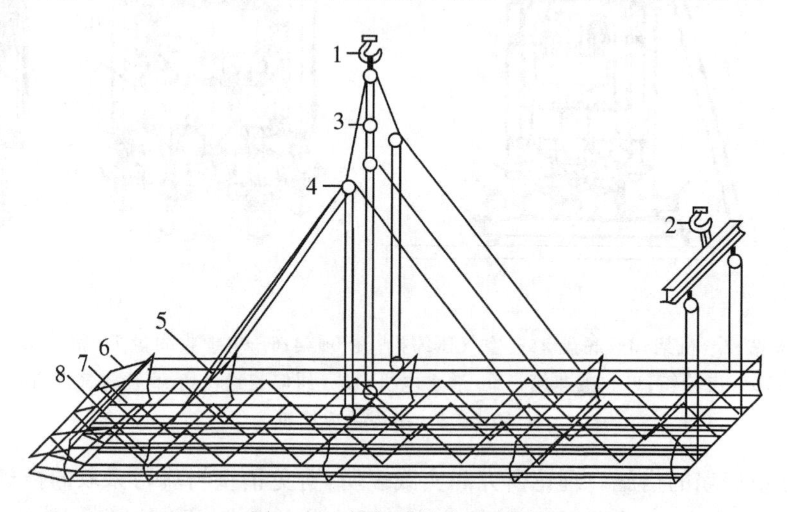

图6-4 钢筋笼构造示意图

钢筋笼端部与接头管或混凝土接头面之间应留有15～20cm的空隙。主筋净保护层厚度通常为7～8cm,保护层垫块厚5cm,在垫块和槽壁之间留有2～3cm的间隙。垫块多采用塑料块或薄钢板制作,后者需焊于钢筋笼上。其构造见图6-5。

(2)钢筋笼吊放。钢筋笼的起吊方法如图6-5所示。

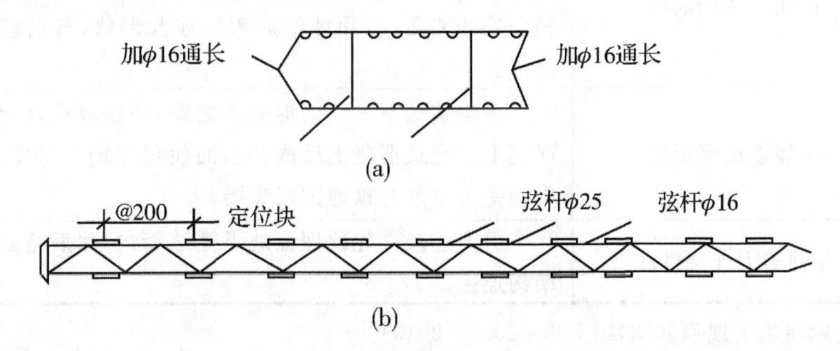

1、2—吊钩;3、4—滑轮;5—卸甲;6—端部向里弯曲;7—纵向桁架;8—横向架立桁架

图6-5 钢筋笼起吊方法

(3)钢筋笼的质量检验标准。在《建筑地基基础工程施工质量验收规范》(GB 50202—2002)中,规定钢筋笼质量检验标准见表6-6。

表6-6 钢筋笼质量检验标准

项目	序号	检查项目	允许偏差或允许值	检查方法
主控项目	1	主筋间距	±10	钢尺
	2	长度	±100	钢尺
一般项目	1	钢筋材质检验	设计要求	抽样检送
	2	箍筋间距	±20	钢尺
	3	直径	±10	钢尺

5.接头设计

地下连续墙的接头分为两大类,即施工接头和结构接头。施工接头是在浇筑地下连续墙时,沿墙的纵向连接两相邻单元墙段的接头;结构接头是已完工的地下连续墙在水平向与其他构件(如与内部结构的梁、板、墙等)相连接的接头。接头施工过程见表6-7。

表6-7 接头分类及施工过程

接头分类		施工过程
施工接头	接头管	当一个单元槽段的土方挖完后,在槽段的端部用吊车放入接头管,然后吊放钢筋笼并浇筑混凝土。待混凝土强度达到0.05～0.20MPa时(一般混凝土浇筑后3～5h,视气温而定),开始用吊车或液压顶升架提拔接头管。
	接头箱	与接头管的方法类似。
	隔板式接头	以钢板作为单元槽段浇筑混凝土的堵头。

续表 6－7

接头分类		施工过程
结构接头	预埋连接钢筋法	在浇筑墙体混凝土之前,将加设的实际连接筋弯折后预埋在地下连续墙内,待内部土体开挖后露出墙体时,凿开预埋连接钢筋处的墙面,将预埋钢筋弯成涉及形状,与后浇的受力钢筋连接。
	预埋连接钢板法	在浇筑地下连续墙混凝土之前,将预埋连接钢板焊固在钢筋笼上。浇筑混凝土后凿开墙面使预埋钢板外露,将后浇结构中的受力钢筋与预埋钢板焊接。
	预埋剪力连接件法	剪力连接件先预埋在地下连续墙内,然后弯折出来与后浇结构连接。

注:详见《地下连续墙施工规程》(DG/TJ 08－2073－2010)。

6. 混凝土浇筑

地下连续墙的混凝土采用导管法进行浇筑。导管宜采用直径为200～300mm的多节钢管。管节连接时应密封,并且在施工前应试拼并进行水密性试验。

导管的间距过大或导管处混凝土表面高差太大,易造成槽段端部和两根导管之间的混凝土面地下,泥浆易卷入墙体混凝土中。一般间距不应大于3m。由于单元槽段的端部易渗水,故导管距槽段端部的距离不应大于1.5m,导管内应放隔水栓,以保证混凝土的密实性。导管下口埋入混凝土的深度应控制在2～4m。同时为了保证混凝土有较好的流动性,需控制好浇筑速度;在浇筑混凝土时,顶面往往存在一层浮浆,硬化后需要凿除。因此混凝土需要多浇300～500mm。

6.1.4 地下连续墙质量检验标准

在《建筑地基基础工程施工质量验收规范》(GB 50202－2002)中,规定地下墙质量检验标准见表6－8。

表6－8 地下墙质量检验标准

项目	序号	检查项目		允许偏差或允许值		检查方法
				单位	数值	
主控项目	1	墙体强度		设计要求		查时间记录或取芯试压
	2	垂直度	永久结构		1/300	测声波测槽仪或成槽机上的监测系统
			临时结构		1/150	
一般项目	1	导墙尺寸	宽度	m	＋40	钢尺,W为地下墙设计厚度
			墙面平整度	mm	＜5	钢尺
			导墙平面位置	mm	10	钢尺
	2	沉渣厚度	永久结构	mm	≤100	重锤测或沉积物测定仪测
			临时结构	mm	≤200	
	3	槽深		mm	＋100	重锤
	4	混凝土坍落度		mm	180～220	坍落度测定器
	5	钢筋笼尺寸		mm	见表6－7	见表6－7
	6	地下墙表面平整度	永久结构	mm	＜100	此为均匀黏土层,松散及易坍土层由设计决定
			临时结构	mm	＜150	
			插入式结构	mm	＜20	
	7	永久结构时的预埋件位置	水平向	mm	≤100	钢尺
			垂直向	mm	≤200	水准仪

6.2 沉井(箱)施工

6.2.1 沉井施工概述

把不同断面形状(圆形、椭圆形、矩形、多边形等)的井筒或箱体(带底板的井筒),按边排土边下沉的方式沉入地下,即沉井或沉箱。沉井工艺一般适用于工业建筑的深坑、设备基础、水泵房、桥墩、顶管的工作井、深地下室、取水口等工程的施工。

沉井的类型很多,大致有几种。

(1)按构成材料不同,可分为:钢筋混凝土式、水泥土(SMW墙)+钢筋混凝土(RC墙)式、钢板拼接式、混凝土夹心钢板拼接式等。

(2)按井筒构筑方法不同,可分为:现浇式、预制拼接式、拼接浇筑混合式。

(3)按有无井筒下沉措施不同,可分为:自沉式;助沉式。

(4)按取土方式不同,可分为:干挖法、水中挖掘法。

沉井一般由刃脚、井壁(侧壁)、封底、内隔墙、纵横梁、框架和顶盖板等组成。其平面形式及构造如图6-6所示。

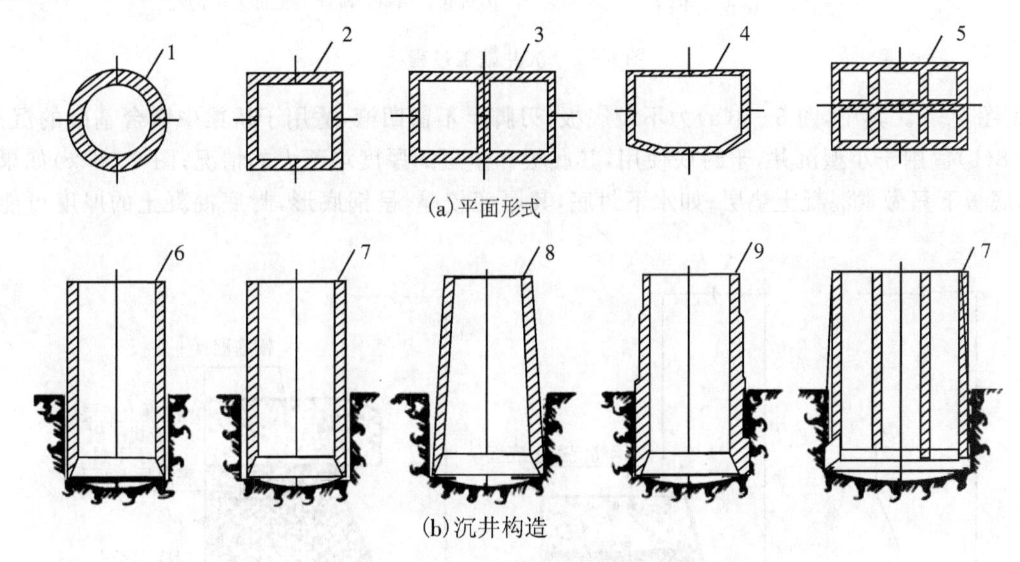

1—圆形;2—方形;3—矩形;4—多边形;5—多孔形;6—圆柱形;7—圆柱带台阶形;8—圆锥形;9—阶梯形

图6-6 沉井平面形式及剖面形式

沉井施工可在场地狭窄的情况下,施工较深的地下工程,最深可达50余米。施工时对周围环境影响较小且不需复杂的机具设备。与大开挖相比,可减少挖、运和回填的土方量。但缺点是施工工序多、技术要求高、质量控制难度大。

6.2.2 一般沉井施工

通常的沉井施工程序如图6-7所示。

1.刃脚支设

沉井下部为刃脚,其支设方式取决于沉井重量、施工荷载和地基承载力。刃脚的形式一般有

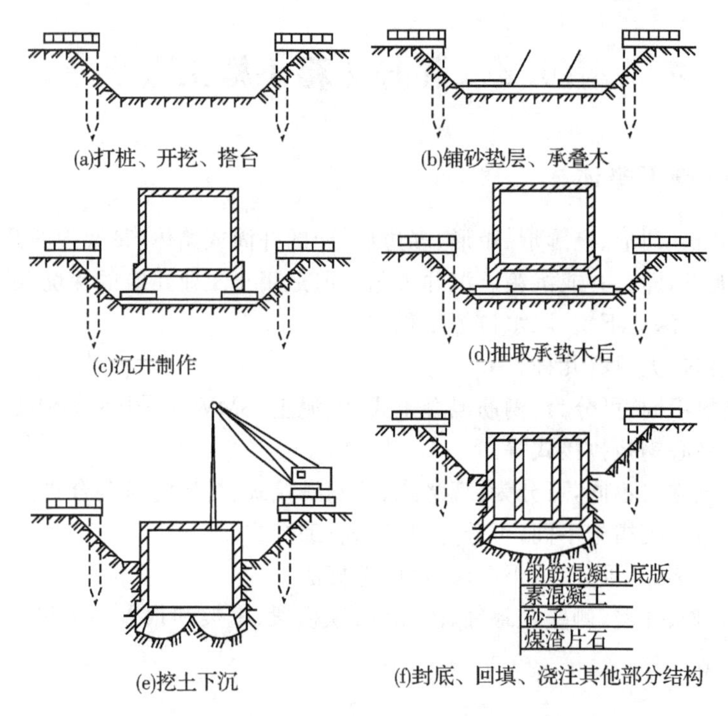

图 6-7　沉井施工过程

三种见图 6-8。其中，图 6-8(a)为不设底板，刃脚上不留凹槽，适用于桥梁中墩台基础的沉井；图 6-8(b)适用于小型沉井，干封底使用，其底板和垫层的厚度均不大的情况；图 6-8(c)如果干封底，底板下只做素混凝土垫层；如水下封底，其厚度较厚，呈锅底形，封底混凝土的厚度可能超过刃脚。

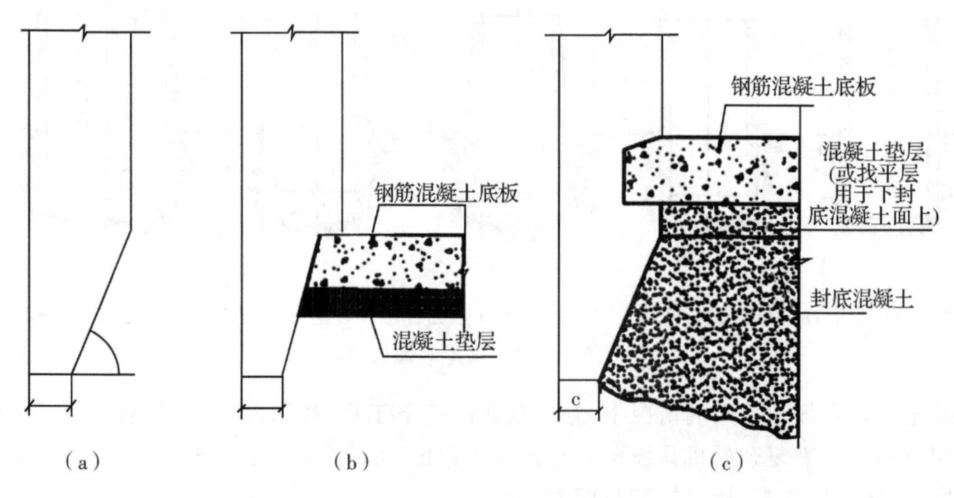

图 6-8　刃脚形式

2. 分节制作

目前沉井施工中，常用的方式为分节制作。但对于一般中小型沉井，高度不大，地基很好或经加固后可获得较大地基承载力时，最好采用一次制作、一次下沉方式，并且沉井的高度在 10m 内为宜。

分节制作、一次下沉的方式对地基条件要求较高，采用该方式时分节制作高度不宜大于沉井短边或直径，总高度超过 12m 时，需有可靠的计算依据并采取确保稳定的措施。如沉井过高，下沉时易倾斜，宜分节制作、分节下沉。分节制作的高度，应保证其稳定性并能使其顺利下沉。分节下沉的沉井接高前，应进行稳定性计算，如不符合要求，可根据计算结果采取井内留土、填砂(土)、灌水等稳定措施。

制作井壁的模板应有较大的刚度，以免发生挠曲变形。外模板应平滑，以利沉井下沉。分节制作时，水平接缝需做成凸凹型，以利防水。

沉井浇筑混凝土时宜沿其周围对称、均匀地分层浇筑。每层厚度不超过 300mm，避免造成不均匀沉降使沉井倾斜。每节沉井应一次连续浇筑完成，且下节沉井的混凝土强度达到 70%后才允许浇筑上节沉井的混凝土。

3. 沉井下沉

沉井下沉前应进行混凝土强度检查、外观检查，并根据规范要求，对各种形式的沉井进行施工阶段的结构强度计算、下沉验算和抗浮验算。

(1)垫架、垫座拆除。大型沉井应待混凝土达到设计强度的 100%始可拆除垫架或砖垫座。拆除时应分组、依次、对称、同步地进行。每抽出一根垫架枕木，刃脚下应立即用砂填实。拆除时应加强观测，注意沉井下沉是否均匀。

(2)井壁孔洞处理。沉井壁上有时留有与地下通道、地沟、进水口、管道等连接的孔洞，为避免沉井下沉时地下水和泥土从孔洞涌入，也为避免沉井各处重量不均使重心偏移，而造成沉井下沉时倾斜，所以在下沉前必须进行处理。对较大孔洞，在制作沉井时可预埋钢框、螺栓，用钢板、方木封闭，孔中充填与混凝土重量相等的砂石或铁块配重；对进水窗则采取一次做好，内侧用钢板封闭。沉井封底后再拆除封闭钢板、方木等。

(3)沉井下沉施工方法。沉井下沉主要有四种方式，分别为人工挖土法、排水下沉法、不排水下沉法、泥浆套下沉法。其具体操作如下：

①人工挖土法。此法主要用于无地下水或地下水量不大的小型沉井。为能使沉井均匀竖直下沉，防止出现倾斜，应分层、均匀、对称地挖土，而且不宜从沉井刃脚踏面下开挖，否则容易形成局部沉井悬空，影响沉井正常下沉。对于软弱土质，挖土时应在沉井刃脚周围保留土堤，使沉井挤土下沉，利于预防沉井倾斜。

②排水下沉。排水下沉时常用的挖土方法如下：人工或用风动工具挖土；在沉井内用小型反铲挖土机挖土；在地面用抓斗挖土机挖土。

挖土应分层、均匀、对称地进行，使沉井能均匀竖直下沉。对普通土层，可从沉井中间开始逐渐挖向四周。每层挖土厚为 0.4～0.5m，并沿刃脚周围保留 0.5～1.5m 土堤。然后再沿沉井井壁，每 2～3m 一段向刃脚方向逐层全面、对称、均匀地削薄土层，每次削 5～10cm。当土层经不住刃脚的挤压而破裂时，沉井便在自重作用下均匀垂直地挤土下沉，不会产生过大倾斜，该挖土方法如图 6-9 所示。有底架、隔墙分格的沉井，各孔挖土面高差不宜超过 1m。如沉井下沉较困难，应事先根据情况采用减阻措施，使沉井连续下沉，避免长时间停歇。井孔中间宜保留适当高度的土体，不得将中间部分开挖过深。

沉井下沉过程中，如井壁外侧土体发生塌陷，应及时采取回填措施，以减少对周围环境的影响。沉井下沉过程中，每 8h 至少测量两次。当下沉速度较快时，应加强观测，如发现偏斜、位移时，应及时纠正。

③不排水下沉。不排水下沉的方法用有抓斗在水中取土、用水力吸泥机或空气吸泥机抽吸

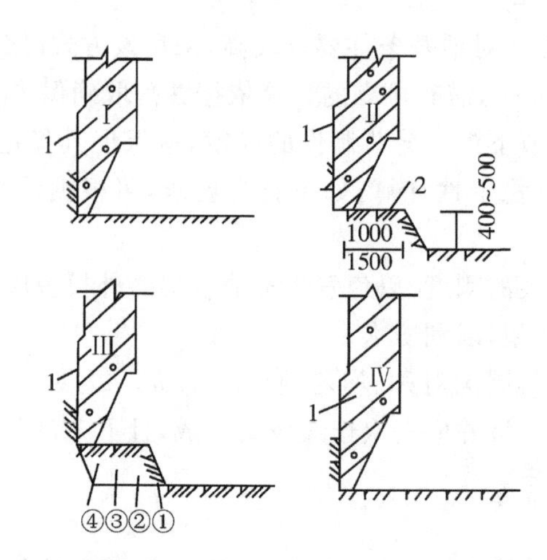

1—沉井刃脚;2—土堤;①、②、③、④—削坡次序

图 6-9　普通土层中下沉开挖方法

水中泥土等,如土质较硬,水力吸泥机需配制水力冲射器将土冲松。由于吸泥机是将水和土一起吸出井外,故需经常向沉井内注水,保持井内水位高出井外水位 1～2m,以免发生涌土和流砂现象。

④泥浆套下沉法。泥浆套下沉法是在沉井壁与土层之间设一层触变泥浆,依靠泥浆的润滑作用减小土体对沉井的阻力,使沉井平稳顺利下沉。另外,由于泥浆大大减少了土层对井壁的阻力,据此,在相同条件下可以减轻沉井自重。

4. 接高沉井

第一节沉井下沉至距地面高度 1～2m 时,应停止挖土,接筑第二节沉井。接筑前应使第一节沉井位置垂直并将其顶面凿毛,然后支模浇筑混凝土。待混凝土强度达到设计要求后再拆模,继续挖土下沉。每次接筑的最大高度一般不宜超过 5m。

5. 测量控制

沉井平面位置和标高的控制,是在沉井外部地面及井壁顶部四周设置纵横十字中心线、水准基点进行控制。沉井垂直度的控制,是在井筒内按四或八等份标出垂直轴线,用吊线坠对准下部标板进行控制,并随时用两台经纬仪进行垂直度观测。沉井下沉的控制,是在井筒壁周围弹水平线,或在井外壁两侧用白或红油漆画出标尺,用水平尺或水准仪来观测沉降。

6. 地基检验和处理

沉井沉到设计标高后,应进行基底检验,检验内容为地基土质和平整度。同时应对地基进行必要的处理。如果是排水下沉的沉井,可直接进行检验。当地基为砂土或黏土时,可在其上铺一层砾石或碎石至刃脚面以上 200mm;地基为风化岩石时,应将风化岩层凿除。在不排水下沉的情况下,可由潜水工进行基底检验,人工清基或用水枪和吸泥机清基。总之应将井底浮土及软土清除干净,并使地基尽量平整,以保证地基与封底混凝土、沉井的结合紧密。

7. 沉井封底

地基经检验和处理符合要求后,应立即进行沉井封底。

(1)排水封底(干封底)。排水封底时应保持地下水位低于基底面 0.5m 以下。封底一般先浇一层厚约 0.5～1.5m 的素混凝土垫层,在刃脚下填筑、振捣密实,以保证沉井的最后稳定。垫层达到 50%设计强度后,在其上绑钢筋,钢筋两端应伸入刃脚或凹槽内,再浇筑上层底板混凝土。封底混凝土与老混凝土的接触面应冲刷干净；浇筑工作应分层进行，每层厚 30～50cm，由四周向中央推进，并应振捣密实；当井内有隔墙时，应前后左右对称地逐孔浇筑。混凝土采用自然养护，养护期间应继续排水。待底板混凝土强度达到 70%并经抗浮验算后，对集水井逐个停止抽水，逐个封堵。

(2)不排水封底(水下封底)。不排水封底时，井底清基过程中应将新老混凝土接触面用水枪冲刷干净，并抛毛石，铺碎石垫层。封底水下混凝土采用导管法浇筑，若浇筑面积大，可用多根导管，以先周围后中间、先低后高的顺序进行浇筑。待水下封底混凝土达到所需强度后(一般养护 7～14 天)，方可抽干沉井内的水，并检查封底情况，进行检漏补修，然后按排水封底的方法施工上部钢筋混凝土底板。

6.2.3　沉井下沉过程中发生偏差的原因及预防措施

沉井下沉过程中发生偏差的原因及预防措施，见表 6-9。

表 6-9　沉井下沉过程中发生偏差的原因及预防措施

序号	产生原因	预防措施
1	筑岛被水流冲坏或沉井一侧的土被水流冲空	事先加强对筑岛的防护，对水流冲刷的一侧可抛卵石或片石防护
2	沉井刃脚下土层软硬不均	随时掌握地层情况，多挖土层较硬地段，对土质较软地段应少挖，多留台阶或适当回填和支垫
3	没有对称地抽出垫木或未及时回填夯实	认真制定和执行抽垫操作细则，注意及时回填夯实
4	除土不均匀，使井内土面高低相差过大	除土时严格控制井内泥面高差
5	刃脚下掏空过多，沉井突然下沉	严格控制刃脚下除土量
6	刃脚一角或一侧被障碍物搁住没有及时发觉和处理	及时发现和处理障碍物，对未被障碍物搁住的地段，应适当回填或支垫
7	井外弃土或河床高低相差过大，偏土压对沉井的水平推移	弃土应尽量远弃，或弃于水流冲刷作用较大的一侧面，对河床较低的一侧可抛土(石)回填
8	排水开挖时，井内大量翻砂	刃脚处应适当留有土台，不宜挖通，以免在刃脚下形成翻砂通水通道，引起沉井偏斜
9	土层或岩面倾斜较大，井内沿倾斜面滑动	在倾斜面低的一侧填土挡御刃脚达到倾斜岩面后，应尽快使刃脚嵌入岩层一定深度，或对岩层钻孔，以桩(柱)锚固
10	在软塑至流动状态的淤泥土中，沉井易于偏斜	可采用轻型沉井，踏面宽度宜适当加宽，以免沉井下沉过快而失去控制

6.2.4 沉井(箱)质量验收标准

在《建筑地基基础工程施工质量验收规范》(GB 50202—2002)中，规定沉井质量检验标准见表6-10。

表6-10 沉井质量检验标准

<table>
<tr><th rowspan="2">项目</th><th rowspan="2">序号</th><th rowspan="2" colspan="2">检查项目</th><th colspan="2">允许偏差或允许值</th><th rowspan="2">查方法</th></tr>
<tr><th>单位</th><th>数值</th></tr>
<tr><td rowspan="5">主控项目</td><td>1</td><td colspan="2">混凝土强度</td><td colspan="2">满足设计要求</td><td>查试件记录或抽样送检</td></tr>
<tr><td>2</td><td colspan="2">封底前，沉井(箱)的下沉稳定</td><td>mm/8h</td><td><10</td><td>水准仪</td></tr>
<tr><td rowspan="3">3</td><td colspan="2">封底结束后位置：
刃脚平均标高(与设计标高比)</td><td></td><td><100</td><td>水准仪</td></tr>
<tr><td colspan="2">刃脚平面中心线位移</td><td>mm</td><td><1%H</td><td>经纬仪，H为下沉总深度，H<10m时，控制在100mm内</td></tr>
<tr><td colspan="2">四角中任何两角的底面高差</td><td></td><td><1%l</td><td>经纬仪，l为两角的距离，但不超过300mm，l<10m时，控制在100mm内</td></tr>
<tr><td rowspan="9">一般项目</td><td>1</td><td colspan="2">原材料检查</td><td colspan="2">符合设计要求</td><td>查出厂质保书或抽样送检</td></tr>
<tr><td>2</td><td colspan="2">结构体外观</td><td colspan="2">无裂缝，无蜂窝空洞，不露筋</td><td>直观</td></tr>
<tr><td rowspan="4">3</td><td colspan="2">平面尺寸、长与宽</td><td>%</td><td>±0.5</td><td>钢尺，控制在100mm内</td></tr>
<tr><td colspan="2">曲线部分半径</td><td>%</td><td>±0.5</td><td>钢尺，控制在50mm内</td></tr>
<tr><td colspan="2">两对角线差</td><td>m</td><td>1.0</td><td>钢尺</td></tr>
<tr><td colspan="2">预埋件</td><td>m</td><td>20</td><td>钢尺</td></tr>
<tr><td rowspan="2">4</td><td rowspan="2">下沉过程中的偏差</td><td rowspan="2">高差平面轴线</td><td rowspan="2">%</td><td>1.5～2.0</td><td>水准仪，比超过1m</td></tr>
<tr><td><1.5%H</td><td>经纬仪，H为下沉深度，控制在300mm内</td></tr>
<tr><td>5</td><td colspan="2">封底混凝土坍落度</td><td>cm</td><td>18～22</td><td>坍落度测定器</td></tr>
</table>

注：主控项目3的三项偏差可同时存在，下沉总深度，系指下沉前后刃脚之高差。

6.3 隧道盾构法施工

6.3.1 盾构法概述

盾构法是指使用盾构机，一边控制开挖面使围岩不发生坍塌失稳，一边进行隧道掘进、出碴，并同时在其机器内部拼装管片形成衬砌环实施壁后注浆，尽量不扰动围岩而修建隧道的方法。

盾构法施工具有以下突出的优点：

(1)可在盾构设备的掩护下安全地进行土层的开挖与衬砌的支护工作。

(2)除竖井外,施工作业均在地下进行,施工时不影响地面交通,对环境影响小。

(3)施工中的振动和噪音小,对周围地区居民几乎没有干扰。

(4)由于不降低地下水,可控制地表沉降,减少对地下管线及地面建筑物的影响。

(5)进行水底隧道施工时,可不影响航道通航。

(6)施工自动化程度高、速度快,且不受风雨等气候条件的影响,有较高的技术经济优越性。

盾构法隧道施工概貌如图 6-10 所示。

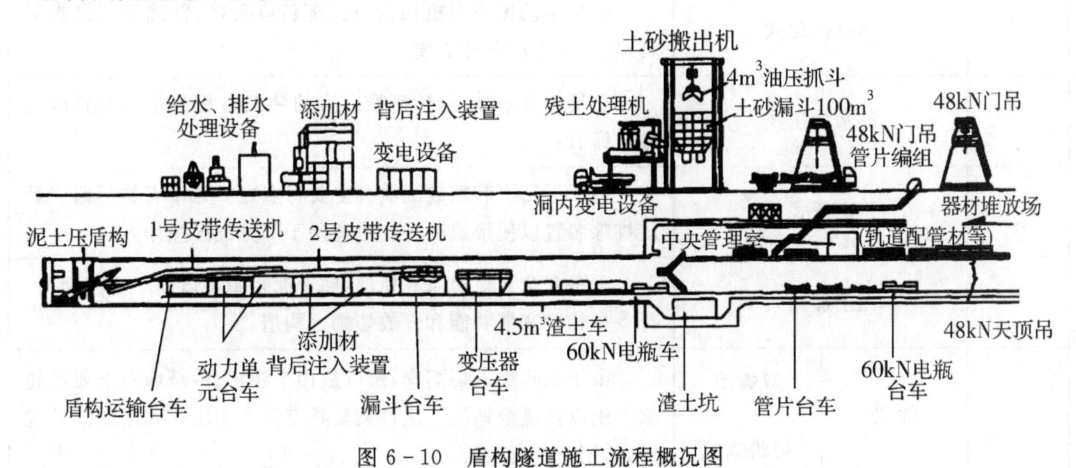

图 6-10 盾构隧道施工流程概况图

6.3.2 盾构的基本构造

盾构设备由盾壳、推进系统、正面支撑系统、衬砌拼装系统、液压系统、操作系统和盾尾装置等组成,如图 6-11 所示为常用的土压力平衡式盾构。

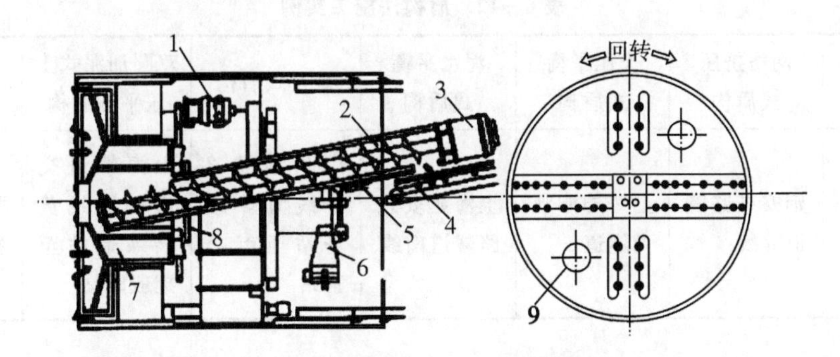

1—刀盘滑道千斤顶;2—螺旋运输机;3—螺旋运输机油马达;4—皮带运输机;
5—闸门千斤顶;6—管片拼装器;7—刀盘支架;8—隔板;9—紧急出入口

图 6-11 盾构总体构造示意图

6.3.3 盾构机械的分类与适用范围

盾构机械的类型很多,从不同的角度有不同的分类,详细分类见表 6-11。

表 6-11　盾构掘进机类型及功能

<table>
<tr><th>序号</th><th colspan="2">类型</th><th>说明</th></tr>
<tr><td>1</td><td colspan="2">密封式</td><td>适用于软性、粉质、含砂量少的土质。出泥根据挖掘速度调节开孔大小而控制。</td></tr>
<tr><td>2</td><td colspan="2">手掘式</td><td>适用于坚硬、无崩塌性土质或般坚硬土质。装配有半月型掘进面和用于支撑掘进面的千斤顶。</td></tr>
<tr><td>3</td><td colspan="2">半机械化式</td><td>一种手动操作型机械设备。配备有反铲、臂式切刀之类工具,宜满足土质条件需要。</td></tr>
<tr><td>4</td><td colspan="2">泥水加压式</td><td>适用于渗水砂土、砂砾质。有的装配有石头排除装置以便移走卵石。</td></tr>
<tr><td></td><td colspan="2">定压式</td><td>适用于粘土和粘砂土质。主要特点之一是带有锥形阀门螺旋排除装置以便形成砂栓。也适用于部分气压操作。</td></tr>
<tr><td>5</td><td colspan="2">泥土加压式</td><td>配备有全方位福条式切削,插于泥浆中可适用于不同断面。特点是转换变形功能和开放切削面构造。</td></tr>
<tr><td rowspan="2">6</td><td rowspan="2">泥浆</td><td>双螺旋</td><td rowspan="2">由于泥浆灌入切削仓,所以适用于渗水、砂砾卵石土质和超软土质以及复杂地层。这种类型具有泥水加压式和定压式的优点,适用于各类土层。</td></tr>
<tr><td>带状螺旋</td></tr>
<tr><td>7</td><td colspan="2">潜质式掘进机(SBM)</td><td>配备有钻头,可以破碎大岩石体和基础;建议用于粘土层、可崩塌含水层、大岩石体和基础。</td></tr>
</table>

各类盾构施工方法实例可见表 6-12。

表 6-12　盾构法施工实例

盾构法施工技术	网格挤压式盾构	土压平衡式盾构	泥水平衡式盾构	复合式盾构	双圆加泥式土压平衡盾构	TBM 盾构
工程实例	延安东路隧道北线	上海外滩观光隧道	上海延安东路隧道南线	广州地铁 2 号线海珠广场站至市二宫站	上海轨道交通杨浦线黄兴绿地站至翔殷路站	甘肃引大入秦工程

6.3.4　盾构法施工

盾构法施工的主要程序为:盾构竖井的修建→盾构设备的拼装及附属设施的准备→盾构的开挖与推进→隧道衬砌的拼装→衬砌壁后压浆。

1. 盾构施工的准备工作

盾构施工的准备工作主要有盾构竖井的修建、盾构设备的拼装与检查、盾构施工附属设施的准备。

盾构施工是在地面或河床以下一定深度内进行暗挖施工,因而在盾构起始位置上要修建盾构拼装井进行盾构的拼装，在盾构施工的终点位置还需修建盾构拆卸井，以便拆卸盾构并将其吊出。此外，长隧道中段或遂道弯道半径较小的位置也应修建盾构中间井，以便进行盾构的检查、维修和盾构的转向。

盾构设备的拼装一般在拼装井底部的拼装台上进行，小型盾构也可在地面拼装好以后整体吊入井内。拼装必须遵照盾构安装说明书进行，拼装完毕的盾构，应进行外观检查、主要尺寸检查、液压设备检查、无负荷运转试验检查、电器绝缘性能检查、焊接检查等，检查合格后方可投入使用。

盾构施工所需的附属设备随盾构类型、地质条件、隧道条件不同而异。一般来说，盾构施工设备分为洞内设备和洞外设备两部分。洞内设备是指除盾构以外从竖井井底到开挖面之间所安装的设备，它包括排水设备、装渣设备、运输设备、背后压浆设备、通风设备、衬砌设备、电器设备、工作平台设备等。洞外设备包括低压空气设备、高压空气设备、土渣运输设备、电力设备、通讯联络设备等。

2.盾构的开挖与推进

(1)盾构的开挖。盾构的开挖分敞胸(口)式开挖、挤压式开挖和闭胸切削式开挖三种方式。无论采取什么开挖方式，在盾构开挖之前，必须确保在出发竖井盾构的进口封门拆除后，地层暴露面的稳定性，必要时应对竖井周围和进出口区域的地层预先进行加固。

①敞胸式开挖。敞胸式开挖必须在开挖面能够自行稳定的条件下进行，属于这种开挖方法的盾构有人工挖掘式、半机械化挖掘式等。在进行敞胸式开挖的过程中，原则上是将盾构切口环与活动的前檐固定连接，伸缩工作平台插入开挖面内，插入深度取决于土层的自稳性和软硬程度，使开挖工作自始至终都在切口环的保护下进行。然后从上而下分部开挖，每开挖一块便立即用千斤顶进行支护。支护能力应能防止开挖面的松动，且在盾构推进过程中这种支护也不能松懈与拆除，直到推进完成进行下一次开挖为止。

②挤压式开挖。挤压式开挖属于闭胸式盾构开挖方式之一，当闭胸式盾构胸板上不开口时称为全挤压式，胸板上开口时称部分挤压式。挤压式开挖适合于流动性大而又极软的黏土层或淤泥层。

全挤压式开挖，是依靠盾构千斤顶的推力将盾构切口推入土层中，使盾构四周一定范围内的土体被挤压密实，而不从盾构内出土。此种情况下由于只有上部有自由面，所以大部分土体被挤向地表面，部分土体则被挤向盾尾及盾构下部。因此，盾尾处的砌筑空隙可以自然得到充填，而不需要或仅需少量进行衬砌壁后注浆。

部分挤压式开挖又称局部挤压式开挖。它与全挤压式开挖的不同之处是：由于胸板上有开口，当盾构向前推进时，一部分土体就从此开口进入隧道内，被运输机械运走；其余大部分土体都被挤向盾构的上方和四周。其开挖作业是通过调整胸板的开口率与开口位置和千斤顶的推力来进行的。

③密闭切削式开挖。密闭切削式开挖也属于闭胸式开挖方式之一，这类闭胸式盾构有泥水加压盾构和土压平衡盾构。密闭切削式开挖主要依靠安装在盾构前端的大刀盘的转动在隧道全断面连续切削土体，形成开挖面。其刀盘在不转动切土时可正面支护开挖面而防止坍塌。密闭切削开挖适合自稳性较差的土层，其开挖速度快，机械化程度高。

3.隧道衬砌的拼装

盾构隧道躯体自身筒状的构造物即衬砌，属永久性构造物。通常衬砌为双层构造，外层为一次衬砌，内层为二次衬砌(见图6-12)。

一次衬砌的作用是支承来自地层的土压力、水压力、承受盾构推力以及承受各种施工设备构成的内荷载。二次衬砌的作用，除进一步加强补充一次衬砌作用之外，通常还应具有良好的防渗、防蚀、防振，修正轴线欺负及内装饰作用。

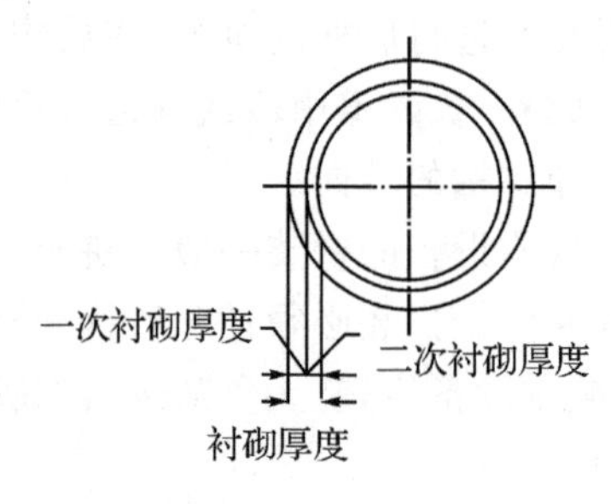

图 6-12　衬砌

预制拼装式衬砌是由称为“管片”的多块弧形预制构件拼装而成的。管片可采用铸铁、铸钢、钢筋混凝土等材料制成，其形状有矩形、梯形和中缺形等，其结构形式如图 6-13 所示。

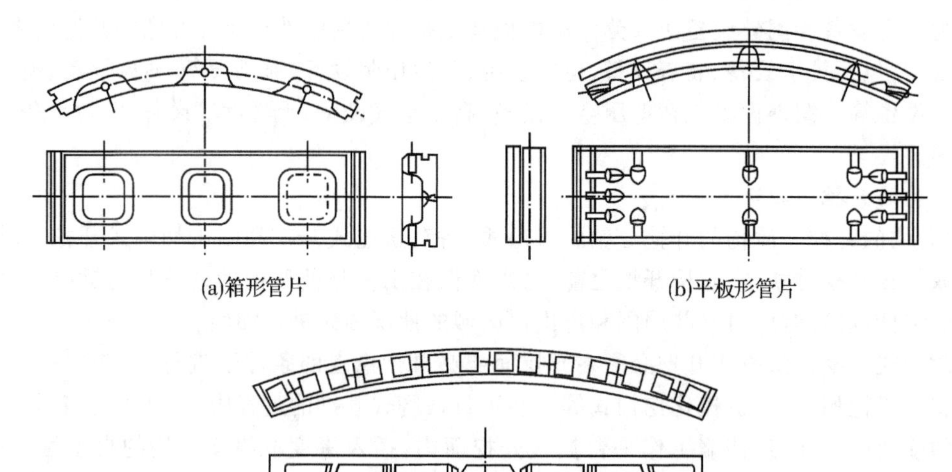

图 6-13　管片结构形式

管片拼装的方法根据结构受力要求，分为通缝拼装和错缝拼装两种。通缝拼装，见图 6-14(a)，即管片的纵缝环环对齐，拼装较为方便，容易定位，衬砌环施工应力小。其缺点是环面不平整的误差容易造成误差累积，尤其当采用较厚的现浇防水材料时，更是如此。若结构设计中需要利用衬砌本身来传递圆环内力时，则宜选用错缝拼装，即衬砌圆环的纵缝在相邻圆环间错开 1/2～1/3 管片，见图 6-14(b)。错缝拼装的隧道比通缝拼装的隧道整体性好，但由于环面不平整，宜引起较大的施工应力，若防水材料压密不够则易出现渗漏现象。

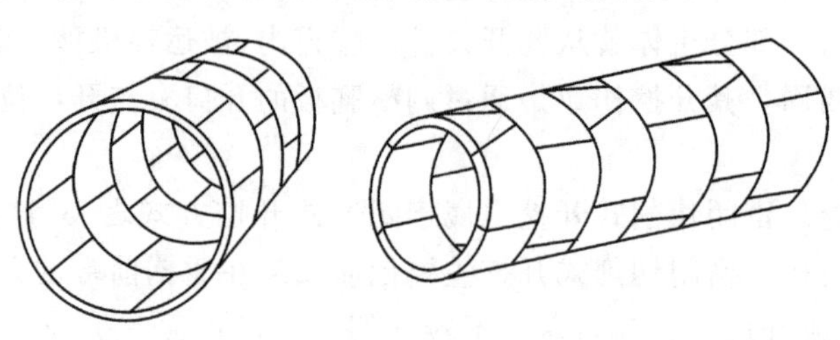

(a)通缝拼装隧道　　(b)错缝拼装隧道

图 6-14　通缝拼装隧道、错缝拼装隧道

管片拼装常采用举重臂来进行。举重臂可以根据拼装要求进行旋转、径向伸缩、纵向移动等动作，迅速、方便地完成衬砌拼装作业，有的还装有可以微动调节的装置。

4. 衬砌防水

(1)单层衬砌防水。单层衬砌防水，管片本体应满足抗渗设计要求和几何尺寸的进度要求，并且预制钢筋混凝土管片应采用防水混凝土。一般管片几何尺寸的误差不应大于±1mm。

对于接缝防水，管片应至少设置一道密封垫沟槽。沟槽断面为倒梯形，槽宽一般为30～50mm，最大80mm。

(2)双层衬砌防水。在内衬施工前，必须紧固管片螺栓，并且应在内衬纵向或横向施工缝上设置之水条和止水带，其中止水条应用黏结剂胶合，并用铅丝把止水带与内衬钢筋绑紧固定。

(3)防水密封垫。防水密封垫的横截面积必须与管片上的密封槽断面准确相符。必须满足以下要求：

①防水密封垫放入管片密封槽内以后，不受压前，密封垫应高出管片上的密封槽口。

②防水密封垫的截面积不得大于管片密封槽段面积。

③管片上的密封沟槽两侧和防水密封垫的两边均加工成斜边。实践证明槽边角度大于10°时可达到满意的效果。

④防水密封垫截面应该有足够的接触宽度。

(4)嵌缝防水。嵌缝作业在管片拼装完成后一段时间，待衬砌变形相对稳定后进行。嵌缝槽设在管片内侧环纵向边沿处。由于隧道衬砌嵌缝材料是在背水面防水，因此嵌缝槽(见图6-15)槽深应大于槽宽，嵌缝槽的槽底宜设斜楔口。嵌缝材料采用定形类的，则两槽边是平行的；嵌缝材料用未定形的，则可以是槽口小形的，深宽比>2.5(槽深宜为25～55mm，单面槽宽宜为3～10mm)。

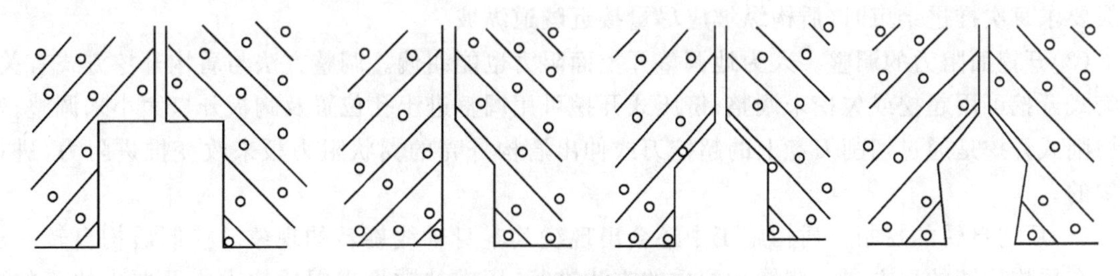

图6-15　嵌缝沟槽形式

5. 壁后压浆

壁后注浆浆液的选择受土质条件、盾构工法的种类、施工条件、价格等条件的支配，应按实际条件选用最适合条件的浆液。

在盾构隧道施工过程中，为防止隧道周围土体变形，造成地表沉降，必须及时将盾尾和衬砌之间的空隙，进行压浆充填。压浆还可以改善隧道衬砌的受力状态，增强衬砌的防水效能，因此壁后压浆是盾构施工的关键工序。

压浆可采用设置在盾构外壳上的注浆管随盾构推进同步注浆，也可由管片上的预留注浆孔进行压浆。压浆方法分为二次压浆法和一次压浆法两种。二次压浆是指盾构推进一环后，立即用风动压浆机通过衬砌管片上的压浆孔，向衬砌背后压入粒径为3～5mm的石英砂或卵石，以防止地层坍塌；继续推进5～8环后，进行二次压浆，注入以水泥为主要胶结材料的浆体，充填到豆粒砂的孔隙内，使之固结。一次压浆法是在地层条件差、盾尾空隙一出现就会发生坍塌的情况下所采用,即随着盾尾空隙的出现,立即压注水泥砂浆,并保持一定压力。这种工艺对盾尾密封装置要求较高,容易造成盾尾漏浆,须准备采取有效的堵漏措施。此外,每相隔 30m 左右还需进行一次额外的控制压浆,压力可达 1.0MPa,以便强力充填衬砌背后遗留下来的空隙。若发现明显的地表沉陷或隧道严重渗漏时,局部还需进行补充压浆。

压浆时要左右对称,从下向上逐步进行,并尽量避免单点超压注浆,而且在衬砌背后空隙未被完全充填之前,不允许中途停止工作。在压浆时,位于正在压浆孔眼上方的压浆孔可作为排气孔,其余的压浆孔均需用塞子堵严,且一个孔眼的压浆工作一直要进行到上方压浆孔中出现灰浆为止。

6.3.5 盾构的推进与纠偏

盾构进入地层后,随着工作面的不断开挖,在千斤顶的推力下,盾构也不断向前推进。在盾构推进过程中,应保证其中心线与隧道设计中心线相一致。但实际工程中,很多因素将导致盾构偏离隧道中心线,如由于土层不均匀、地层中有孤石等障碍物而造成开挖面四周阻力不一致,盾构千斤顶的顶力不一致,盾构重心偏于一侧,闭胸挤压式盾构上浮,盾构下部土体流失过多造成盾构叩头下沉等,这些因素将使盾构轨迹变成蛇行。为了把偏差控制在规定范围内,在盾构推进过程中要随时测量,了解偏差产生的原因,并及时纠偏。纠偏的措施通常有以下几方面。

(1)千斤顶工作组合的调整。一个盾构四周均匀分布有几十个千斤顶,以推进盾构。一般应对这几十个千斤顶分组编号,进行工作组合。每次推进后应测量盾构的位置,并根据每次纠偏量的要求,决定下次推进时启动哪些编号的千斤顶,停开哪些编号的千斤顶,进行纠偏。停开的千斤顶要尽量少,以利提高推进速度,减少液压设备的损坏。

(2)盾构纵坡的控制。盾构推进时的纵坡和曲线也是依靠调整千斤顶的工作组合来控制的。一般要求每次推进结束时,盾构纵坡应尽量接近隧道纵坡。

(3)开挖面阻力的调整。人为地调整开挖面阻力也能纠偏。调整方法与盾构开挖方式有关:敞胸式开挖可用超挖或欠挖来调整;挤压式开挖可用调整进土孔位置及胸板开口大小来调整;密闭切削式开挖是通过切削刀盘上的超挖刀或伸出盾构外壳的翼状阻力板来改变推进阻力,进行纠偏的。

(4)盾构自转的控制。盾构施工中还会出现绕其本身轴线旋转的现象。控制盾构自转一般采用在盾构旋转的反方向一侧增加配重的方法进行,压重的数量根据盾构大小及要求纠正的速度,可以从几十吨到上百吨。此外,还可以通过安装在盾壳外的水平阻力板和稳定器来控制盾构自转。

6.4 地下管道顶管法施工

6.4.1 顶管法概述

顶管法施工是先在管道设计路线上施工一定数量的小基坑作为顶管工作井(大多数采用沉井),作为一段顶管的起点与终点,工作井的一面或两面侧壁设有圆孔作为预制管节的出口与入口。顶管出口孔壁对面侧壁为承压壁,其上要安装液压千斤顶和承压垫板。千斤顶将带有切口和支护开挖装置的工具管顶出工作井出口孔壁,然后以工具管作为先导,将预制管节按设计轴线逐节顶入土层中,直至工具管后第一段管节的前端进入下一工作井的进口孔壁,这样就施工完一段管道，重复进行上一施工过程，一条管线就施工完毕。施工过程如图 6-16 所示。

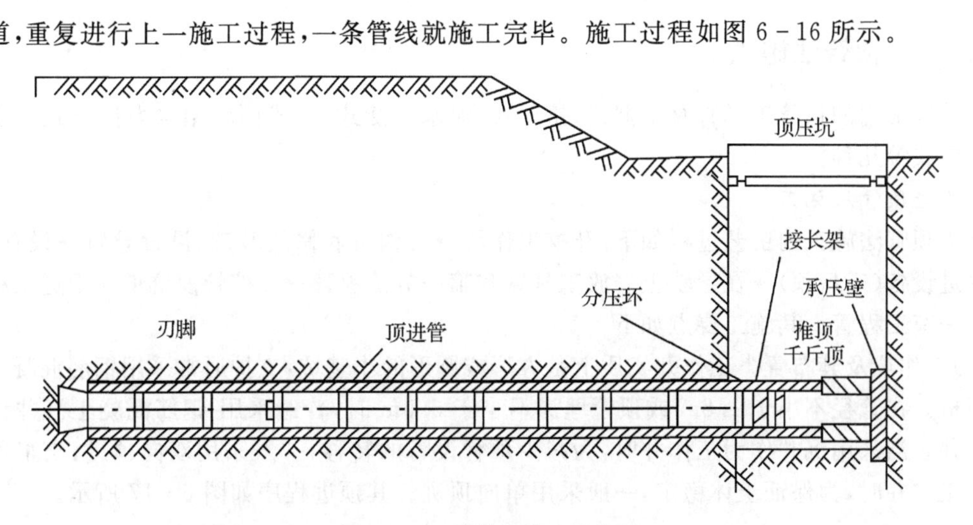

图 6-16 顶管法施工示意图

6.4.2 顶管法的基本设备构成

顶管法施工的主要设备包括顶进设备、工具管、工程管及吸泥设备。

1. 顶进设备

顶进设备主要包括后座、千斤顶、顶铁和导轨等。后座由后座墙、后背和立铁共同构成，它们是千斤顶后座力的主要支承结构。后座墙一般可利用工作井后方的土井壁，但必须有一定厚度，其土质宜为黏土、粉质黏土。当管顶上土层为 2～4m 的浅覆土时，土质后座墙的长度一般需要 4～7m。无法建立土质后座墙时可修建人工后座墙。后背的作用是减小后座力对后座墙单位面积的压力，常采用方木后背和钢板桩后背，后者适用于软弱土层。立铁直接承受千斤顶的后坐力，并将其传给后背。

千斤顶是顶进设备的核心。其有多种顶力规格，常采用行程为 1.1m、顶力为 400t 的组合布置方式，即对称布置四只千斤顶，最大顶力可达 1600t。

顶铁是为了弥补千斤顶行程不足而设置的。顶铁的厚度一般小于千斤顶行程，形状为 U 形，以便于人员进出管道。也有其他形状的顶铁，其主要起扩散顶力的作用。

导轨在顶管时起导向作用，即引导管子按设计的中心线和坡度顶入土中，保证管子在顶入前位置的正确。导轨在接管时又可作为管道吊放和拼焊的平台。

2. 工具管

工具管（又称顶管机头）安装于工程管前端，是控制顶管方向、掘土和防止塌方等的多功能装置。合理选择顶管机头是保证顶管顺利施工的关键。

工程管是地下管道工程的主体。目前顶进的工程管主要是根据地下管道直径确定的圆形钢管或钢筋混凝土管。管径有多种，但当管径大于 4m 时，顶进困难，施工不一定经济。

3. 吸泥设备

管道顶进过程中，正前方不断有泥砂进入工具管的冲泥舱内，通常采用水枪冲泥，水力吸泥机排放，并从管道运输至工作井。水力吸泥机结构简单，其特点是高压水走弯道，泥水混合体走直道，能量损失小，出泥效率高，并可连续运输。

6.4.3 顶管法施工

目前较常用的顶管工具管有手掘式、挤压式、泥水平衡式、三段两较型水力挖土式和多刀盘土压平衡式等几种。

1. 掘进顶管法施工

掘进顶管法施工的工艺过程如下：开挖工作坑→工作坑底修筑基础、设置导轨→设置后座、安装顶进设备(千斤顶)→在导轨上安放工具管和第一节工程管→开挖管前坑道→顶进工程管→安接下一节工程管。其施工要点如下。

(1)工作坑及其布置。工作井实质上是方形或圆形的小基坑，支护通常采用钢筋混凝土沉井和钢板桩。在管径不小于1.8m或顶管埋深不小于5.5m时，普遍采用 钢筋混凝土沉井作为顶进工作井。当采用沉井作为工作井时，为减少顶管设备的转移，一般采用双向顶进；当采用钢板桩支护工作井时，为保证土体稳定，一般采用单向顶进。其顶进程序如图6－17所示。

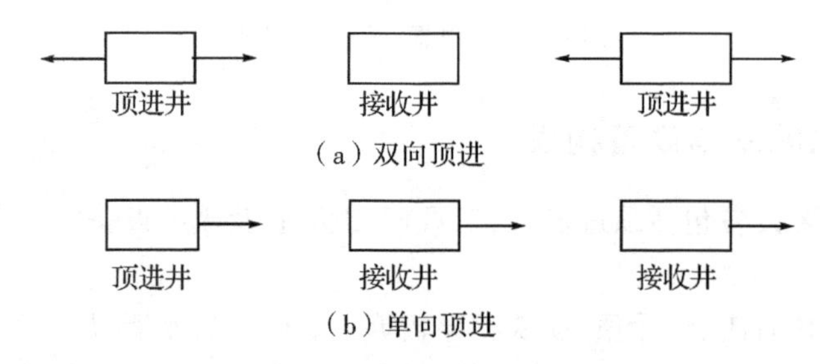

图6－17 顶管顶进程序示意图

当下游管线的夹角大于170°时，一般采用矩形工作井施工直线顶进，常规的矩形工作井平面尺寸可据表选用；当上下游管线的夹角不大于170°时，一般采用圆形工作井施工曲线顶进。

(2)挖土和运土。

①人工挖土和运土。工作坑布置完毕，便可开始进行管前人工挖土、管内人工或机械运土。

A. 挖土顺序。开挖管前或工具管前的土体时，不论砂类土、黏性土，都应自上而下分层开挖。若为了方便而先挖下层土，或者当管道内径超过手工所及的高度而先挖中下层土，则会有塌方的危险。因此，必须采用自上而下的挖土顺序。

B. 挖掘长度。人工挖土每次挖掘长度，一般等于千斤顶的顶程。土质较好，挖土技术水平较高时，可允许超前管端开挖30～50cm，以减小顶力。

C. 管道周围的超挖。在一般顶管地段，管顶以上的允许超挖量(即管顶与坑壁之间的空隙)为1.5cm；但管道下部135°范围内不得超挖，即必须保持管道与坑壁相吻合，以便控制其高程。在不允许土体下沉的顶管地段(如上面有重要构筑物或其他管道时)，管道周围一律不得超挖。

D. 运土。管前所挖土方，应及时从管内运出，以免影响顶进，或因管端堆土过多而造成管道下沉。运土方式可采用卷扬机牵引的或电动、内燃机的运土小车，在管内进行有轨或无轨运土；也可用皮带运输机运土。土运至工作坑后，由起重设备吊出工作坑外。

②机械挖土和运土。采用人工挖土劳动强度大、施工环境恶劣、生产效率低，且当管径较小时也无法在管内进行人工操作，而采用管端机械掘进则可解决上述问题。机械挖土和运土的方式如下：切削掘进，输送带或螺旋输送器运土；水力掘进，输送泥浆。

A. 切削掘进。切削掘进有工作面呈平锥形的切削轮偏心径向切削、工作面呈锥形的偏心纵向切削和偏心水平钻进法等。

偏心径向切削主要用于大直径管道，其锥角较大、锥形平缓。偏心纵向切削挖掘时，由于刀架高速旋转而使切下的土借助离心力抛向管内，并可直接抛至输送带上，便于土的运输。它设备简单，易于装拆和维修，掘进中便于调向，挖掘效率高，适用于在粉质黏土和黏土中掘进。偏心水平钻进法采用螺旋掘进机，它一般用于小直径钢管的顶进，适用于在黏土、粉质黏土和砂土中钻进。

B. 水力掘进。这是利用高压水枪的射流，将切人工具管管口的土冲碎，水和土混合成泥浆状态，由水力吸泥机输送、排放。这种方法一般用于高地下水位的弱土层、流砂层，或当管道从水下(河底)的饱和土层中穿越时采用。

(3)顶进工程管。顶管施工中，顶力要克服管道与土壁之间的摩擦力而将其向前顶进。顶进前应进行顶力的计算，确定液压式千斤顶的数量并进行正确布置，以保证管道在顶进时不偏斜。在开始顶进时应缓慢进行，待各部位密合接触后，再按正常速度顶进。顶进过程中，要加强方向检测，及时纠偏。否则，偏离过多，会造成工程管弯曲而增大摩擦力，增加顶进困难。纠偏可通过改变工具管端的方向来进行。

(4)管节的连接。当一节工程管顶完后，再将另一节管子吊入工作坑内。继续顶进前，应将两节工程管进行连接，以提高管段的整体性和减少顶进误差。管节的连接，有永久性和临时性连接两种。

钢管采用永久性的焊接连接，焊后应对焊接处补作防腐层，并采用钢丝网水泥砂浆和肋板进行保护。

钢筋混凝土管通常采用临时连接。在管节未进入土层前，接口的外侧应垫麻丝、油毡或木垫板进行保护，两管间的管口内侧应留有 10～20mm 的空隙，顶紧后的空隙宜为 10～15mm，以防止管端压裂。当管节入土后，在管节相邻接口处应安装内胀圈进行临时连接，内胀圈的中部位于接口处，并将内胀圈与管道之间的缝隙用木楔塞紧。由于临时连接接口处的非密实性，因而此方法不能用于未降水的土层内。顶进工作完成后，拆除内胀圈，再按设计规定进行永久性的内接口处理；若设计无规定时，可采用石棉水泥，弹性密封膏或水泥砂浆密封，填塞物应抹平，不得凸入管内。

(5)中继环。顶管法施工时，一次顶进长度通常最大达 60～100m。当进行长距离顶管时，可采用中继间顶进的方法。此方法是将长距离顶管分成若干段，在段与段之间设置中继接力顶进设备，即中继环，如图 6－18 所示，中继环内成环形布置有若干中继千斤顶。中继千斤顶工作时，其前面的管段被向前推，后面的管段成为后座，即中继环之前的管道用中继千斤顶顶进，而中继间及其后的管道则用顶进坑内的千斤顶顶进。这样可分段克服摩擦力，使每段管道的顶力降低到允许的范围内，通过一个顶进坑进行长距离顶管，减少顶进坑的数目。

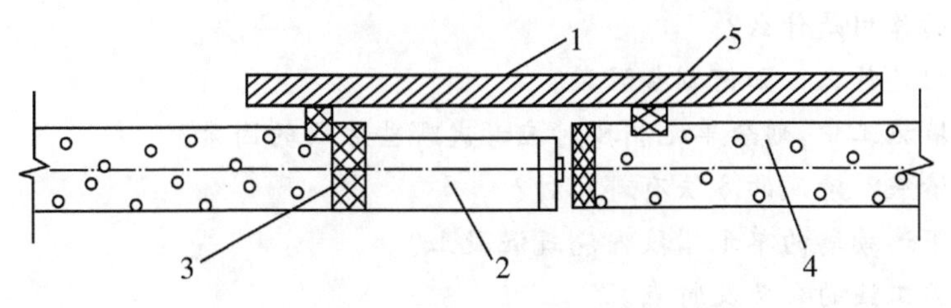

1—外套；2—千斤顶；3—垫板；4—前管；5—密封环

图 6－18　中继顶管示意图

2.挤压式顶管法施工

挤压式顶管法又称挤密土层顶管法,多为不出土挤压顶管。不出土挤压顶管就是在顶管的最前端安装管尖或管帽,利用千斤顶将管道直接顶进土层内,使周围的土被挤密。这种方法不出土,减少了土方量,但所需顶力较大。其顶力取决于管径、土质、含水量和管前设备。

管前端若安装管尖时,管前阻力较小。管尖中心角在砂性土层中不宜大于60°,粉质黏土中不宜大于50°,黏土中不宜大于40°。管前端若安装开口管帽,管子开始顶进时土进入管帽形成土塞,继续顶进时可阻止土进入管内而挤密管周围土。其管前阻力较大,土塞长度一般为管径的5～7倍。

不出土挤压式顶管法适用于直径较小的钢管,在中密土质中,若管径为250～400mm时就难以顶进。

在低压缩性土层中,如管道埋设较浅,或相邻管道间的净距过小,挤压顶管时则会出现地面隆起或相邻管道被挤坏的现象,须慎重采用。

6.4.4 纠偏

管道偏离轴线主要是由于作用于工具管的外力不平衡造成的,纠偏时要注意控制纠偏角度,如直线顶管采用现行生产的上海钢筋混凝土启口管时,其相邻管节间(每节2m长)允许最大纠偏角度不能大于表6-13中取值。

表6-13　钢筋混凝土企口管允许最大偏角

管径	ϕ1350	ϕ1500	ϕ1650	ϕ1800	ϕ2000	ϕ2200	ϕ2400
纠偏转角	0.75° 45′15″	0.69° 45′15″	0.62° 37′30″	0.57° 34′23″	0.52° 30′58″	0.47° 28′8″	0.43° 25′47″

当直线顶管采用“F”型钢套环混凝土管节时,也可采用调整纠偏千斤顶的编组操作,若管道偏左则千斤顶采用左伸右缩方法,反之亦然。若同时有高程和方向偏差,先纠正偏差较大的一面。

思考与练习

1.地下连续墙施工有哪些优点和缺点?

2.简述地下连续墙施工的主要工工艺流程。

3.地下连续墙的施工接头有哪几种方式?各有何特点?

4.修筑导墙的作用是什么?

5.泥浆的作用是什么?如何制备泥浆?

6.地下连续墙施工中,划分单元槽段时应考虑哪些方面的因素?

7.为什么要清底?清底的方法有哪几种?

8.如何在地下连续墙的单元槽段内浇筑混凝土?

9.试述沉井施工法的含义及特点。

10.简述沉井施工的一般工艺。

11.沉井下沉通常采用哪几种施工方法?

12.简述沉井下沉的几种辅助方法。

13. 简述水中沉井的施工方法。
14. 试述盾构法施工的含义及特点。
15. 泥水加压盾构与土压平衡盾构各自的工作原理是什么？
16. 简述盾构法施工的主要工艺。
17. 隧道衬砌的作用是什么？它应满足哪些要求？
18. 隧道衬砌壁后为什么要压浆？通常选用何种压浆材料？
19. 何谓顶管法施工？适用于何种地层？
20. 顶管法施工的主要设备有哪些？
21. 简述掘进顶管法施工的主要工艺。

第 7 章 防水工程

学习要求

掌握屋面防水工程常用的卷材防水屋面、涂膜防水屋面的施工工艺和方法，熟悉刚性防水屋面的施工，了解卷材防水、涂膜防水常用材料的种类、性能；掌握地下防水工程钢筋混凝土结构自防水和卷材防水层的构造、施工工艺和方法，熟悉涂膜防水层和水泥砂浆抹面防水层的施工，了解防、排水结合法的构造；掌握用水房间防水时采用涂膜材料时防水施工的工艺程序和要点；了解用水房间渗漏的处理。

工程案例

某地下室防水工程实例

一、工程概况

项目位于南方某地区。总建筑面积 226 960.41m^2，地下建筑面积 30 256. 12m^2，地下一至二层；地上建筑面积 196 704. 29m^2，地上由 6 栋 33—34 层高层住宅组成，防水采用刚柔复合防水，具体措施如下：①结构自防水，底板、侧壁、顶板均为 C30 抗渗混凝土，抗渗等级 S8；②结构外围 3mm 厚自黏聚合物改性浙青防水卷材全封闭防水。

二、施工措施

1. 自防水混凝土结构施工

地下室长期受地下水的毛细管渗透作用，因此混凝土刚性防水要达到防水 目的，混凝土本身要具有较高的密实度，同时要按配比要求掺入膨胀剂(所有外加剂均应符合国家或行业标准一等品及以上的质量要求，外加剂质量及应用技术 应符合现行国家标准《混凝土外加剂》、《混凝土外加剂应用技术规范》等和有关环境保护的规定)；同时施工时要严格要求控制各工序的施工质量。

(1)模板工程。除满足结构模板支设要求外，模板拼缝要严密，板缝之间贴黄色胶带；模板表面均匀满刷隔离剂，以保证拆模后混凝土表面平整光洁，不产生漏浆，造成表面蜂窝、麻面等现象。为保证混凝土浇筑振捣顺利，模板支撑必须牢靠，侧壁纵横间距 50mm 设带止水片的高强对拉螺栓(见图 7 - 1)。

(2)钢筋工程。要严格按照设计尺寸下料，规范要求安装；特别注意以下几点：

①底板与侧壁、侧壁与顶板、侧壁之间阴阳角交接部位安装质量控制。因为以上部位多设有暗柱、框梁，加上水平、立面钢筋交叉搭接，因此钢筋十分密集，现场安装不易，容易造成结构尺寸偏差以及钢筋间隙过密，影响后续侧面模板安装以及混凝土浇筑振捣；钢筋安装完成之后以上部位重点检查，发现问题及时整改处理。

②绑扎丝外伸过长是造成钢筋锈蚀、混凝土裂隙的重要诱因，因此必须要求底板、侧壁、顶板的绑扎丝头不得伸入钢筋保护层内，在绑扎时要随绑随按压。

③钢筋保护层为迎水面，保护层厚度为 4cm，背水面为 2.5；考虑到底板厚度尺寸较大，分布有双层双向钢筋网，结构自重以及施工荷载均较大，因此底板保护层垫块需采用成品混凝土垫块，禁止采用砂浆垫块；侧壁采用成品环形定尺寸塑料保护层垫块，以确保钢筋保护层厚度完全符合要求。

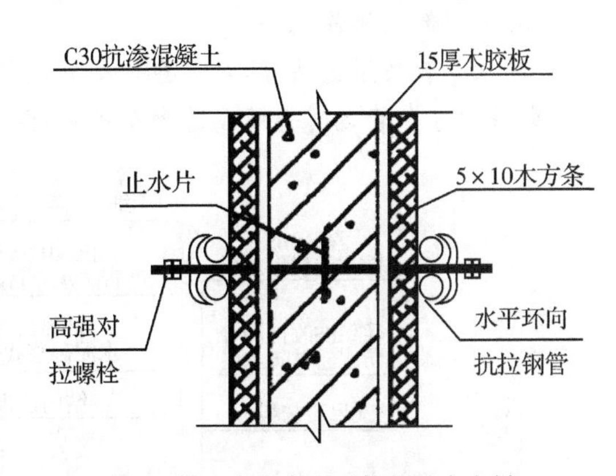

图 7－1　带止水片高强对拉螺栓点大样

(3)混凝土工程。本工程采用现场搅拌站泵送混凝土；要严格按照试验配比单控制粗细骨料、粉煤灰、膨胀剂、缓凝剂、水泥等含量；同时注意粗骨料中泥砂含 量控制在 0. 7%内。混凝土坍落度控制在 120mm 左右为宜，水灰比不得大于 0.55。

地下室混凝土一次浇筑方量较大，因此混凝土浇筑时可安排两个班组从两端向中间同时对称浇筑；在浇筑侧壁混凝土时要注意沿侧壁环向循环浇筑，一次浇筑高度控制在 30～40cm。对于梁柱节点、侧壁阴阳角部位加强振捣，确保该部位混凝土不漏振、不空振。底板与侧壁的施工缝处理措施：本案例施工缝设置如图 7－2 所示；为防止透过施工缝渗透，在底板反边施工缝混凝土浇筑后，要沿侧壁四周通常嵌置遇水膨胀止水条，如图 7－2 所示。在继续浇筑侧壁混凝土前，要将施工缝松散的混凝土剔除，清理浮浆与杂物，用水冲洗保持润湿，浇筑时先满铺 3～5cm 厚同标号水泥砂浆，再浇筑混凝土。

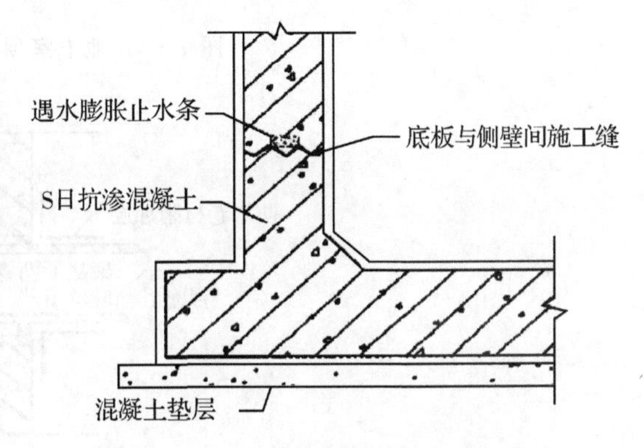

图 7－2　施工缝部位止水条嵌固大样

2. 外贴自黏聚合物改性沥青防水卷材施工

柔性防水层采用 3mm 厚自黏聚合物改性沥青防水卷材，属外防外贴防水做法；防水层的卷材要求严密闭合交圈，形成一个整体的外围防水层。施工工艺要点如下：清理基层用 20 厚 1:2. 5 水泥砂浆找平，平铺防水卷材(用木抹子或橡胶板拍打卷材上表面，排除卷材下面的空气，使卷材与水泥砂浆紧密结合)，卷材搭接缝及密封处理，用 30 厚聚苯乙烯泡沫塑料板用聚醋酸乙烯胶黏剂点黏作为保护层。

板底、侧壁及板顶都必须采用满粘法；卷材之间搭接边缝要推压，同时要有热熔胶溢出，用刮刀趁热沿边封严，严禁虚粘；卷材搭接宽度不少于 10cm，搭接缝不得翘曲；基层处理剂要满刷，不透底，管根以及阴阳角部位加铺附加层。底板与侧壁、侧壁与顶板交接部位卷材要交叉搭接，严格封闭。地下室 SBS 防水大样如图 7－3 所示。

卷材防水必须要加强成品保护，严禁施工机具和坚硬物戳划卷材表面；严禁重物冲击防水层；严禁在卷材防水层上凿洞、打孔、添加附加物等。浇筑细石混凝土保护层时，要铺设平板跑道，防止损伤卷材而破坏卷材防水层的整体完整性。

3. 节点部位措施

防水套管采用铸铁管，对于穿墙套管必须双面加焊止水环，并逐个检查焊缝焊接质量；穿管时，穿墙管与套管之间先用浸透聚氨酯的麻丝填严，再用建筑密封胶封口，如图 7-4 所示。

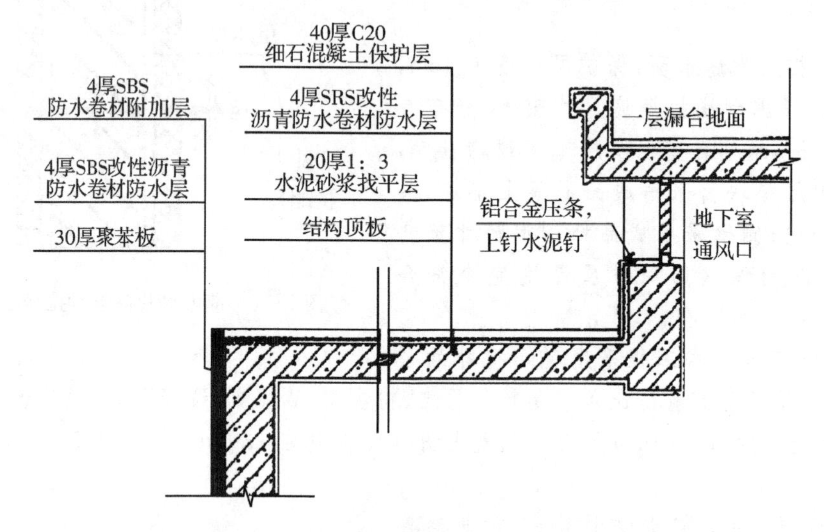

图 7-3　地下室顶板与侧壁防水节点大样

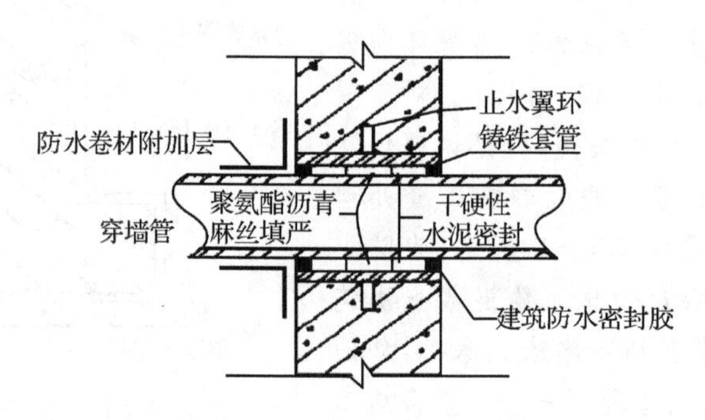

图 7-4　穿墙套管防水大样

本地下室防水工程严格按以上施工工艺施工，特别是节点部位的处理更加严格。从完成防水施工至今已两年多，经过广东多雨季节及地下水位变化的考验，未发现有任何一处渗水漏水现象，完全达到了预期效果，受到业主、监理及设计方的一致好评。建筑地下室防水施工工序较为繁琐，既涵盖混凝土结构施工，又包含后续防水卷材铺贴以及各种节点大样处理措施；只要一线施工管理者能够精心组织，严格过程控制，及时总结并且制定科学、可靠的改进措施，地下室防水就一定能够收到良好的验证效果。

7.1　屋面防水工程

建筑屋面防水工程是房屋建筑工程中的一项重要的内容，其质量的优劣，不仅关系到建筑物的使用寿命，而且还直接影响到生产和生活的正常进行。

屋面防水工程根据建筑物的性质、重要程度、使用功能要求以及防水层合理使用年限，按不同等级进行设防。国家标准《屋面工程技术规范》(GB 0345－2012)中，将屋面防水划分为两个等级，并规定了相应设防要求，见表 7－1。

表 7－1　防水等级表

防水等级	建筑类别	设防要求
Ⅰ级	重要建筑和高层建筑	两道防水设防
Ⅱ级	一般建筑	一道防水设防

7.1.1　卷材防水屋面施工

卷材防水屋面是指采用胶黏材料将柔性卷材粘贴于屋面基层，形成一整片不透水的覆盖层，从而起到防水的作用。

1. 卷材防水常用材料

(1)基层处理剂。基层处理剂是为了增强防水材料与基层之间的黏结力，在防水层施工之前，预先涂刷在基层上的稀质防水涂料。常用的基层处理剂有冷底子油及与高聚物改性沥青卷材和合成高分子卷材配套的底胶，其中冷底子油具有较高的渗透性和憎水性。

(2)胶黏剂。用于粘贴卷材的胶黏剂，可分为基层与卷材粘贴剂、卷材与卷材搭接的胶黏剂、黏结密封胶带等三种；按其组成材料又可分为沥青胶黏剂和合成高分子胶黏剂。

(3)防水卷材。常用防水卷材的主要品种见表 7－2。

表 7－2　防水卷材的主要品种

<table>
<tr><th colspan="2">材料分类</th><th>品种</th></tr>
<tr><td rowspan="9">合成高分子防水卷材</td><td rowspan="3">硫化橡胶类</td><td>三元乙丙橡胶卷材(EPDM)</td></tr>
<tr><td>氯化聚乙烯橡胶共混卷材(CPE)</td></tr>
<tr><td>再生胶类卷材</td></tr>
<tr><td rowspan="3">树脂类</td><td>聚氯乙烯卷材(PVC)</td></tr>
<tr><td>氯化聚乙烯卷材(CPE)</td></tr>
<tr><td>聚乙烯卷材(HDPE. LDPE)</td></tr>
<tr><td rowspan="3">橡塑共混类</td><td>乙丙橡胶-聚丙烯共混卷材(TPO)</td></tr>
<tr><td>自粘卷材(无胎)</td></tr>
<tr><td>自粘卷材(有胎)</td></tr>
<tr><td colspan="2" rowspan="3">高聚物改性沥青防水卷材</td><td>弹性体改性沥青卷材(SBS)</td></tr>
<tr><td>塑性体改性沥青卷材 (APP)</td></tr>
<tr><td>自粘改性沥青卷材</td></tr>
<tr><td colspan="2" rowspan="2">沥青防水卷材</td><td>350 号沥青卷材</td></tr>
<tr><td>500 号沥青卷材</td></tr>
<tr><td colspan="2">金属卷材</td><td>铅锡合金卷材</td></tr>
</table>

2. 卷材防水施工工艺和方法

卷材防水层施工的一般工艺流程为：清理、修补基层（找平层）表面→喷、涂基层处理剂→节点附加层增强处理→定位、弹线、试铺→铺贴卷材→收头处理、节点密封→清理、检查、调整→保护层施工。其施工要点如下：

(1)找平层施工。找平层是铺贴防水卷材的基层，应具有足够的强度和刚度，可采用1∶2.5～1∶3水泥砂浆、C15细石混凝土或1∶8沥青砂浆，其厚度为15～35mm。找平层表面应压实平整，其排水坡度应符合设计要求。

在屋面基层与突出屋面结构（女儿墙、立墙、天窗壁、变形缝、烟囱等）的交接处，以及基层的转角处（水落口、檐口、天沟、檐沟、屋脊等），均应作成圆弧。内部排水的水落口周围应做成略低的凹坑。

(2)基层处理剂的喷涂。喷涂基层处理剂前应首先检查找平层的质量和干燥程度，并清扫干净，符合要求后才可施工。在大面积喷涂前，应先用毛刷对屋面节点、周边、转角等处先行涂刷。基层处理剂可采取喷涂法或涂刷法施工，喷涂应厚薄均匀，不得有空白、麻点或气泡。待其干燥后应及时铺贴卷材。

(3)卷材防水层的铺贴。

①卷材铺贴的一般要求。

A. 铺贴方向。卷材的铺贴方向应根据屋面坡度和屋面是否有振动来确定。当屋面坡度≤3%时，卷材宜平行于屋脊铺贴；屋面坡度在3%～15%时，卷材可平行或垂直于屋脊铺贴；屋面坡度>15%或屋面受振动时，沥青防水卷材应垂直于屋脊铺贴，高聚物改性沥青防水卷材和合成高分子防水卷材可平行或垂直于屋脊铺贴；屋面坡度>25%时，卷材应垂直于屋脊铺贴，并应采取固定措施，固定点还应密封。上下层卷材不得相互垂直铺贴。

B. 铺贴顺序。平行于屋脊铺贴时，从檐口开始向屋脊进行；垂直于屋脊铺贴时，则应从屋脊开始向檐口进行，屋脊处不能留设搭接缝，必须使卷材相互跨越屋脊交错搭接，以增强屋脊的防水性和耐久性。

C. 搭接方法及宽度要求。铺贴卷材应采用搭接法。平行于屋脊的搭接缝应顺流水方向搭接；垂直于屋脊的搭接缝应顺年主导风向搭接。上下层及相邻两幅卷材的搭接缝应错开。

D. 卷材与基层的粘贴方法。卷材与基层的粘贴方法可分为空铺法、条粘法、点粘法和满粘法等形式。施工中应按设计要求选择适用的工艺方法。

无论采用空铺法、条粘法还是点粘法，施工时都必须注意：在檐口、屋脊和屋面的转角处及突出屋面的交接处，防水层与基层应满粘，其宽度不得小于800mm，保证防水层四周与基层黏结牢固；卷材与卷材之间也应满粘，并保证搭接严密。

②卷材铺贴的方法。

A. 沥青防水卷材的铺贴。沥青防水卷材一般采用热沥青胶结料（热玛瑅脂）粘贴，浇涂玛瑅脂常采用浇油法和涂刷法。浇油法是使用有嘴油壶将玛瑅脂左右来回在卷材前浇洒，其宽度比卷材每边少约10～20mm，速度不宜太快。浇洒量以卷材铺贴后，中间满粘玛瑅脂、两边有少量挤出为宜。叠层铺贴防水卷材时每粘贴层玛瑅脂的厚度宜为1～1.5mm，面层玛瑅脂厚度宜为2～3mm。

B. 高聚物改性沥青防水卷材的铺贴。高聚物改性沥青防水卷材的铺贴方法有热熔法、冷粘法和自粘法三种。目前使用最多的是热熔法。

热熔法施工是采用火焰加热器将热熔型防水卷材底面的热熔胶熔化后，卷材直接与基层粘贴,而不需涂刷胶黏剂。这种方法施工时受气候影响小,对基层表面干燥程度的要求相对较宽松,但烘烤时对火候的掌握必须适度。热熔卷材可采用满粘法和条粘法铺贴,铺贴时要稍紧一些,不能太松弛。

冷粘法施工是采用胶黏剂或冷玛蹄脂进行卷材与基层、卷材与卷材的黏结,不需要加热施工。

自粘法施工是采用带有自粘黏胶的防水卷材,不用热施工,也不需涂刷胶结材料而进行黏结。

C.合成高分子防水卷材的铺贴。合成高分子卷材的铺贴方法有冷粘法、自粘法、热风焊接法和机械固定法。目前多采用冷粘法施工。

(4)屋面特殊部位的附加增强层及其铺贴要求。

①檐口。将铺贴到檐口端头的卷材裁齐后压入凹槽内,然后将凹槽用密封材料嵌填密实。如用压条(20mm 宽薄钢板等)或用带垫片钉子固定时,钉子应敲入凹槽内,钉子帽及卷材端头用密封材料封严。

②天沟、檐沟及水落口。天沟、檐沟卷材铺设前,应先对水落口进行密封处理。在水落口杯埋设时,水落口杯与竖管承插口的连接处应用密封材料嵌填密实,防止该部位在暴雨时产生倒流水现象。水落口周围直径 500mm 范围内用防水涂料或密封材料涂封作为附加增加层,厚度不少于 2mm。水落口杯与基层接触处应留宽 10mm、深 10mm 的凹槽,嵌填密封材料。由于天沟、檐沟部位的水流量较大,防水层经常受雨水冲刷或浸泡,因此在天沟或檐沟的转角处应先用密封材料涂封,每边宽度不少于 30mm,干燥后再增铺一层卷材或涂刷涂料作为附加增加层。如沟底过宽卷材需纵向搭接缝时,搭接缝处应用密封材料封口。铺至水落口的各层卷材和附加增强层,均应粘贴在杯口上,用雨水罩的底盘将其压紧,底盘与卷材间应满涂胶结材料予以黏结,底盘周围用密封材料填封。

③泛水与卷材收头。泛水是指屋面与立墙的转角部位。这些部位结构变形大,容易受太阳暴晒,因此为了增强接头部位防水层的耐久性,应在这些部位加铺一层卷材或涂刷涂料作为附加增加层。

④变形缝。屋面变形缝处附加墙与屋面交接处的泛水部位,应做好附加增强层。接缝两侧的卷材防水层铺贴至缝边,然后在缝中嵌填直径略大于缝宽的补垫材料(如聚苯乙烯泡沫塑料板),再在变形缝上铺贴盖缝卷材,并延伸至附加墙立面。卷材在立面上应采用满粘法,铺贴宽度不小于 100mm。为提高卷材适应变形的能力,卷材与立墙顶面上宜黏结。

⑤排气孔与伸出屋面管道。排气孔与屋面交角处卷材的铺贴方法和立墙与屋面转角处相似,所不同的是流水方向不应有逆槎,排气孔阴角处卷材应增加附加层,上部剪口交叉贴实或者涂刷涂料增强。伸出屋面管道卷材铺贴与排气孔相似,但应加铺两层附加层。防水层铺贴后,上端用沥青麻丝或细铁丝扎紧,最后用沥青材料密封,或焊上薄钢板泛水增强。

(5)卷材保护层施工。卷材铺设完毕经检查合格后,应立即进行保护层的施工,以免卷材防水层受到损伤。保护层施工的质量对延长防水层的使用年限有很大影响,必须认真对待。

①绿豆砂保护层。绿豆砂是直径 3mm 左右的碎石。绿豆砂保护层广泛应用于沥青卷材防水屋面。用绿豆砂作保护层时,应将清洁的绿豆砂预热至 100℃左右,随刮涂热玛瑅脂。随铺撒热绿豆砂。绿豆砂应铺撒均匀,并滚压使其与玛瑅脂黏结牢固。未黏结的绿豆砂应清除。

②云母或蛭石保护层。云母或蛭石保护层也主要用于沥青防水卷材屋面。用云母或蛭石作保护层时,应先筛去粉料,再随刮涂冷玛瑅脂随撒铺云母或蛭石。撒铺应均匀,不得露底,待溶剂

基本挥发后，再将多余的云母或蛭石清除。

③浅色反射涂料保护层。浅色反射涂料保护层主要用于高聚物改性沥青和合成高分子防水卷材屋面。采用浅色反射涂料作保护层时，应待卷材铺贴完成，并经检验合格后进行。涂刷前应清扫防水层表面的浮灰，涂层应与卷材黏结牢固、厚薄均匀，不得漏涂。

④预制块体材料保护层。预制块体材料的结合层宜采用砂或水泥砂浆。采用水泥砂浆为结合层时，应先在防水层上设置隔离层，隔离层可采用干铺塑料膜、土工布、卷材或涂刷石灰水等薄质低黏结力涂料。用块体材料作保护层时，应根据结构情况用木板条或泡沫条设置分隔缝，其纵横间距不宜大于 10m，分隔缝宽度不宜小于 20mm。

⑤水泥砂浆保护层。水泥砂浆保护层可用于各种防水卷材屋面，水泥砂浆保护层与防水层之间也应设置隔离层。用水泥砂浆作保护层时，应设表面分隔缝，分隔缝面积宜为 $1m^2$。

⑥细石混凝土保护层。细石混凝土保护层可用于各种防水卷材屋面。细石混凝土保护层与防水层之间也应设置隔离层。用细石混凝土作保护层时，应按设计要求留设分格缝，设计无要求时，其纵横间距不宜大于 6m，分格缝宽为 10～20mm。一个分格缝内的混凝土应连续浇筑，不留施工缝，混凝土应振捣密实，表面抹平压光。细石混凝土保护层浇筑完毕后应及时进行养护，养护时间不应少于 7 天。

3. 卷材防水施工注意事项

(1)各种防水卷材严禁在雨天、雪天施工，五级风及其以上时不得施工，环境气温低于 5℃时不宜施工。

(2)夏季施工时，屋面如有潮湿露水，应待其干燥后方可铺贴卷材，并避免在高温烈日下施工。

(3)应采取措施保证沥青胶结料的使用温度和各种胶黏剂配料称量的准确性。

(4)卷材防水层的找平层应符合质量要求，铺设卷材前，找平层必须干净、干燥。

(5)卷材铺贴时应排除卷材与基层间的空气，并辊压粘贴牢固。卷材铺贴应平整顺直，搭接尺寸准确，不得扭曲、皱折。

(6)水落口、天沟、檐沟、檐口及立面卷材收头等节点部位，必须仔细铺平、贴紧、压实、收头牢靠，并加铺附加增强层，应符合设计要求和屋面工程技术规范的有关规定。

7.1.2 涂膜防水屋面施工

涂膜防水屋面是在屋面基层上涂刷防水涂料，经固化后形成一层有一定厚度和弹性的整体结膜，从而达到防水的目的。

1. 涂膜防水材料

为满足屋面防水工程的需要，防水涂料及其形成的结膜防水层应满足的要求如下：①有一定的固体含量；②优良的防水能力；③耐久性好；④耐高低温性能好；⑤有较高的强度和延伸率；⑥施工性能好；⑦对环境污染少。

按成膜物质的主要成分，可将防水涂料分成沥青基防水涂料、高聚物改性沥青防水涂料和合成高分子防水涂料三种。常用防水涂料的主要品种见表 7-3。

表 7-3 常用防水涂料的主要品种

类别	名称
高聚物改性沥青防水涂料	丁基橡胶改性沥青防水涂料
	丁苯橡胶改性沥青防水涂料
	APP 改性沥青防水涂料
	溶剂型 SBS 改性沥青防水涂料
	水乳型 SBS 改性沥青防水涂料
高聚物改性沥青防水涂料	溶剂型氯丁橡胶沥青防水涂料
	热熔型改性沥青防水涂料
合成高分子防水涂料	丙烯酸防水涂料
	硅橡胶防水涂料
	聚氨酯防水涂料

施工时根据涂料的品种和屋面构造形式的需要，可在涂膜防水层中增设胎体增强材料，胎体增强材料可采用聚酯无纺布、化纤无纺布或玻纤网格布。

2. 涂膜防水层施工工艺和方法

涂膜防水层施工的工艺流程如下：清理、修理基层表面→喷涂基层处理剂(底涂料)→特殊部位附加增强处理→涂布防水涂料及铺贴胎体增强材料→清理与检查修整→保护层施工。

(1)涂膜防水层施工的一般要求。

①涂膜防水层的施工应按“先高后低，先远后近”的原则进行。遇高低跨屋面时，一般先涂布高跨屋面，后涂布低跨屋面；相同高度屋面，要合理安排施工段，先涂布距离上料点远的部位，后涂布近处；同一屋面上，先涂布排水较集中的水落口、天沟、檐沟、檐口等节点部位，再进行大面积的涂布。

②涂膜防水层施工前，应先对水落口、天沟、檐沟、泛水、伸出屋面管道根部等节点部位进行增强处理，铺设带有胎体增强材料的附加层，然后再进行大面积涂布。

③防水涂膜应分遍涂布，待先涂布的涂料干燥成膜后，方可涂布后一遍涂料，且前后两遍涂料的涂布方向应相互垂直。

④需铺设胎体增强材料时，当屋面坡度小于 15%，可平行屋脊铺设；当坡度大于 15%，应垂直于屋脊铺设，并由屋面最低处开始向上铺设。胎体增强材料长边搭接宽度不得小于 50mm，短边搭接宽度不得小于 70mm。采用二层胎体增强材料时，上下层不得相互垂直铺设，搭接缝应错开，其间距不应小于幅宽的 1/3。

⑤涂膜防水层的收头，应用防水涂料多遍涂刷或用密封材料封严。

⑥涂膜防水层在未做保护层前，不得在其上进行其他施工作业或直接堆放物品。

(2)涂膜防水层施工方法。

①涂刷基层处理剂。基层处理剂有三种：水乳型防水涂料，可用掺 0.2%～0.5%乳化剂的水溶液或软化水将涂料稀释；溶剂型防水涂料，由于其渗透能力较强，可直接薄涂一层涂料作为基层处理，如涂料较稠，可用相应的溶剂稀释后使用；高聚物改性沥青或沥青基防水涂料也可用沥青溶液(即冷底子油)作为基层处理剂。

②涂布防水涂料。涂布防水涂料时，厚质涂料宜采用铁抹子或胶皮板涂刮施工；薄质涂料可采用棕刷、长柄刷、圆滚刷等进行人工涂布，也可采用机械喷涂，用刷子涂刷一般采用蘸刷法，也可边倒涂料边用刷子刷匀。

③铺设胎体增强材料。胎体增强材料是指在涂膜防水层中增强用的化纤无纺布、玻璃纤维网布等材料。在涂刷第二遍涂料时或第三遍涂料涂刷前，即可加铺胎体增强材料。胎体增强材料可采用干铺法或湿铺法铺贴。

湿铺法施工时，先在已干燥的涂层上，用刷子或刮板将涂料仔细涂布均匀，然后将成卷的胎体增强材料平放在屋面上，逐渐推滚铺贴并用滚刷滚压一遍，使全部布眼浸满涂料，以保证上下两层涂料能良好结合。

干铺法施工是在上道涂层干燥后，边干铺胎体增强材料，边在已展平的表面上用刮板均匀满刮一道涂料，应使涂料浸透胎体到已固化的涂膜上并覆盖完全，不得有胎体外露现象。

④收头处理。为了防止收头部位出现翘边现象，所有收头均应用密封材料压边，压边宽度不小于 10mm。收头处的胎体增强材料应裁剪整齐，如有凹槽时应压入凹槽内，不得出现翘边、皱折、露白等现象。

⑤涂膜保护层施工。涂膜防水层施工完毕经质量检查合格后，应进行保护层的施工。常用的涂膜保护层材料有以下几种：细砂、云母或蛭石保护层，浅色反射涂料保护层，预制块体材料保护层，水泥砂浆保护层，细石混凝土保护层等。

注释：参考《喷涂聚脲防水工程技术规程》(JGJ/T 200—2010)。

7.1.3 刚性防水屋面施工

刚性防水屋面是指利用刚性防水材料作为防水层的屋面，主要有普通细石混凝土防水屋面、补偿收缩混凝土防水屋面、纤维混凝土防水屋面、预应力混凝土防水屋面等。现仅介绍普通细石混凝土防水屋面的施工。

刚性防水层与山墙、女儿墙以及突出屋面结构的交接处，应留设宽度为 30mm 的缝隙，并应用密封材料嵌填；泛水处应铺设卷材或涂膜附加层。伸出屋面管道与刚性防水层交接处亦应留设缝隙，用密封材料嵌填，并应加设卷材或涂膜附加层。天沟、檐沟应用水泥砂浆找坡，找坡厚度大于 20mm 时宜采用细石混凝土。刚性防水层内严禁埋设管线。

1.隔离层的设置

刚性防水层和结构层之间应脱离，即在结构层与刚性防水层之间应设置隔离层，使两者的变形互不受约束，以免因结构变形造成刚性防水层的开裂。常用的隔离层有黏土砂浆隔离层、石灰砂浆隔离层、水泥砂浆找平层上干铺卷材或塑料薄膜隔离层。

因隔离层强度较低，在隔离层上继续施工时，要注意对隔离层加强保护。绑扎钢筋时不得扎破其表面，防水层混凝土运输时应采取铺垫板等措施，振捣混凝土时更不能振酥隔离层。

2.分格缝留置

为了减少由于温差，混凝土干缩、徐变、荷载和振动，地基沉陷等变形造成刚性防水层的开裂，应按设计要求设置分格缝。如设计无要求时应按下述原则留置：分格缝应设在屋面板的支承端、屋面转折处、防水层与突出屋面结构的交接处，并应与板缝对齐；分格缝的纵横间距不宜大于 6m，或“一间一分格”，其面积不超过 $36m^2$。

分隔缝的宽度宜为 5～30mm。可采用木板在浇筑混凝土之前支设，混凝土初凝后取出，起条时不得损坏分隔缝处的混凝土；当采用切割法施工时，其切割深度宜为防水层厚度的 3/4。分隔缝内应嵌填密封材料，上部应设置保护层。

3.钢筋网片铺设

防水层内应按设计要求配置钢筋网片，一般配置直径为 4～6mm、间距为 100～200mm 的双向钢筋网片，网片采用绑扎和焊接均可。钢筋网片在分隔缝处应断开，其保护层厚度不小于10mm，施工时应放置在混凝土中的上部。

4. 细石混凝土防水层施工

细石混凝土防水层的施工中应注意下列事项：

(1)防水层的细石混凝土宜采用普通硅酸盐水泥或硅酸盐水泥，不得使用火山灰质硅酸盐水泥；当采用矿渣硅酸盐水泥时，应采取减少泌水性的措施。混凝土水灰比不应大于0.55，每立方米混凝土的水泥和掺合料用量不应小于330kg，砂率宜为35%～40%，灰砂比宜为1∶2～1∶2.5。混凝土宜掺外加剂(膨胀剂、减水剂、防水剂)以及掺合料。

(2)细石混凝土防水层施工环境气温宜为5～35℃，并应避免在负温或烈日暴晒下施工。

(3)每个分隔缝范围内的混凝土应一次浇筑完成，不得留施工缝。

(4)混凝土宜采用小型机械振捣，表面泛浆后用铁抹子压实抹平，并确保防水层的厚度和排水坡度。抹压时不得在表面洒水、加水泥浆或干撒水泥。混凝土收水初凝后，应用铁抹子进行二次压光。

(5)混凝土浇筑后应及时进行养护，养护时间不宜少于14天；养护初期屋面不得上人。

7.2　地下防水工程

地下防水工程的设计和施工应遵循“防、排、截、堵相结合，刚柔相济，因地制宜，综合治理”的原则。现行规范规定了地下工程防水等级及其相应的适用范围，见表7-4。

表7-4　地下工程防水等级及其适用范围

防水等级	标准	适用范围
一级	不允许渗水，结构表面无湿渍	人员长期停留的场所；因有少量湿渍会使物品变质、失效的贮物场所及严重影响设备正常运转和危及工程安全运营的部位；极其重要的战备工程
二级	不允许漏水，结构表面可有少量湿渍 工业与民用建筑：总湿渍面积不应大于总防水面积(包括顶板、墙面、地面)的1/1 000；任意100m² 防水面积上的湿渍不超过1处，单个湿渍的最大面积不大于0.1m² 其他地下工程：总湿渍面积不应大于总防水面积的6/1 000；任意100m² 防水面积上的湿渍不超过4处，单个湿渍的最大面积不大于0.2m²	人员经常活动的场所；在有少量湿渍的情况下不会使物品变质、失效的贮物场所及基本不影响设备正常运转和工程安全运营的部位；重要的战备工程
三级	有少量漏水点，不得有线流和漏泥砂 任意100m² 防水面积上的漏水点数不超过7处，单个漏水点的最大漏水量不大于2.5L/d，单个湿渍的最大面积不大于0.3m²	人员临时活动的场所；一般战备工程
四级	有漏水点，不得有线流和漏泥砂 整个工程平均漏水量不大于2L/m²·d；任意100m² 防水面积的平均漏水量不大于4L/m²·d	对渗漏水无严格要求的工程

地下工程的防水方案，大致可分为三大类：①防水混凝土结构方案，即利用提高混凝土结构本身的密实性和抗渗性来进行防水；②附加防水层方案，即在结构表面设防水层，使地下水与结构隔离，以达到防水目的；③防、排水结合方案，即利用盲沟、渗排水层等措施，将地下水排走，以辅助防水结构达到防水要求。

注释：地下防水可参以下考规范：《地下工程防水技术规范》(GB 50108—2008)、《地下防水工程质量验收规范》(GB 50208—2011)。

7.2.1　混凝土结构自防水施工

钢筋混凝土结构自防水是工程结构本身采用防水混凝土，使得结构的承重、围护和防水功能合为一体。它具有施工简便、工期较短、防水可靠、耐久性好、成本较低等优点，因而在地下工程中应用广泛。

1.防水混凝土的配制

防水混凝土主要有普通防水混凝土和外加剂防水混凝土。

(1)普通防水混凝土。配制普通防水混凝土通常以控制水灰比，适当增加砂率和水泥用量的方法，来提高混凝土的密实性和抗渗性。水灰比一般不大于0.55，水泥用量不少于320kg/m^3，砂率宜为35%～45%，灰砂比宜为1:2～1:2.5，坍落度不宜大于50mm(采用泵送工艺时坍落度宜为100～140mm)。防水混凝土的配合比不仅要满足结构的强度要求，还要满足结构的抗渗要求，须通过试验确定，而且一般按设计抗渗等级提高0.2MPa来选定施工配合比。

(2)外加剂防水混凝土。外加剂防水混凝土主要有引气剂防水混凝土、减水剂防水混凝土、三乙醇胺防水混凝土、氯化铁防水混凝土等四种。

2.防水混凝土施工

防水混凝土工程质量的优劣，除了与材料因素有关以外，还主要取决于施工的质量。因此，对施工中的各个环节，均应严格遵守施工操作规程和验收规范的规定，精心地组织施工。

(1)模板工程。防水混凝土工程的模板应表面平整，吸水性小，拼缝严密不漏浆，并应牢固稳定。采用对拉螺栓固定模板时，为防止水沿螺栓渗入，须采取一定措施，其构造做法如下：

①螺栓加焊止水环做法。在对拉螺栓中部加焊止水环，止水环与螺栓必须满焊严密。拆模后应沿混凝土结构边缘将螺栓割断。

②螺栓加堵头做法。在结构两侧螺栓的周围做凹槽，拆模后将螺栓沿平凹底割去，再用膨胀水泥砂浆将凹槽封堵。

③预埋套管加焊止水环做法。套管采用钢管，其长度等于墙厚(或其长度加上两端垫木的厚度之和等于墙厚)，兼具有撑头的作用，以保证模板之间的设计尺寸。止水环与套管必须满焊严密。支模时在预埋套管内穿入对拉螺栓固定模板，拆模后将螺栓抽出，套管内用膨胀水泥砂浆封堵密实。套管两端有垫木的，拆模时连同垫木一并拆除，垫木留下的凹槽同套管一起用膨胀水泥砂浆封实。此法螺栓可周转使用，用于抗渗要求一般的结构。

(2)防水混凝土工程。防水混凝土工程施工中应注意下列事项：

①防水混凝土必须采用机械搅拌。搅拌时间不应小于120s。掺外加剂时，应根据外加剂的技术要求确定搅拌时间。

②混凝土运输过程中应采取措施防止混凝土拌合物产生离析，以及坍落度和含气量的损失，同时要防止漏浆。

③浇筑混凝土时的自由下落高度不得超过1.5m，否则应使用溜槽、串筒等工具进行浇筑。

④混凝土应分层浇筑，每层厚度不宜超过 300～400mm，相邻两层浇筑的时间间隔不应超过 2h，夏季应适当缩短。

⑤防水混凝土必须采用高频机械振捣，振捣时间宜为 20～30s，以混凝土泛浆和不冒气泡为准。

⑥防水混凝土的养护对其抗渗性能影响极大，特别是早期湿润养护更为重要，一般在混凝土进入终凝后(浇筑后 4～6h)即应覆盖浇水，浇水湿润养护的时间不少于 14 天。

⑦完工后的混凝土自防水结构，严禁在其上打洞。

(3)防水混凝土施工缝的留置。防水混凝土应连续浇筑，尽量不留或少留施工缝。当留设施工缝时，应遵循下列规定：

①顶板、底板不宜留施工缝；墙体与底板间的水平施工缝，应留在高出底板表面不小于 300mm 的墙体上；顶板与墙体间的施工缝，应留在顶板以下 150～300mm 处；当墙体上有孔洞时，施工缝距孔洞边缘不宜小于 300mm。

②施工缝必须加强防水措施。

③垂直施工缝应避开地下水和裂隙水较多的地段，并与变形缝(或后浇带)相结合，且必须加强防水措施。

(4)后浇带的设置。当地下结构面积较大时，为避免结构中因过大的温度和收缩应力而产生有害裂缝，可设置后浇带将结构临时分为若干段；或对结构中须设置沉降缝的部位，也可用后浇带取代沉降缝。后浇带宽度一般为 700～1000mm，两条后浇带间距一般为 30～60m。对于收缩性后浇带，可采取外贴止水带的措施以加强后浇带处的防水；对于沉降性后浇带，为避免后浇带两侧底板产生沉降差后，使防水层受拉伸而断裂，应局部加厚垫层并附加钢筋。

后浇带的填筑时间有以下要求：对于收缩性后浇带，应在混凝土浇筑 30～40 天，其两侧的混凝土基本停止收缩后再浇筑；对于沉降性后浇带，则应待整个主体结构完工，其两侧的沉降基本完成后再浇筑。后浇带在浇筑混凝土前，必须将整个混凝土表面按照施工缝的要求进行处理。填筑后浇带的混凝土宜采用微膨胀或无收缩水泥，也可采用普通水泥加相应外加剂配制，但其强度均应比原结构强度提高一个等级，并保持不少于 15 天的湿润养护。

7.2.2 附加防水层施工

附加防水层方案是在结构的迎水面做一层防水层的方法。附加防水层有卷材防水层、涂膜防水层、水泥砂浆防水层等，可根据不同的工程对象、防水要求和施工条件选用。

1. 卷材防水层施工

地下卷材防水层是一种柔性防水层，一般把卷材防水层设置在地下结构的外侧(迎水面)，称为外防水。它具有较好的防水性和良好的韧性，能适应结构的振动和微小变形，并能抵抗侵蚀性介质的作用。地下防水工程的卷材应选用高聚物改性沥青防水卷材或合成高分子防水卷材，卷材的铺贴方法与屋面防水工程相同。

卷材外防水有两种设置方法，即外防外贴法和外防内贴法。

(1)外防外贴法。外防外贴法是将立面卷材防水层直接铺贴在需防水结构的外墙外表面。其施工程序如下：

①先浇筑需防水结构的底面混凝土垫层。

②在垫层上砌筑立面卷材防水层的永久性保护墙，墙下干铺一层油毡。墙的高度不小于需防水结构底板厚度再加 100mm。

③在永久性保护墙上用石灰砂浆接砌临时保护墙,墙高约为300mm。

④在底板垫层和永久性保护墙上抹1∶3水泥砂浆找平层,在临时保护墙上抹石灰砂浆找平层,并刷石灰浆。如用模板代替临时保护墙,应在其上涂刷隔离剂。

⑤待找平层基本干燥后,即可根据所选用卷材的施工要求铺贴卷材。在大面积铺贴前,应先在转角处粘贴一层卷材附加层,然后进行大面积铺贴,先铺平面后铺立面。在垫层和永久性保护墙上应将卷材防水层空铺,而在临时保护墙(或模板)上应将卷材防水层临时贴附,并分层临时固定在其顶端。当不设保护层时,从底面折向立面的卷材接槎部位应采取可靠的保护措施。

⑥在底板卷材防水层上浇筑细石混凝土保护层,其厚度不应小于50mm,侧墙卷材防水层上应铺抹20mm厚水泥砂浆保护层,然后进行需防水结构的混凝土底板和墙体的施工。

⑦墙体拆模后,在需防水结构的外墙外表面抹水泥砂浆找平层。

⑧拆除临时保护墙,揭开接槎部位的各层卷材,并将其表面清理干净,依次逐层在外墙外表面上铺贴立面卷材防水层。对卷材接槎的搭接长度要求如下:高聚物改性沥青卷材为150mm,合成高分子卷材为100mm。当使用两层卷材时,卷材应错槎接缝,上层卷材应盖过下层卷材。

⑨待卷材防水层施工完毕,并经过检查验收合格后,即应及时做好卷材防水层的保护结构。

注释:参考《建筑外墙防水工程技术规程》(JGJ/T 235—2011)

(2)外防内贴法。外防内贴法是浇筑混凝土垫层后,在垫层上将立面卷材防水层的永久性保护墙全部砌好,将卷材防水层铺贴在垫层和永久性保护墙上。其施工程序如下:

①在已施工好的混凝土垫层上砌筑永久性保护墙,保护墙与垫层之间需干铺一层油毡。在垫层和永久性保护墙上抹1∶3水泥砂浆找平层。

②找平层干燥后即涂刷基层处理剂,待其干燥后即可铺贴卷材防水层。铺贴时应先铺立面后铺平面,先铺转角后铺大面,在全部转角处应铺贴卷材附加层。

③卷材防水层铺贴完经检查验收合格后即应做好保护层,立面可抹水泥砂浆或贴塑料板,平面应浇筑不小于50mm厚的细石混凝土保护层。

④最后进行需防水结构的混凝土底板和墙体的施工,将防水层压紧。此时永久性保护墙可作为一侧模板。

内贴法与外贴法相比,卷材防水层施工较简便,底板与墙体的防水层可一次铺贴完而不必留接槎;但结构的不均匀沉降对防水层影响大,易出现渗漏水现象且修补较困难。工程中只有当施工条件受限制时,才采用内贴法施工。

2.涂膜防水层施工

涂膜防水层施工具有较大的随意性,无论是形状复杂的基面,还是面积窄小的节点,凡是能涂刷到的部位,均可做涂膜防水层。地下工程涂膜防水层的设置有内防水、外防水和内外结合防水。

(1)基层要求及处理。

①基层应坚实,具有一定强度。

②基层表面应平整、光滑、无松动,对于残留的砂浆块或突起物应用铲刀削平,不允许有凹凸不平或起砂现象。

③基层的阴阳角处应抹成圆弧形,管道根部周围也应抹平压光。

④对于不同基层衔接部位、施工缝处,以及基层因变形可能开裂或已经开裂的部位,均应用密封材料嵌补缝隙并进行补强。

⑤涂布防水层时基层应干燥、清洁,对基层表面的灰尘、油污等污物,应在涂布防水层之前彻

底清除。

(2)涂膜防水层施工工艺和方法。地下工程涂膜防水层施工的一般程序如下:清理、修理基层→涂刷基层处理剂→节点部位附加增强处理→涂布防水涂料及铺贴胎体增强材料→清理及检查修理→平面部位铺贴油毡保护隔离层→平面部位浇筑细石混凝土保护层→立面部位粘贴聚乙烯泡沫塑料保护层→基坑回填。

3.水泥砂浆抹面防水层施工

水泥砂浆抹面防水层是一种刚性防水层。即在需防水结构的底面和侧面分层抹压一定厚度的水泥砂浆和素灰(纯水泥浆),各层的残留毛细孔道互相堵塞,阻止了水分的渗透,从而达到抗渗防水的效果。但这种防水层抵抗变形的能力差,故不适用于受振动荷载影响的工程和结构上易产生不均匀沉降的工程。

为了提高水泥砂浆防水层的抗渗能力,可掺入外加剂。常用的水泥防水砂浆有掺小分子防水剂的砂浆、掺塑化膨胀剂的砂浆、聚合物水泥防水砂浆等。

(1)基层处理。基层处理是保证防水层与基层表面结合牢固,不空鼓和密实不透水的关键。基层处理包括清理、浇水、刷洗、补平等工作,使基层表面平整、坚实、粗糙、清洁并充分湿润、无积水。

(2)水泥砂浆防水层施工。水泥砂浆防水层的总厚度宜为15～20mm,其构造有三层做法和五层做法,施工时水泥浆和水泥砂浆须分层交替抹压均匀密实。

①操作方法。采用五层交替抹面的具体做法如下:第一、三层为素灰层,每层厚度为2mm,每层均须分两次抹压密实,主要起防水作用。第二、四层为水泥砂浆层,每层厚度为4～6mm,它主要起着对素灰层的保护、养护和加固作用,同时也起一定的防水作用。第五层为水泥浆层,厚度为1mm,在第四层水泥砂浆抹压两遍后,用毛刷均匀涂刷水泥浆一道并随第四层抹平压光。在结构阴阳角处的防水层,均须抹成圆角,阴角直径为50mm,阳角直径为10mm。

②施工缝。水泥砂浆防水层各层宜连续施工,不留施工缝。如必须设施工缝时,留槎应符合下列规定:平面留槎采用阶梯坡形槎,接槎要依层次顺序操作,层层紧密搭接;地面与墙面防水层的接槎一般留在地面上,也可留在墙面上,但均需离开阴阳角处200mm。

7.2.3 防、排水法施工

防、排结合法是在防水的同时,利用疏导的方法将地下水有组织地经过排水系统排走,以削弱地下水对结构的压力,减小水的渗透作用,从而辅助地下防水工程达到防水目的。

1.渗排水

渗排水层设置在工程结构底板下面,由粗砂过滤层与集水管组成。渗排水层总厚度一般不小于300mm,如较厚时应分层铺填,每层厚度不得超过300mm,并拍实铺平。在粗砂过滤层与混凝土垫层之间应设隔浆层,可采用30～50mm的水泥砂浆或干铺一层卷材。集水管可采用无砂混凝土管,或选用壁厚为6mm、内径为100mm的硬质塑料管,沿管周按六等分、间隔150mm、隔行交错钻12mm直径的孔眼制成透水管。集水管的坡度不宜小于1%,其间距宜为5～10m。

2.盲沟排水

盲沟排水尽可能利用自流排水条件,使水排走;当不具备自流排水条件时,水可经过集水管流至集水井,用水泵抽走。

7.3 用水房间防水

用水房间通常有卫生间、浴室、某些实验室和工业建筑中的各种用水房间。

7.3.1 防水材料选择

因用水房间有较多穿过楼地面或墙体的管道，通常平面形状亦较复杂，如果采用各种防水卷材施工，因防水卷材的剪口和接缝较多，很难黏结牢固、封闭严密，难以形成一个有弹性的整体防水层，容易发生渗漏水现象。为了提高用水房间的防水质量，一般均采用涂膜材料进行防水。根据工程性质与使用标准可选用高、中、低档的防水涂料。常用的防水涂料有高弹性的聚氨酯防水涂料、弹塑性的氯丁胶乳沥青防水涂料等，必要时也可增设胎体增强材料。这样就可以使用水房间的地面和墙面形成一个没有接缝、封闭严密的整体防水层，从而确保其防水效果。

7.3.2 用水房间防水施工

用水房间防水施工的工艺程序一般如下：管件安装→用水器具安装→找平层施工→防水层施工→蓄水试验→保护层施工→面层施工。

1. 管件安装

穿过楼地面或墙壁的管件(如套管、地漏等)必须安装牢固，下水管转角处的坡度及其与立墙面之间的距离，应按规范施工。管件定位后应对管道孔洞、套管周围的缝隙用掺有膨胀剂的细石混凝土浇筑严实，孔洞较大时应吊底模进行浇筑。对管道根部处应用中高档密封材料进行封闭，并向上刮涂 30～50mm 的高度。

2. 用水器具的安装

用水器具的安装要平稳，安装位置应准确，用水器具周边必须用中高档密封材料进行封闭。

3. 找平层施工

找平层一般是用 1∶3水泥砂浆抹平压光，找平层应平整坚实，不应有空鼓、起砂、掉灰现象。找平层的坡度以 1%～2%为宜，在管道根部的周围应使其略高于地面，在地漏的周围应做成略低于地面的凹坑。所有转角处应作成半径不小于 10mm 的均匀一致的平滑小圆角。

4. 防水层施工

当找平层基本干燥，含水率不大于 9%时，才能进行防水层施工。施工前要把找平层表面的尘土杂物彻底清扫干净。涂布防水涂料时，穿过楼地面管道四周处应向上刷涂，并超过套管上口；在靠近墙面处，防水涂料应按设计高度向上涂布，如设计无规定时应高出面层 200～300mm；阴阳角、穿过楼板的管道根部和地漏等部位易发生渗漏，必须先进行附加补强处理，可增设胎体增强材料并增加涂布防水涂料。对涂膜的厚度要求如下：当使用高档防水涂料时，成膜厚度不小于 1.5mm；中档防水涂料时，成膜厚度不小于 2mm；低档防水涂料时，成膜厚度不小于 3mm。在最后一道涂膜固化前可稀撒少许干净的粒径为 2～3mm 的小豆石，使其与涂膜防水层黏结牢固，作为与水泥砂浆保护层黏结的过渡层。

5. 蓄水试验

防水层施工完毕并阴干后应进行蓄水试验。灌水高度应达到找坡最高点水位 20mm 以上，蓄水时间不小于 24h。如发现渗漏应修补后再作蓄水试验，不渗漏方为合格。

6. 保护层施工

在蓄水试验合格和防水层完全固化后，即可铺设一层厚度为 15～25mm 的 1∶2水泥砂浆保护层，并对保护层进行保湿养护。

7. 面层施工

在水泥砂浆保护层上可铺贴地面砖或其他面层装饰材料。铺贴面层时所采用的水泥砂浆中宜加 107 胶，同时砂浆要充填密实，不得有空鼓和高低不平现象。施工时应注意房间内的排水坡度和坡向，在地漏周边 50mm 处，排水坡度可适量加大。

7.3.3 用水房间渗漏处理

用水房间楼地面发生渗漏，主要现象有楼地面裂缝引起渗漏、管道穿过楼地面部位出现渗漏。

1. 楼地面裂缝引起渗漏的处理

对于楼地面裂缝引起的渗漏，根据裂缝情况可分别采用贴缝法、填缝法和填缝加贴缝法进行处理。贴缝法主要适应于宽度小于 0.5mm 的微小裂缝，施工时可沿裂缝剔除 40mm 宽的饰面层，在裂缝处涂刷防水涂料并铺贴胎体增强材料进行处理。填缝法主要用于宽度小于 2mm 的较显著裂缝，处理时沿裂缝剔除 40mm 宽的饰面层后，将裂缝扩展成 10mm×10mm 左右的 V 形槽，清除裂缝中浮灰杂物后嵌填密封材料。填缝加贴缝法用于宽度大于 2mm 的裂缝，此时应沿裂缝局部清除饰面层和防水层，沿裂缝剔凿出宽度和深度均不小于 10mm 的沟槽，清除浮灰杂物后，在沟槽内嵌填密封材料，并在表面铺设带胎体增强材料的涂膜防水层，再与原防水层搭接封严。当渗漏不严重时，也可不铲除饰面层，在清理裂缝表面后，直接沿裂缝涂刷两遍宽度不小于 100mm 的无色或浅色合成高分子涂膜防水涂料即可。对裂缝进行修补后，均应进行蓄水检查，无渗漏方可修复面层。

2. 管道穿过楼地面部位渗漏的处理

管道穿过楼地面部位出现渗漏的原因主要有管道根部积水、管道与楼地面间裂缝和穿过楼地面的套管损坏等三种情况。对于管道根部积水渗漏，应沿管道根部轻轻剔凿出宽度和深度均不小于 10mm 的沟槽，清理浮灰杂物后，槽内嵌填密封材料，并在管道与地面交接部位涂刷无色或浅色合成高分子防水涂料，沿管道涂刷的高度及沿地面的宽度均不小于 100mm，涂刷厚度不小于 1mm。对于管道与楼地面间的裂缝，应将裂缝部位清理干净后，绕管道及管道根部地面涂刷两遍合成高分子防水涂料，涂刷的高度及宽度均不小于 100mm，厚度不小于 1mm。对因套管损坏引起的漏水，应更换套管，对所更换的套管应封口，并高出楼地面 20mm 以上，其根部应进行密封处理。

思考与练习

1. 试述卷材防水屋面的构造。
2. 屋面防水卷材有哪几类？各有何性能？
3. 卷材防水屋面基层应如何处理？为什么找平层要留分格缝？
4. 如何确定卷材的铺贴方向？不同卷材各有哪些铺贴方法？
5. 卷材保护层的做法有哪几种？各适用于哪类卷材？
6. 常用的防水涂料有哪几种？防水涂料应满足哪些要求？
7. 简述涂膜防水层的施工方法。

8.普通细石混凝土刚性防水屋面施工中,如何设置隔离层?如何留置分格缝?细石混凝土施工时应注意哪些问题?

9.地下工程防水方案有哪些?

10.试述防水混凝土的防水原理,以及防水混凝土施工中应如何留设施工缝和后浇带。

11.地下防水层的卷材铺贴方案有哪两种?各有何特点?

12.水泥砂浆防水层的施工特点是什么?

13.试述用水房间防水施工的一般工艺程序。

14.简述处理楼地面裂缝引起渗漏的方法。

第8章 装饰工程

学习要求

掌握一般抹灰、板块面层、玻璃幕墙、门窗、涂料等工程的组成、要求、作用、施工做法和质量的监控方法；了解一般装饰工程的施工程序。

工程案例

某办公楼装饰实例

某办公楼地下一层，地上十一层，附有裙楼，高低错落。其结构形式为钢筋混凝土框架结构，建筑高度36.40m，总建筑面积10 238.5m^2。装饰工程主要包括吊顶、墙面、地面、木作、门窗、油漆、涂料、地毯和木地板等施工内容。

为确保各工程的顺利实施，组成住宅楼装饰工程项目经理部，下设若干职能部门，各职能部门负责组织指挥现场施工和各项工作的管理实施。管理人员由具有高水平管理技能和责任心强的员工担任，施工人员经培训合格后持证上岗，制定严格的岗位责任制，落实到人。

现场施工和安装工程负责人(主任工程师)负责现场管理、施工方案的组织和落实、安装任务分配、技术管理及质量管理；质检人员负责成品检验，检验率要达100%；队长负责施工和安装计划的落实及人员管理。工作队下设施工小组进行施工，并根据工程需要及时增补施工人员。

1.施工准备

施工准备主要包括现场、技术(设计图纸)、劳动力、材料和机械设备的准备。材料进场组织材料员、技术员、工长、监理人员进行现场验收，对工程所用材料进行严格检查，需全部达到质量要求，不合格材料不得进场，合格后方可使用。

材料主要包括普通硅酸盐水泥或矿渣硅酸盐水泥、白水泥(擦缝用)、矿物颜料(与釉面砖色泽协调，与白水泥拌和擦缝用)、砂子(中砂)、石灰膏、地砖、面砖、油漆、涂料、石材、地毯、木地板、木材、塑钢、玻璃和吊顶等材料符合要求。饰面板(砖)表面平整方正、厚度一致，不得有缺楞、掉角和断裂等缺陷。如遇规格复杂，色差悬殊时，应逐块量度挑选分类存放使用。

劳动力主要包括灰工、混凝土工、木工、油工以及其他工种等。

主要机具包括空气压缩机、灰浆搅拌机、喷浆机、搅拌器、切割机、电锯、电刨、电焊机、橡皮锤或木锤、电钻、冲击钻(电锤)、平板振捣器、挡板、毛辊、毛刷、抹子、灰匙、铝合金靠尺、木杠(杠尺或刮杠)、卷尺、水平尺、棉线绳和垂球等数台套(个)。

本工程外墙脚手架采用ϕ48钢管扣件脚手搭设落地双排脚手架，立杆间距1.5m，架宽1.0m，步高1.8m，离墙间距0.2m，其搭设进度，应高出施工面一步；楼内均为满堂红装修架子，搭设时应考虑吊顶标高与结构顶板标高相差较大的要求，横杆间距1.8～2.0m，立杆间距1.8m，满铺脚手架，严禁探头板、飞跳板。施工后期，内脚手架使用门架组装移动平台架，搭设活动操作平台，底部设有带丝杠千斤顶的行走轮，用以调节高度。架子搭设应满足施工规范要求，全部由专业架子班搭设。

2. 主要工种项目施工

本工程装饰设计新颖，采用多种新型环保的装饰材料，如大面积花岗石的应用和部分石英纤维面乳胶漆的运用等。装饰工程质量目标是保证观感和实测达到质量预控的目标。装饰工程主控项目必须达到规范要求，其允许偏差项目应满足建筑工程质量评审标准要求。

在装饰施工开始前，所有装饰工程项目应选择技术熟练工人进行样板(或样板间)施工，经公司各专业自检，业主、监理及设计院验收后，方可进行大面积装修施工。装饰基层经处理已合格达标。对已经施工和安装完毕的工程，应注意加强成品保护。

室外装饰顺序如下：屋面工程→外沿作保温→外门窗洞口→外墙面砖→外沿涂料→外门窗安装→外门窗口密封胶→散水台阶→验收。

室内装饰顺序如下：门窗洞口→吊顶→细石混凝土地面→局部墙面抹灰→石材墙面→大理石或花岗石材和地砖地面→卫生间墙、地面瓷砖→墙面及顶面刮腻子→门窗安装及密封→木作→油漆和涂料→地毯或木地板→验收。

各主要工种施工工艺流程如图 8-1 所示。

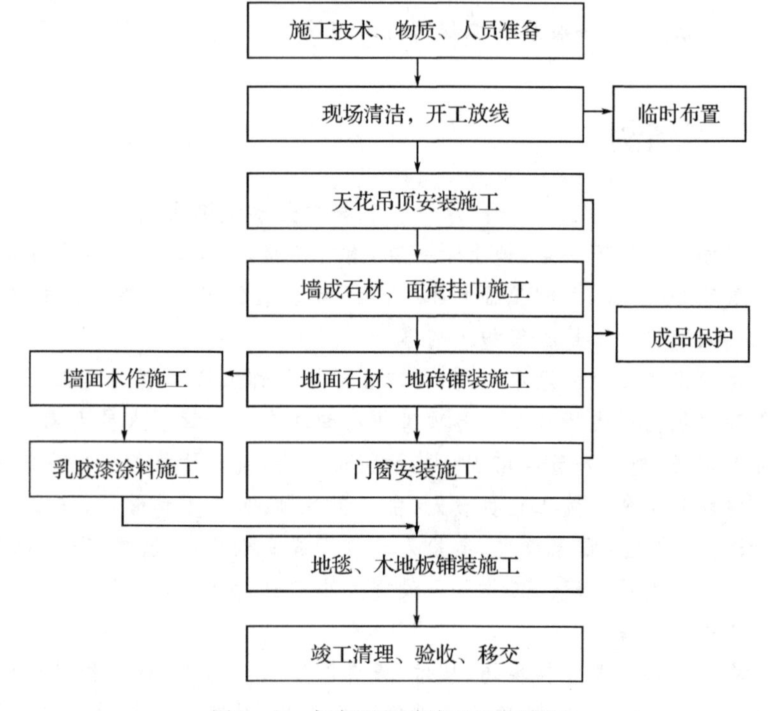

图 8-1　各主要工种施工工艺流程

(1) 吊顶工程：包括U型、T型和L型系列轻钢龙骨，面层除铝扣板(卫生间用)、石膏板和矿棉吸音板(大面积采用600mm×600mm)外，其他全部为刮白耐水腻子的乳胶漆饰面。

轻钢龙骨天花板吊顶施工工艺流程如下：弹墨线(沿基准线在墙或柱面上弹顶棚标高水平控制线)→划龙骨分档线→专业管线安装→定吊杆点位→安装吊杆→安装主龙骨及配件→安装次龙骨(中或小龙骨)及配件→调整校对龙骨→安装罩面板(石膏板、矿棉板、铝扣板)→(涂料施工)→保护。

吊顶的龙骨架、面层与龙骨的连接，要牢固可靠、平整、缝隙均匀、正确，各种预留洞留设正确。板面无破损、裂缝、受潮、棱凸、起鼓等。拧夹紧的吊挂件、连接件和钉固件等安装正确。

(2) 墙面工程：外墙面下部为面砖外墙，上部为压花涂料，其余大部分为白色耐水腻子的外墙涂料饰面。一层大厅采用干挂大理石材，办公楼内的墙面采用樱桃木加不锈钢条饰面及部分石英纤维面乳胶漆，120mm 高褐色踢脚板。卫生间采用釉面墙砖。

①外墙面砖施工工艺流程如下：基层处理→润湿墙面→弹竖线、水平线及表面平整度控制线→选砖→排砖→浸砖→贴灰饼(贴标准点)→粘贴→就位与固定→清缝(可用十字塑料卡控制砖缝)→勾缝与擦缝→清洗表面→养护。

②外墙涂料施工工艺流程如下：基层处理→满涂乳胶腻子两遍→涂刷乳胶漆涂料两遍。

③石材墙面干挂施工工艺流程：选材→绘制板材排列图及连接件大样图→墙面修整及处理→弹线分格排板定位并作标志块→表面吊线→板材钻孔开槽→墙面钻预埋件孔、安装角钢及膨胀螺栓→安装不锈钢连接件→安装固定板材→用标志块将全部扣件找平→贴防污条→嵌缝处理及板面清理→(打蜡抛光)→检查验收→成品保护。

④卫生间墙面釉面砖施工工艺流程如下：选砖→基层处理→浇水湿润墙面→抹底灰砂浆→预排砖块→弹线分格→贴灰饼→浸砖→垫底尺(平尺板)→镶贴面砖→清洗墙面→面砖嵌缝与擦缝→擦净表面→养护。

⑤内墙面、顶面乳胶漆涂料施工工艺流程如下：基层清理→修补墙、顶面→满刮耐水腻子底灰两遍→砂纸磨平、磨光两遍→底层涂料(第一遍涂料)→复补腻子→磨砂→(或中层涂料、磨砂、中层涂料)→喷涂内墙乳胶漆面层涂料一遍(第二遍涂料)→清扫和保养。

石材、板材及面砖要求接缝平直、光滑平顺、干净整洁、纹理通顺、表面平整、边角平直、材质均匀、密实、色泽一致、套割吻合，品种、品质、强度、规格、尺寸、颜色、图案符合设计要求，无起碱、污痕、空鼓、歪斜、脱落、缺楞、掉角和裂缝等缺陷。乳胶漆涂料要求涂层均匀、光滑、密实平整、洁净、饱满度好、颜色均匀一致。

(3)地面工程：公共空间采用天然石材(大理石或花岗岩)和玻化地砖铺贴，卫生间为地砖，计算机室铺防静电木地板，会议室和领导办公室均铺木地板或地毯，部分办公室内铺花岗石和复合强化木地板，其余为细石混凝土压光地面。

①大理石或花岗石材地面施工工艺流程如下：材料选用→清理基层→洒水湿润→弹线放样→试拼与试排、编号→安放标准块→板块浸水湿润→刷水泥浆→做干硬性水泥砂浆结合层→铺贴施工→灌缝填缝→养护→(打蜡上光)→保护成品。

②地砖楼地面施工工艺流程如下：基层处理→浇水湿润→找平→排砖、分格和弹线→试拼、对色、整理编号→做灰饼(或安放标准块)→浇水扫素水泥浆→预选磁砖→磁砖浸水湿润→做黏结层(用木直尺找平)→铺贴磁砖→压实找平、拨缝调直→擦缝填缝→清洗擦拭干净→养护。

地面做法如下：素土夯实→80mm 厚碎石垫层→80mm 厚 C15 混凝土→刷素水泥浆一道→15mm 厚 1:3水泥砂浆找平→8mm 厚 1:1水泥砂浆结合层→20mm 厚地砖面层素水泥浆填缝。

楼面做法如下：楼板基层清理→刷素水泥浆一道→20mm 厚 1:2水泥砂浆找平→5mm 厚 1:1水泥砂浆结合层→15mm 厚地砖面层素水泥浆填缝。

③细石混凝土地面施工工艺流程如下：找标高弹面层水平线→基层处理→洒水湿润→抹灰饼→冲筋→刷素水泥浆→浇筑细石混凝土→抹面层压光三遍→养护。

④木地板地面施工工艺流程如下：基层处理→弹线→防水薄垫铺设→复合木地板铺设(涂特种防水胶悬浮式企口拼接)→清洁保护。

⑤地毯地面施工工艺流程如下：清理基层→弹线、套方、分格、定位→地毯裁割、编号→钉倒刺板→铺垫层→拼接缝→张平→固定、收边→修整、清扫。

花岗石、地砖要地面镶嵌正确，周边顺直，表面平整、洁净，光泽度满足要求。图案、颜色、花纹一致，纹理通顺。接缝均匀、密实饱满、平滑，缝口平直、贯通。表面无裂纹、空鼓、裂缝、缺棱、掉角、扭曲变形以及显著的光泽受损等缺陷。卫生间的坡度符合要求，不倒泛水，无积水，与地漏

(管道)结合处严密牢固,无渗漏。细石混凝土面层密实、光洁。木地板和地毯平整、密实、干净。

(4)木作工程:主要包括木柱面、木墙面和木墙裙等施工内容。木制品表面为素色亚光清漆。

①木作工程施工工艺流程如下:找基准线(弹水平线、垂直线和木龙骨中线)→放样定位→核对图纸尺寸→做基层(钻孔将木楔埋入孔内)→下料(选板材、木线条和定饰面板)→制作(钉木龙骨、钉基层板和粘贴饰面板,基层板和龙骨表面应刷胶,注意拼接和拼缝,可用钉子固定)→压木线(钉所需的线条或开槽)→成品保护待漆(用砂纸打磨板面、满批腻子,进行油漆)。

②油漆施工工艺流程如下:基层清扫、清理→刷一遍清漆→嵌批钉眼腻子→木砂纸打磨→刷一遍清油→刷润色油粉→刷二遍清油→磨砂纸→满刮透明腻子二遍→砂纸磨平二遍→刷三遍清油→磨平→复补腻子→磨光磨平→两遍亚光→打油蜡擦亮保护。

混色油漆施工做法如下:基层处理→刷清漆底子油一遍→抹石膏腻子→磨纸砂→刷第一遍油漆→腻子修补磨光→刷第二遍油漆等。

清漆施工做法如下:基层处理→润色油粉→满刮油腻子→刷油色→磨纸砂→刷第一遍清漆→腻子修补磨光→刷第二遍清漆等。

板面材质、花纹一致,色差统一,各饰面均匀统一。饰面花纹不允许有结疤、髓心、裂缝和乱纹。板材不允许翘曲、开裂、脱胶和饰面受损。基底制作尺寸正确,横平竖直,基层骨架牢固。木线无倒毛、缺陷,线头无锯毛、啃头现象。板与板、木线与木线、板与木线等拼接处,无明显缝眼和不规则的木纹和色差出现。混色油漆表面光滑、光亮,颜色均匀,无透底、皱皮、皱纹。严禁脱皮,漏刷和反锈。清漆表面光亮、光滑,木纹清晰、颜色一致,无流坠、皱皮、刷纹、刷痕。严禁漏刷、脱皮和斑迹。

(5)门窗工程:实木线条包门窗套,现场进行夹板门、塑钢窗(外窗)的安装,大厅玻璃地弹簧门安装。塑料窗采用60、80系列带有镀锌钢衬的淡青色硬聚氯乙稀异型材,5mm白色浮法玻璃,五金配件。夹板门采用细木工板制作。

①门窗工程施工工艺流程如下:弹线找规矩→门窗洞口处理→安装镀锌连接铁件或打膨胀螺栓→门窗拆包、检查→门窗框(樘)就位和固定→隐蔽工程验收→门窗扇安装→门窗洞口四周堵缝、密封和嵌缝→清理→安装五金配件→安装门窗纱扇密封条→成品保护。

②玻璃安装施工工艺流程如下:玻璃裁割→分散玻璃→清理裁口→玻璃安装。

③门窗套制作安装施工工艺流程如下:核对门窗框(樘)→确定式样→下料取材→制作骨架→找平→定型固定→包板整形→安装→(油漆)→成品保护。

门窗品种、规格、数量、开启方向及组合件、附件和玻璃符合要求,表面洁净、平整,颜色一致,无划痕碰伤、无污染,拼接缝严密。框扇外形应平整、通角,无翘曲变形。门窗安装牢固,其水平、垂直、对角线等位置正确。外窗框采取矿棉条或玻璃毡条或沥青麻丝与缝隙分层填塞(或打泡沫塑料即发泡剂),外表应留槽口,嵌填密封材料(用密封胶封闭)。门窗框与墙体的缝隙填嵌密实,表面平整。五金配件安装齐全、牢固,位置正确、端正,启闭灵活,适用美观。门锁、合叶开洞或挖槽应合理,严禁过大。合叶位置统一,不允许倒装和反装。螺丝规格不能过大或过小,螺丝应拧满,不得漏拧。细木工板材质符合制作安装要求,双面夹板层无起裂、破损和起鼓现象。

8.1 抹灰工程

抹灰工程是指用各种灰浆涂抹在建筑表面,起找平、装饰和保护墙面的作用,主要分室内抹灰和室外抹灰。按工种部位可分为内外墙面抹灰、地面抹灰和顶棚抹灰;按使用材料和装饰效果可分为一般抹灰和装饰抹灰。

8.1.1 一般抹灰工程

一般抹灰是指采用石灰砂浆、水泥砂浆、水泥混合砂浆、聚合物水泥砂浆、膨胀珍珠岩水泥砂浆、麻刀灰浆、纸筋石灰浆和石膏灰等抹灰材料进行的涂抹施工。

1.材料要求

抹灰常用材料有水泥、石灰、石膏、砂、石、麻刀、纸筋、稻草、麦秸等。

胶凝材料宜用强度等级不小于32.5的普通硅酸盐水泥、矿渣硅酸盐水泥以及白水泥等。不同品种水泥不得混用,出厂超过3个月的水泥经试验合格后方可使用。石灰膏应用块状生石灰淋制,淋制时必须用孔径不大于3mm的筛过滤,并贮存沉淀池中,常温下熟化时间不少于15天,用于罩面的磨细生石灰粉,则不少于3天。石膏用乙级建筑石膏,应磨成细粉并无杂质。

骨料宜采用中砂,粗中砂混合也可使用。使用前应过筛(5mm筛孔),不得含泥土及杂质。石子可采用大八厘石粒(粒径8mm)、中八厘(粒径6mm)、小八厘(粒径4mm),如坚硬的石英石颗粒、彩色石粒和瓷粒等,使用前必须冲洗干净。

纤维材料纸筋应洁净、捣烂,并用清水浸透。麻刀应均匀、坚韧、干燥、不含杂质,长度以20~30mm为宜。稻草、麦秸应切成长度不大于30mm的段,经石灰浸泡15天后使用。

2.一般抹灰的分级、组成及质量要求

按建筑物的装饰标准和质量要求,一般抹灰有普通抹灰和高级抹灰两级。

(1)普通抹灰:一底层、一中层、一面层,三遍成活。主要工序为分层赶平、修理和表面压光。要求表面光滑、洁净、接搓平整、分格缝清晰。

(2)高级抹灰:一底层,数中层,一面层,多遍成活,主要工序为阴阳角找方,设置标筋,分层赶平、修整和表面压光。要求抹灰表面光滑、洁净颜色均匀、无抹纹,线角和灰线平直方正,分格缝清晰美观。

为保证抹灰质量,一般抹灰工程是分层进行施工,应做到黏结牢固、表面平整、避免裂缝。如一次涂抹太厚,内外收水快慢不同会产生裂缝、起鼓或脱落。

抹灰层一般由底层、中层和面层组成(见图8-2)。

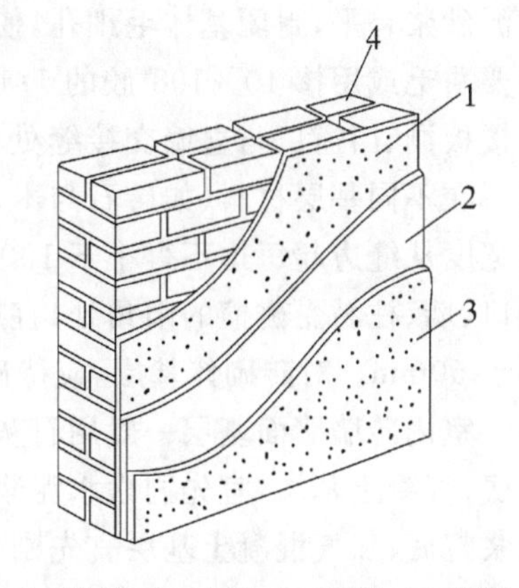

1—底层;2—中层;3—面层;4—基层

图8-2 抹灰层组成

底层主要起与基层黏结和初步找平作用,5~7mm厚,用材与基层有关。基层吸水性强,砂浆稠度应较小,一般10~20cm。若有防潮、防水要求,应采用水泥砂浆抹底层。

中层主要起保护墙体和找平作用,5~12mm厚,根据质量要求,可一次或分次涂抹。采用材料基本与底层相同,稠度可大一些,一般7~8cm。

面层亦称罩面,2~5mm厚,主要起装饰作用,须仔细操作,保证表面平整、光滑细致、无裂痕。砂浆稠度一般为10cm左右。

各抹灰层厚度应根据具体部位、基层材料、砂浆类型、平整度、抹灰质量以及气候、温度条件而定。抹水泥砂浆每遍厚度宜为5~7mm。抹石灰砂浆和水泥混合砂浆每遍厚度宜为7~9mm。麻刀灰、纸筋灰和石膏灰等罩面,赶平压实后,其厚度一般不大于3mm。水泥砂浆面层和装饰面层不大于10mm。

抹灰层平均总厚度，一般为15～20mm，最厚不超过25mm，特殊情况不超过35mm，均应符合规范要求。顶棚是现浇混凝土、板条的为15mm，预制混凝土板为18mm，金属网为20mm；内墙普通抹灰为18～20mm，高级的为25mm；外墙抹灰砖墙面为20mm，勒脚及突出墙面部分为25mm，石材墙面为35mm。

3. 一般抹灰施工

为保护成品，应按先室外后室内、先上面后下面、先顶棚后墙地面的施工顺序抹灰。

先室外后室内是指完成室外抹灰后，拆除外脚手，堵上脚手眼再进行室内抹灰。室内抹灰应在屋面防水完工后进行，以防漏水造成抹灰层损坏和污染，可按房间、走廊、楼梯和门厅等顺序施工。先上面后下面是指在屋面防水完工后室内外抹灰最好从上层往下进行。如高层建筑采用立体交叉流水作业施工时，也可从下往上施工，但必须注意成品保护。先顶棚后墙地面是指室内可采取先顶棚和墙面抹灰，再开始地面抹灰。外墙由屋檐开始自上而下，先抹阳角线、台口线，后抹窗和墙面，再抹勒脚、散水坡和明沟等。

一般抹灰的施工工艺如下：基层处理→润湿基层→阴阳角找方→设置标筋→做护角→抹底层灰→抹中层灰→检查修整→抹面层灰并修整→表面压光。

(1)基层处理。为使抹灰砂浆与基体表面黏结牢固，防止灰层产生空鼓，抹灰前应对基层进行处理。

表面的灰尘、污垢和油渍等应清除干净(油污严重时可用10%浓度的碱水洗刷)，并提前1～2天洒水湿润(渗入8～10mm)。砖石、混凝土、加气混凝土等凹凸的基层表面，应剔平或用1∶3水泥砂浆补平，封闭基体毛细孔，使底灰不过早脱水，以增强基体与底层灰的黏结力。表面太光滑要凿毛或用掺10%108胶的1∶1水泥砂浆薄抹一层。对水暖、通风穿墙管道及墙面脚手孔洞和楼板洞、门窗口与立墙交接缝处均应用1∶3水泥砂浆或水泥混合砂浆(加少量麻刀)嵌缝密实。在不同基层材料(如砖石与木、砌块、混凝土结构)交接处应先铺钉一层金属网或纤维布，搭接宽度从缝边起每边不得小于100mm，以防抹灰层因基层温度变化而胀缩不一产生裂缝。在门洞口、墙、柱易受碰撞的阳角处，宜用1∶2的水泥砂浆抹出护角，其高度应不低于2m，每侧宽度不小于50mm。对砖砌体基层，应待砌体充分沉降后，方可抹底层灰，以防砌体沉降拉裂抹灰层。

室内砖墙墙面基层一般用石灰砂浆或水泥混合砂浆打底，室外用水泥砂浆或水泥混合砂浆打底；混凝土基层，宜先刷素水泥浆一道，用水泥砂浆和混合砂浆打底，高级装修顶板宜用乳胶水泥浆打底；加气混凝土基层宜先刷一遍胶水溶液，再用水泥混合砂浆、聚合物水泥砂浆或掺增稠粉的水泥砂浆打底；硅酸盐砌块基层宜用水泥混合砂浆或掺增稠粉的水泥砂浆打底；平整光滑的混凝土基层，如装配式混凝土大板和大模板建筑的内墙面和大楼板基层，如平整度好，垂直偏差小，可不抹灰，采用粉刷石膏或用腻子(乳胶∶滑石粉或大白粉∶2%甲基纤维素溶液＝1∶5∶3.5)分遍刮平，待各遍腻子黏结牢固再进行表面刮浆即可，总厚度为2～3mm。板条基层宜用麻刀灰和纸筋灰。

(2)抹灰施工。为控制抹灰层的厚度和平整度，在抹灰前还须先找好规矩，即四角规方、横线找平、竖线吊直、弹出准线和墙裙、踢脚板线，并在墙面用1∶3水泥砂浆抹成50mm见方的标志(灰饼)和标筋(冲筋、灰筋)(见图8-3)，以便找平。

抹灰层施工采用分层涂抹，多遍成活。分层涂抹时，应使底层水分蒸发、充分干燥后再涂抹下一层。刮尺操作不致损坏标筋时，即可抹底层灰。底层砂浆的厚度为冲筋厚度2/3，用铁抹子将砂浆抹上墙面并进行压实，并用木抹子修补、压实、搓平、搓粗。抹完底层后，应间隔一定时间，让其干燥，再抹中层灰。如用水泥砂浆或混合砂浆，应待前一抹灰层凝结后再抹后一层。如用石灰砂浆，则应待前一层达到七八成干后，用手指按压不软，但有指印和潮湿感，方可抹后一层。中层砂浆抹灰凝固前，应在层面上每隔一定距离交叉划斜痕，以增强与面层的黏结。室外墙面的面层常用水泥砂浆。

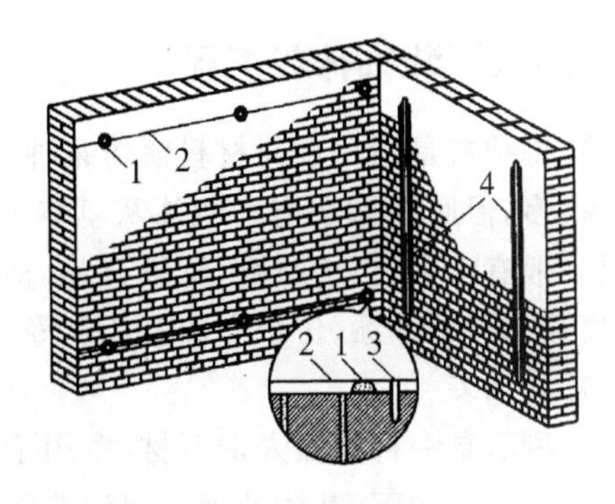

1—灰饼(标志块)；2—引线；3—钉子；4—标筋

图 8-3 灰饼、标筋的作法

采用水泥砂浆面层，应注意接搓，表面压光应不少于两遍，罩面后次日洒水养护。纸筋或麻刀灰罩面应在1:(2.5～3)石灰砂浆或1:2:9混合砂浆底灰五六成干后进行，若底灰过干应浇水湿润，罩面灰一般分两遍抹平压光。石灰膏罩面宜在石灰砂浆或混合砂浆底灰尚潮湿下刮抹石灰膏(6:4或5:5)，灰浆稠度80mm为宜，刮抹后约2h待石灰膏尚未干时压实抹平，使表面光滑不裂。各种砂浆抹灰层，在凝结前应防止快干、水冲、撞击和振动，在凝结后应采取措施防止玷污和损坏。水泥砂浆的抹灰层应在湿润的条件下养护。

顶棚抹灰时应先在墙顶四周弹水平线，以控制抹灰层厚度，然后沿顶棚四周抹灰并找平。顶棚面要求表面平顺，无抹灰接搓，与墙面交角应成一直线。如有线脚，宜先用准线拉出线脚，再抹顶棚大面，罩面应两遍压光。

冬期抹灰施工时，应采取保温防冻措施。室外抹灰砂浆内应掺入能降低冰点的防冻剂，其掺量应由实验确定。室内抹灰的温度不应低于5℃。抹灰层可采取加温措施加速干燥，如采用热空气回温时，应注意通风，排除湿气。

(3)机械喷涂抹灰。机械喷涂抹灰能提高功效，减轻劳动强度和保证工程质量。其工作原理是利用灰浆泵与空气压缩机把灰浆和压缩空气送入喷枪，在喷嘴前造成灰浆射流，将灰浆喷涂在基层上，再经过抹平搓实。因此，也称喷毛灰，是抹灰施工的发展方向。

施工时，根据所喷涂部位、材料拟定喷涂顺序和路线，一般可按先顶棚后墙面，先室内后过道、楼梯间的顺序进行喷涂。机械喷涂亦需设置灰饼和标筋。喷涂顶棚宜先在周边喷涂一个边框，再按“S”形路线由内向外巡回喷涂，最后从门口退出。当顶棚宽度过大时，应分段进行，每段喷涂宽度不宜大于2.5mm。喷涂室内墙面宜从门口一侧开始，另侧退出。喷涂室外墙面，应由上向下按“S”线形巡回喷涂。喷涂厚度一次不宜超过8mm，当超过时应分遍进行。喷射时喷嘴的正常压力宜控制在0.15～0.2MPa。持喷枪姿势应正确。喷嘴与基层的距离、角度和气量应视墙体材料性能和喷涂部位按规范规定选用。喷涂墙面时喷嘴应距墙面100～450mm，喷涂干燥、吸水性强、标筋较厚墙面宜为100～350mm，并与墙面成90°角，喷枪移动速度应稍慢，压缩空气量宜小一些。喷涂较潮湿、吸水性差、标筋较薄墙面宜为150～450mm，与墙面成65°角，喷枪移动稍快，空气量宜大些，这样喷射面较大，灰层较薄，灰浆不易流淌。喷涂砂浆时，应注意成品保护。

目前机械喷涂抹灰可用于底层和中层，但喷涂后的搓平修补、罩面、压光等工艺性较强的工序仍需用手工操作。

一般抹灰的质量要求如下：抹灰的品种、厚度及配合比等应符合设计要求。各抹灰层之间及抹灰层与基层之间应黏结牢固，不得有空鼓、脱层、面层不得有爆灰和裂缝，表面接槎平整、光滑、洁净、颜色均匀、无抹纹，分格缝与灰线应清晰、顺直美观。

8.1.2 装饰抹灰工程

装饰抹灰是指用普通材料模仿某种天然石花纹抹成的具有艺术装饰效果和色彩的抹灰。其种类很多，但底层做法与一般抹灰基本相同(均为1:3水泥砂浆打底)，仅面层材料和做法不同。面层一般有水刷石、水磨石、斩假石、干粘石、假面砖、拉条灰、拉毛灰、洒毛灰、扒拉石、喷毛灰、喷砂、喷涂、滚涂、弹涂、仿石和彩色抹灰等。

1. 水刷石

水刷石是一种饰面人造石材，多用于外墙面。

施工工艺如下：基体处理→湿润墙面→设置标筋→抹底层砂浆→抹中层砂浆→弹线和粘贴分格条→抹水泥石子浆→洗刷→养护。

施工时，在已硬化的12mm(一般为10～13mm)厚、配合比为1:3水泥砂浆底层上按设计弹线分格，用水泥浆黏结固定分格条(8mm×10mm的梯形木条)，然后浇水湿润刮一道1mm厚水泥浆(水灰比0.37～0.4)，以增强与底层的黏结。随即抹8～12mm厚、稠度为50～70mm、配合比为1:(1.25～1.5)的水泥石子浆抹平压实，使石子密实且分布均匀，待其达到一定强度(用手指按无指痕)时，再用棕刷蘸水自上而下刷掉面层水泥浆，使表面石子完全外露。然后用喷雾器喷水冲洗干净。水刷石可以现场操作，也可以工厂预制。

水刷石的质量要求如下：石粒清晰、分布均匀、色泽一致、平整密实，不得有掉粒和接槎痕迹。

2. 干粘石

在水泥砂浆上面直接干粘石子的做法，也称干撒石或干喷石，多用于外墙面。

施工工艺如下：清理基层→湿润墙面→设置标筋→抹底层砂浆→抹中层砂浆→弹线和粘贴分格条→抹面层砂浆→撒石子→修整拍平→养护。

施工时，将底层浇水润湿后，再抹上一层6mm厚1:(2～2.5)水泥砂浆层，随即将配有不同颜色或同色的粒径4～6mm石子甩在水泥砂浆层上，并拍平压实。拍时不得把砂浆拍出来，以免影响美观，要使石子嵌入深度不小于石子粒径的一半，待达到一定强度后洒水养护。有时也可用喷枪将石子均匀有力地喷射于黏结层上，用铁抹子轻轻压一遍，使表面平整。

干粘石的质量要求如下：石粒黏结牢固、分布均匀、颜色一致、不掉石粒、不露浆、不漏粘、线条清晰、棱角方正、阳角处无明显黑边。

3. 斩假石

斩假石，又称剁假石、剁斧石，是一种由硬化后的水泥石屑浆经斩剁加工或划出有规律的槽纹而成的人造假石饰面，能显示出较强的琢石质感，就像石砌成的墙，多用于外墙面。

施工工艺如下：清理基层→湿润墙面→设置标筋→抹底层砂浆→抹中层砂浆→弹线和粘贴分格条→抹水泥石子浆面层→养护→斩剁→清理。

施工时，将底层浇水润湿后，薄刮一道素水泥浆(水灰比0.3～0.4)，随即抹10mm厚1:1.25水泥石子浆罩面两遍，与分格条齐平，并用刮尺赶平。收水后用木抹子从上往下顺势溜直并打磨压实。抹完面层须采取防晒或冰冻措施，洒水养护3～5天后试剁，剁后石子不脱落即可用剁斧将面层剁毛。在柱、墙角等边棱处，宜横向剁出边条或留15～20mm的窄条不剁。斩剁完后，拆除分格条、去边屑。此外还可用仿斩假石的做法，即待8mm厚面层收水后，用钢篦子(木柄夹以锯条制成)沿导向的长木引条方向轻轻划纹，随划随移动引条。面层终凝后再按原纹路自上而下拉刮几次，即形成与斩假石相似效果的表面。

斩假石的质量要求如下：剁纹或划纹间距均匀、顺直，深浅一致、线条清晰，不得有漏剁处，阳角处横剁和留出不剁的边条,应宽窄一致、棱角分明无损,最后洗刷掉面层上的石屑,不得蘸水刷浇。

4.假面砖

假面砖又称仿釉面砖,是用水泥、石灰膏配合一定量的矿物颜料制成彩色砂浆涂抹面层而成,多用于外墙面。

面层砂浆涂抹前,要浇水湿润底层,并弹出水平线,然后抹 3mm 厚 1∶1水泥砂浆垫层,随即抹 3～4mm 厚砂浆面层。面层稍收水后,用铁梳子沿靠尺板由上向下竖向划纹,不超过 1mm 深。再按假面砖宽度,用铁钩子沿靠尺板横向划沟,深度以露出垫层砂浆为准,最后清扫墙面。

假面砖的质量要求如下:表面平整、沟纹清晰、留缝整齐、色泽一致,应无掉角、脱皮、起砂等缺陷。

5.拉毛灰和洒毛灰

拉毛灰是将底层用水湿透,抹上 1∶0.5∶1水泥石灰砂浆,然后用硬棕刷或铁抹子拉毛。洒毛灰又称甩毛灰或撒云片,是往墙面上洒罩面灰。拉毛灰和洒毛灰多用于外墙面。

拉毛灰用棕刷蘸砂浆往墙上连续垂直拍拉,拉出毛头,或用铁抹子不蘸砂浆,黏结在墙面上随即抽回,拉得快慢要一致、均匀整齐、色彩一样、不露底,在一个平面上要一次成活,避免中断留搓。洒毛灰用竹丝刷蘸 1∶2水泥砂浆或 1∶1水泥砂浆或石灰砂浆,由上往下洒在湿润的墙面底层上,洒出的云朵须错乱多变、大小相称、纵横相间、空隙均匀,或在未干底层上刷颜色,再不均匀地洒上罩面灰,并用抹子轻轻压平,部分露出带色的底子灰,使洒出的云朵具有浮动感。

拉毛灰和洒毛灰的质量要求是:表面花纹、斑点大小分布均匀,颜色深浅一致,不显接槎。

6.喷涂、滚涂与弹涂

(1)喷涂饰面。喷涂饰面是用挤压式灰浆泵或喷斗将聚合物水泥砂浆经喷枪均匀喷涂在墙面底层上而成的面层装饰。根据砂浆稠度和喷射压力大小,可喷成砂浆饱满、波纹起伏的波面喷涂,或表面不出浆而布满细碎颗粒的粒状喷涂,也可在表面涂层上再喷以不同色调砂浆点,形成花点套色喷涂等。

喷涂前先喷或刷一道胶水溶液 1∶3(108 胶即聚乙烯醇缩甲醛∶水),以保证涂层黏结牢固。然后喷涂 3～4mm 厚饰面层,喷涂必须连续操作,粒状喷涂应三遍成活,喷至全部泛出水泥浆但又不致流淌为好。饰面层收水后,按分格位置用铁皮刮子沿靠尺刮出分格缝,缝内可涂刷聚合物水泥浆。面层干燥后,喷罩一层有机硅憎水剂,以提高涂层的耐久性和减少对饰面的污染。喷涂饰面的质量要求是表面平整、颜色一致、花纹均匀、无接搓痕迹。

采用水性或油性丙烯树脂、聚氨酯等塑料涂料做喷涂饰材的外墙喷塑是今后建筑装饰的发展方向,其具有防水、防潮、耐酸和耐碱等性能,面层色彩可任意选定,对气候适应性强,施工方便,工期短等优点。

(2)滚涂饰面。滚涂饰面是将带颜色的聚合物砂浆均匀涂抹在底层上,随即用带不同花纹的橡胶或塑料滚子滚出所需的各种图案和花纹,最后喷涂有机硅水溶液憎水剂。滚涂分干滚和湿滚两种。

施工时,在底层上先抹一层厚 3mm 的聚合物砂浆,配合比为水泥∶骨料(砂子、石屑或珍珠岩)=1∶(0.5～1),再掺入占水泥 20%量的 108 胶和 0.25%的木钙减水剂。干滚时不蘸水、滚出花纹较大、工效较高。湿滚要反复蘸水,滚出花纹较小。滚涂应一次成活,否则易产生翻砂现象。滚涂比喷涂工效低,但便于小面积或局部应用。

(3)弹涂饰面。弹涂饰面是在底层喷或涂刷一遍掺有 108 胶的聚合物水泥色浆涂层,再用弹涂器分几遍将聚合物水泥色浆弹到涂层上,形成 1～3mm 大小的扁圆花点。不同的色点(一般由 2～3 种颜色组合)在墙面上所形成的质感,相互交错、互相衬托,类似于水刷石、干粘石的效果。也可做成单色光面、细麻面、小拉毛拍平等多种花色。该法既可在墙面上抹底灰后直接做弹涂饰面,也可直接弹涂在基层较平整的混凝土板、加气板、石膏板、水泥石棉板等板材上。弹涂器有手动和电动两种,后者工效高,适合大面积施工。

施工时,洒水润湿底层,待六七成干时弹涂。先喷刷掺 108 胶底色浆一道,弹分格线,贴分格条,弹头道色点,稍干后弹第二道色点,进行个别或局部修整补弹找均匀,最后喷射或涂刷树脂罩面防护层。

喷涂、滚涂、弹涂的质量要求如下:表面平整、颜色一致,花纹、色点大小均匀,无接槎痕迹,无漏涂、透底和流坠。

8.2 饰面板(砖)工程

饰面板(砖)工程是将天然或人造的饰面板(砖)安装或粘贴在基层上的一种装饰方法。常用的饰面板有天然石饰面板、人造石饰面板、金属饰面板、塑料饰面板以及饰面混凝土墙板等装饰墙板。饰面砖有釉面瓷砖、面砖、陶瓷锦砖等。

8.2.1 常用材料及要求

1. 天然石饰面板

常用的天然石饰面板有大理石和花岗石饰面板。大理石饰面板用于高级装饰,如门头、柱面、内墙面等。要求表面平整,棱角齐全,石质细密、光洁度好,无腐蚀斑点,色泽美丽。表面不得有隐伤、风化等缺陷。要轻拿轻放,保护好四角,存放要覆盖好。花岗石饰面板用于台阶、地面、勒脚、柱面和外墙等。要求棱角方正,颜色一致,不得有裂纹、砂眼、石核等隐伤。板面颜色如有不同时,应注意和谐过渡。

2. 人造石饰面板

人造石饰面板主要有人造大理石、人造花岗石和预制水磨石,可用于室内外墙面、柱面等。要求几何尺寸准确,表面平整,面层石粒均匀、洁净、颜色一致。

3. 金属饰面板

金属饰面板有铝合金、不锈钢、镀锌钢板、塑铝板、彩色压型钢板和铜板等。具有轻质高强、表面光亮、颜色多样,可反射太阳光、耐候性好、防火、防潮、耐腐蚀,易加工成型,便于运输和施工,安装简便、经久耐用、典雅庄重、质感丰富等特点,是一种高档次的建筑装饰,装饰效果别具一格,应用广泛。

4. 塑料饰面板

塑料饰面板常用的有聚氯乙烯塑料板(PVC)、三聚氰胺塑料板、塑料贴面复合板、有机玻璃饰面板,如镜面、岗纹和彩绘塑料板等。具有板面光滑、色彩鲜艳,花纹图案多样,质轻、耐磨、防水、耐腐蚀,硬度大,吸水性小,品种繁多,新颖美观等特点,应用范围广。

5. 饰面墙板

饰面墙板是将墙板制作与饰面结合于一体,一次成型,可加快装饰工程的施工进度,是结构与装饰合一的具体表现,也是装饰工程的重要发展方向。如露石、印花、压花或模塑混凝土等饰面板以及将天然大理石、人造美术石、陶瓷锦砖、瓷砖、面砖等直接粘贴在混凝土墙板表面制成预制墙板等。

6. 饰面砖

常用的饰面砖有釉面瓷砖、面砖、陶瓷锦砖和玻璃锦砖等。要求表面光洁、质地坚固，尺寸、色泽一致，不得有暗痕和裂纹，吸水率不得大于10%。釉面瓷砖也称釉面砖、瓷砖、瓷片、釉面陶土砖，是薄片状精陶上釉材料，有白色、彩色和带花纹图案等多种，有正方形和长方形两种形状，还有阳角、阴角、压顶条等，常用于卫生间、浴室、厨房、游泳池等内墙饰面。室内瓷砖可分为墙砖和地砖，墙砖多属于釉面陶底制品，地砖通常是瓷底制品，墙砖吸水率为10%左右，而地砖为1%左右。面砖有毛面和釉面两种，颜色有米黄、深黄、乳白、淡蓝等多种，规格也有多种，广泛用于外墙、柱、窗间墙和门窗套等饰面。陶瓷锦砖（马赛克或纸皮砖）的形状有正方形、长方形、六角形等多种，产品按各种图案组合反贴在纸上，每张大小约300mm×300mm。玻璃锦砖是半透明的玻璃质材料，单块尺寸20mm×20mm。每张纸板粘225块，标准尺寸为325mm×325mm。陶瓷锦砖和玻璃锦砖常用于室内浴厕、地坪和外墙装饰。

8.2.2 饰面板(砖)施工

饰面板采用传统法（粘贴法、安装法）和胶粘法施工，饰面砖采用传统的粘贴法和胶粘法施工，其中胶粘法施工是今后的发展方向。

1. 饰面板传统法施工

(1)粘贴法。边长小于400mm×400mm、厚度小于12mm的小规格石材饰面板一般采用粘贴法施工。施工工艺如下：基层处理→抹底灰→弹线定位→粘贴饰面板→嵌缝。

施工时用1∶3水泥砂浆打底划毛，待底子灰凝固后找规矩，厚约12mm，弹出分格线，按粘贴顺序，将已湿润的板材背面抹上厚度为2～3mm的素水泥浆进行粘贴，用木锤轻敲，并注意随时用靠尺找平找直，最后嵌缝并擦干净。使缝隙密实、均匀、干净、颜色一致。

(2)安装法。边长大于400mm或安装高度超过1m的大规格板石材饰面板，常用安装法施工。安装法有挂贴法（湿法工艺）、干挂法（干法工艺）和G·P·C法。

①挂贴法。其施工工艺如下：基层处理→绑扎骨架、钻孔、剔槽、挂丝或钻孔、剔槽、挂钉→安装饰面板→灌浆→嵌缝。

板材安装前，应检查基层平整情况，如凹凸过大可进行平整处理。墙面、柱面抄平后，分块弹出水平线和垂直线进行预排，确保接缝均匀。在基层表面绑扎钢筋网骨架，并在饰面板材周边侧面钻孔、剔槽，以便与钢筋网连接（见图8-4）。安装时由下往上，每层从中间或一端开始依次将饰面板用钢丝或铜丝与钢筋网绑扎固定。板材与基层间留20～50mm缝隙（即灌浆厚度）。灌浆前，应先在缝内填塞石膏或泡沫塑料条以防漏浆，然后用1∶2.5水泥砂浆（稠度80～120mm）分层灌缝，每层高度为200～300mm，待下层初凝后再灌上层，直到距上口50～100mm处为止。安装完的饰面板，其接缝处用与饰面相同颜色的水泥浆或油腻子填抹，嵌缝要密实、色泽要一致，并将表面清理干净，如饰面层光泽受影响，可重新打蜡出光。

此外，也可在板材上钻直孔，用冲击钻在对应于板材上下直孔的基体位置上钻45°的斜孔，孔径6mm，深40～50mm。用ϕ5mm不锈钢钉一端钩进板材直孔中，随即用硬小木楔楔紧，另一端钩进基体斜孔中，校正板面准确无误后用小木楔将钉楔紧，再用大木楔把基体和饰面板间楔紧，最后进行分层灌浆（见图8-5）。

湿法安装的缺点是易产生回潮、返碱、返花等现象，影响美观。

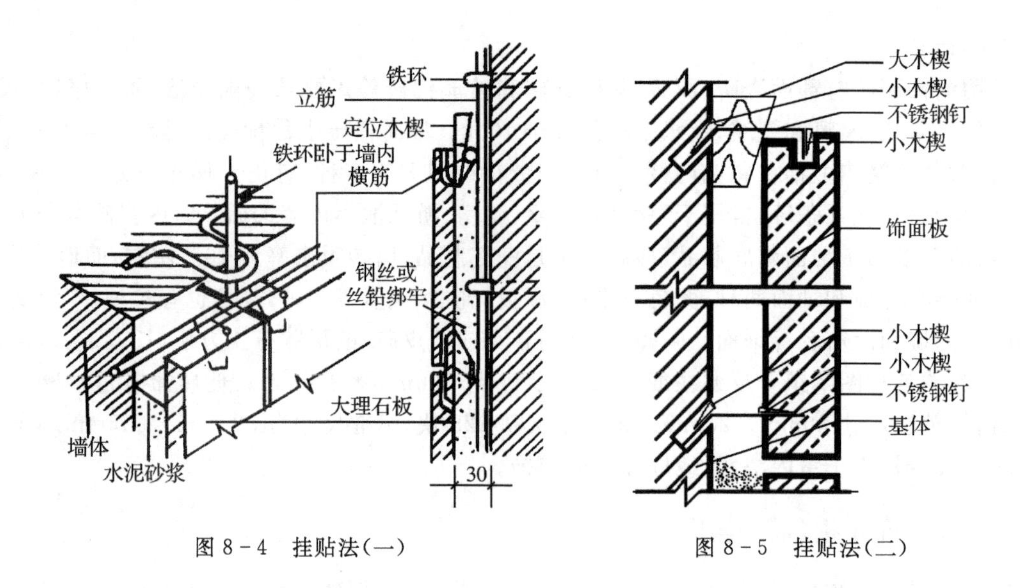

图 8-4　挂贴法(一)　　　　图 8-5　挂贴法(二)

②干挂法。其施工工艺如下:基层处理→弹线→板材打孔→固定连接件→安装饰面板→嵌缝。

干挂法是直接在板上打孔、剔槽,然后用不锈钢连接件与埋在混凝土墙体内的膨胀螺栓相连,或与金属骨架连接,板与连接件用环氧树脂结构胶密封,板与墙体间形成 80～90mm 空气层(见图 8-6)。安装完进行表面清理,用中性硅酮耐候密封胶嵌缝,缝宽一般为 8mm 左右。此工艺一般多用于 30m 以下的钢筋混凝土结构,不适用砖墙或加气混凝土基层,可有效地防止板面回潮、返碱、返花等现象,是目前应用较多的方法。

另外,G·P·C 法是干挂法工艺的发展(见图 8-7),是用不锈钢连接环将钢筋混凝土衬板与饰面板连接起来并浇筑成一体的复合板,再通过连接器悬挂到钢筋混凝土结构或钢结构上的做法,衬板与结构的连接部位厚度大,其柔性节点可用于超高层建筑,以满足抗震要求。

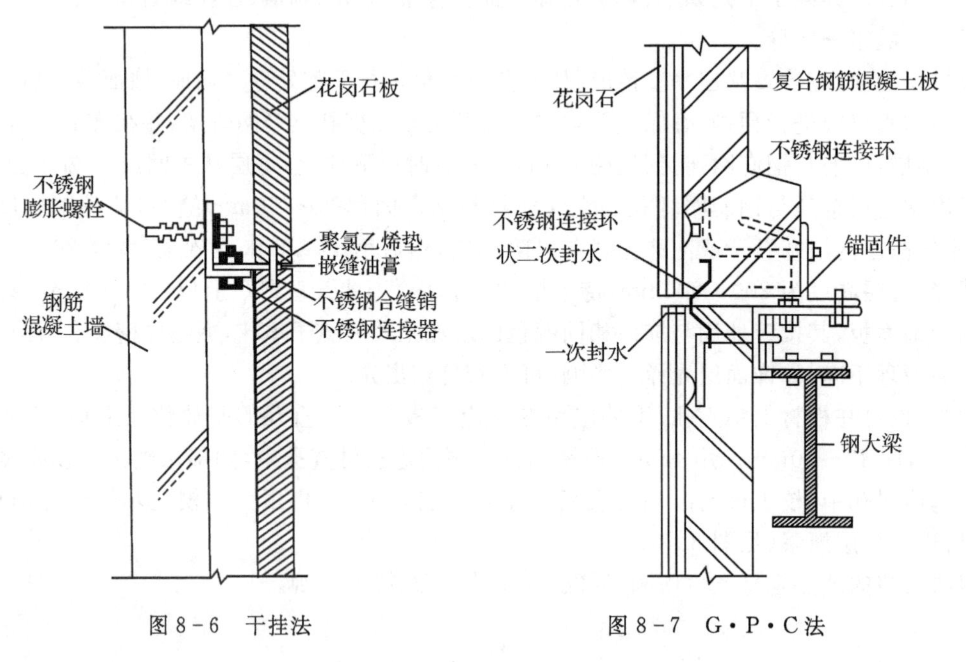

图 8-6　干挂法　　　　图 8-7　G·P·C 法

2. 饰面砖粘贴法施工

饰而砖粘贴法施工工艺如下：基层处理、湿润基体表面→抹底灰→选砖、浸砖→弹线→预排→粘贴→勾缝→清洁面层。

釉面砖或面砖粘贴时，基层应平整且粗糙，粘贴前清理干净并洒水湿润，用7～15mm厚的1∶(2～3)水泥砂浆打底，抹后找平划毛，养护1～2天方可粘贴。挑选规格一致、形状方正平整、无缺陷的面砖，应至少浸泡2h以上，阴干备用。粘贴前按要求弹线定位，校核方正，进行预排，接缝宽度一般为1～1.5mm。内墙面砖的常见排列方式(见图8-8)，外墙面砖排缝方式(见图8-9)。预排后用废面砖按黏结层厚度用混合砂浆贴灰饼，找出标准，其间距一般为1.5m左右。

铺贴前先洒水湿润墙面，根据弹好的水平线，在最下面一皮面砖的下口放好垫尺板，作为贴第一皮砖的依据，由下往上逐层粘贴。粘贴釉面砖用5～7mm厚1∶2的水泥砂浆，面砖用12～15mm厚1∶0.2∶2(水∶石灰膏∶砂)的混合砂浆或10∶0.5∶2.6(水泥∶108胶∶水)的聚合物水泥浆。施工时一般从阳角开始，使非整砖留在阴角。先贴阳角大面，后贴阴角、凹槽等部位。将砂浆满涂于砖背面粘贴于底层上，逐块进行粘贴，用小铲把、橡皮锤轻敲或用手轻压，使之贴实粘牢，要注意随时将缝中挤出的浆液擦净。凡遇黏结不密实、缺灰时，应取下重新粘贴，不得在砖缝处塞灰，以防空鼓。砖面应平整，砖缝应横平竖直，横竖缝宽必须控制在1～1.5mm范围内，做到随时检查修整，贴后用1∶1同色水泥擦缝。最后根据不同污染情况，用棉纱清理或稀盐酸刷洗，并用清水冲洗干净。

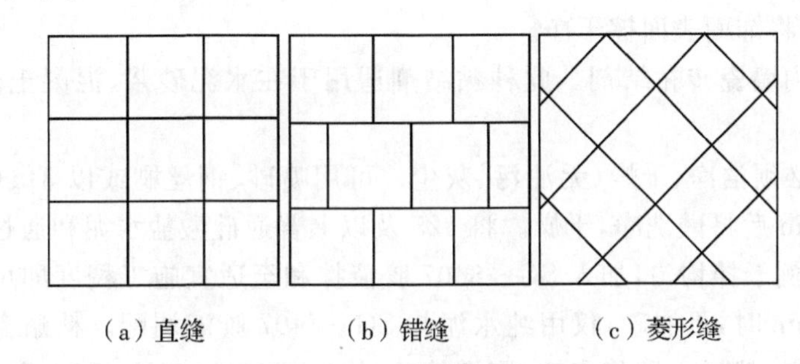

(a) 直缝　(b) 错缝　(c) 菱形缝

图8-8　内墙面排砖示意

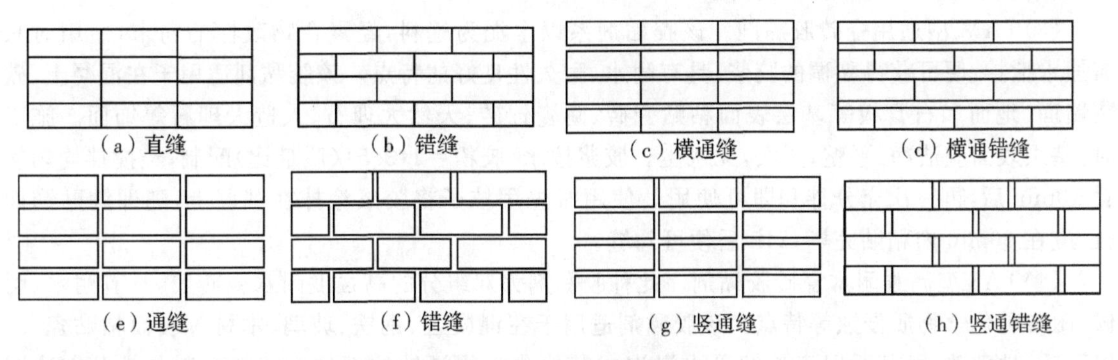

(a) 直缝　(b) 错缝　(c) 横通缝　(d) 横通错缝

(e) 通缝　(f) 错缝　(g) 竖通缝　(h) 竖通错缝

图8-9　外墙面砖排缝示意

锦砖粘贴前应按图案和图纸尺寸要求，核实墙面实际尺寸，根据排砖模数和分格要求，绘出施工大样图，加工好分格条，并对锦砖统一编号，以便对号入座。基层上用12～15mm厚1∶3水泥砂浆打底，找平划毛，洒水养护。粘贴前弹出水平、垂直分格线，找好规矩。然后在湿润底层上刷素水泥浆一道，再抹一层2～3mm厚1∶0.3水泥纸筋灰或3mm厚1∶1水泥砂浆(砂过窗纱筛，掺2%乳胶)黏结层,用靠尺刮平,抹子抹平。同时将锦砖底面朝上铺在木垫板上,缝里撒灌1∶2干水泥砂,并用软毛刷刷净底面浮砂,涂上薄薄一层黏结水泥纸筋灰浆(水泥∶石灰膏=1∶0.3)。然后逐张拿起,清理四边余灰,按平尺板上口沿线由下往上对齐接缝粘贴于墙上,并仔细拍实,使其表面平整并贴牢。待水泥砂浆初凝后,用软毛刷将护砖纸刷水润湿,半小时后揭掉,并检查缝的平直大小,校正拔直拍实。全部铺贴完、黏结层终凝后,用白水泥稠浆嵌缝,并用力推擦,使缝隙饱满密实并擦净。待嵌缝料硬化后,用稀盐酸溶液刷洗,并随即用清水冲洗干净。

3.饰面板(砖)胶粘法施工

胶粘法施工即利用胶黏剂将饰面板(砖)直接粘贴于基层上,该法具有工艺简单、操作方便、黏结力强、耐久性好、施工速度快等特点,是实现装饰工程干法施工、加快施工进度的有效措施。

(1)AH—03大理石胶黏剂。此种胶黏剂系由环氧树脂等多种高分子合成材料组成基材,增加适量的增稠剂、乳化剂、增粘剂、防腐剂、交联剂及填料配制而成的单组分膏状的胶黏剂,具有黏结强度高、耐水、耐气候等特点。此种胶黏剂适用于大理石、花岗石、陶瓷锦砖、面砖、瓷砖等与水泥基层的黏结。

施工要求基层坚实、平整、无浮灰及污物,大理石等饰面材料应干净、无灰尘、污垢。粘贴时先用锯齿形的刮板或腻子刀将胶黏剂均匀涂刷于基层或饰面板上,厚度不宜大于3mm,然后轻轻将饰面板的下沿与水平基线对齐粘合,用手轻轻推拉饰面板,定位后使气泡排出,并用橡皮锤敲实。粘贴时应由下往上逐层粘贴,并随即清除板面上的余胶。粘贴完毕3～4天后便可用白水泥浆擦缝,并用湿布将饰面表面擦干净。

(2)SG—8407内墙瓷砖黏结剂。此种黏结剂适用于在水泥砂浆、混凝土基层上粘贴瓷砖、面砖和陶瓷锦砖。

施工要求基层必须洁净、干燥、无油污、灰尘。可用喷砂、钢丝刷或以3∶1(水∶工业盐酸)的稀酸酸洗处理,20min后将酸洗净,干燥。将325及以上普通硅酸盐水泥和通过ϕ2.5mm筛孔的干砂以1∶(1～2)比例干拌均匀,加入SG—8407胶液拌和至适宜施工稠度即可,不允许加水;当黏结层厚度小于3mm时,不加砂,仅用纯水泥与SG—8407胶液调配。粘贴瓷砖、陶瓷锦砖时,先在基层上涂刷浆料,然后立即将瓷砖、陶瓷锦砖敲打入浆料中,24h后即可将陶瓷锦砖纸面撕下,瓷砖吸水率大时,使用前应浸泡。

(3)TAM型通用瓷砖胶黏剂。该胶黏剂系以水泥为基料,经聚合物改性的粉末,使用时只需加水搅拌,便可获得黏稠的胶浆,具有耐水、耐久性良好的特点。该胶黏剂适用于在混凝土、砂浆墙面、地面和石膏板等基层表面粘贴瓷砖、陶瓷锦砖、天然大理石、人造大理石等饰面。施工时,基层表面应洁净、平整、坚实,无灰尘。胶浆按水∶胶粉=1∶3.5∶(质量比)配制,经搅拌均匀静置10min后,再一次充分拌和即可使用。使用时先用抹子将胶浆涂抹在基层上,随即铺贴饰面板,应在30min内粘贴完毕,24h后便可勾缝。

(4)TAS型高强耐水瓷砖胶黏剂。此种胶黏剂为双组分的高强度耐水瓷砖胶,具有耐水、耐候、耐各种化学物质侵蚀等特点。该胶黏剂适用于在混凝土、钢铁、玻璃、木材等表面粘贴瓷砖、墙面砖、地面砖,尤其适用于长期受水浸泡或其他化学物浸蚀的部位。胶料配制与粘贴方法同TAM型胶黏剂。

(5)YJ—Ⅱ型建筑胶黏剂。此种胶黏剂系双组分水乳型高分子胶黏剂,具有黏结力强、耐水、耐湿热、耐腐蚀、低毒、低污染等特点,适用于混凝土、大理石、瓷砖、玻璃锦砖、木材、钙塑板等的黏结,配胶按甲组分为100,乙组分为130～160,填料为650～800(质量比)。配制时先将甲、乙组分胶料称量混合均匀,再加入填料拌匀即可。墙面粘贴玻璃砖时,将胶黏剂均匀涂于砖板或基层上(厚 1～2mm)进行粘贴。注意施工及养护温度在 5℃以上,以 15～20℃为佳。施工完毕,自然养护 7 天,便可交付使用。

(6)YJ—Ⅲ型建筑胶黏剂。与 YJ—II 型建筑胶黏剂属于同一系列。配胶按甲组分 100,乙组分 240～300,填料为 800～1 200 的比例配制。配制时先将甲、乙组分胶料称量混合均匀,然后加入填料拌匀即可。填料可用细度为 60～120 目的石英粉,为加速硬化,也可采用石英、石膏混合粉料,一般石膏粉用量为填料总量的 1/5～1/2,如需用砂浆,则以石英粉、石英砂(0.5～2mm)各一半为填料,填料比例也应适当增加。

施工时要求基层应平整、洁净、干燥、无浮灰、油污。在墙面粘贴大理石、花岗石块材时,先在基层上涂刷胶黏剂,然后铺贴块材,揉挤定位,静置待干即可,无需钻孔、挂钩。在石膏板上粘贴瓷砖时,先用抹子将胶料涂于石膏板上(厚 1～2mm),再用梳形泥刀梳刮胶料,然后铺贴瓷砖。墙面粘贴玻璃锦砖时,先在基层涂一层薄薄的胶黏剂,再进行粘贴,并用素水泥浆擦缝。

4.金属饰面板安装施工

金属饰面板常用的安装方法有两种:一种是用胶黏剂把薄金属板粘贴在以大芯板为衬板的木板上,多用于室内墙面装饰。粘贴时应注意衬板表面质量,衬板安装要牢固、平整和垂直,胶黏剂涂刷应均匀,掌握好金属板粘贴时间。另一种是用型钢、铝合金或木龙骨固定金属饰面板,即将条板或方板用螺钉或铆钉固定到支承骨架上的固结法,钉的间距一般为 100～150mm,多用于外墙安装,或是将饰面板做成可卡件形式,与冲压成型的镀锌钢板龙骨嵌插卡接,再用连接件将龙骨与墙体锚固的嵌卡法,多用于室内安装。

其施工工艺如下:定位放线→安装连接件→安装骨架→安装金属饰面板→收口构造处理→板缝处理。

按照设计要求进行放线,将骨架位置一次弹在基层上,有偏差及时调整。骨架横竖杆件应作防腐处理并通过预埋件焊接或打膨胀螺栓等连接件与基层固定,下端与骨架横竖杆相连,位置要准确、牢固、不锈蚀,横杆标高一致,骨架表面平整。金属饰面板之间的间隙一般为 10～20mm,用密封胶或橡胶条等弹性材料封缝。饰面板安装完应采用配套专用的成型板对水平部位的压顶、端部的收口、变形缝以及不同材料交接处进行处理。安装后验收前,要注意成品保护,对易被碰撞或易受污染的部位,应设置临时安全栏杆或用塑料薄膜覆盖。

饰面板(砖)的质量要求如下:饰面板(砖)工程所用材料的品种、规格、颜色、图案应符合设计要求。安装或粘贴必须牢固,湿作业法施工的石材应进行防碱背涂处理,表面应无泛碱等污染。与基体之间的灌浆应饱满、密实。表面应平整、洁净、色泽一致,无裂痕、缺损、空鼓、翘曲与卷边,不得有变色、起碱、污点、砂浆流痕和显著光泽受损处。嵌缝应密实、连续、平直、光滑,宽度与深度应符合设计要求,嵌缝料色泽应一致。

8.3 幕墙工程

建筑幕墙是由支撑结构体系与玻璃、金属、石材等面板组成大片连续的建筑外围护装饰结构,也是一种饰面工程,且不承受主体结构的荷载,相对主体结构有一定的位移变形能力,自重小、安装速度快、装饰效果好,是建筑外墙轻形化、装配化的较好形式,在现代建筑业中得到了广泛的应用。

幕墙结构的主要结构见图 8-10,其连接方式是由面板构成的幕墙构件连接在横梁上,横梁连接在立柱上,立柱悬挂在主体结构上。为了使立柱在温度变化和主体结构侧移时有变形的余地，立柱上下由活动接头连接，使立柱各段可以上下相对移动。

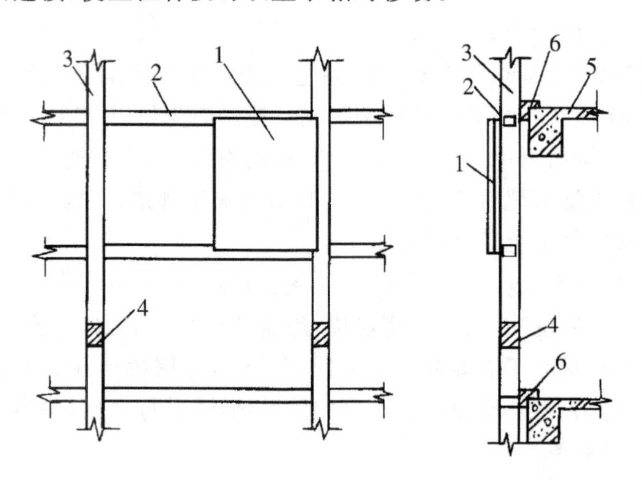

1—幕墙构件；2—横梁；3—立柱；4—立柱活动接头；5—立体结构；6—立柱悬挂点

图 8-10 幕墙组成示意

建筑幕墙按面板种类可分为玻璃、铝合金板、石材、钢板、预制彩色混凝土板、塑料板、建筑陶瓷、铜板及组合幕墙等。建筑中用得较多的幕墙是玻璃、铝合金板和石材幕墙。

8.3.1 玻璃幕墙

1. 玻璃幕墙分类

按结构形式和骨架的显露情况不同，分为明框、全隐框、半隐框（横隐竖不隐和竖隐横不隐）、点支承（挂架式）和全玻璃幕墙（无金属骨架）等；按施工方法不同，分为现场组合的分件式玻璃幕墙和工厂预制后再在现场安装的单元式玻璃幕墙。

明框玻璃幕墙用型钢作骨架，玻璃镶嵌在铝合金框内，再与骨架固定，或用特殊断面铝合金型材作骨架，玻璃直接镶嵌在骨架的凹槽内。玻璃幕墙的立柱与主体结构用连接板固定，幕墙构件连接在横梁上，形成横梁、立柱均外露，铝框分隔明显的立面。安装玻璃时，先在立柱的内侧上安装铝合金压条，然后将玻璃放入凹槽内，再用密封材料密封。支承玻璃的横梁略有倾斜，目的是排除因密封不严而流入凹槽内的雨水，外侧用一条盖板封住。明框玻璃幕墙是最传统的形式，工作性能可靠，相对于隐框玻璃幕墙更容易满足施工技术水平的要求，应用广泛。

全隐框玻璃幕墙是将玻璃用硅酮结构密封胶（也称结构胶）预先黏结在铝合金玻璃框上，铝合金框固定在骨架上，铝框及骨架体系全部隐蔽在玻璃面板后面，形成大面积全玻璃镜面。这种幕墙的全部荷载均由玻璃通过胶传给铝合金框架，因此，结构胶是保证隐框玻璃幕墙安全的最关键因素。

半隐框玻璃幕墙是将玻璃两对边用胶黏结在铝框上，另外两对边镶嵌在铝框凹槽内，铝框固定在骨架上。其中，立柱外露、横梁隐蔽的称横隐竖不隐玻璃幕墙；横梁外露、立柱隐蔽的称竖隐横不隐玻璃幕墙。

点支承式玻璃幕墙，一般采用四爪式不锈钢挂件与立柱相焊接，每块玻璃四角钻 4 个 $\phi20$ 孔，每个爪与一块玻璃的 1 个孔相连接，即 1 个挂件同时与 4 块玻璃相连接，或 1 块玻璃固定于 4 个挂件上。

全玻璃幕墙是由玻璃肋和玻璃面板构成的，骨架除主框架用金属外，次骨架是用玻璃肋，采用胶固定，玻璃板既是饰面材料，又是承受荷载的结构构件。高度不超过4.5m的全玻璃幕墙，可采用下部支承式，超过4.5m的宜采用上部悬挂式，以防失稳。常用于建筑物首层、顶层及旋转餐厅的外墙。

2.玻璃幕墙材料

玻璃幕墙常用的材料有骨架材料、面板材料、密封填缝材料、黏结材料和其他配件材料等。幕墙作为建筑物的外围护结构，经常受自然环境不利因素的影响。因此，要求幕墙材料要有足够的耐候性和耐久性。

幕墙所使用的用于构件或结构之间黏结的硅酮结构密封胶，应有较高的强度、延性和黏结性能。用于各种嵌缝的硅酮耐候密封胶，应有较强的耐大气变化、耐紫外线、耐老化性能。

幕墙所采用的玻璃通常有中空玻璃、钢化玻璃、防火玻璃、热反射玻璃、吸热玻璃、夹层玻璃、夹丝(网)玻璃、透明浮法玻璃、彩色玻璃、防阳光玻璃、镜面反射玻璃等。玻璃厚度为3～10mm，有无色、茶色、蓝色、灰色、灰绿色等数种。玻璃幕墙的厚度有6mm、9mm和12mm等几种规格。玻璃应具备防风雨、防日晒、防盗、防撞击和保温隔热等功能。

3.玻璃幕墙安装施工

玻璃幕墙现场安装施工有单元式和分件式两种方式。单元式是将立柱、横梁和玻璃板材在工厂拼装成一个安装单元(一般为一层楼高度)，然后在现场整体吊装就位；分件式是将立柱、横梁、玻璃板材等材料分别运到工地，在现场逐件进行安装。

分件式施工工艺如下：放线→框架立柱安装→框架横梁安装→幕墙玻璃安装→嵌缝及节点处理。

(1)测量放线定位。即将骨架的位置弹到主体结构上。放线工作应根据施工现场的结构轴线和标高控制点进行。对于由横梁、立柱组成的幕墙骨架，一般先弹出立柱的位置，然后再确定立柱的锚固点，待立柱通长布置完毕，再将横梁弹到立柱上。全玻璃幕墙安装，则应首先将玻璃的位置弹到地面上，再根据外缘尺寸确定锚固点。

(2)检查预埋件。幕墙与主体结构连接的预埋件应按设计要求的数量、位置和防腐处理事先进行埋设。安装骨架前，应检查各连接位置预埋件是否齐全，位置是否准确。预埋件遗漏、倾斜、位置偏差过大，应采取补救措施。

(3)安装骨架。骨架依据放线位置安装。常采用连接件将骨架与主体结构相连。骨架安装一般先安装立柱，再安装横梁。立柱与主体之间应采用柔性连接，先用螺栓与连接件连接，然后连接件再与主体结构通过预埋件或打膨胀螺栓固定。横梁与立柱的连接可采用焊接、螺栓、穿插件连接或用角钢连接等方法。

(4)安装玻璃。玻璃安装一般采用人工在吊篮中进行，用手动或电动吸盘器配合安装。玻璃幕墙类型不同，固定玻璃方法也不同。型钢骨架没有镶嵌玻璃的凹槽，多用窗框过渡，将玻璃安装在铝合金窗框上，再将窗框与骨架相连。铝合金型材框架，在成型时已经有固定玻璃的凹槽，可直接安装玻璃。玻璃与硬性金属之间，应避免直接接触，要用填缝材料过渡。对隐框玻璃幕墙，在安装前应对玻璃及四周的铝框进行必要的清洁，保证可靠黏结。安装前玻璃的镀膜面应粘贴保护膜，交工前再全部揭去。

(5)密缝处理及清洗维护。玻璃面板或玻璃组件安装完毕后，必须及时用耐候密缝胶嵌缝密封，以保证玻璃幕墙的气密性、水密性等性能。玻璃幕墙安装完前后，应从上到下用中性清洁剂对幕墙表面及外露构件进行清洁维护，清洁剂用前应进行腐蚀性检验，证明对铝合金和玻璃无腐蚀作用后方可使用。

8.3.2 金属幕墙

金属幕墙主要有金属饰面板和骨架组成，骨架的立柱、横梁通过连接件与主体结构固定。铝合金板幕墙是金属幕墙中应用较多的一种。其强度高、质量轻、易加工成型、精度高、生产周期短、防火防腐性能好、装饰效果典雅庄重、质感丰富，是一种高档次的外墙装饰。铝合金板有各种定型产品，也可根据设计要求与厂家定做，常见断面(见图 8－11)。承重骨架由立柱和横梁拼成，多为铝合金型材或型钢制作。铝合金板与骨架采用螺钉或卡具等连接件连接，其施工工艺同金属饰面板安装施工。

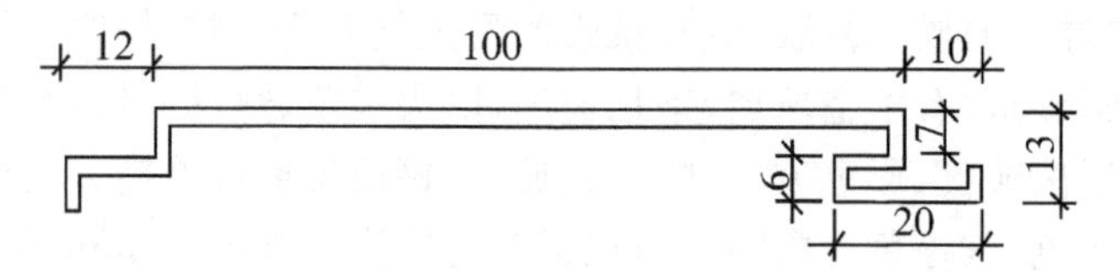

图 8－11 铝板断面示意(单位:mm)

铝板幕墙安装要控制好安装高度、铝板与墙面的距离、铝板表面垂直度。施工后的幕墙表面应做到表面平整、连接可靠、牢固，无翘起、卷边等现象。

8.3.3 石材幕墙

石材幕墙采用干挂法施工工艺，即用不锈钢挂件直接固定或通过金属骨架固定石材，石材之间用密封胶嵌缝，每块石材单独受力，各自工作，能更好地适应温度和主体结构位移变化的影响。直接固定法是指石材通过金属挂件直接与钢筋混凝土结构墙体连接。骨架固定法是指石材通过挂件与骨架的横梁和立柱连接后再与框架结构的梁、柱连接。干挂石材的尺寸一般在 $1m^2$ 以内，厚度 20～30mm，常用 25mm。骨架也是型钢或铝合金型材，其施工工艺同金属幕墙。

幕墙的质量要求是如下：所用各种材料、构件和组件均应符合设计要求及产品标准和工程技术规范的规定。结构胶和密封胶缝打注应饱满、密实、连续、均匀、无气泡、宽度和厚度满足要求。幕墙表面应平整、洁净，无明显划痕、碰伤，整幅玻璃的色泽应均匀一致，不得有污染和镀膜损坏。幕墙与主体结构的连接必须安装牢固，各种预埋件、连接件、紧固件其数量、规格、位置、连接方法和防腐处理(不锈钢除外)应符合设计要求。幕墙的密封胶缝应横平竖直、深浅一致、宽窄均匀，光滑顺直。

8.4 涂饰工程

涂饰工程包括油漆涂饰和涂料涂饰，是将涂料通过刷、喷、弹、滚、涂敷在物体表面与基层黏结，形成一层完整而坚韧的保护膜，以保护涂物免受外界侵蚀，达到建筑装饰、美化的效果。

8.4.1 油漆涂饰

油漆主要由胶黏剂、稀释溶剂、颜料和其他填充料或辅助料(催干剂、增塑剂、固化剂等)组成的胶体溶液。胶黏剂漆膜主要成分有桐油、梓油和亚麻仁油及树脂等。溶剂有松香水或溶剂油、酒精、汽油等。颜料使各种色彩能缩小收缩，起充填、密实、耐水、稳定作用。加入少量催干剂可加速油漆干燥。选择涂料应注意配套使用，即底漆、腻子、面漆、罩光漆彼此之间的附着力不致有影响和胶起等。

1.建筑中常用油漆

①清油。清油又称鱼油、熟油；多用于调配厚漆、红丹防锈漆以及打底及调配腻子，也可单独涂刷于金属、木材表面，干燥后漆膜柔软，易发黏。

②厚漆。厚漆又称铅油，有红、白、淡黄、深绿、灰、黑等色。使用时需加清油、松香水等稀释。漆膜柔软，与面漆黏结性能好，但干燥慢，光亮度、坚硬性较差。厚漆可用于各种涂层打底或单独作表面涂层，也可用来调配色油和腻子。

③调和漆。调和漆分油性和瓷性两类。油性调和漆漆膜附着力强，有较高的弹性，不易粉化、脱落及龟裂，经久耐用，但漆膜较软，干燥缓慢，光泽差，适用于室内外金属及木材、水泥表面涂刷。瓷性调和漆膜较硬，颜色鲜明，光亮平滑，能耐水洗，但耐气候性差，易失光、龟裂和粉化，故仅用于室内面层涂刷。调和漆有大红、奶油、白、绿、灰、黑等色，不需调配，使用时只需调匀或配色，稠度过大时可用溶剂稀释。

④清漆。清漆分油质清漆(凡立水)和挥发性清漆(泡立水)两类。油质清漆常用的有酯胶清漆、酚醛清漆、醇酸清漆等，这类清漆漆膜干燥快，光泽透明，适用于木门窗、板壁及金属表面罩光。挥发性清漆常用的有漆片，这类清漆漆膜干燥快、坚硬光亮，耐水、耐热、耐气候性差，易失光，多用于室内木材面层的油漆或家具罩面。

⑤聚醋酸乙烯乳胶漆。这是一种性能良好的涂料和墙漆，以水作稀释剂，无毒安全，适合于作高级建筑室内抹灰面、木材面和混凝土面层的涂刷，也可用于室外抹灰面。漆膜坚硬平整，表面无光，色彩明快柔和，附着力强，干燥快，耐暴晒和水洗，新墙面稍干燥即可涂刷。

⑥防锈漆。常用的防锈漆有红丹油性和铁红油性防锈漆，主要用于各种金属表面防锈。

此外，还有硝基外用、内用清漆、硝基纤维漆(即腊克)、丙烯酸瓷漆、防腐油漆、耐热漆及耐火漆等。

2.油漆涂饰施工

油漆施工工艺如下：基层处理→打底子→抹腻子→涂刷油漆。

(1)基层处理。为使油漆和基层表面黏结牢固，节省材料，必须对涂刷的基层表面进行处理。木材基层表面应平整光滑、颜色协调一致、无污染、裂缝、残缺等缺陷，灰尘、污垢清除干净，缝隙、毛刺、节疤和脂囊修整后腻子填平刮光，砂纸打磨光滑，不能磨穿油底和磨损棱角。金属基层应防锈处理，清除锈斑、尘土、油渍、焊渣等杂物。纸面石膏板基层应对板缝、钉眼处理后，满刮腻子、砂纸打光。水泥砂浆抹灰层和混凝土基层应满刮腻子、砂纸打光，表面干燥、平整光滑、洁净、线角顺直，不得有起皮和松散等，粗糙表面应磨光，缝隙和小孔应用腻子刮平。基层如为混凝土和抹灰层，涂刷溶剂型涂料时，含水率不得大于8%；涂刷水性涂料时，含水率不得大于10%。基层为木质时，含水率不得大于12%。

(2)打底子。在处理好的基层表面上刷底子油一遍(可适当加色)，厚薄应均匀，使其能均匀吸收色料，以保证整个油漆面色泽均匀一致。

(3)抹腻子。腻子是由油料、填料(石膏粉、大白粉)、水或松香水拌制成的膏状物。高级油漆施工需要基层上全部抹一层腻子，待其干后用砂纸打磨，再抹腻子，再打磨，直到表面平整光滑为止，有时还要和涂刷油漆交替进行。腻子磨光后，清理干净表面，再涂刷一道清漆，以便节约油漆。所用腻子应按基层、底漆和面漆性质配套选用。

(4)涂刷油漆。油漆施工按操作工序和质量要求不同分为普通、中级和高级三级。表面常涂刷混色油漆，木材面、金属面涂刷分三级，一般金属面多采用普通或中级；混凝土和抹灰面只分为中、高级二级油漆。涂饰方法有喷涂、滚涂、刷涂、擦涂及揩涂等多种。

喷涂是用喷雾器或喷浆机将油漆喷射在物体表面上，每层应纵横交错往复进行，两行重叠宽度宜控制在喷涂宽度的1/3范围内，一次不能喷得过厚，需分几次喷涂。喷涂时喷枪匀速平行移动，与墙面保持垂直，距离控制在500mm左右，速度为10～18m/min，压力为0.4～0.8MPa。此法工效高，漆膜分散均匀，平整光滑，干燥快，但油漆消耗量大，需喷枪、空气压缩机等设备，施工时还应注意通风、防火、防爆等。

滚涂是用羊皮、橡皮或其他吸附材料制成的毛辊蘸上漆液后，按W形将涂料涂在基层上，然后用不蘸漆液毛辊紧贴基层上下、左右滚动，使漆液均匀展开，最后用蘸漆液毛辊按一定方向满滚一遍。阴角及上下口可采用排笔刷涂找齐。此法漆膜均匀，可使用较稠的油漆涂料，适用于墙面滚花涂饰。

刷涂是用棕刷蘸油漆涂刷在物体表面上。刷涂宜按左右、上下、难易、边角面的顺序施工。其设备简单、操作方便，用油省，不受物件形状大小的影响，但工效低，不适于快干和扩散性不良的油漆施工。

擦涂是用纱布包棉花团蘸油漆擦涂在物体表面上，待漆膜稍干后再连续转圈揩擦多遍，直到均匀擦亮为止。此法漆膜光亮、质量好，但工效低。

揩涂用于生漆涂刷施工，是用布或丝团浸入油漆在物体表面上来回左右滚动，反复搓揩使漆膜均匀一致。

在涂刷油漆整个过程中，应待前一遍油漆干燥后方可涂刷后一遍油漆。每遍油漆应涂刷均匀，各层结合牢固，干燥得当，达到均匀密实。油漆不得任意稀释，最后一遍油漆不宜加催干剂。如干燥不好，将造成起皱、发黏、麻点、针孔、失光和泛白等。一般油漆施工环境的适宜温度为10～35℃，相对湿度不宜大于60%，应注意通风换气和防尘，遇大风、雨、雾天气时不可施工。

8.4.2 涂料涂饰

涂料品种繁多，主要分类如下：按成膜物质分为油性(也称油漆)、有机高分子、无机高分子和复合涂料；按分散介质分为溶剂型(传统的油漆)、水溶性(聚乙烯醇水玻璃涂料，即106涂料)和乳液型涂料；按功能分为装饰、防火、防水、防腐、防霉和防结露涂料等；按成膜质感分为薄质(用刷涂法施工)、厚质(用滚、喷、刷涂法施工)和复层建筑涂料(用分层喷塑法施工，包括封底、主层和罩面涂料)；按装饰部位分为内墙、外墙、顶棚、地面和屋面防水涂料等。

涂料涂饰施工与油漆涂饰施工基本一样，其施工工艺如下：基层处理→刮腻子→涂刷涂料。

1.新型外墙涂料

(1)JDL－82A着色砂丙烯酸系建筑涂料。该涂料由丙烯酸系乳液人工着色石英砂及各种助剂混合而成。其特点是结膜快、耐污染、耐褪色性能良好，色彩鲜艳、质感丰富、黏结力强，适用于混凝土、水泥砂浆、石棉水泥板、纸面石膏板、砖墙等基层。

施工时要处理好基层，将涂料搅拌均匀，加水量不超过涂料质量的5%，采用孔径为5～7mm的喷嘴，距墙面300～400mm，压力为0.5～0.7MPa。喷涂时厚度要均匀，待第一遍干燥后再喷第二遍。

(2)彩砂涂料。彩砂涂料是丙烯酸树脂类建筑涂料的一种，是用着色骨料代替一般涂料中的颜料和填料，根本上解决了褪色问题，且着色骨料由于高温烧结、人工制造，做到了色彩鲜艳、质感丰富。该涂料具有优异的耐候性、耐水性、耐碱性和保色性等，将取代106涂料等一些低劣涂料产品。从耐久性和装饰效果看，它属于中、高档建筑涂料。彩砂涂料所用的合成树脂乳液使涂料的耐水性、成膜温度与基层的黏结力、耐候性等都有所改进,从而提高了涂料的质量。

施工时基层要求平整、洁净、干燥,应用107或108胶水泥腻子(水泥:胶=100:20,加适量水)找平。大面积墙面上喷涂彩砂涂料,应弹线做分格缝,以便涂料施工接搓。彩砂涂料的配合比为BB-01(或BB-02)乳液:骨料:增稠剂(2%水溶液):成膜助剂:防霉剂和水=100:400~500:20:4~6:适量。单组分或双组分包装的彩砂涂料,都应按配合比充分搅拌均匀,不能随意加水稀释,以免影响涂层质量。喷涂时喷斗要平稳,出料口与墙面垂直,距离约400~500mm,压力保持在0.6~0.8MPa,喷嘴直径以5mm为宜。喷涂后用胶辊滚压两遍,把悬浮石粒压入涂料中,使饰面密实平整,观感好。然后隔2h左右再喷罩面胶两遍,使石粒黏结牢固,不致掉落,风雨天不宜施工。

(3)丙烯酸有光凹凸乳胶漆。该涂料以有机高分子材料苯乙烯、丙烯酸酯乳液为主要胶黏剂,加入不同颜料、填料和集料而制成的厚质型和薄质型两部分涂料。厚质型涂料是丙烯酸凹凸乳胶底漆;薄质型涂料是各色丙烯酸有光乳胶漆。

丙烯酸凹凸乳胶漆具有良好的耐水性和耐碱性。施工温度要求在5℃以上,不宜在大风雨天施工。施工方法一种是在底层上喷一遍凹凸乳胶底漆,经过辊压后再喷1~2遍各色丙烯酸有光乳胶漆;另一种是在底层上喷一遍各色丙烯酸有光乳胶漆,等干后再喷涂丙烯酸凹凸乳胶底漆,然后经过辊压显出凹凸图案,等干后再罩一层苯丙乳液。这样便可在外墙面显示出各种各样的花纹图案和美丽的色彩,装饰质感甚佳。

2.新型内墙涂料

(1)双效纳米瓷漆。这是一种大力推广的绿色新型装饰材料,利用纳米材料亲密无间的结构特点,采用荷叶双疏(疏水、疏油)滴水成珠机理研制的双效纳米瓷漆,用于外墙刮底,解决了开裂、脱漆难题,可替代传统腻子粉及乳胶漆;广泛用于室内各种墙体壁面的装饰。其施工工艺简单,只需加清水调配均匀成糊状,刮涂两遍(第二遍收光)打底做面一次完成,墙面干后涂刷一遍耐污剂即可。耐水耐脏污性能好、硬度强、黏结度高、附着力强,墙面用指甲或牙签刮划不留痕迹。

(2)乳胶漆。乳胶漆是以合成树脂乳液为主要成膜物质,加入颜料、填料以及保护胶体、增塑剂、耐湿剂、防冻剂、消泡剂、防霉剂等辅助材料,经过研磨或分散处理而制成的乳液型涂料。乳胶漆作为内外墙涂料可以洗刷,易于保持清洁,安全无毒,操作方便,涂膜透气性和耐碱性好,适于混凝土、水泥砂浆、石棉水泥板、纸面石膏板等各种基层,可采用喷涂和刷涂等施工。

(3)喷塑涂料。喷塑涂料是以丙烯酸酯乳液和无机高分子材料为主要成膜物质的有骨料的建筑涂料(又称“浮雕涂料”或“华丽喷砖”)。它是用喷枪将其喷涂在基层上,适用于内、外墙装饰。

喷塑涂层结构分为底油、骨架、面油三部分。底油是涂布乙烯—丙烯酸酯共聚乳液,抗碱、耐水,能增强骨架与基层的黏结力;骨架是喷塑涂料特有的一层成型层,是主要构成部分,用特制的喷枪、喷嘴将涂料喷涂在底油上,再经过滚压形成主体花纹图案;面油是喷塑涂层的表面层,面油内加入各种耐晒彩色颜料,使喷塑涂层带有柔和的色彩。

喷塑涂料可用于水泥砂浆、混凝土、水泥石棉板、胶合板等面层上,按喷嘴大小分为小花、中花和大花,施工时应预先做出样板,经选定后方可进行。其施工工艺如下:基层处理→贴分格条→喷刷底油→喷点料(骨架层)→压花→喷面油→分格缝上色。

涂饰的质量要求如下:油漆、涂料的品种、型号、性能和涂饰的颜色、光泽、图案应符合设计要求。涂饰应均匀一致、黏结牢固,无漏涂、透底、斑迹、起皮、脱皮、反锈、裂缝、掉粉、流坠、皱皮、皱纹、刷纹、刷痕等现象。

8.5 裱糊工程

裱糊工程是将壁纸或墙布用胶黏剂裱糊在室内墙面、柱面及顶棚的一种装饰。该法施工进度快、湿作业少，多用于高级室内装饰；从表面效果看，有仿锦缎、静电植绒、印花、压花、仿木和仿石等形式。

8.5.1 常用材料及质量要求

裱糊工程常用材料有壁纸、墙布和胶黏剂等。

1. 壁纸

塑料壁纸是目前应用较为广泛的壁纸，主要以聚氯乙烯(PVC)为原料生产。

普通壁纸是以 80g/m^2 的木浆纸作为基材，表面再涂以 100g/m^2 左右高分子乳液，经印花、压花而成。这种壁纸花色品种多，适用面广，价格低廉，耐光、耐老化、耐水擦洗，便于维护、耐用，广泛用于一般住房和公共建筑的内墙、柱面、顶棚的装饰。

发泡壁纸，亦称浮雕壁纸，是以 100g/m^2 的纸作基材，涂塑 300～400g/m^2 掺有发泡剂的聚氯乙烯糊状料，印花后，再经加热发泡而成。壁纸表面呈凹凸花纹，立体感强，装饰效果好，并富有弹性。这类壁纸又有高发泡印花、低发泡印花、压花等品种。其中，高发泡纸发泡率较大，表面呈现突出的、富有弹性的凹凸花纹，是一种装饰、吸声多功能壁纸；适用于影剧院、会议室、演讲厅、住宅天花板等装饰。低发泡是在发泡平面印有图案的品种，适用于室内墙裙、客厅和内廊的装饰。印花壁纸的套色偏差不大于 1mm，且无漏印。压花壁纸的压花深浅一致，不允许出现光面。此外，其褪色性、耐磨性、湿强度、施工性均应符合现行材料标准的有关规定。

特种壁纸是指具有特殊功能的塑料面层壁纸，如耐水壁纸、抗腐蚀壁纸、抗静电壁纸、健康壁纸、吸声壁纸等。

金属壁纸面层为铝箔，由胶黏剂与底层贴合。金属壁纸有金属光泽，金属感强，表面可以压花或印花。其特点是强度高、不易破损、不会老化、耐擦洗、耐沾污，是一种高档壁纸。

草席壁纸以天然的、席纺织物作为面料。草席预先染成不同的颜色和色调，用不同的密度和排列编织，再与底纸贴合，可得到各种不同外观的草席面壁纸。这种壁纸形成的环境使人贴近大自然，顺应了人们返朴归真的趋势，并有温暖感；缺点是较易受机械损失，不能擦洗，保养要求高。

2. 墙布

墙布没有底纹，为便于粘贴施工，要有一定的厚度，才能挺括上墙。墙布有玻璃纤维墙布、合成纤维无纺墙布、纯棉墙布、化纤墙布等。

3. 胶黏剂

胶黏剂应有良好的黏结强度和耐老化性，以及防潮、防霉和耐碱性，干燥后也要有一定的柔性，以适应基层和壁纸的伸缩。壁纸胶黏剂有液状和粉状两种。液状的大多为聚乙烯醇溶液或其部分醛产物的溶液及其他配合剂，使用方便，可直接使用。粉状的多以淀粉为主，需按说明配制。

8.5.2 裱糊工程施工

裱糊工程施工工艺如下：基层处理→墙面分幅和弹线→裁料→湿润和刷胶→裱糊(搭接、拼接和推帖法)→整理拼缝→擦净挤出的胶液→清理修整。

1. 基层处理

各种基层要具有一定强度,表面平整光洁,不疏松掉面都可真接粘贴塑料壁纸,例如水泥白灰浆、白灰砂浆、石膏砂抹灰、纸筋灰、石膏板、石棉水泥板等。

对基层总要求是表面坚实、平滑、基本干燥,不松散、起粉脱落,无毛刺、砂粒、凸起物、剥落、起鼓和大裂缝,否则应进行基层处理。为防止基层吸水过快,引起胶黏剂脱水而影响壁纸黏结,可在基层表面刷一道用水稀释的108胶作底胶进行封闭处理。刷底胶时,应做到均匀、稀薄、不留刷痕。

2. 弹垂直线

为使壁纸粘贴的花纹、图案、线条纵横连贯,应根据房间的大小、门窗位置、壁纸宽度和花纹图案进行弹线,从墙的阴角开始,以壁纸宽度弹垂直线,作为裱糊时的操作准线。

3. 裁纸

裱糊用壁纸,纸幅必须横平竖直,以保证花纹、图案纵横连贯一致。裁纸应根据实际弹线尺寸统筹规划,纸幅编号并按顺序粘贴。分幅拼花裁切时,要照顾主要墙面花纹对称完整。裁切时只能搭接,不能对缝。裁切应平直整齐,不得有纸毛、飞刺等。

4. 湿润

以纸为底层的壁纸遇水会潮膨胀,约5～10min后胀足,干燥后又会收缩,因此壁纸应浸水湿润,充分膨胀后粘贴上墙,可以使壁纸贴得平整。

5. 刷胶

胶结剂要求涂刷均匀、不漏刷。在基层表面涂刷应比裱糊材料宽20～30mm,涂刷一段,裱糊一张。裱糊顶棚时,基层和壁纸背面均应涂刷胶黏剂。除纯棉墙布外,玻璃纤维墙布、无纺墙布和化纤墙布只需在基层表面涂刷胶黏剂。

6. 裱糊

裱糊施工时,应先贴长墙面,后贴短墙面,每个墙面从显眼的墙角以整幅纸开始,将窄条纸的现场裁切边留在不显眼的阴角处。裱糊第一幅壁纸前,应弹垂直线,作为裱糊时的准线。第二幅开始,先上后下对称裱糊,花纹图案对缝必须吻合,用刮板由上向下赶平压实。挤出的多余胶用湿棉丝及时揩擦干净,不得有气泡和污斑,上下边多出的料用刀切齐。每次裱糊2～3幅后,要吊线检查垂直度,以防误差累积。阳角转角处不得留拼缝,基层阴角若不垂直,一般不做对接缝,改为搭缝。裱糊过程中和干燥前,应防止穿堂风劲吹和温度的突然变化。

7. 清理修整

整个房间贴好后,应进行全面细致的检查,对未贴好的局部进行清理修整,要求修整后不留痕迹。

裱糊的质量要求如下:材料品种、颜色、图案要符合设计要求。裱糊后应表面平整、横平竖直、图案清晰、色泽一致,粘贴牢固,不得有漏贴、补贴、脱层、波纹起伏、气泡、裂缝、空鼓、翘边、皱折和斑污,斜视无胶痕。边缘应平直整齐,不得有纸毛、飞刺。拼接不离缝,不搭接,不显接缝,拼接处图案和花纹应吻合。阴角处搭接应顺光,阳角处应无接缝。

8.6　楼地面工程

楼地面(或称楼地层)是指房屋建筑地坪层和楼板层(或楼板)的总称。其实地面包括底层地面(地面)和楼层地面(楼面);主要由面层、垫层和基层等部分构成。

按面层结构和施工的不同分整体地面(如水泥砂浆、细石混凝土、现浇水磨石等)、块材地面(如陶瓷锦砖即马赛克、陶瓷地砖、缸砖、砖石等)、卷材地面(如地毯、软质塑料、橡胶、涂料、涂布无缝地面等)和木地面(条木地板、拼花木地板、复合地板、强化地板)。

8.6.1 整体地面

1. 水泥砂浆地面

水泥砂浆地面适用于一般建筑,面层厚 15～20mm,一般用强度等级不低于 32.5 的硅酸盐水泥与中砂或粗砂配制,配合比 1:2～1:2.5。

面层施工前应清理基层,测定地坪面层标高,在墙壁上弹离楼地面 500mm 的水平标高线作基准,同时洒水湿润基层后,刷一道素水泥浆作黏结层,紧接着铺水泥砂浆,用刮尺赶平并用木抹子压实,待砂浆初凝后终凝前,用铁抹子反复压光三遍为止,不允许撒干灰砂收水抹压。大面积施工时需设分格缝。砂浆终凝后(一般 12h)覆盖草袋或锯末,浇水养护不少于 7 天。

水泥砂浆地面的质量要求如下:结合牢固、无空鼓、裂纹,表面光洁、无裂纹,脱皮、麻面和起砂。

2. 细石混凝土地面

细石混凝土地面的厚度一般 40mm ,混凝土强度不低于 C20,坍落度 30mm ,水泥不低于 32.5,中砂或粗砂、石子粒径不大于 15mm,且不大于面层厚度的 2/3。

混凝土铺设时,先在地面四周弹出水平线,以控制面层厚度。基层用水冲刷干净后,先刷一层水泥浆,随刷随铺混凝土,用刮尺赶平,用表面振动器振捣密实或采用滚筒交叉来回滚压 3～5 遍,至表面泛浆为止,然后进行抹平和压光。面层应在初凝前完成抹平工作,终凝前完成压光三遍工作,最后进行浇水养护。面层也可用水泥砂浆压光,大面积施工时也需设分格缝。质量要求同水泥砂浆地面。

3. 水磨石地面

水磨石花纹美观、润滑细腻,耐磨、耐久、防水、防火、表面光洁,不起尘、易清洁等,适用于清洁要求较高或潮湿的场所等。地面面层应在完成顶棚和墙面抹灰后再开始施工。

其施工工艺如下:基层清理→浇水冲洗湿润→设置标筋→做水泥砂浆找平层→养护→弹线和粘贴分格条→抹水泥石子浆面层→养护,试磨→两浆三磨并养护→冲洗打蜡。

在 12～18mm 厚的 1:3水泥砂浆底层上洒水湿润并养护 2～3 天后,刮水泥浆一层(厚 1.5～2mm)作为黏结层,为防止地面变形开裂,找平后按设计要求布置分格嵌条(铜条、铝条、不锈钢条或玻璃条,宽约 8mm,用 1:1水泥砂浆固定,应比分格条低 3mm),将地面分隔成若干块(一般为 1 000×1 000mm)或各种花纹图案(见图 8-12)。然后再刮一层素水泥浆,随后将不同色彩的粒径为 8～10mm 水泥石子浆(水泥:石子=1:1.5～2.5)12mm 厚填入分格中,厚度要比嵌条高出 1～2mm,抹平压实。为使水泥石子浆罩面平整密实,可均匀补撒一些小石子。待收水后用滚筒滚压,再浇水养护,面层达到一定强度后,应根据气温、水泥品种,2～5 天后开磨,以石子不松动、不脱落,表面不过硬为宜。头遍磨用 60～90 号粗金刚石,边磨边加水,磨匀磨平,使全部分格条外露。磨后将泥浆冲洗干净,干燥后用同色水泥浆涂抹细小孔隙和凹痕,洒水养护 2～3 天再磨,二遍磨用 90～120 号金刚石,磨至表面光滑为止,其他同头遍。三遍磨用 180～200 号金刚石,磨至表面石子颗粒显露,平整光滑,无砂眼细孔,用水冲洗后,涂抹溶化冷却的草酸溶液(热水:草酸=1:0.35)一遍,四遍磨用 240～300 号细油石,磨至砂浆表面光滑为止,用水冲洗凉干。

上蜡时先将蜡在地面上薄涂一层，待干后再用打蜡机研磨，直至光滑洁亮为止，上蜡后铺锯末进行养护。水磨石可以现场制作，也可以工厂预制。另外也可用白水泥替代普通水泥，并掺入颜料，做成美术水磨石地面，但造价较高。

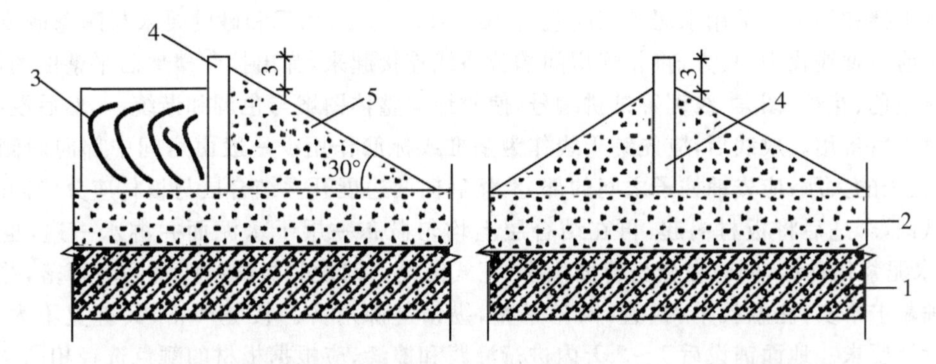

1—混凝土基层；2—底、中层抹灰；3—靠尺板；4—嵌条；5—素水泥浆灰埂

图 8-12　水磨石地面镶嵌条示意(单位：mm)

水磨石地面的质量要求如下：结合牢固、无空鼓、裂纹，表面光滑、无裂纹、砂眼、磨纹，石粒密实均匀、颜色图案一致、不混色，分隔条牢固、顺直和清晰。

8.6.2　块材地面

1. 陶瓷地砖地面

陶瓷地砖又称墙地砖，分有釉面和无光釉面、无釉防滑及抛光等多种，且色彩图案丰富，抗腐耐磨，施工方便，装饰效果好。其地面具有强度高、致密坚实、抗腐耐磨、耐污染、易清洗、平整光洁、规格与色泽多样等特点，其装饰效果好，施工方便，广泛应用于室内地面的装饰。

其施工工艺如下：基层处理→板块浸水阴干→作灰饼、冲筋→做找平(坡)层或作防水层→弹线→铺结合层砂浆→铺板块→压平拨缝→嵌缝→养护。

铺设陶瓷地砖采用强度等级不低于 32.5 的硅酸盐、普通硅酸盐或矿渣硅酸盐水泥，砂采用中砂或粗砂。铺设前应对地砖规格尺寸、外观质量、色泽等进行选配，并在水中浸泡或淋水湿润晾干后用。铺设时应清理基层，浇水湿润，抄平放线。结合层宜采用厚 10～15mm、1∶3或 1∶4干硬性水泥砂浆，表面拍实并抹成毛面。铺贴地砖应紧密、坚实，砂浆饱满，可用 3～4mm 厚水泥胶(水泥∶108 胶∶水～1∶0.1∶0.2)粘贴。注意控制地砖的标高、缝宽和检测泛水。密铺时缝宽不宜大于 1mm，离缝铺时一般为 5～10mm。大面积铺时应进行分段和顺序铺贴，按要求拉线，控制方正，做好铺砖、砸平、拔缝、修整等各道工序的检查和复验工作。铺贴后 24 h 内，应采用同品种、同等级、同颜色的素水泥浆擦缝或勾缝，并注意清理干净。全部铺设完后，表面应覆盖、湿润，养护时间不应少于 7 天。

陶瓷地砖地面的质量要求如下：黏结应牢固、无空鼓。表面洁净、图案清晰，色泽一致，接缝平整，深浅一致，周边顺直。板块无裂纹、掉角、缺楞，边角整齐、光滑。

2. 花岗石和大理石地面

花岗石和大理石地面质地坚硬、密度大、抗压强度高、耐磨性和耐久性好、吸水率小、抗冻性强，其色泽和花纹丰富艳丽，装饰效果好，广泛应用于高等级的公共场所和民用建筑以及耐化学反应的生产车间等。但有些天然花岗石含有微量放射性元素，选材时应严格按照有关标准进行控制。对天然石材饰面板，应进行防碱背涂处理，避免产生泛碱现象，影响装饰效果。

其施工工艺如下:基层清理→弹线→试拼、试铺→板块浸水→扫浆→铺水泥砂浆结合层→铺板→灌缝、擦缝→上蜡。

铺设花岗石和大理石采用水泥和砂时结合层厚度宜为20～30mm,水泥:砂=1:4～1:6,铺设前应淋水拌和均匀。采用水泥砂浆时宜为10～15mm。对水泥和砂的要求与陶瓷地砖相同。

铺设前应弹线找中、找方,将相连房间的分格线连接起来,弹出控制楼地面平整度的标高线。根据石材颜色、花纹、图案、纹理等试拼编号,使楼地面整体图案与色调和谐统一,然后浸湿板材,阴干或擦干后备用。放线后,应先铺干线作为基准或标筋作用。一般由房间中部向两侧退步铺设,凡有柱子的大厅,应先铺柱子之间的部分,然后向两边展开。结合层与板材应分段同时铺设,先进行试铺,合适后将板材揭起,再在结合层上均匀撒布一层干水泥面并淋水一遍,也可采用2mm厚水泥浆作黏结,同时在板材背面洒水,正式铺设。铺设时板材要四角同时下落,并用木锤或橡皮锤敲击平实,注意找平、找直,四角平整,纵横缝隙对齐。接缝严密,其缝宽不大干1mm或符合设计要求。地面铺设后1～2天内进行灌浆和擦缝,应根据板材的颜色选择相同颜色的矿物颜料与水泥拌和均匀,调成稀水泥浆灌入板材之间缝隙中。灌浆1～2h后,用原稀水泥浆擦缝,与板面擦平,同时将板面上水泥浆擦净。铺设完后,表面应进行养护和保护。待结合层(含灌缝)的水泥砂浆强度达到要求后,进行打蜡,以达到光滑洁亮。

花岗石和大理石地面的质量要求如下:黏结应牢固、无空鼓,表面应洁净、平整、无磨痕,图案清晰、色泽一致、接缝均匀、周边顺直、镶嵌正确,板块无裂纹、掉角、缺楞等缺陷。

3.预制水磨石板地面

预制水磨石板地面具有强度高、花色品种多、美观适用,与整体水磨石地面相比湿作业量小、施工方便和速度快等特点,适用于建筑地面以及有防潮要求的地面。其施工工艺同花岗石和大理石地面。

铺设预制水磨石板地面的水泥砂浆结合层厚度宜为10～15mm,可采用1:2的普通水泥砂浆,也可采用1:4干硬性水泥砂浆。对水泥和砂的要求与陶瓷地砖相同。

铺设前应用水浸湿,待表面无明水方可铺设。基层处理后,应分段同时铺砌,找好标高,挂好线,一般从中线开始向两边分别铺砌,随浇水泥浆随铺砌。铺砌时应进行试铺,对好纵横缝,用橡皮锤或木锤敲击板块中间,振实砂浆,锤击至铺设高度。试铺合适后掀起板块,用砂浆填补空虚处,满浇水泥浆黏结层。再铺板块时要四角同时落下,并敲结实,随时用水平尺和直线板找平、找直。板间的缝宽不应大于2mm。铺砌后2天内,用稀水泥浆或1:1稀水泥细砂浆灌缝2/3高度,再用同色水泥浆擦缝。然后用覆盖材料保护,至少养护3天。待缝内的水泥浆或水泥砂浆凝结后,应将面层擦拭干净。

预制水磨石板地面的质量要求如下:结合牢固、无空鼓。表面应无裂缝、掉角、翘曲等明显缺陷。面层应平整洁净,图案清晰,色泽一致,接缝均匀,周边顺直,镶嵌正确。边角整齐、光滑。

8.6.3 木地板地面

木地板分类较多,主要有实木地板(普通木、硬木)、实木复合地板和木质纤维(或粒料)中密度(强化)复合地板(也称强化木地板),是一种理想的建筑地面,广泛用于高级装饰工程中。

实木地板是由纯木材加工而成,具有良好的弹性、传热系数小、干燥、不起尘、易清洁、高雅豪华和自然美观等特点。其地面是采用条材和块材或拼花实木地板铺设而成。

实木复合地板是采用优质硬木配以芯板板材加工而成,调整了木材之间的内应力,具有普通实木地板优点,且不易翘曲开裂或变形,特别适合有地热采暖的地板铺设。其地面是采用条材和块材或采用拼花式实木复合地板铺设而成。

强化木地板是以一层或多层专用纸浸渍热固性氨基树脂，铺装在中密度纤维板基材表面，背面加平衡层，正面加耐磨层经热压而成，也具有普通实木地板优点，表面耐磨、阻燃、耐污染、耐腐蚀，有浮雕图案装饰效果，但其脚感较生硬，可修复性差。其地面是采用条材和块材强化木地板铺设或拼装而成。

木地板施工方法有空铺式、实铺式和浮铺式（也称悬浮式）。

空铺式是指木地板通过地垄墙或砖墩等架空再安装，一般用于平房、底层房屋或较潮湿地面以及地面敷设管道需要将木地板架空等情况。

施工工艺如下：基层处理→砌地垄墙→干铺油毡（或刷防水涂料或刷二道乳沥青）→铺垫木（沿缘木）、找平→弹线、安装木搁栅→钉剪刀撑→钉硬木地板→钉踢脚板→清洁表面或擦地板漆。

实铺式是指木地板通过木搁栅与基层相连或用胶黏剂直接粘贴于基层上，实铺式一般用于两层以上的干燥楼面。木地板拼缝用得较多是企口缝、截口缝、平缝等（见图 8-13），其中以企口缝最为普遍。

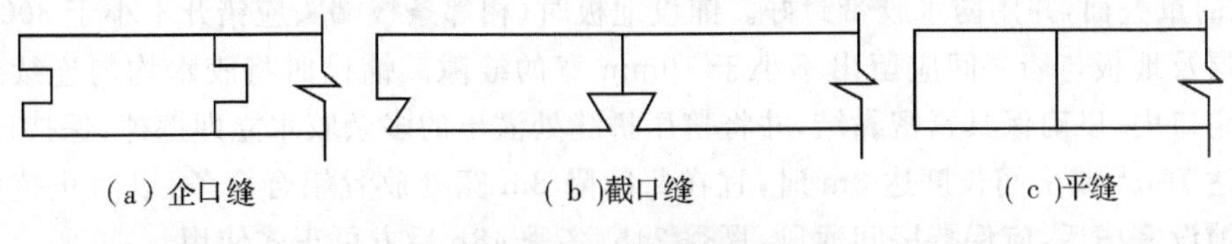

图 8-13 木板的拼缝

施工工艺如下：①搁栅式：基层处理（修理预埋铁件或钻孔打木塞）→安装木搁栅、撑木→钉毛地板→（找平、刨平）→弹线、钉硬木地板→钉踢脚板→清洁表面或擦地板漆。② 粘贴式：基层清理→弹线定位→涂胶→粘贴地板和踢脚板→清洁表面或擦地板漆。

浮铺式是指在板块企口咬接处施以黏结胶或配件卡接连接，整体地铺覆在设有 3～5mm 厚聚乙烯泡沫塑料缓冲褥垫层的基层上。

施工工艺如下：基层清理→弹线、找平→铺垫层→试铺预排→铺地板→安装踢脚板→清洁表面或擦地板漆。

1. 实木地板地面

实木地板地面可空铺、实铺或浮铺，也可采用单层和双层铺设。单层铺设木地板是指企口长条木板直接铺钉在木搁珊上，适用于中高档民用建筑和高洁度实验室。双层铺设木地板是指长条或块形企口木板，或将拼花木板铺钉或粘贴于毛板上，毛板再铺钉在木搁栅（或木龙骨）上，毛板上也可铺一层油粘（缓冲层），毛板与木地板可成 45°或 90°交叉铺钉。适用于高级民用建筑，特别是拼花木地板可用于室内体育比赛、训练用房和舞厅、舞台等公共建筑。

铺设地板的木搁栅截面尺寸、间距和固定方法等应符合设计要求。木搁栅垫实钉牢，与墙面之间留出 30mm 的缝隙，表面平直。毛板铺设时，木材髓心向上，与木搁栅成 30°或 45°斜角方向铺钉，其板间缝隙不大于 3mm，与墙面之间应留 8～12mm 的空隙，表面刨平。地板铺设时，板与墙面之间应留有 8～12mm 的缝隙，铺设单层条状木板时，每块长条木板在每根木搁栅上钉牢。铺设单层或双层的企口板时，应从靠门较近的一边开始铺钉，每铺设宽 600～800mm 时应弹线找直修正，再依次向前铺钉。铺钉时应与木搁栅成垂直并钉牢，板端接缝应间隔错开。铺设拼花木板前，应在毛板上从房间中央起弹线、分格、定位，并距墙面留出 200～300mm 宽以作镶边，接缝可采用企口、截口或平缝等,缝隙不应大于0.3mm。在毛板上铺钉拼花地板,应结合紧密。

粘贴木地板时应先在基层上采用沥青砂浆找平,刷冷底子油一道,热沥青一道,然后用2mm厚沥青胶、环氧树脂乳胶或专用胶黏剂等随涂随铺贴木地板。用胶黏剂铺贴薄型拼花木板时,应随铺贴随挤压,使之黏结牢固,防止翘曲。粘贴木地板结构高度小,经济性好,但木地板弹性差,维修困难,应注意基层平整和粘贴质量。

2. 实木复合地板地面

实木复合地板可空铺、实铺或浮铺,也可采用整贴法和点贴法直接黏结在水泥类基层上。黏结材料应具有耐老化、防水、防菌、无毒等性能。地板下铺设防潮隔声衬垫时,两幅拼缝之间结合处不得显露出基层。铺设地板时,相邻板材接头位置应错开不小于300mm的距离,与墙面之间留出不小于10mm的空隙。铺设前将板边缘多余的油漆处理干净,保证板接缝口处平整严密。长度大于10m的大面积铺设时,应分段铺设,分段缝的处理应符合设计要求。

3. 强化地板地面

强化地板可浮铺或锁扣方式铺设。基层表面的平整度应控制在每平方米不超过2mm,如不满足要求应二次找平。基层表面清洁并干燥后,再满铺衬垫层。衬垫层接口处宜搭接不小于200mm宽的重叠面,并用防水胶带封好。铺设地板时,相邻条板端头应错开不小于300mm的距离。衬垫层及地板与墙之间应留出不小于10mm宽的缝隙。铺设时将胶水均匀连续地涂在板材两边的企口内,以确保其紧密黏结,并将挤压拼缝处溢出的多余胶水立即擦掉,保持地板洁净。铺设面积达$70m^2$或房间长度达8m时,宜在每间隔8m宽处放置铝合金条,以防止整体地板受热变形。铺设完毕后,应保持房间通风,夏季24h、冬季48h后方可正式使用。

木地板地面的质量要求如下:木材含水率、地板料、图案、颜色、技术等级及质量必须符合设计要求。木搁栅、垫木和毛板等必须作防腐防蛀处理。安装铺设牢固、平直,黏结无空鼓。图案清晰、颜色均匀一致、无翘曲,接头位置应错开、缝隙严密、表面洁净。实木地板应刨光、磨平,无刨痕毛刺。拼花地板接缝对齐,粘钉严密、缝隙宽度均匀一致、胶黏无溢胶。

8.6.4 地毯地面

地毯按材质分为纯毛地毯(即羊毛地毯)、混纺地毯、化纤地毯和塑料地毯等。

纯毛地毯图案优美,色彩鲜艳,质地厚实,经久耐用,广泛用于宾馆、会堂、舞台及其他公共建筑物的楼地面。混纺地毯常以毛纤维和各种合成纤维混纺,也可与聚丙烯腈纤维等合成纤维混纺。化纤地毯品种极多,如长毛多元醇酯地毯、防污的聚丙烯地毯等。塑料地毯采用聚氯乙烯树脂、增塑剂等多种辅助材料,经均匀混炼、塑制而成的一种新型轻质地毯材料,质地柔软、色彩鲜艳、舒适耐用、不燃烧、污染后可用水洗刷,可以代替羊毛毯或化纤地毯使用。

地毯铺设方法分为固定式与不固定式两种,可满铺或局部铺设。不固定式是将地毯裁边、黏结成整片,直接铺在地上,不与地面黏结,四周沿墙修齐;固定式是将地毯四周与房间地面加以固定,一般在木条上钉倒刺钉固定。

铺设时,基层打扫干净,若有油污等须用丙酮或松节油擦揩干净,不平处用水泥砂浆填平。在室内四周装宽20~25mm、厚7~8mm的倒刺木板(钉长40~50mm,钉尖露出3~4mm),其厚度应比衬垫材料厚度小1~2mm,在离墙5~7mm处,将倒刺木条用胶或膨胀螺栓固定在地面上,略倾向墙一侧,与水平面成60°~75°。将地毯按房间净面积放线裁剪,裁剪时应扣除伸长量,裁好后卷起备用。地毯也可拼装,拼缝用尼龙线缝合,在背面抹接缝胶并贴麻布条。将地面清扫干净,将泡沫塑料或橡胶衬垫层(不够长也可拼接),用胶结料将其摊平、粘牢,铺在倒刺木板之内。从房间一边开始，将裁好地毯卷向另一边展开，注意不要使衬垫起皱移位。用撑平器双向撑开地毯，在墙边用木锤敲打，使木条上倒刺钉刺入地毯。四周钉好后，将地毯边掖入木条与墙的间隙内，使地毯不致卷曲翘条。门口处地毯的敞边装上门口压条(厚度 2mm 左右的铝合金)，并与地面用螺丝固定。最后用吸尘器清洁地毯的灰尘。

地毯地面的质量要求如下：地毯品种、规格、颜色、花色、材质、胶料、辅料及基层处理应符合设计要求。地毯应固牢、密实平整挺括、毯面不应起鼓、起皱、翘边、卷边，拼缝处对花对线拼接吻合，不显拼缝、不露线，绒面毛顺光一致，花纹顺直端正、图案吻合，裁割合理、收边平正、无毛边，表面干净、无污物和损伤，交接处和收口顺直、压紧、压实，接口处地面要齐平、脚感舒适。

8.7 吊顶、隔墙、隔断与门窗工程

吊顶、隔墙、隔断与门窗工程应在室内抹灰、饰面(砖)、涂料及裱糊之前完成，主要是以安装为主。

8.7.1 吊顶工程

吊顶是室内顶棚装饰的重要组成部分，直接影响建筑室内空间的装饰风格和效果，起着保温、隔热、吸声、照明、通风、防火和报警等作用。吊顶主要由吊杆、龙骨和饰面板三部分组成。

吊顶施工工艺如下：固定吊杆→安装龙骨→安装饰面板。

1. 固定吊杆

吊杆又称吊筋，一般采用 $\phi8\sim\phi10$mm 钢筋或螺杆或型钢制成，通过膨胀螺栓、预埋件、射钉固定。吊筋间距一般为 1.2～1.5m。各种金属件应作防腐处理。

2. 安装龙骨

吊顶龙骨有木质、轻钢和铝合金等材料制作，采用较多的是轻钢和铝合金。龙骨由主龙骨、次龙骨与横撑龙骨等组成。轻钢龙骨和铝合金龙骨的断面型式有 U 形、T 形、L 形等数种，每根长 2～3m，可在现场用拼接件拼接加长，接头应相互错开。U 形轻钢龙骨吊顶主要用于暗装(见图 8-14)，LT 形铝合金龙骨吊顶多用于明装(见图 8-15)。

轻钢与铝合金龙骨安装工艺如下：弹线定位→固定吊杆→安装主龙骨→安装次龙骨→安装横撑龙骨。

首先沿墙柱四周弹出顶棚标高水平线，并在墙上划好龙骨的中心线。将吊杆固定在顶板预埋件上，主龙骨通过吊挂件与吊杆连接。以房间为单元，拉线调整高度成平直，较大房间的中间起拱高度不小于房间短跨的 1/300～1/200。将次龙骨通过吊挂件垂直吊挂在主龙骨上，间距应按饰面板的接缝要求准确确定。横撑龙骨连入次龙骨上，间距应由饰面板尺寸而定。组装好的次龙骨和横撑龙骨底面应平齐，四周墙边的龙骨用射钉固定在墙上，间距为 1m。轻型灯具应吊在主龙骨或次龙骨上，重型灯具或电扇，应另设吊钩。

3. 安装饰面板

饰面板主要有石膏板、矿棉板、木板、塑料(钢)板、玻璃板、金属板(如条形、方形、格栅形铝扣板)等，应按规格、颜色等预先进行选配。安装前，吊顶内所有通风、水电管道、通道、消防管道等设备应安装验收合格。安装时应对称于顶棚的中心线，由中心向四面推进，不可由一边推向另一边安装。当吊顶上设有灯具孔和通风排气孔时，应组成对称排列图案。

饰面板的安装方法很多，主要有搁置法、嵌入法、粘贴法、卡固法、钉固法、压条固定法等。搁

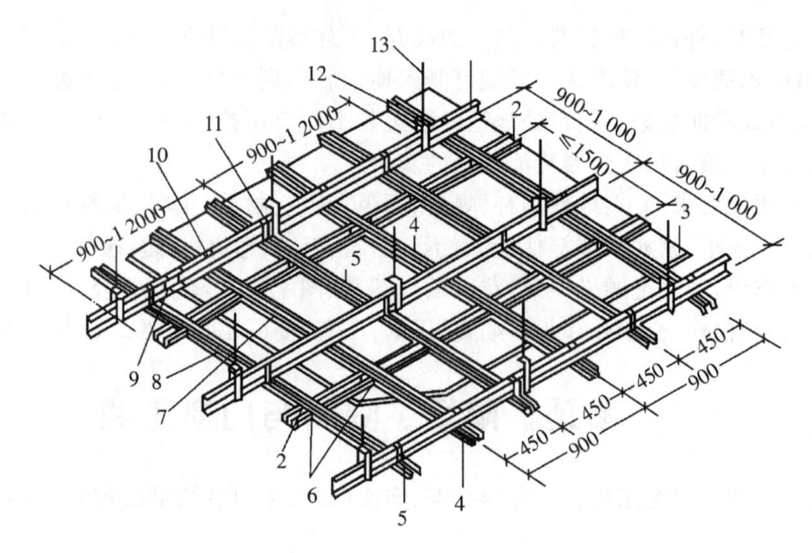

1—BD 大龙骨；2—UZ 横撑龙骨；3—吊顶板；4—UZ 龙骨；5—UX 龙骨；6—UZ_3 支托连接；7—UZ_2 连接件；8—UX_2 连接件；9—BD_2 连接件；10—UZ_1 吊挂；11—UX_1 吊挂；12—BD_1 吊件；13—吊杆 $\phi8\sim\phi10$

图 8-14　U 形龙骨吊顶示意(单位:mm)

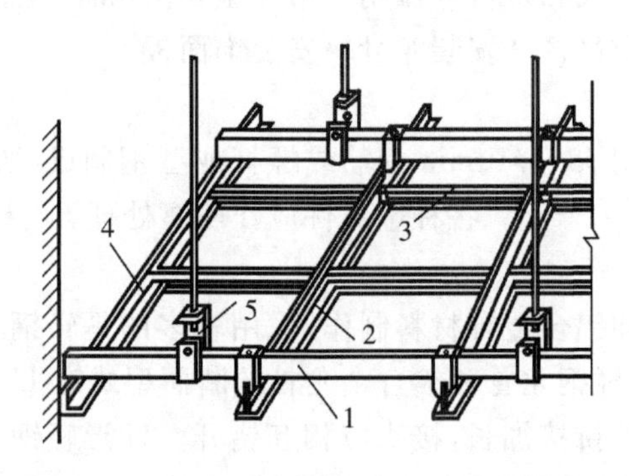

1—主龙骨；2—次龙骨；3—横撑龙骨；4—角条；5—大吊挂件

图 8-15　LT 形铝合金龙骨吊顶示意

置法是采用直接搁置在 T 形龙骨组成的格框内，并用木条卡子固定。嵌入法是用企口暗缝与 T 形龙骨插接。粘贴法或卡固法是用胶黏剂或配套卡件直接粘贴或卡在在龙骨上。钉固法是将饰面板用螺钉、自攻螺钉、射钉等固定在龙骨上。压条固定法是采用木、铝、塑料等压条固定饰面板于龙骨上。

吊顶的质量要求如下：吊顶的标高、尺寸、起拱、造型、材质、品种、规格、图案、颜色、安装间距、连接方式及防腐处理等应符合设计要求。安装必须牢固，板与龙骨连接紧密，表面平整洁净，接缝均匀、色泽一致、无翘曲，裂缝及缺损。压条应平直、宽窄一致。搁置的饰面板不得有漏、透、翘角等。饰面板上的灯具、烟感器、喷淋头、封口篦子等设备的位置应合理、美观，与饰面板交接应吻合、严密。

8.7.2　隔墙、隔断工程

将室内完全分隔开的非承重内墙称为隔墙，起着分隔房间的作用，应满足隔声、防火、防潮与防水要求。其特点是墙薄、自重轻、拆装方便、节能环保,有利于建筑工业化。隔墙按材料分为石膏板、砖、骨架轻质、玻璃、混凝土预制板和木板等隔墙。常见隔墙有砌筑、骨架和板材等隔墙。

局部分隔且上部或侧面仍连通的称为隔断,隔断通常不隔到顶,顶棚与隔断保持一段距离。隔断是用来分隔室内空间的装饰构件,在于变化空间或遮挡视线,增加空间层次和深度,产生丰富的意境效果。隔断形式很多,常见的有屏风式、镂空式、玻璃墙式、移动式和家具式隔断等。

1.隔墙

(1)骨架隔墙。骨架隔墙是指在隔墙骨架(或龙骨)两侧安装墙面板所形成的轻质隔墙,用于墙面的石膏板有纸面石膏板、防水纸面石膏板、纤维石膏板和石膏空心条板等。

石膏板隔墙的安装工艺如下:墙基(垫)施工→安装墙面(沿地、沿顶、竖向)龙骨→固定好洞口、门窗→安装一侧石膏板→安装管线→安装另一侧石膏板→接缝处理。

采用水泥、水磨石、陶瓷地砖、花岗石等踢脚板时,墙下端应作混凝土墙垫。采用木质或塑料踢脚板时,则下端可直接与地面连接。用射钉或膨胀螺栓,按中距0.6~1.0m布置,将铺有橡胶条或沥青泡沫塑料条的沿地、沿顶轻钢龙骨固定于地面和顶面上,然后将竖向龙骨,推入横向沿顶、沿地龙骨内。安装石膏板材时,由中部向四周进行,缝应错开,贴在龙骨上,用自攻螺钉固定(见图8-16)。板间接缝有明缝和暗缝,公共建筑的大房间可采用明缝,一般建筑的房间可采用暗缝,其构造做法见图8-17。

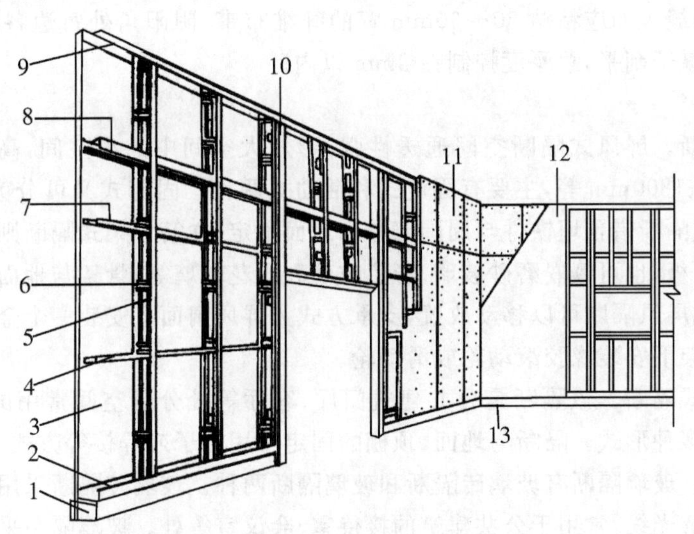

1—混凝土墙垫;2—沿地龙骨;3—石膏板;4、7、8—横撑龙骨;5—贯通孔;6—支撑卡;9—沿顶龙骨;10—加强龙骨;11—石膏板;12—塑料壁纸;13—踢脚板

图8-16 石膏板轻钢龙骨隔墙安装示意

(2)板材隔墙。板材隔墙是指采用各种轻质材料制成的薄型板材,不依靠骨架,直接装配形成的隔墙。目前,大多采用自重轻、安装方便的条板,故又称为条板隔墙。常用的有加气混凝土板、增强石膏条板、增强水泥条板、轻质陶粒混凝土条板、泰柏板(GJ板)、玻璃纤维增强水泥(GRC)复合墙板等。

板材隔墙的安装工艺如下:清理→放线→配板→安装钢卡→接口粘接→立板→板缝处理→取木楔、封楔口→贴玻璃纤维布带。

安装方法主要有刚性连接和柔性连接。刚性连接是用砂浆将板材顶端与主体结构黏结,下

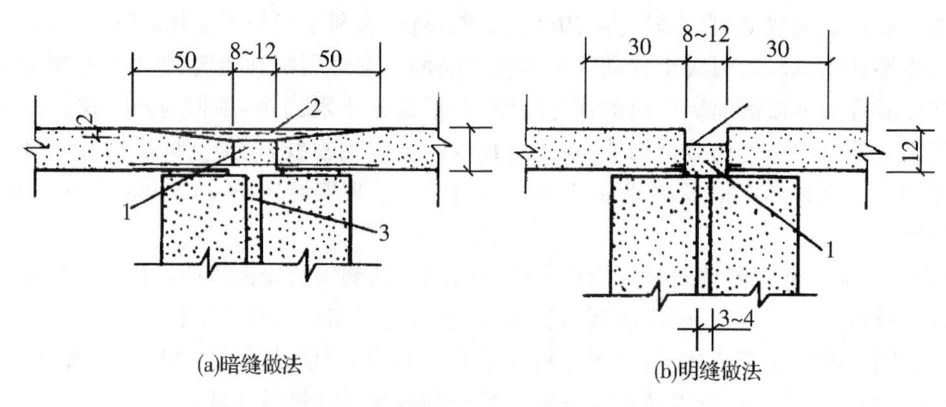

(a)暗缝做法　　(b)明缝做法

1—石膏腻子；2—接缝纸带；3—108胶水泥砂浆；4—明缝

图8-17　石膏板接缝做法示意(单位：mm)

端与地面间先用木楔楔紧，空隙中嵌填1∶2水泥砂浆或细石混凝进行固定，适合于非抗震地区。柔性连接是在板材顶端与主体结构缝隙间垫以弹性材料，并在两块板材顶端拼缝处设U形或L形钢板卡与主体结构连接，适合于抗震地区。当有门洞口时，应从门洞处向两侧依次安装，没有时，可从一端向另一端顺序安装。板间的拼缝以黏结砂浆连接，缝宽不大于5mm，挤出的砂浆应及时清除干净。板缝表面应粘贴50～60mm宽的纤维布带，阴阳角处每边各粘贴100mm宽的纤维布，并用石膏腻子刮平，总厚度控制在3mm以内。

2.隔断

(1)屏风式隔断。屏风式隔断空间通透性强，形成大空间中的小空间，高一般为1050mm、1350mm、1500mm、1800mm等，主要有固定式和活动式两种。固定式又可分为立筋骨架式和预制板式。预制板式隔断借预埋铁件与周围墙体和地面固定；立筋骨架式隔断则与隔墙相似，可在骨架两侧铺钉罩面板，也可镶嵌磨砂玻璃、彩色玻璃和压花玻璃等，骨架与地面可用螺栓、焊接等方式固定。活动式屏风隔断可以移动放置，支承方式为屏风扇面下安装一个金属支承架，直接放在地上，也可在支架下安装橡胶滚动轮或滑动轮。

(2)镂空花格式隔断。该隔断是公共建筑门厅、客厅等处分隔空间常用的一种形式，有竹、木、铁和混凝土等多种形式。隔断与地面、顶棚的固定可用钉子或焊接等方式。

(3)玻璃隔断。玻璃隔断有玻璃砖隔断和玻璃隔断两种。玻璃砖隔断采用玻璃砖砌筑而成，既分隔空间，又能透光线，常用于公共建筑的接待室、会议室等处。玻璃隔断采用普通平板玻璃、磨砂玻璃、刻花玻璃、压花玻璃、彩色玻璃以及各种颜色的有机玻璃等嵌入木框或金属框的骨架中，具有透光性、遮挡性和装饰性。

(4)其他隔断。其他隔断还有拼装式、滑动式、折叠式、悬吊式、卷帘式和起落式等多种，具有随意闭合、开启、灵活多变的特点。家具式隔断是利用各种适用的家具来分隔空间的一种室内设计处理方式，把空间分隔使用功能与家具配套巧妙地有机结合起来，既节约费用，又节省面积，是现代室内设计的一种手段。

隔墙、隔断的质量要求如下：安装连接牢固、位置正确、垂直、平整，表面平整光滑、色泽一致、洁净，无裂缝、脱层、翘曲、折裂及缺损，接缝均匀、顺直。

8.7.3　门窗工程

门窗工程是装饰工程的重要组成部分。常用的有木门窗、钢门窗、铝合金门窗、塑料门窗或塑钢门窗等形式。目前内墙多用木门窗,外墙多用铝合金门窗和塑钢门窗。

门窗工程施工工艺:检查门窗洞口→组拼、安装门窗框→填塞四周灰缝→安装门窗扇→安装玻璃→校正检查。

1.木门窗

木门窗宜在木构件厂制作,成批生产时,应先制作一樘实样。木门窗框安装采用后塞口法。即将门窗框塞入墙体预留的门窗洞口内,用木楔临时固定。同一层门窗应拉通线控制调整水平,上下层门窗位于一条垂线上,再用钉子将其固定在预埋木砖上,上下横框用木楔楔紧。

木门窗扇的安装应先量好门窗框裁口尺寸,然后在门窗扇上划线,刨去多余部分,刨光、刨平直,再将门窗扇放入框内试装。试装合格后,剔出合页槽,用螺钉将合页与门窗扇和边框相连接。门窗扇开启应灵活,留缝应符合规定,门窗小五金应安装齐全、位置适宜,固定可靠。

木门窗的质量要求如下:安装必须牢固,开关灵活,关闭严密,无倒翅,表面洁净,无刨痕、锤印,防腐处理、固定点的数量、位置及固定方法应符合设计要求。

2.铝合金门窗

铝合金门窗一般也采用后塞口法安装,门窗框安装应在主体结构基本结束后进行,门窗扇安装应在室内外装修基本结束后进行。

安装时,先将铝合金框用木楔临时固定,检查其垂直度、水平度及上下左右间隙符合要求后,再将镀锌锚板连接件固定在门窗洞口内。其固定方法有:钢筋混凝土墙采用预埋铁件连接法、射钉固定法、膨胀螺栓固定法,砖墙采用膨胀螺栓固定法或预留孔洞埋设燕尾铁脚。框与墙体间的缝隙用石棉条或玻璃棉毡条分层填塞,使之弹性连接,缝隙表面留 5～8mm 深的槽,嵌填密封材料。安装门窗扇时,先撕掉门窗上的保护膜,再安装门窗扇。然行进行检查,使之达到缝隙严密均匀、启闭平稳自如,扣合紧密。

铝合金门窗的质量要求如下:安装必须牢固。预埋件的数量、位置、埋设、与框的连接方式必须符合设计要求。开启灵活、关闭严密、无倒翘,表面洁净、平整、光滑,大面无划痕、碰伤。

3.塑料或塑钢门窗

塑料或塑钢门窗运到现场后,存放在有靠架的室内,并避免受热变形。安装前进行检查,不得有开焊、断裂等损坏。

安装时,先在门窗框连接固定点的位置安装镀锌连接件。门窗框放入洞口后,用木楔将门窗框四角塞牢临时固定,并调整平直,然后将镀锌连接件与洞口四周固定。连接件的固定方法有:钢筋混凝土墙采用塑料膨胀螺栓固定或焊在预埋铁件上,砖墙采用塑料膨胀螺钉或水泥钉固定,并固定在胶粘圆木楔上,设有防腐木砖的墙面,可用木螺钉固定。门窗框与墙体的缝隙内采用软质闭孔弹性保温材料如泡沫塑料条填嵌饱满,表面应采用密封胶密封。塑料门窗安装节点见图 8-18。

塑料或塑钢门窗的质量要求如下:安装必须牢固,固定片或膨胀螺栓的数量与位置应正确,连接方式应符合设计要求。开关灵活、关闭严密、无倒翘,表面洁净、平整、光滑,大面无划痕、碰伤。

4.玻璃工程安装

门窗玻璃应集中裁割,边缘不得有缺口和斜曲等缺陷。安装前应将门窗裁口内的污垢清除干净,畅通排水孔,接缝处的玻璃、金属或塑料表面必须清洁、干燥。木门窗的玻璃可用钉子或钢丝卡固定,安装长边大于 1.5m 或短边大于 1.0m 的玻璃时,应采用橡胶垫并用压条和螺钉镶嵌固定,玻璃镶嵌入框、扇内后再用腻子填实抹光。安装铝合金、塑料或塑钢门窗的玻璃时,其边缘不得和框、扇及其连接件直接接触，所留间隙应符合规定，并用嵌条或橡胶垫片固定，中空玻璃或面积大于 0.65m² 的玻璃安装时，应将玻璃搁置在定位垫块上用嵌条固定，玻璃镶嵌入框、扇内后用密封条或密封胶封填饱满。

门窗玻璃的质量要求如下：玻璃裁割尺寸应正确。安装后的玻璃应平整、牢固，不得有裂纹、损伤和松动。木门窗玻璃的腻子应填抹饱满、黏结牢固；腻子边缘与裁口应平齐；固定玻璃的卡子不应在腻子表面显露。铝合金、塑料或塑钢门窗玻璃的密封条与玻璃、玻璃槽口的接触应紧密、平整，密封胶与玻璃、玻璃槽口的边缘应黏结牢固、接缝平齐。玻璃表面应洁净，不得有腻子、密封胶、涂料等污渍。中空玻璃内外表面均应洁净，玻璃中的空层内不得有灰尘和水蒸汽。

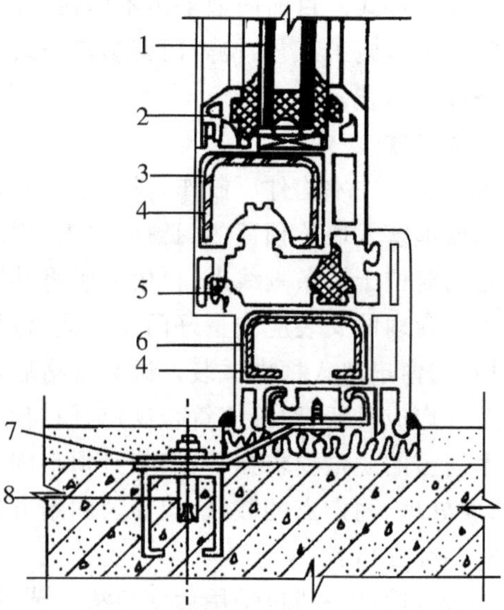

1—玻璃；2—玻璃压条；3—内扇；4—内钢衬；5—密封条；6—外框；7—地脚；8—膨胀螺栓

图 8-18 塑钢门窗安装节点示意

思考与练习

1. 装饰工程主要包括哪些内容？其作用和特点分别什么？

2. 一般抹灰的分类、组成以及各层的作用是什么？

3. 抹灰工程在施工前应做哪些准备工作？

4. 试述一般抹灰施工的分层做法及施工要点。

5. 常见的装饰抹灰有哪几类？如何施工？

6. 常用的饰面板(砖)有哪些，简述饰面板(砖)常用施工方法。

7. 建筑幕墙幕墙有哪些？其特点如何？如何施工？

8. 涂饰的常用材料有哪些？涂饰施工包括哪些工序，施工应注意什么问题？

9. 简述常用建筑涂料及施工作法。

10. 裱糊工程常用的材料有哪些？裱糊施工需注意哪些问题？

11. 楼地面的做法有哪些？其施工要点有什么要求？

12. 试述实木、实木复合、强化地板的施工做法。

13. 试述铝合金、轻钢龙骨吊顶的构造及安装过程。

14. 隔断与隔墙有何不同？隔断的类型有哪些？

15. 石膏板隔墙的安装方法有哪些？

16. 木门窗、铝合金门窗、塑料或塑钢门窗安装方法及应注意事项是什么？

17. 玻璃安装的技术要求是什么？

第9章 结构安装工程

学习要求

了解结构安装工程中需采用的滑轮组、卷扬机和钢丝绳的选择。掌握塔式起重机的类型、特点和选用；熟悉自行杆式起重机的类型、技术性能和特点；了解桅杆式起重机的构造和特点。掌握结构安装方案中结构吊装的方法和起重机的选择；熟悉结构安装前的准备工作；熟悉构件安装工艺；了解现场预制构件的平面布置。熟悉钢结构单层工业厂房和钢结构高层建筑安装；了解钢构件的制作与堆放。

工程案例

单层工业厂房结构吊装实例

某车间为单层、单跨18m的工业厂房，柱距6m，共13个节间，厂房平面图、剖面图如图9—1所示，主要构件尺寸如图9-2所示。

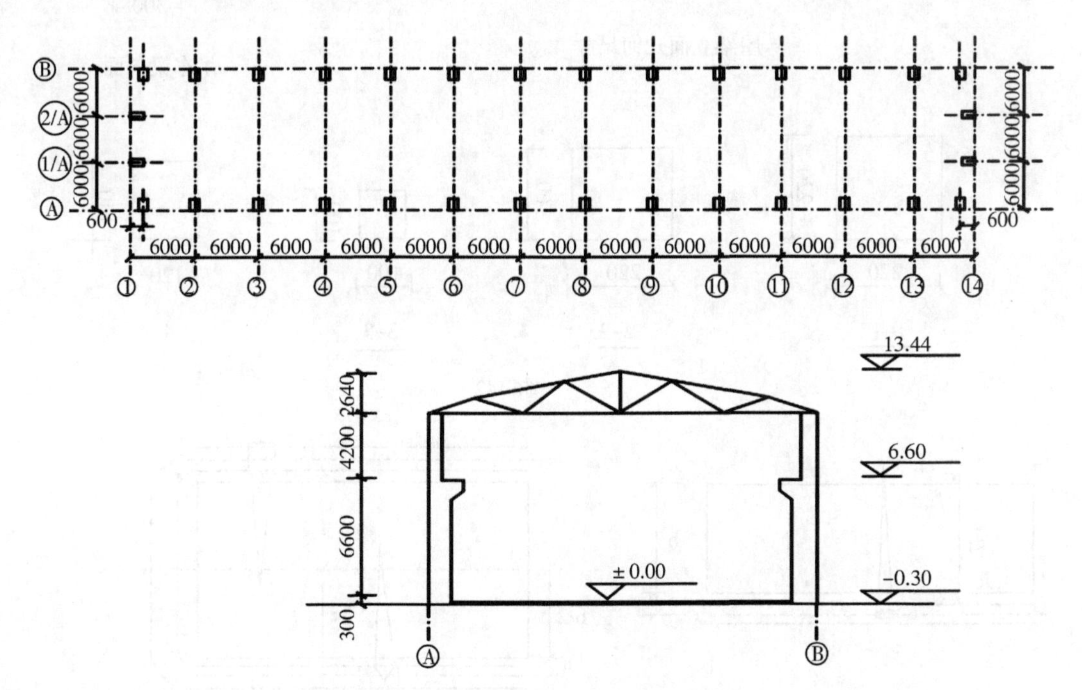

图9-1 厂房结构的平面图和剖面图

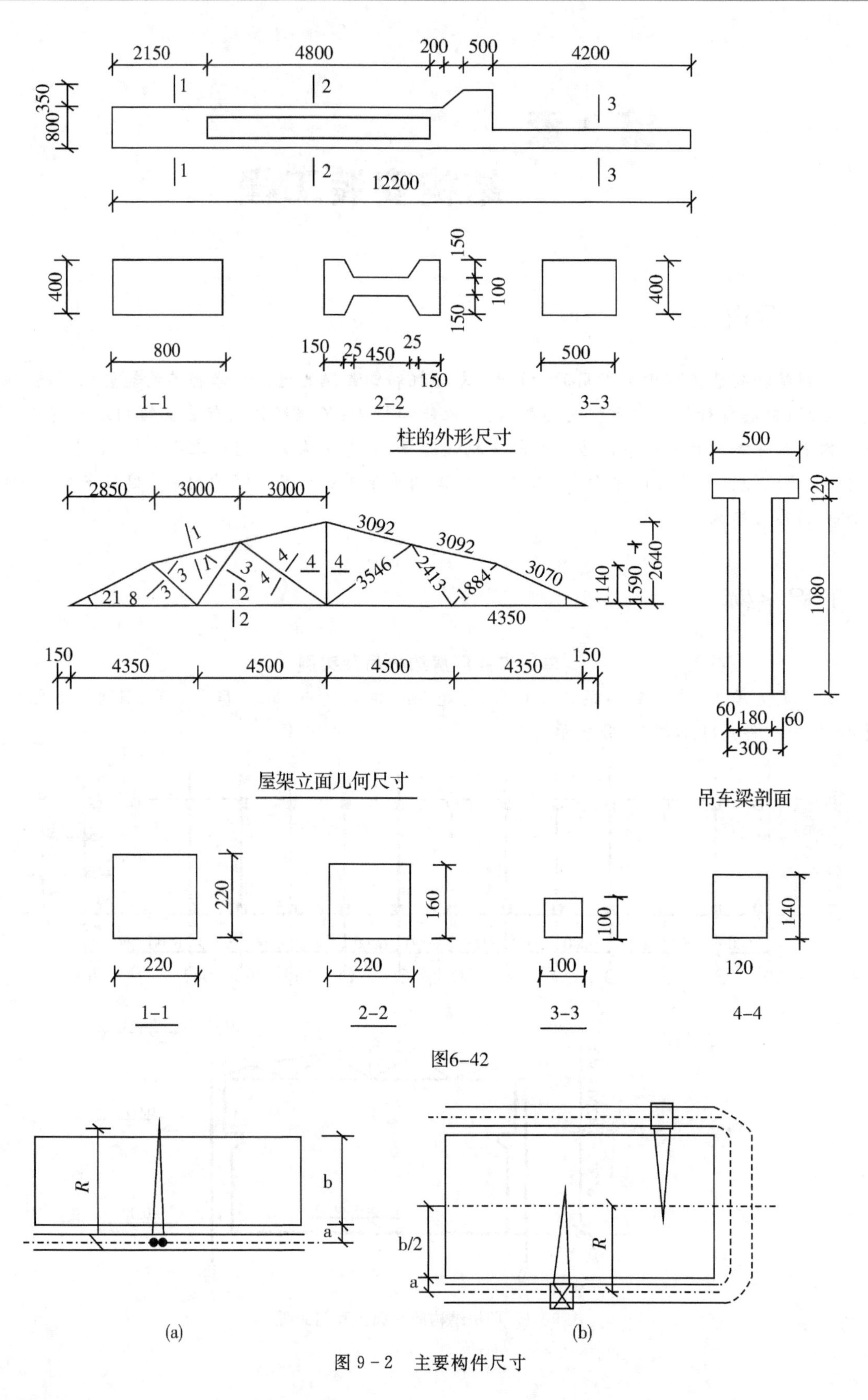
2150
4800
200
500
4200
350
800
12200
1-1
2-2
3-3
400
800
150
25
450
100
500
柱的外形尺寸
2850
3000
3092
3546
2413
1884
3070
1140
1590
2640
4350
4500
屋架立面几何尺寸
120
1080
60
180
300
吊车梁剖面
220
160
100
140
120
4-4
图6-42
R
b
a
b/2
(a)
(b)

图 9-2　主要构件尺寸

1. 起重机的选择及工作参数计算

根据厂房基本概况及现有起重设备条件，初步选用 W1－100 型履带式起重机进行结构吊装。主要构件吊装的参数计算如下：

$$H=h_1+h_2+h_3+h_4=10.8+0.3+1.14+6.0=18.24(\text{m})$$

吊装跨中屋面板时，起重量：

$$Q=Q_1+Q_2=1.3+0.2=1.5(\text{t})$$

起升高度(如图 9－3 所示)：

$$H=h_1+h_2+h_3+h_4=(10.8+2.64)+0.3+0.24+2.5=16.48(\text{m})$$

起重机吊装跨中屋面板时，起重钩需伸过已吊装好的屋架上弦中线 $f=3\text{m}$，且起重臂中心线与已安装好的屋架中心线至少保持 1m 的水平距离，因此，起重机的最小起重臂长度及所需起重仰角 α 为

$$\alpha=\arctan\sqrt[3]{\frac{\text{h}}{\text{f}+\text{g}}}=\arctan\sqrt[3]{\frac{10.8+2.64-1.7}{3+1}}+55.07$$

$$L=\frac{\text{h}}{\sin\alpha}+\frac{\text{f}+\text{g}}{\cos\alpha}=\frac{11.74}{\sin 55.7}+\frac{4}{\cos 55.7}=21.34$$

根据上述计算，选 W1—100 型履带式起重机吊装屋面板，起重臂长 L 取 23m，起重仰角 $\alpha=55°$，则实际起重半径为

$$R=F+L\cos\alpha=1.3+23\times\cos 55°=14.5(\text{m})$$

查 W1—100 型 23m 起重臂的性能曲线或性能表知，$R=14.5\text{m}$ 时，$Q=2.3\text{t}>1.5\text{t}$，$H=17.3\text{m}>16.48\text{m}$，所以选择 W1—100 型 23m 起重臂符合吊装跨中屋面板的要求。

以选取的 $L=23\text{m}$，$\alpha=55°$复核能否满足吊装跨边屋面板的要求。

起重臂吊装Ⓐ轴线最边缘一块屋面板时起重臂与Ⓐ轴线的夹角 β，$\beta=34.7°$，则屋架在Ⓐ轴线处的端部 A 点与起重杆同屋架在平面图上的交点 B 之间的距离为 $0.75+3\tan\beta=0.75+3\times\tan 34.7°=2.83(\text{m})$。可得 $\text{f}=3/\cos\beta=3/\cos 34.7°=3.65(\text{m})$；由屋架的几何尺寸计算出 2－2 剖面屋架被截得的高度 $h_{屋}=2.83\times\tan 21.8°=1.13(\text{m})$。

根据 $L=\dfrac{h}{\sin\alpha}+\dfrac{f+g}{\cos\alpha}$，$\dfrac{10.8+1.13-1.7}{\sin 55°}+\dfrac{3.65+\text{g}}{\cos 55°}$

得 $g=2.4\text{m}$。因为 $g=2.4\text{m}>1\text{m}$，所以满足吊装最边缘一块屋面板的要求。也可以用作图法复核选择 W1—100 型履带式起重机，取 $L=23\text{m}$，$\alpha=55°$时能否满足吊装最边缘一块屋面板的要求。

根据以上各种吊装工作参数的计算，从 W1－100 型 $L=23\text{m}$ 履带式起重机性能曲线表以看出，所选起重机可以满足所有构件的吊装要求。

2. 现场预制构件的平面布置与起重机的开行路线

(1)Ⓐ列柱预制。在场地平整及杯形基础浇筑后即可进行柱子预制。根据现场情况及起重半径 R，先确定起重机开行路线，吊装Ⓐ列柱时，跨内、跨边开行，且起重机开行路线距Ⓐ轴线的距离为 4.8m；然后以各杯口中心为圆心，以 $R=6.5\text{m}$ 为半径画弧。

与开行线路相交，其交点即为吊装各柱的停机点，再以各停机点为圆心，以 $R=6.5\text{m}$ 为半径画弧，该弧均通过各杯口中心，并在杯口附近的圆弧上定出一点作为柱脚中心，然后以柱脚中心为圆心，以柱脚至绑扎点的距离 7.05m 为半径作弧与以停机点为圆心，以 $R=6.5\text{m}$ 为半径的圆弧相交，此交点即柱的绑扎点。根据圆弧上的两点(柱脚中心及绑扎点)作出柱子的中心线，并根

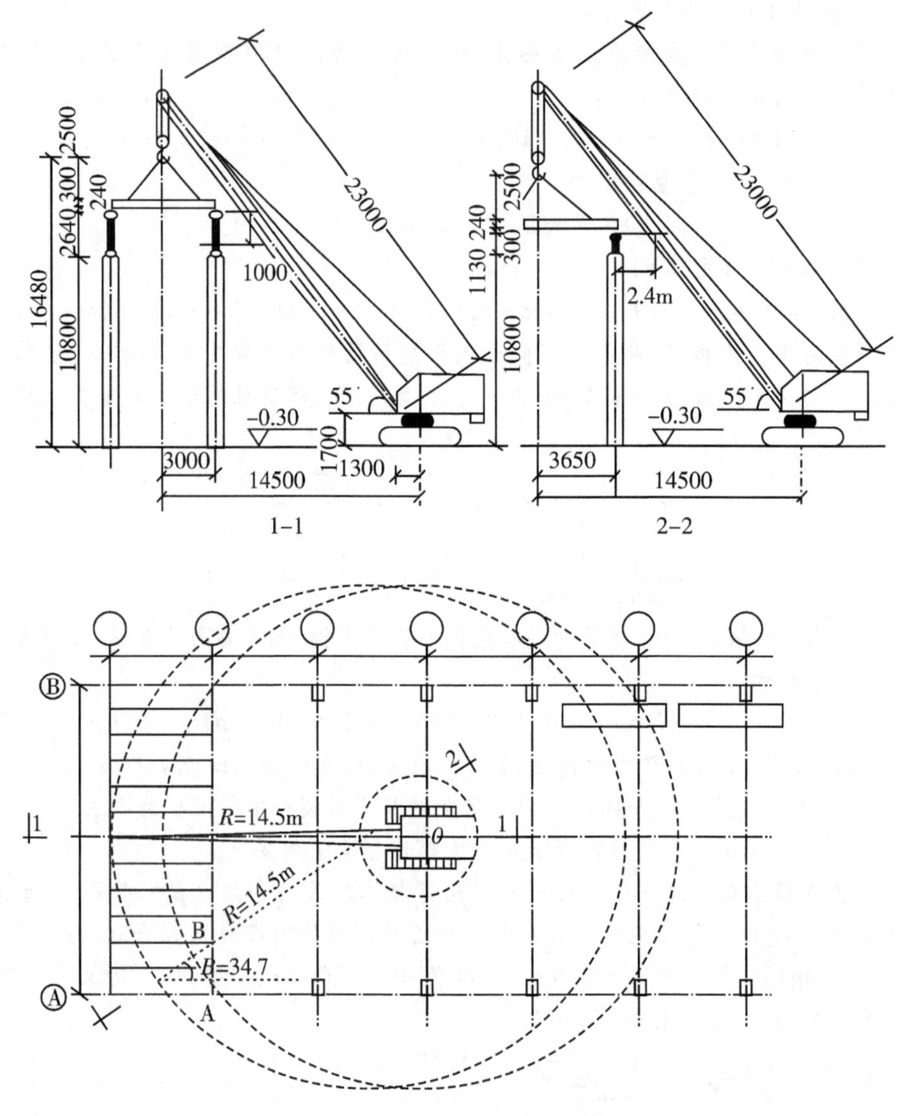

图 9-3　屋面板吊装工作参数计算简图

据柱子尺寸确定出柱的预制位置，如图 9-4(a)所示。

(2)Ⓐ列柱预制。根据施工现场情况确定Ⓑ列柱跨外预制，由Ⓑ轴线与起重机的开行路线的距离为 4.2m，定出起重机吊装Ⓑ列柱的开行路线，然后按上述同样的方法确定停机点及柱子的布置位置。如图 9-4(a)所示。

(3)抗风柱的预制。抗风柱在①轴及⑭轴外跨外布置，其预制位置不能影响起重机的开行。

(4)屋架的预制。屋架的预制安排在柱子吊装完后进行；屋架以 3～4 榀为一叠安排在跨内叠浇。在确定屋架的预制位置之前，先定出各屋架排放的位置，据此安排屋架的预制位置。屋架的预制位置及排放布置如图 9-4(b)所示。

按图 9-4 的布置方案，起重机的开行路线及构件的安装顺序如下：

起重机首先自Ⓐ轴跨内进场，按⑭→①的顺序吊装Ⓐ列柱；其次，转至Ⓑ轴线跨外，按①→⑭的顺序吊装Ⓐ列柱；第三，转至Ⓐ轴线跨内，按⑭→①的顺序吊装Ⓐ列柱的吊车梁、连系梁、柱间支撑；第四，转至Ⓑ轴线跨内，按①→⑭的顺序吊装Ⓑ列柱的吊车梁、连系梁、柱间支撑；第五，转

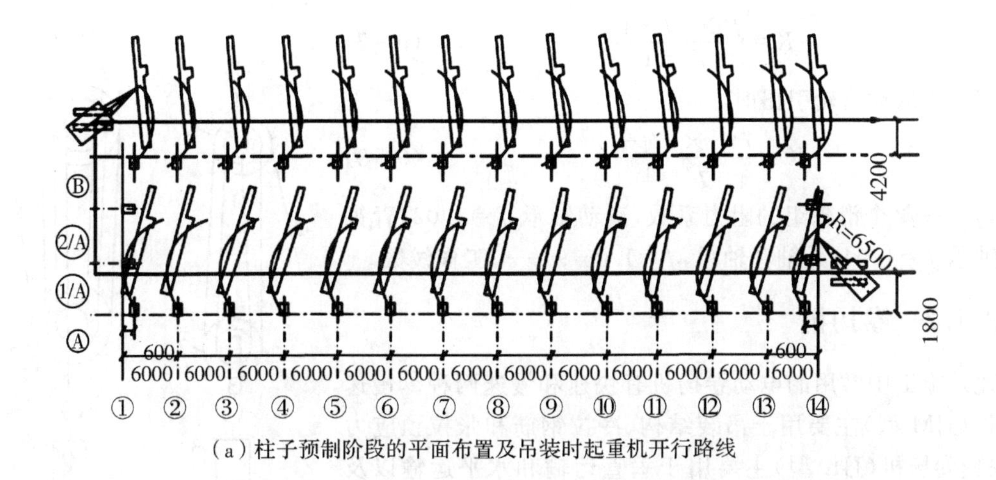

(a) 柱子预制阶段的平面布置及吊装时起重机开行路线

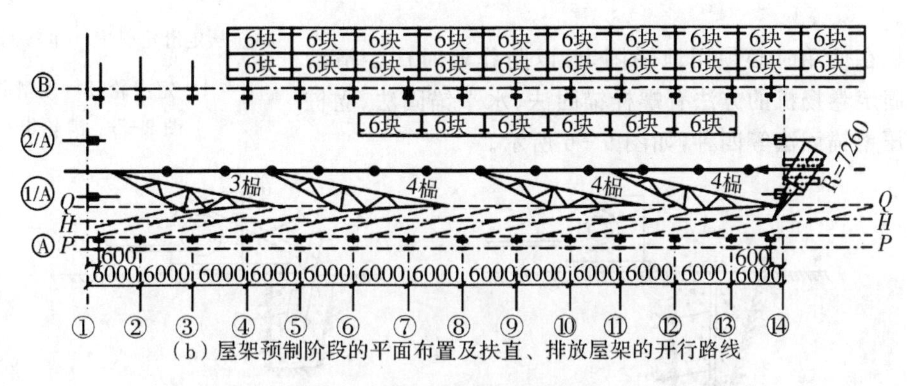

(b) 屋架预制阶段的平面布置及扶直、排放屋架的开行路线

图 9-4 预制构件的平面布置与起重机的开行路线

至跨中，按⑭→①的顺序扶直屋架，使屋架、屋面板排放就位后，吊装①轴线的两根抗风柱；第六，按①→⑭的顺序吊装屋架、屋面支撑、大型屋面板、天沟板等；最后，吊装⑭轴线的两根抗风柱后退场。

9.1 索具设备

9.1.1 滑轮组

滑轮组由一定数量的定滑轮和动滑轮组成，它既能省力又可以改变力的方向。

滑轮组中共同负担构件重量的绳索根数称为工作线数，也就是在动滑轮上穿绕的绳索根数。滑轮组起重省力的多少，主要取决于工作线数和滑动轴承的摩阻力大小。滑轮组的绳索跑头可分为从定滑轮引出和从动滑轮上引出两种，分别见图 9-5(a)、(b)。

滑轮组引出绳头(称跑头)的拉力，可用下式计算：

$$N=KQ \tag{9-1}$$

式中：N——跑头拉力；

Q——计算荷载，等于吊装荷载与动力系数的乘积；

K——滑轮组省力系数。

当绳头从定滑轮引出时，

$$K=\frac{f^{n}\times(f-1)}{f^{n}-1} \quad (9-2)$$

当绳头从动滑轮引出时，

$$K=\frac{f^{n-1}\times(f-1)}{f^{n}-1} \quad (9-3)$$

式中：f——单个滑轮组的阻力系数，滚动轴承 $f=1.02$；青铜轴套轴承 $f=1.04$；无轴套轴承，$f=1.06$ ；n——工作线数。

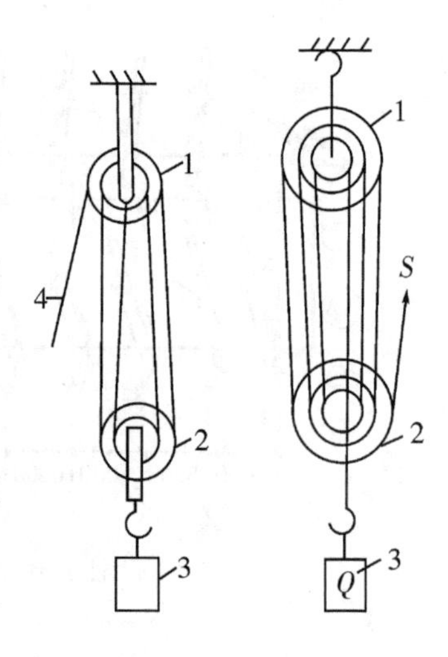

（a）从定滑轮引出 （b）从动滑轮引出

1—定滑轮；2—动滑轮

图 9－5 滑轮组

9.1.2 卷扬机

建筑施工中常用的电动卷扬机有快速和慢速两种。慢速卷扬机（JJM 型）主要用于吊装结构、冷拉钢筋和张拉预应力筋；快速卷扬机（JJK 型）主要用于垂直运输和水平运输以及打桩作业。

卷扬机在使用时必须用地锚固定，以防作业时产生滑动或倾覆。固定卷扬机的方法有螺栓锚固法、水平锚固法、立桩锚固法和压重锚固法等四种，如图 9－6 所示。

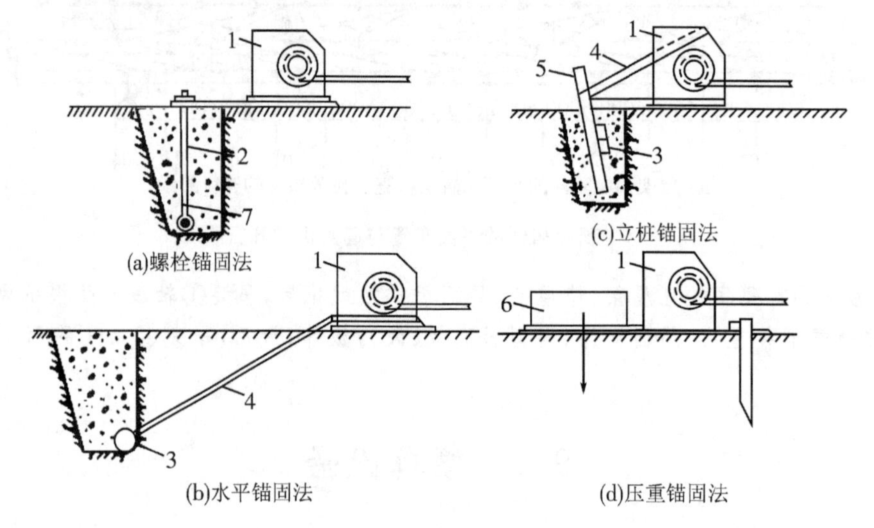

1—卷扬机；2—地脚螺栓；3—横木；4—拉索；5—木桩；10—压重

图 9－6 卷扬机的固定方法

9.1.3 钢丝绳

1. 钢丝绳的规格和种类

（1）钢丝绳的规格。钢丝绳是由直径相同的光面钢丝捻成钢丝股，再由六股钢丝股和一股绳芯搓捻而成，钢丝绳按每股钢丝的根数可分为三种规格。

①6×19＋1：即 6 股钢丝股，每股 19 根钢丝，中间加 1 根绳芯。这种钢丝粗、硬而耐磨、不易弯曲，一般用作揽风绳。

②6×37＋1：即 6 股钢丝股，每股 37 根钢丝，中间加 1 根绳芯。这种钢丝细、较柔软，用于穿滑车组和作吊索。

③6×61+1:即 6 股钢丝股,每股 61 根钢丝,中间加 1 根绳芯。这种钢丝质地软,用于重型起重机械。

(2)钢丝绳种类。按钢丝和钢丝股搓捻方向不同可分为顺捻绳和反捻绳两种。顺捻绳,每股钢丝的搓捻方向与钢丝股的搓捻方向相同,其柔性好、表面平整、不易磨损,但易松散和扭结卷曲,吊重物时,易使重物旋转,一般用于拖拉或牵引装置。反捻绳,每股钢丝的搓捻方向与钢丝股的搓捻方向相反,钢丝绳较硬,不易松散,吊重物不扭结旋转,多用于吊装工作。

2. 钢丝绳允许拉力

钢丝绳的允许拉力按下式计算:

$$[F_g]\leqslant\frac{\alpha F_g}{K} \tag{9-4}$$

式中:$[F_g]$——钢丝绳的最大工作拉力(kN);

F_g——钢丝绳的钢丝破断拉力总和(kN);

α——换算系数,按表 9-1 取用;

K——钢丝绳安全系数,按表 9-2 取用。

表 9-1 钢丝绳破断拉力换算系数

钢丝绳结构	换算系数
6×19	0.85
6×37	0.82
6×61	0.80

表 9-2 钢丝绳的安全系数

用途	安全系数	用途	安全系数
作缆风	3.5	作吊索、无弯曲	6~7
用于手动起重设备	4.5	作捆绑吊索	8~10
用于机动起重设备	5~6	用于载人的升降机	14

9.2 起重机械与设备

9.2.1 桅杆式起重机

桅杆式起重机具有制作简单、装拆方便、起重量较大(可达 100t 以上)、受地形限制小的优点,能用于其他起重机械不能安装的一些特殊结构和设备的吊装。但其服务半径小,移动困难,需要拉设较多的缆风绳,故一般仅用于安装工程量集中的工程。桅杆式起重机按其构造不同,可分为独脚拔杆、人字拔杆、悬臂拔杆和牵缆式桅杆起重机等几种,图 9-7 是常见的牵缆式双桅杆起重机示意图。

1. 独脚拔杆

独脚拔杆是由拔杆、起重滑轮组、卷扬机、缆风绳和锚碇等组成,其拔杆可用圆木、钢管或金属格构柱制成。

2. 人字拔杆

人字拔杆是由两根圆木、钢管或金属格构柱的独脚拔杆，在顶部以钢丝绳绑扎或铁件绞结而成。人字拔杆的侧向稳定性较好，缆风绳较少；但由于构件起吊后的活动范围较小，一般仅用于安装重型构件或重型设备。

3. 悬臂拔杆

悬臂拔杆是在独脚拔杆的中部或 2/3 高度处装一根用作起重的臂，以加大起重高度和服务半径，见图。它使用方便，但起重量较小，多用于轻型构件的吊装。

4. 牵缆式桅杆起重机

牵缆式桅杆起重机是在独脚拔杆的下端装一个可以回转和起伏的起重臂。它的机身可以回转 360°，灵活性好；起重量和起重半径较大，能在较大的服务范围内，将构件吊到需要位置上。

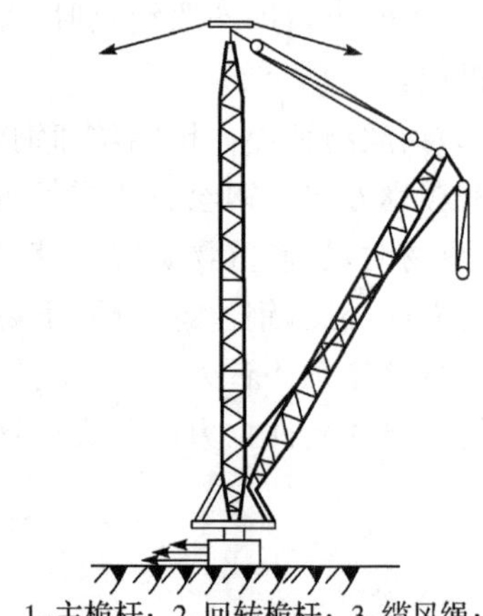

1-主桅杆；2-回转桅杆；3-缆风绳；
4-回转杆起伏滑车组；5-起重滑车组；
6-转盘；7-顶部结构；8-底座

图 9-7　桅杆式起重机

9.2.2　自行杆式起重机

自行杆式起重机具有灵活性大、移动方便、适用范围广等优点。常用的自行杆式起重机有履带式起重机、轮胎式起重机和汽车式起重机三种。

1. 履带式起重机

履带式起重机是一种通用的起重机械，它由行走装置、回转机构、机身及起重臂等部分组成(见图 9-8)。行走装置为链式履带，以减少对地面的压力；回转机构为装在底盘上的转盘，使机身可回转 360°；机身内部有动力装置、卷扬机及操纵系统；起重臂是用角钢组成的格构式杆件，下端铰接在机身的前面，随机身回转，起重臂可分节接长，其顶端设有两套滑轮组（起重滑轮组及变幅滑轮组)，钢丝绳通过滑轮组连接到机身内部的卷扬机上。履带式起重机具有较大的起重能力和工作速度，在平整坚实的道路上还可负载行走；但其行走时速度较慢，且履带对路面的破坏性较大，故当进行长距离转移时，需用平板拖车运输。常用的履带式起重机起重量为 100～500kN，目前最大的起重量达 3 000kN，最大起重高度可达 135m，广泛用于单层工业厂房、旱地桥梁等结构的安装工程，以及其他吊装工程中。

(1)履带式起重机的技术性能。履带式起重机的主要技术性能包括三个主要参数，即起重量(Q)、起重半径(R)和起重高度(H)。起重量(Q)是指起重机安全工作所允许的最大起重物的质量，一般不包括吊钩的重量；起重半径(R)是指起重机回转中心至吊钩的水平距离；起重高度(H)是指起重吊钩中心至停机面的垂直距离。

起重量、起重半径和起重高度这三个参数之间存在相互制约的关系，且与起重臂的长度(L)和仰角(α)有关。当臂长一定时，随着起重臂仰角的增大，起重量增大，起重半径减小，起重高度增大；当起重臂仰角一定时，随着起重臂臂长的增加，起重量减小，起重半径增大，起重高度增大。常用履带式起重机的技术性能如表 9-3 所示。

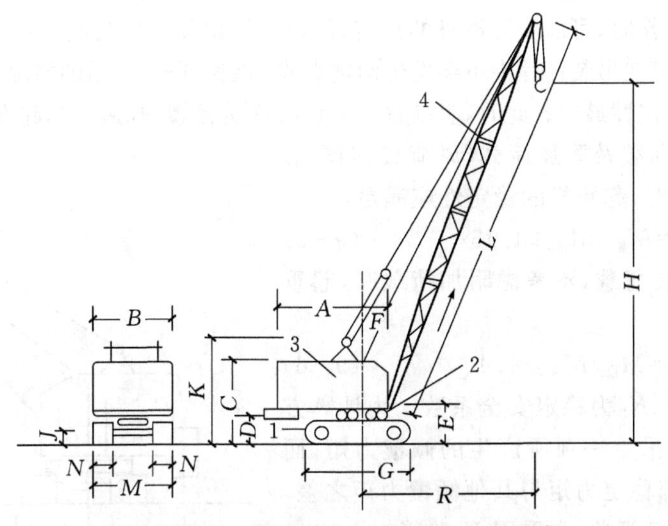

1—行走装置;2—回转机构;3—机身;4—起重臂

图 9-8 履带式起重机外形图

表 9-3 履带式起重机机械性能表

参数		单位	型号											
			W_1—50			W_1—100		W200A、WD200A			西北 78D(80D)			
起重臂长度		m	10	18	18带鸟嘴	13	23	15	30	40	18.3	24.4	30.25	37
最大起重半径		m	10.0	17.0	10.0	12.0	17.0	14.0	22.0	30.0	18.0	18.0	17.0	17.0
最小起重半径		m	3.7	4.5	6.0	4.5	6.5	4.5	8.0	10.0	4.7	7.5	8.0	10.0
起重量	最小起重半径时	t	10.0	7.5	2.0	15.0	8.0	50.0	20.0	8.0	20.0	10.0	9.0	3.0
	最大起重半径时	t	2.6	1.0	1.0	3.7	1.7	9.4	4.8	1.5	3.3	2.9	3.5	1.0
起重高度	最小起重半径时	m	9.2	17.2	17.2	11.0	19.0	12.1	26.5	36.0	18.0	23.0	29.1	36.0
	最大起重半径时	m	3.7	7.6	14.0	6.5	16.0	5.0	19.8	25.0	7.0	16.4	24.3	34.0

(2)履带式起重机的操作要求。为了保证履带式起重机安全工作,在使用中应注意以下事项:

①吊装时,起重机吊钩中心到起重臂顶部定滑轮之间应保持一定的安全距离,一般为2.5~3.5m。

②满载起吊时,起重机必须置于坚实的水平地面上,先将重物吊离地面20~30cm,检查并确认起重机的稳定性、制动器的可靠性和起吊构件绑扎的牢固性后,才能继续起吊。起吊时动作要平稳,并禁止同时进行两种及以上动作。

③对无提升限定装置的起重机,起重臂最大仰角不得超过78°。

④起重机行驶的道路应平整坚实,允许的最大坡度不应超过3°。

⑤双机抬吊构件时,构件的重量不得超过两台起重机所允许起重量总和的75%。

(3)履带式起重机稳定性验算。起重机的稳定性是指整个机身在起重作业时的稳定程度。起重机在正常条件下工作时，可以保证机身的稳定，但在进行超负荷吊装或接长吊臂时，需进行稳定性验算，以保证起重机在吊装过程中不会发生倾覆事故。在图 9-9 所示的情况下(起重臂与行驶方向垂直)，起重机的稳定性最差。此时，应以履带中心点 A 为倾覆中心，验算起重机的稳定性。

①当考虑吊装荷载及附加荷载(风荷载、刹车惯性力和回转离心力)时，起重机的稳定性应满足：

$$K_1 = M_{稳}/M_{倾} \geqslant 1.15 \qquad (9-5)$$

②当仅考虑吊装荷载，不考虑附加荷载时，起重机的稳定性应满足：

$$K_2 = M_{稳}/M_{倾} \geqslant 1.4 \qquad (9-6)$$

以上两式中，K_1、K_2为稳定安全系数。为计算方便，“倾覆力矩”取由吊重一项所产生的倾覆力矩；而“稳定力矩”则取全部稳定力矩与其他倾覆力矩之差。在施工现场中，为计算简单，常采用 K_1 验算。

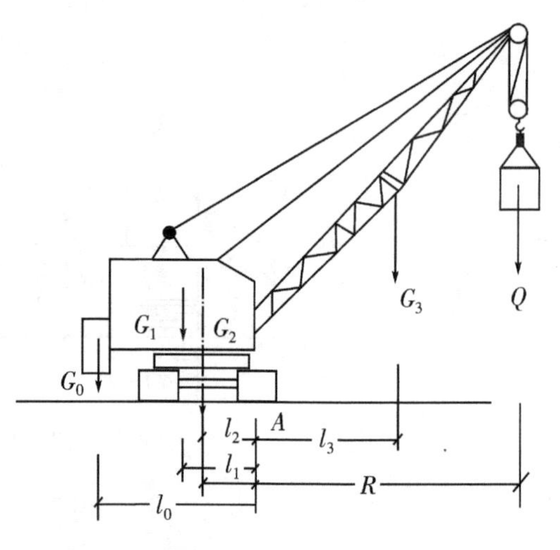

图 9-9 履带式起重机的稳定性验算

2.汽车式起重机

汽车式起重机是把起重机构安装在普通载重汽车或专用汽车底盘上的一种自行式起重机。其行驶的驾驶室与起重操纵室是分开的，见图 9-10。起重臂的构造形式有桁架臂和伸缩臂两种，目前普遍使用的是液压伸缩臂起重机。汽车式起重机的优点是行驶速度快，转移方便，对路面损伤小。因此，特别适用于流动性大，经常变换地点的作业。其缺点是起重作业时必须将可伸缩的支腿落地，且支腿下需安放枕木，以增大机械的支承面积，并保证必要的稳定性。这种起重机不能负荷行驶，也不适于在松软或泥泞的地面上工作。

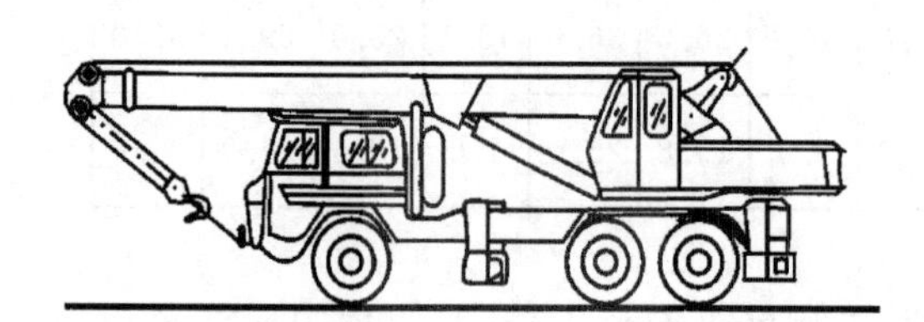

图 9-10 OY-8 型汽车式起重机

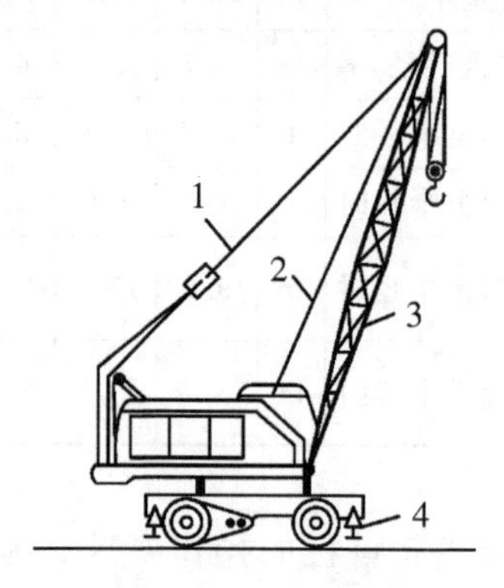

1—起重杆；2—起重索；3—变幅索；4—支腿

图 9-11 轮胎式式起重机

3.轮胎式起重机

轮胎式起重机是把起重机构安装在加重型轮胎和轮轴组成的特制底盘上的一种全回转式起重机，其上部构造与履带式起重机基本相同，但行走装置为轮胎，见图 9-11。起重机设有四个可伸缩的支腿，在平坦地面上进行小起重量吊装时，可不用支腿并吊物低速行驶，但一般情况下均使用支腿以增加机身的稳定性，并保护轮胎。与汽车式起重机相比，其优点有：横向尺寸较宽、稳定性较好、车身短、转弯半径小等；但其行驶速度较汽车式慢，故不宜作长距离行驶，也不适于在松软或泥泞的地面上工作。

9.2.3 塔式起重机

1.塔式起重机的类型和特点

塔式起重机简称塔吊，是一种塔身直立、起重臂安装在塔身顶部并可作360°回转的起重机械。除用于结构安装工程外，也广泛用于多层和高层建筑的垂直运输。

(1)塔式起重机的类型。塔式起重机的类型很多，按其在工程中使用和架设方法的不同可分为轨道式起重机、固定式起重机、附着式起重机和内爬式起重机等四种，见图9-12。

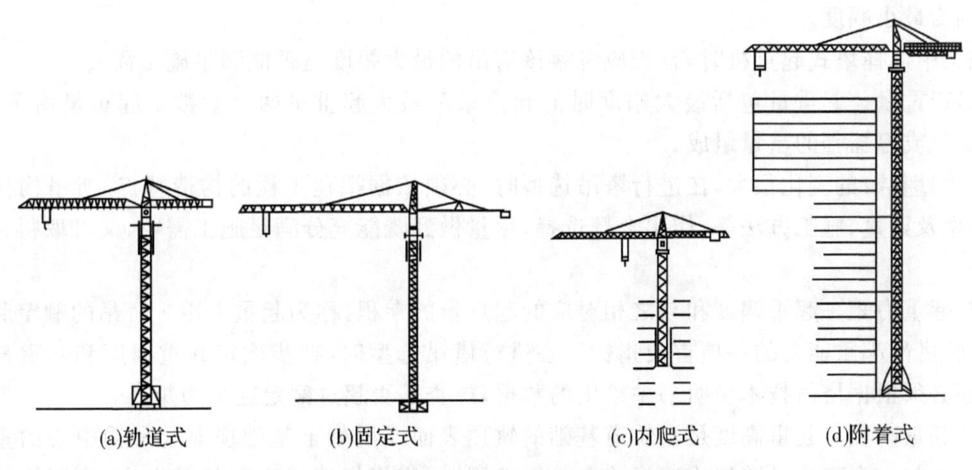

图9-12 常用塔式起重机的几种主要类型示意图

①轨道式塔式起重机。该起重机在直线或曲线轨道上均能运行，且可负荷运行，生产效率高。它作业面大，覆盖范围为长方形空间，适合于条状的建筑物或其他结构物。轨道式塔吊塔身的受力状况较好、造价低、拆装快、转移方便、无需与结构物拉结；但其占用施工场地较多，且铺设轨道的工作量大，因而台班费用较高。

②固定式塔式起重机。该起重机的塔身固定在混凝土基础上。它安装方便，占用施工场地小，但起升高度不大，一般在50m以内，适合于多层建筑的施工。

③附着式塔式起重机。该起重机的塔身固定在建筑物或构筑物近旁的混凝土基础上，且每隔20m左右的高度用系杆与近旁的结构物用锚固装置连接起来。因其稳定性好，故而起升高度大，一般为70～100m，有些型号可达160m高。起重机依靠顶升系统，可随施工进程自行向上顶升接高。它占用施工场地很小，特别适合在较狭窄工地施工，但因塔身固定，服务范围受到限制。

④内爬式塔式起重机。该起重机安装在建筑物内部的结构上(常利用电梯井、楼梯间等空间)，借助于爬升机构随建筑物的升高而向上爬升，一般每隔1～2层楼便爬升一次。由于起重机塔身短，用钢量省，因而造价低。它不占用施工场地，不需要轨道和附着装置，但须对结构进行相应的加固，且不便拆卸。内爬式塔式起重机适用于施工场地非常狭窄的高层建筑的施工；当建筑平面面积较大时，采用内爬式起重机也可扩大服务范围。

(2)塔式起重机的特点。各类塔式起重机共同的特点如下：塔身高度大，臂架长，作业面大，可以覆盖广阔的空间；能吊运各类施工用材料、制品、预制构件及设备，特别适合吊运超长、超宽的重大物体；能同时进行起升、回转及行走动作，同时完成垂直运输和水平运输作业，且有多种工作速度，因而生产效率高；可通过改变吊钩滑轮组钢丝绳的倍率，来提高起重量，较好地适应各种施工的需要；设有较齐全的安全装置，运行安全可靠；驾驶室设在塔身上部，司机视野好，便于提高生产率和保证安全。

2.塔式起重机的选用

选用塔式起重机时，首先应根据施工对象确定所要求的参数。塔式起重机的主要参数有起重幅度、起重量、起重力矩和起重高度。

(1)起重幅度。起重幅度又称回转半径或工作半径，是从塔吊回转中心线至吊钩中心线的水平距离，它又包括最大幅度和最小幅度两个参数。对于采用俯仰变幅臂架的塔吊，最大幅度是指当动臂处于接近水平或与水平夹角为15°时的幅度；当动臂仰成63°～65°(个别可仰至85°)时的幅度，则为最小幅度。

施工中选择塔式起重机时，首先应考察该塔吊的最大幅度是否能满足施工需要。

(2)起重量。起重量包括最大幅度时的起重量和最大起重量两个参数。起重量由重物、吊索、铁扁担或容器等的重量组成。

起重量参数的变化很大，在进行塔吊选型时，必须依据拟建工程的构造特点、所吊构件或部件的类型及重量、施工方法等，作出合理选择，尽量做到既能充分满足施工需要，又可取得最大经济效益。

(3)起重力矩。起重幅度和与之相对应的起重量的乘积，称为起重力矩。塔吊的额定起重力矩是反映塔吊起重能力的一项首要指标。在进行塔吊选型时，初步确定起重幅度和起重量的参数后，还必须根据塔吊技术说明书中给出的数据，核查是否超过额定起重力矩。

(4)起重高度。起重高度是自轨道基础的轨顶表面或混凝土基础顶面至吊钩中心的垂直距离，其大小与塔身高度及臂架构造形式有关。选用时，应根据拟建工程的总高度、预制构件或部件的最大高度、脚手架构造尺寸以及施工方法等确定。

近年来，国内外新型塔式起重机不断涌现。国内研制的有QT4－10、QT16、QT25、QT45、QT60、QT80、QT100及QTZ200、QT250型等塔式起重机。QT4－10型塔式起重机的起重性能见表9-4。

表9-4 QT4-10型塔式起重机的起重性能

臂长(m)	安装形式	起重半径(m)	滑轮组倍率	起重高度(m)	起重量(t)	臂长(m)	安装形式	起重半径(m)	滑轮组倍率	起重高度(m)	起重量(t)
30	固定式或移动式	3～16	2	40	5	35	固定式或移动式	3～16	2	40	4
			4	40	10				4	40	8
		20	2	40	5			25	2	40	5
			4	40	8				4	40	5
			2	40	5				2	40	3
		30	4	45	5			35	4	45	4
			4	50	4				4	50	3、4
	附着式或爬升式	3～16	2	160	5		附着式或爬升式	3～16	2	160	4
			4	80	10				4	80	8
		20	2	160	5			25	2	160	4
			4	80	10				4	80	4
		30	2	160	5			35	2	160	3
			4	80	10				4	80	4

9.3　钢筋混凝土单层工业厂房结构安装工程

单层工业厂房常采用装配式钢筋混凝土结构，主要承重构件中除基础现浇外，柱、吊车梁、屋架、天窗架和屋面板等均为预制构件。根据构件的尺寸、重量及运输构件的能力，预制构件中较大的一般在现场就地制作，中小型的多集中在工厂制作。结构安装工程是单层工业厂房施工的主导工种工程。

9.3.1　结构安装前的准备工作

结构安装前的准备工作包括：清理场地，铺设道路，构件的运输、堆放、拼装、加固、检查、弹线、编号，基础的准备等。

1. 构件的运输与堆放

(1)构件的运输。在工厂制作或在施工现场集中制作的构件，吊装前要运到吊装地点就位。构件的运输一般采用载重汽车、半托式或全托式的平板拖车。构件在运输过程中必须保证构件不倾倒、不变形、不破坏，为此有如下要求：构件的强度，当设计无具体要求时，不得低于混凝土设计强度标准值的75%；构件的支垫位置要正确，数量要适当，装卸时吊点位置要符合设计要求；运输道路要平整，有足够的宽度和转弯半径。

(2)构件的堆放。构件应按平面图规定的位置堆放，避免二次搬运。构件堆放应符合下列规定：堆放构件的场地应平整坚实，并具有排水措施；构件就位时，应根据设计的受力情况搁置在垫木或支架上，并应保持稳定；重叠堆放的构件，吊环应向上，标志朝外；构件之间垫以垫木，上下层垫木应在同一垂直线上；重叠堆放构件的堆垛高度应根据构件和垫木强度、地面承载力及堆垛的稳定性确定；采用支架靠放的构件必须对称靠放和吊运，上部用木块隔开。

2. 构件的拼装和加固

为了便于运输和避免扶直过程中损坏构件，天窗架及大型屋架可制成两个半榀，运到现场后拼装成整体。

构件的拼装分为平拼和立拼两种。前者将构件平放拼装，拼装后扶直，一般适用于小跨度构件，如天窗架，见图9-13。后者适用于侧向刚度较差的大跨度屋架，构件拼装时在吊装位置呈直立状态，可减少移动和扶直工序，图9-14是拼装30～36m跨度预应力混凝土屋架的示意图。

对于一些侧向刚度较差的天窗架、屋架，在拼装、焊接、翻身扶直及吊装过程中，为了防止变形和开裂，一般都用横杆进行临时加固。

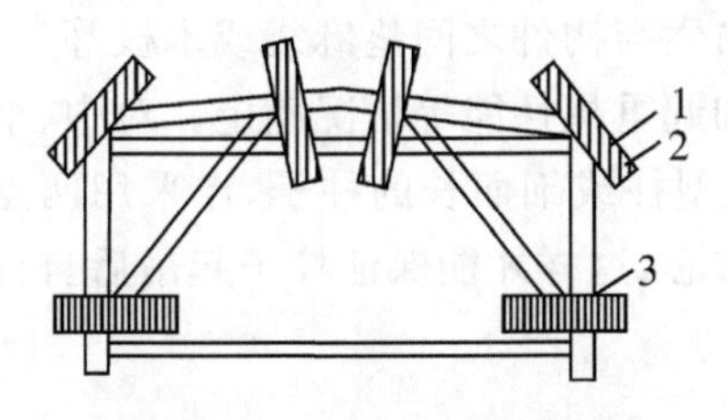

1—杠杆；2—垫木；3—天窗架

图9-13　天窗架平拼示意图

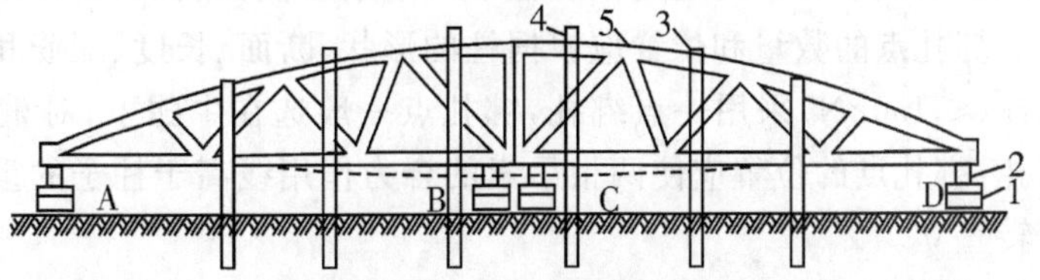

1—砖砌支架；2—方木或钢筋混凝土垫块

图9-14　30～36m预应力混凝土屋架拼装示意图

3. 构件的质量检查

在吊装之前应对所有构件进行全面检查，检查的主要内容如下：

(1)构件的外观:包括构件的型号、数量、外观尺寸(总长度、截面尺寸、侧向弯曲)、预埋件及预留洞位置以及构件表面有无空洞、蜂窝、麻面、裂缝等缺陷。

(2)构件的强度:当设计无具体要求时,一般柱子要达到混凝土设计强度的75%,大型构件(大孔洞梁、屋架)应达到100%,预应力混凝土构件孔道灌浆的强度不应低于15Mpa。

4. 构件的弹线与编号

构件在质量检查合格后,即可在构件上弹出吊装的定位墨线,作为吊装时定位、校正的依据。

(1)在柱身的三个面上弹出几何中心线,此线应与基础杯口顶面上的定位轴线相吻合,此外,在牛腿面和柱顶面弹出吊车梁和屋架的吊装定位线,见图9-15。

(2)屋架上弦顶面弹出几何中心线,并延至屋架两端下部,再从屋架中央向两端弹出天窗架、屋面板的吊装定位线。

(3)吊车梁应在梁的两端及顶面弹出吊装定位准线。

在对构件弹线的同时,应依据设计图纸对构件进行编号,编号应写在明显的部位,对上下、左右难辨的构件,还应注明方向,以免吊装时出错。

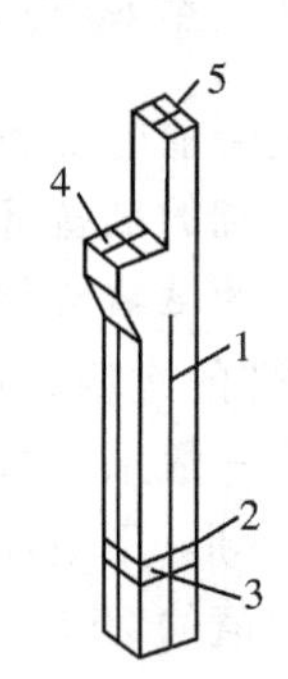

1—柱子中心线;2—基础标高线;3—基础顶面线;4—吊车梁定位线;5—柱顶中心线

图9-15 柱子弹线图

5. 基础准备

装配式混凝土柱的基础一般为杯形基础,基础准备工作的主要内容如下:

(1)杯口弹线:在杯口顶面弹出纵、横定位轴线,作为柱对位、校正的依据。

(2)杯底抄平:为了保证柱牛腿标高的准确,在吊装前需对杯底的标高进行调整(抄平)。调整前先测量出杯底原有标高,小柱可测中点,大柱则测四个角点;再测量出柱脚底面至牛腿顶面的实际距离,计算出杯底标高的调整值;然后用水泥砂浆或细石混凝土填抹至需要的标高。杯底标高调整后,应加以保护,以防杂物落入。

9.3.2 构件安装工艺

装配式钢筋混凝土单层工业厂房中,各结构构件的安装过程如下:绑扎→吊升→对位→临时固定→校正→最后固定。

1. 柱的安装

(1)柱的绑扎。绑扎柱的工具主要有吊索、卡环和横吊梁等。为使其在高空中脱钩方便,宜采用活络式卡环。为避免吊装柱子时吊索磨损柱表面,要在吊索与构件之间垫麻袋或木板等。

绑扎点的数量和位置应根据柱的形状、断面、长度、配筋和起重机性能等情况确定。对中、小型柱(≤130kN)采用一点绑扎,绑扎点一般选在牛腿下;对重型柱或细而长的柱子,需采用两点绑扎,绑扎点的位置应使两根吊索的合力作用线高于柱子的重心,这样才能保证柱子起吊后自行回转直立。

常用的绑扎方法有斜吊绑扎法和直吊绑扎法两种。

①斜吊绑扎法。当柱子平放起吊的抗弯强度满足要求时,可采用此法。柱子在平放状态下绑扎并直接从底模起吊,柱起吊后柱身略呈倾斜状态(见图9-16),吊索在柱子的宽面一侧,吊钩可低于柱顶。斜吊绑扎法的特点是柱不需翻身,起重臂长和起重高度都可以小一些,但由于柱吊离地面后呈倾斜状态,对位不太方便。

②直吊绑扎法。当柱子平放起吊的抗弯强度不能满足要求时，需先将柱子翻身，以提高柱截面的抗弯能力。柱起吊后柱身呈垂直状态，吊索分别在柱子两侧并通过横吊梁与吊钩相连(见图9-17)。这种绑扎法的特点是柱起吊后呈垂直状态，对位容易；吊钩在柱顶之上，需较大的起重高度，因此所要求的起重臂比斜吊法长。

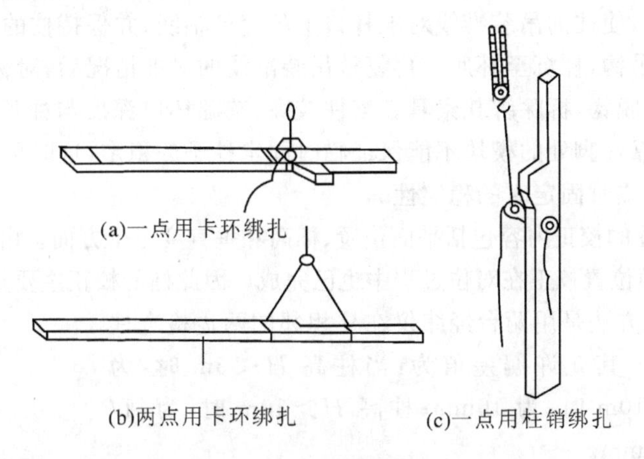

图9-16　斜吊绑扎法

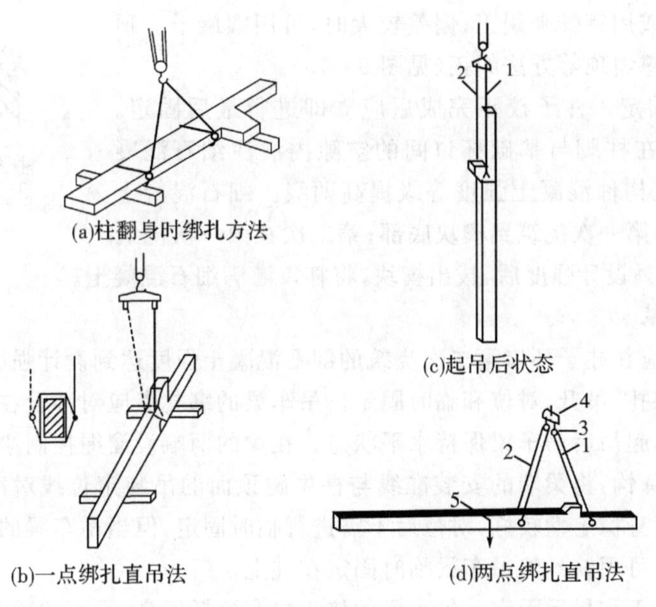

—第一支吊索；2—第二支吊索；3—滑轮；4—铁扁担；5—重心

图9-17　直吊绑扎法

(2)柱的吊升。柱的吊升方法，根据柱在吊升过程中的运动特点分为旋转法和滑行法两种。

①旋转法。采用旋转法吊升柱时，起重机边收钩边回转，使柱子绕着柱脚旋转成直立状态，然后吊离地面，略转动起重臂，将柱放入基础杯口。旋转法吊升时，柱在吊升过程中受震动小，吊装效率高，但对起重机的机动性能要求较高，需同时完成收钩和回转的操作。采用自行杆式起重机时，宜采用此法。

②滑行法。滑行法吊升柱时，起重机只收钩，柱脚沿地面滑行，在绑扎点位置柱身呈直立状态，然后吊离地面，略转动起重臂，将柱放入基础杯口。滑行法吊升时，柱受震动较大，应对柱脚

采取保护措施。但滑行法对起重机的机动性能要求较低，只需完成收钩上升一个动作，因此当采用桅杆式起重机时，常采用此法。

(3)柱的对位和临时固定。柱脚插入杯口后，并不立即降入杯底，而是在离杯底 30～50mm 处进行对位。对位的方法是用八块木楔或钢楔从柱的四周放入杯口，每边放两块，用撬棍拨动柱脚或通过起重机操作，使柱的吊装准线对准杯口上的定位轴线，并保持柱的垂直，见图 9-18。

柱对位后，放松吊钩，柱沉至杯底。再复核吊装准线的对准情况后，对称地打紧楔块，将柱临时固定。然后起重机脱钩，拆除绑扎索具。当柱较高、基础杯口深度与柱长度之比小于 1/20，或柱的牛腿较大时，仅靠柱脚处的楔块不能保证临时固定柱子的稳定，这时可采取增设缆风绳或加斜撑的方法来加强柱临时固定时的稳定性。

(4)柱的校正。柱的校正内容包括平面位置、标高和垂直度三个方面。由于柱的标高校正已在基础抄平时完成，平面位置校正在对位过程中也已完成。因此柱的校正主要是指垂直度的校正。

柱垂直度的控制方法是用两台经纬仪在柱相邻的两边检查柱吊装准线的垂直度。其允许偏差值为：当柱高 $H<5$m 时，为 5mm；柱高 $H=5\sim10$m 时，为 10mm；柱高 $H>10$m 时，为 $(1/1000)H$ 且不大于 20mm。

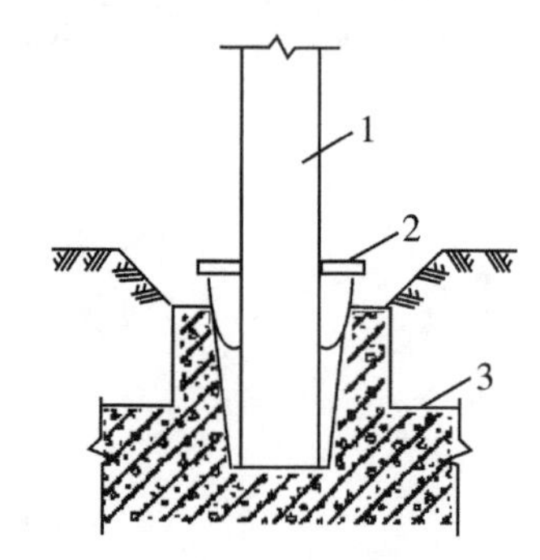

1—柱子；2—楔块；3—基础

图 9-18　柱的临时固定

柱垂直度的校正方法如下：当柱的垂直偏差较小时，可用打紧或放松楔块的方法或用钢钎来纠正；偏差较大时，可用螺旋千斤顶斜顶、平顶、钢管支撑斜顶等方法纠正(见图 9-19)。

(5)柱的最后固定。柱子校正完成后应立即进行最后固定。最后固定的方法是在柱脚与基础杯口间的空隙内灌注细石混凝土，其强度等级应比构件混凝土强度等级提高两级。细石混凝土的浇筑分两次进行：第一次浇筑到楔块底部；第二次在第一次浇筑的混凝土强度达 25%设计强度后，拔出楔块，将杯口灌满细石混凝土。

2. 吊车梁的安装

吊车梁的安装应在柱子杯口第二次浇筑的细石混凝土强度达到设计强度的 75%以后进行。

(1)吊车梁的绑扎、吊升、对位和临时固定。吊车梁的绑扎点应对称设在梁的两端，使吊钩的垂线对准梁的重心，起吊后吊车梁保持水平状态。在梁的两端设溜绳控制梁的转动，以免与柱相碰。对位时应缓慢降钩，将梁端的安装准线与柱牛腿顶面的吊装定位线对准(见图 9-20)。一般来说，吊车梁的自身稳定性较好，对位后不需进行临时固定，但当吊车梁的高宽比大于 4 时，为防止吊车梁的倾倒，可用铁丝将吊车梁临时固定在柱上。

(2)吊车梁的校正和最后固定。吊车梁的校正内容包括标高、平面位置和垂直度。标高校正在基础抄平时已基本完成。吊车梁的平面位置和垂直度的校正，对一般的中小型吊车梁，校正工作应在厂房结构校正和固定后进行。这是因为在安装屋架、支撑及其他构件时，可能引起吊车梁位置的变化，影响吊车梁位置的准确性。对于较重的吊车梁，由于脱钩后校正困难，可边吊边校，但屋架等构件固定后，需再复查一次。

吊车梁的垂直度用铅锤检查，当偏差超过规范规定的允许值(5mm)时，在梁的两端与柱牛腿面之间垫斜垫铁予以纠正。

吊车梁平面位置的校正主要是检查吊车梁纵向轴线的直线度是否符合要求。常用方法主要有通线法和平移轴线法。

①通线法。通线法又称拉钢丝法。它是根据定位轴线，在厂房两端的地面上定出吊车梁的

安装轴线位置并打入木桩，用钢尺检查两列吊车梁的轨距是否满足要求；然后用经纬仪将厂房两端的四根吊车梁的位置校正正确；最后在柱列两端的吊车梁上设高约 200mm 的支架，拉钢丝通线，根据此通线检查并用撬棍拔正吊车梁的中心线，见图 9－21。

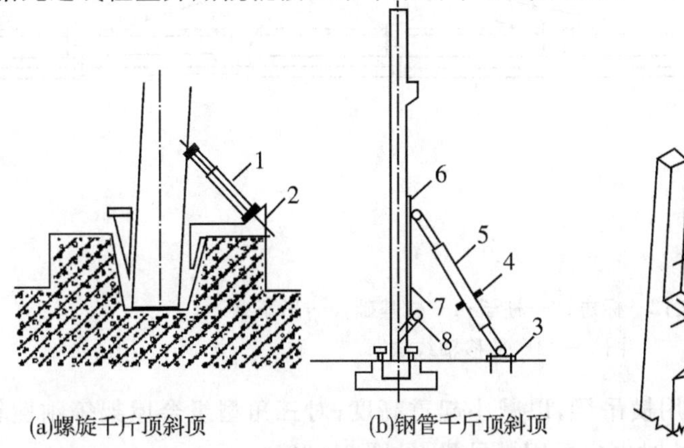

(a)螺旋千斤顶斜顶　(b)钢管千斤顶斜顶

1—螺旋千斤顶；2—千斤顶支座；3—底板；4—转动手柄；5—钢管；6—头部摩擦板；7—钢丝绳；8—卡环

图 9－19　柱垂直度校正方法

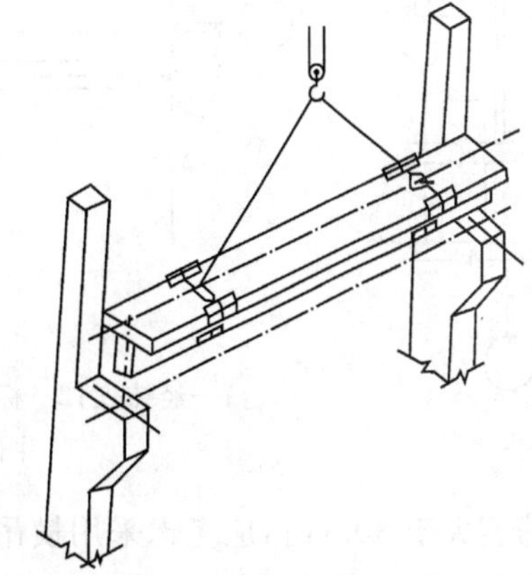

图 9－20　吊车梁吊装

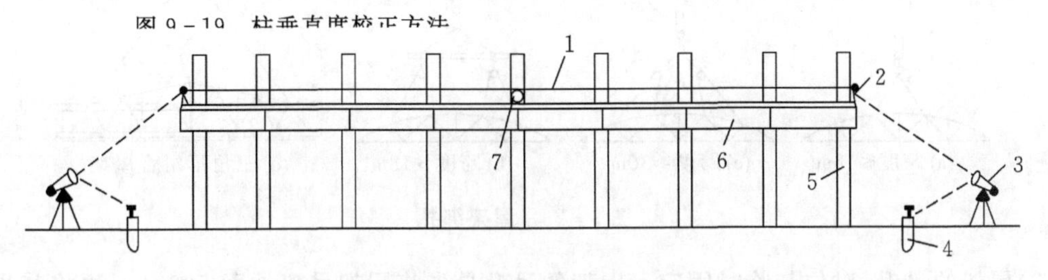

1—通线；2—支架；3—经纬仪；4—木桩；5—柱子；6—吊车梁；7—圆钢

图 9－21　通线法校正吊车梁

②平移轴线法。平移轴线法是在柱列两边设置经纬仪，逐根将杯口上柱的吊装准线投射到吊车梁顶面处的柱面上，并作出标志，见图 9－22。若标志线至柱定位轴线的距离为 a，则标志距吊车梁定位轴线的距离为 ，$\lambda-a$ 其中 λ 为柱定位轴线到吊车梁定位轴线之间的距离。据此逐根拨正吊车梁的中心线，并检查两列吊车梁间的轨距是否满足要求。这种方法适用于同一轴线上吊车梁数量较多的情况。

吊车梁校正后，立即用电焊与柱进行最后固定，并在吊车梁与柱的空隙处灌注细石混凝土。

3. 屋架的安装

(1)屋架的扶直与就位。单层工业厂房的屋架一般均在施工现场平卧叠浇，因此，在吊装屋架前，需将平卧制作的屋架扶成直立状态，然后吊放到设计规定的位置，这个施工过程称为屋架的扶直与就位。

(2)屋架的绑扎。屋架的绑扎点应选在上弦节点处，左右对称，并且绑扎吊索的合力作用点(绑扎中心)应高于屋架重心，这样屋架起吊后不宜倾覆和转动。绑扎时，绑扎吊索与构件的水平夹角在扶直时不宜小于 60°，吊升时不宜小于 45°，以免屋架承受较大的横向压力。为减少屋架的起重高度和横向压力可采用横吊梁进行吊装。

一般来说，屋架跨度小于 18m 时，采用两点绑扎；屋架跨度大于 18m 时，用两根吊索四点绑

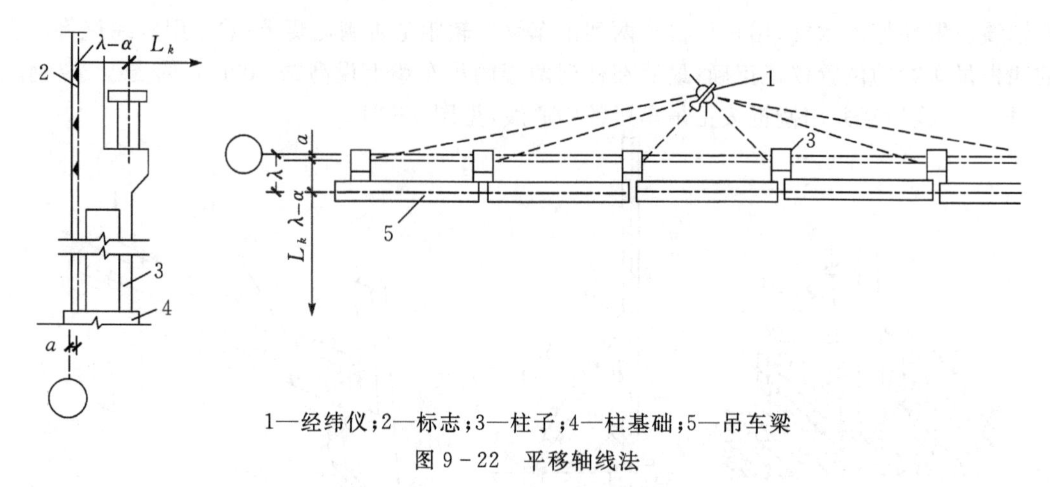

1—经纬仪；2—标志；3—柱子；4—柱基础；5—吊车梁

图 9-22 平移轴线法

扎；当跨度大于 30m 时，应考虑采用横吊梁，以减小起重高度；对三角型组合屋架等刚性较差的屋架，由于下弦不能承受压力，绑扎时也应采用横吊梁，见图 9-23。

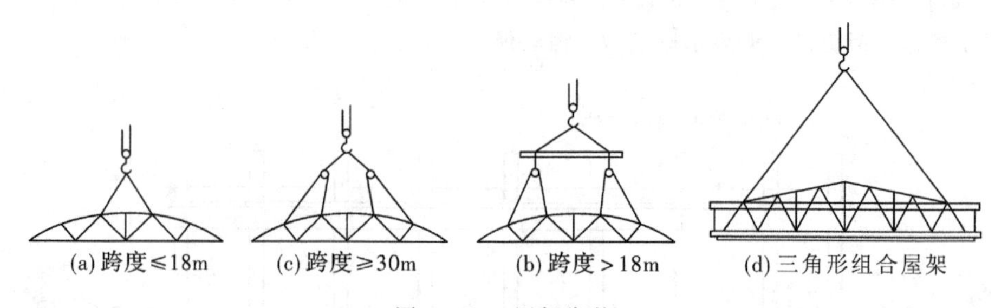

图 9-23 屋架绑扎

(3)屋架的吊升、对位与临时固定。屋架的吊升是先将屋架吊离地面 500mm，再将其吊至超过柱顶 300mm，然后将屋架缓缓地降至柱顶，进行对位。屋架对位以建筑物的轴线为准，对位前事先将建筑物轴线用经纬仪投放到柱顶面上。对位后立即进行临时固定，然后起重机脱钩。

第一榀屋架的临时固定方法是用四根缆风绳从两边拉牢。若已吊装完抗风柱，可将屋架与抗风柱连接。第二榀屋架及以后的屋架用屋架校正器临时固定在前一榀屋架上，每榀屋架至少需要两个屋架校正器。

(4)屋架的校正与最后固定。屋架的校正内容是检查并校正其垂直度，检查采用经纬仪或锤球，校正用屋架校正器或缆风绳。

①经纬仪检查。在屋架上安装三个卡尺，一个安装在屋架上弦中央，另两个安装在屋架的两端，卡尺与屋架的平面垂直。从屋架上弦的几何中心线量取 500mm 并在卡尺上作出标志，然后在距屋架中心线 500mm 处的地面上设置一台经纬仪，检查三个卡尺上的标志是否在同一垂直面上，见图 9-24。

②垂球检查。卡尺设置与经纬仪检查方法相同。从屋架上弦的几何中心线向卡尺方向量 300mm 并在三个卡尺上作出标志，然后在两端卡尺的标志处拉一条通线，在中央卡尺标志处向下挂垂球，检查三个卡尺上的标志是否在同一垂直面上。

屋架校正后，立即用电焊作最后固定。

4. 屋面板的安装

屋面板一般预埋有吊环，用带钩的吊索钩住吊环进行吊装。屋面板的安装顺序应自檐口两边左右对称地逐块铺向屋脊，避免屋架受力不均。屋面板对位后，立即用电焊固定。

5. 天窗架的安装

天窗架的吊装应在天窗架两侧的屋面板吊装完成后进行，其吊装方法与屋架的吊装基本相同。

9.3.3　结构安装方案

1. 结构吊装方法

单层工业厂房的结构吊装方法有分件吊装法和综合吊装法。

(1)分件吊装法。分件吊装法是起重机每开行一次，只吊装一种或几种构件。通常分三次开行安装完毕：第一次开行吊装柱，并逐一进行校正和最后固定；第二次吊装吊车梁、连系梁及柱间支撑等；第三次以节间为单位吊装屋架、天窗架和屋面板等构件。

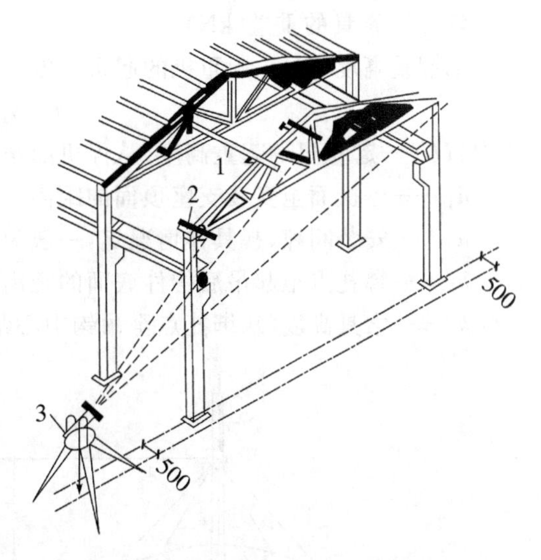

1—工具式支撑；2—卡尺；2—经纬仪

图 9-24　屋架临时固定与校正

分件吊装法由于每次吊装的基本上是同类构件，可根据构件的重量和安装高度选择不同的起重机；同时在吊装过程中不需要频繁更换索具，容易熟练操作，所以吊装速度快，能充分发挥起重机的工作性能；另外，构件的供应、现场的平面布置以及校正等比较容易组织。因此，目前一般单层工业厂房多采用分件吊装法。但分件吊装法由于起重机开行路线长，停机点多，不能及早为后续工程提供工作面。

(2)综合吊装法。综合吊装法是起重机只开行一次，以节间为单位安装所有的构件。具体做法如下：先吊 4～6 根柱子，接着就进行校正和最后固定；然后吊装该节间的吊车梁、连续梁、屋架、屋面板和天窗架等构件。

综合吊装法的特点是起重机开行路线短，停机点少，能及早为后续工程提供工作面。但由于同时吊装各类构件，索具更换频繁，操作多变，影响生产效率的提高，不能充分发挥起重机的性能；另外，构件供应、平面布置复杂，且构件校正和最后固定的时间紧张，不利于施工组织。所以，一般情况下不采用这种吊装方法，只有当采用桅杆式等移动困难的起重机时，才采用此法。

2. 起重机的选择

(1)起重机类型的选择。起重机类型的选择应根据厂房的结构形式、构件的重量、安装高度、吊装方法及现有起重设备条件来确定，要综合考虑其合理性、可行性和经济性。对中小型厂房，一般采用自行杆式起重机，其中履带式起重机最为常用。当缺乏上述起重设备时，可采用自制桅杆式起重机。重型厂房跨度大、构件重、安装高度大，厂房内设备安装往往与结构吊装同时进行，所以，一般选用大型自行杆式起重机以及重型塔式起重机与其他起重机械配合使用。

(2)起重机型号的选择。起重机的型号要根据构件的尺寸、重量和安装高度确定。所选起重机的三个工作参数，即起重量、起重高度和起重半径必须满足构件吊装的要求。

①起重量 Q。起重机的起重量，必须大于或等于所安装构件的重量与索具重量之和，即：

$$Q \geqslant Q_1 + Q_2 \tag{9-7}$$

式中：Q——起重机的起重量(kN)；

Q_1——构件的重量(kN)；

Q_2——索具的重量(kN)。

②起重高度(H)。起重机的起重高度,必须满足吊装构件安装高度的要求,见图 9-25,即:

$$H \geqslant h_1 + h_2 + h_3 + h_4 \tag{9-8}$$

式中:H——起重机的起重高度(从停机面至吊钩中心的距离)(m);

h_1——停机面至安装支座顶面的距离(m);

h_2——安装间隙,视具体情况定,一般为 0.2~0.3m;

h_3——绑扎点至起吊后构件底面的距离(m);

h_4——索具高度(从绑扎点至吊钩中心距离)(m)。

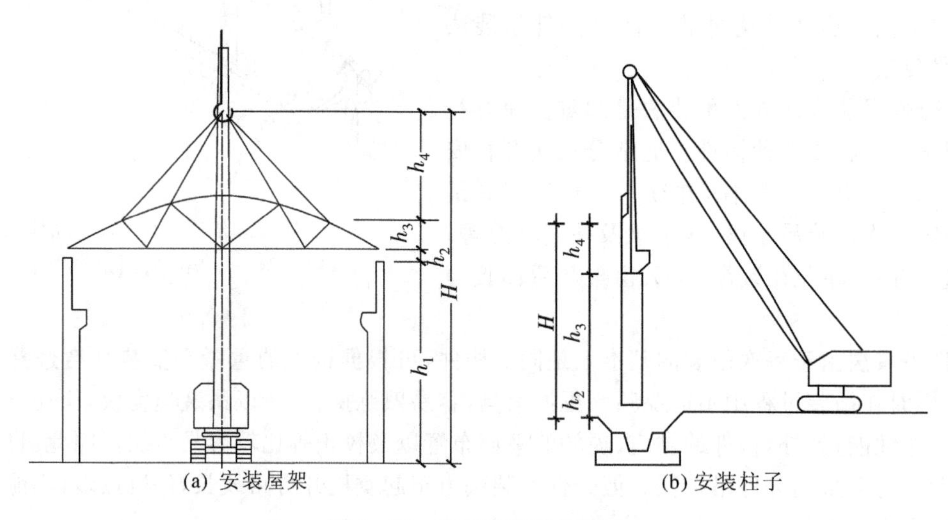

图 9-25　起重高度计算简图

(3)起重半径(R)。起重半径的确定一般分为两种情况。

①当起重机能不受限制地开到吊装位置附近时,不需验算起重半径(R)。根据计算的起重量(Q)和起重高度(H),查阅起重机性能曲线或性能表,即可选择起重机的型号和起重臂长度(L);并可查得相应起重量和起重高度下的起重半径(R),作为确定起重机开行路线和停机点位置的依据。

②当起重机不能直接开到吊装位置附近时,就需根据实际情况确定吊装时的最小起重半径(R)。根据起重量(Q)、起重高度(H)和起重半径(R)三个参数参阅起重机性能曲线或性能表,选择起重机的型号和起重臂长度(L)。

(4)起重臂最小杆长(L)。当起重机的起重臂需要跨越已安装好的结构去吊装构件时,如跨过屋架吊装屋面板时,为使起重臂不与已安装好的结构相碰,需要确定起重机吊装该构件时的最小起重臂长度(L)及相应的起重半径(R),并据此及起重量(Q)、起重高度(H)查考起重机性能曲线或性能表,选择起重机的型号和起重臂长度(L)。

确定起重机的最小起重臂长的方法有数解法和图解法。其中,数解法见图 9-26 所示的几何关系,起重臂的最小长度可按下式计算:

$$L \geqslant l_1 + l_2 = \frac{h}{sin\alpha} + \frac{f+g}{cos\alpha} \tag{9-9}$$

式中:L——起重臂的长度(m);

h——起重臂底铰至构件吊装支座顶面的距离($h = h_1 - E$)(m);

h_1——停机面至构件吊装支座顶面的高度(m);

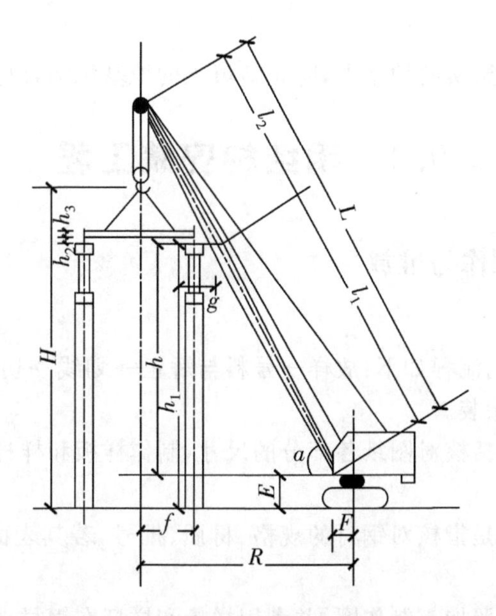

图 9-26 吊装屋面板时起重机最小臂长的计算简图

E——起重臂底铰至停机面的距离(m);

f——起重吊钩需跨越已安装好结构的水平距离(m);

g——起重臂轴线与已安装好结构间的水平距离,一般不小于 1m。

为求得最小起重臂长,可对式(9-9)进行微分,并令 $dl/d\alpha=0$,即:

$$\frac{dl}{d\alpha}=\frac{-h\cos\alpha}{\sin\alpha}+\frac{(f+g)\sin\alpha}{\cos^2\alpha}=0$$

$$\alpha=\mathrm{arctg}\sqrt[3]{\frac{h}{f+g}} \tag{9-10}$$

将 α 值代入式(9-9)即可求出所需的最小起重臂长。然后由实际采用的 L 及 α 值计算出起重半径 R:

$$R=F+L\cos\alpha \tag{9-11}$$

式中:F——起重机回转中心至起重臂铰的距离(m);

其他符号同上。

3.现场预制构件的平面布置

现场预制构件的平面布置是单层工业厂房吊装工程中一件很重要的工作。构件布置得合理,可以免除构件在场内的二次搬运,充分发挥起重机械的效率。构件的平面布置与吊装方法、起重机械性能、构件制作方法等有关,其主要要求如下:

(1)每跨构件尽可能布置在跨内,如确有困难时,才考虑布置在跨外而便于吊装的地方。

(2)构件布置方式应满足吊装工艺要求,尽可能布置在起重机的起重半径之内,尽量减少起重机负重行走的距离及起重臂起伏的次数。

(3)构件布置时应满足吊装顺序的要求,并注意构件安装时的朝向,避免在空中调头,影响施工进度和安全。

(4)构件之间应留有一定的距离(一般不小于 1m),以便于支模和浇筑混凝土。预应力构件还应考虑抽管、穿筋的操作场所。

(5)各种构件均应力求占地最少,保证起重机械、运输车辆运行道路的畅通,并保证起重机械回转时不致与构件碰撞。

(6)所有构件应布置在坚实的地基上,防止新填土的地基沉陷,以免影响构件的质量。

9.4 钢结构安装工程

9.4.1 钢构件的制作与堆放

1.钢构件的制作

钢构件加工制作的工艺流程如下:放样→号料与矫正→划线→切割→边缘加工→制孔→组装→连接→摩擦面处理→涂装。

(1)放样。放样工作包括核对图纸各部分的尺寸,制作样板和样杆作为下料、制弯、制孔等加工的依据。

(2)号料与矫正。号料是指核对钢材的规格、材质、批号,若其表面质量不满足要求,应对钢材进行矫正。

(3)划线。划线是指按照加工制作图,并利用样板和样杆在钢材上划出切割、弯曲、制孔等加工位置。

(4)切割。钢材切割的方法有气割、等离子切割等高温热源的方法,也有使用剪切、切削、摩擦热等机械加工的方法。

(5)边缘加工。对尺寸要求严格的部位或当图纸有要求时,应进行边缘加工。边缘和端部加工的方法主要有铲边、刨边、铣边、碳弧气刨、气割和坡口机加工等。

(6)制孔。钢材机械制孔的方法有钻孔和冲孔,钻孔设备通常有钻床、数控钻床、磁座钻及手提式电钻等。

(7)组装。钢构件的组装是把制备完成的半成品和零件按图纸规定的运输单元,组装成构件和其部件。组装的方法有地样法、仿形复制装配法、立装法、卧装法、胎膜装配法等。

(8)连接。钢构件连接的方法有焊接、铆接、普通螺栓连接和高强度螺栓连接等。连接是加工制作中的关键工艺,应严格按规范要求进行操作。

(9)摩擦面处理。采用高强度螺栓连接时,其连接节点处的钢材表面应进行处理,处理后的抗滑移系数必须符合设计文件的要求。摩擦面处理的方法一般有喷砂、喷丸、酸洗、砂轮打磨等。

(10)涂装。钢构件在涂层之前应进行除锈处理。涂料、涂装遍数、涂层厚度均应符合设计文件的要求。涂装时的环境温度和相对湿度应符合涂料产品说明书的要求。

钢构件涂装后,应按设计图纸进行编号,编号的位置应符合便于堆放、便于安装、便于检查的原则。对大型构件还应标明重量、重心位置和定位标记。

2.钢构件的堆放

构件堆放的场地应平整坚实,排水通畅,同时有车辆进出的回路。在堆放时应对构件进行严格的检查,若发现有变形不合格的构件,应进行矫正,然后再堆放。已堆放好的构件要进行适当保护,不同类型的钢构件不宜堆放在一起。

9.4.2 钢结构安装

1.钢结构单层工业厂房安装

(1)安装前的准备工作。

①施工组织设计。在安装前应进行钢结构安装工程的施工组织设计。其内容包括：计算钢结构构件和连接件数量；选择起重机械；确定构件吊装方法；确定吊装流水程序；编制进度计划；确定劳动组织；布置构件的平面位置；确定质量保证措施、安全保证措施等。

②基础准备。钢柱基础的顶面通常设计为一平面，通过地脚螺栓将钢柱与基础连成整体。施工时应保证基础顶面标高及地脚螺栓位置的准确。其允许偏差如下：基础顶面标高差为±2mm，倾斜度为1/1000；地脚螺栓位置允许偏差，在支座范围内为5mm。施工时可用角钢做成固定架，将地脚螺栓安置在与基础模板分开的固定架上。

为保证基础顶面标高的准确，施工时可采用一次浇筑法或二次浇筑法进行。

一次浇筑法，是先将基础混凝土浇筑到低于设计标高约40～60mm处，然后用细石混凝土精确找平至设计标高，以保证基础顶面标高的准确。这种方法要求钢柱制作尺寸十分准确，而且要保证细石混凝土与下层混凝土的紧密黏结，如图9-27所示。

二次浇筑法，是指钢柱基础分两次浇筑。第一次浇筑到比设计标高低40～60mm处，待混凝土有一定强度后，上面放钢垫板，精确校正钢垫板标高，然后吊装钢柱。当钢柱校正完毕后，在柱脚钢垫板下浇筑细石混凝土，如图9-28所示。这种方法校正柱子比较容易，多用于重型钢柱的吊装。

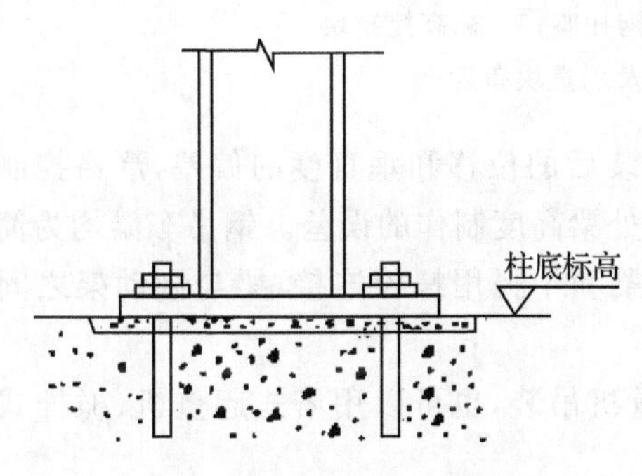

图9-27　钢柱基础的一次浇筑法

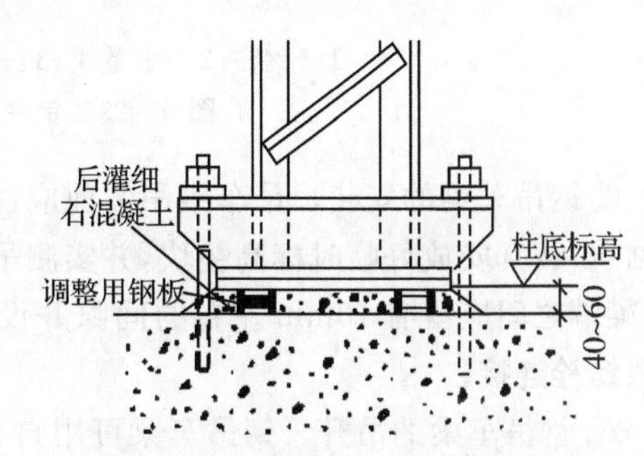

1—调整柱子用的钢垫板；
2—柱子安装后浇筑的细石混凝土
图9-28　钢柱基础的二次浇筑法

当基础采用二次浇筑法施工时，钢柱脚应采用钢垫板或座浆垫板作支承。垫板应设置在靠近地脚螺栓的柱脚底板加劲板或柱脚下，每根地脚螺栓的侧面应设1～2组垫板，每组垫板不得多于5块。垫板与基础面和钢柱底面的接触应平整、紧密。当采用成对斜垫板时，其叠合长度不应小于垫板长度的2/3。采用座浆垫板时，应采用无收缩砂浆；柱子吊装前砂浆试块强度应高于基础混凝土强度一个等级。

③构件的检查与弹线。在吊装钢构件之前，应检查构件的外形和几何尺寸，如有偏差应在吊装前设法消除。

在钢柱的底部和上部标出两个方向的轴线，在底部适当高度处标出标高准线，以便校正钢柱的平面位置、垂直度、屋架和吊车梁的标高等。对不易辨别上下、左右的构件，应在构件上加以标明，以免吊装时出错。

(2)构件安装工艺。

①钢柱的安装。

A.钢柱的吊升。钢柱的吊升可采用自行杆式或塔式起重机，用旋转法或滑行法吊升。当钢柱较重时，可采用双机抬吊，即用一台起重机抬柱的上吊点，一台起重机抬下吊点，采用双机并立相对旋转法进行吊装。

B. 钢柱的校正与固定。钢柱的校正包括标高、垂直度、平面位置的校正。垂直度的校正用经纬仪检验，如超过允许偏差，用千斤顶进行校正(见图 9－29)。在校正过程中，应随时观察柱底部和标高控制块之间是否脱空，以防止校正过程中造成水平标高的误差。平面位置的校正应用经纬仪从两个方向检查钢柱的安装准线。在吊升前应安放标高控制块以控制钢柱底部标高。对于重型钢柱可用螺旋千斤顶加链条套环托座，沿水平方向顶校钢柱。校正后为防止钢柱位移，应在柱底板四边用 10mm 厚的钢板定位，并用电焊固定。钢柱复校后，再紧固螺栓，并将承重块上下点焊固定，防止走动。

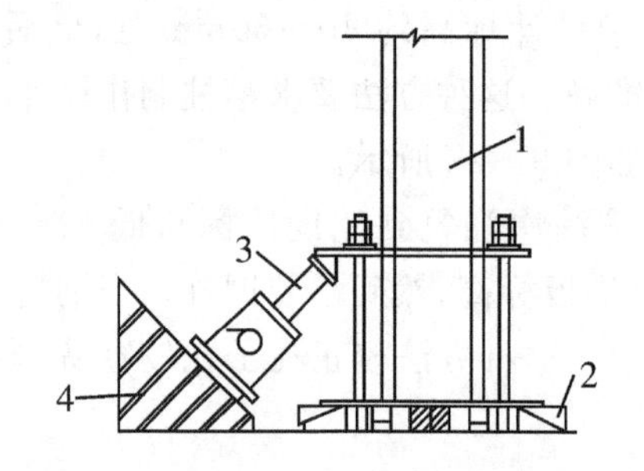

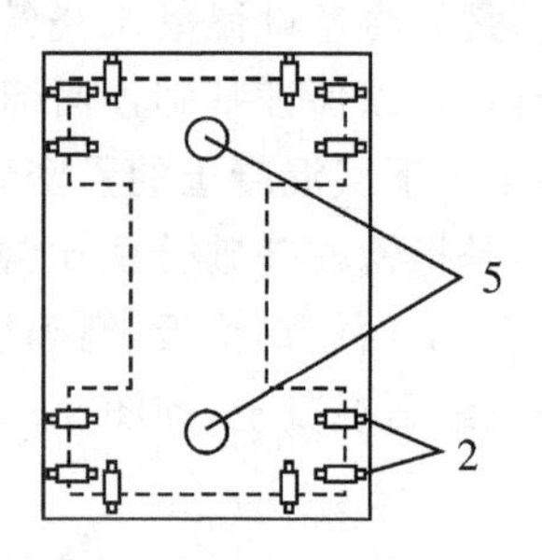

1—钢柱；2—承重块；3—千斤顶；4—钢托座；5—标高控制块

图 9－29　钢柱垂直度校正及承重块布置

②钢吊车梁的安装。吊车梁吊装前应注意钢柱吊装后的位移和垂直度的偏差，严格控制定位轴线，认真安放好临时标高垫块，并实测吊车梁搁置处梁高度制作的误差。钢吊车梁均为简支梁，梁端之间应留有 10mm 左右的间隙并设钢垫板。梁和牛腿用螺栓连接，梁与制动架之间用高强螺栓连接。

A. 钢吊车梁的吊升。钢吊车梁可用自行杆式起重机吊装，也可以用塔式起重机、桅杆式起重机等进行吊装，对重量很大的吊车梁，可用双机抬吊。

B. 钢吊车梁的校正与固定。吊车梁校正的内容包括标高、垂直度、轴线、跨距的校正。标高的校正可在屋盖吊装前进行，其他项目的校正可在屋盖安装完成后进行，因为屋盖的吊装可能会引起钢柱的变位。吊车梁标高的校正，用千斤顶或起重机对梁作竖向移动，并垫钢板，使其偏差在允许范围内。吊车梁轴线的校正同钢筋混凝土吊车梁。

③钢屋架的安装与校正。

A. 钢屋架的拼装、翻身扶直。钢屋架的侧向稳定性差。如果起重机的起重量、起重臂的长度允许时，应先拼装两榀屋架及其上部的天窗架、檩条、支撑等成为整体，然后再一次吊装。这样可以保证吊装的稳定性，同时也可提高吊装效率。钢屋架吊升时，为加强其侧向刚度，必要时应绑扎几道杉木杆，作为临时加固措施。

B. 钢屋架的吊升。钢屋架的吊装可采用自行杆式起重机、塔式起重机或桅杆式起重机等。根据屋架的跨度、重量和安装高度的不同，选用不同的起重机械和吊装方法。

C. 钢屋架的临时固定。屋架的临时固定可用临时螺栓和冲钉。

D. 钢屋架的校正与固定。钢屋架的校正内容主要包括垂直度和弦杆的正直度，垂直度用垂球检验，弦杆的正直度用拉紧的测绳进行检验。屋架的最后固定可用电焊或高强螺栓。

(3)钢结构的连接与固定。钢结构的连接方法通常有三种：焊接、铆接和螺栓连接。对于焊接和高强度螺栓并用的连接，当设计无特殊要求时，应按先螺栓后焊接的顺序施工。钢构件的连接接头应经检查合格后方可紧固或焊接。

螺栓连接有普通螺栓和高强度螺栓两种。高强度螺栓又有高强度大六角头螺栓和扭剪型高强度螺栓。钢结构所用的扭剪型高强度螺栓连接副包括一个螺栓、一个螺母和一个垫圈。扭剪型高强度螺栓的优点如下:受力好,耐疲劳,能承受动力荷载;施工方便,可拆换;可目视判定是否终拧,不易漏拧,安全度高。

下面主要介绍高强度螺栓连接的施工。

①摩擦面处理。高强度螺栓连接时,必须对构件摩擦面进行加工处理。在制造厂进行处理可采用喷砂、喷丸、酸洗或砂轮打磨等方法。处理好的摩擦面应有保护措施,不得涂油漆或污损。制造厂处理好的摩擦面,进场后应逐个进行所附试件抗滑移系数的复验,合格后方可安装。摩擦面抗滑移系数应符合设计要求。

②连接板安装。高强度螺栓连接板的接触面要平整,板面不能翘曲变形,安装前应认真检查,对变形的连接板应矫正平整。因被连接构件的厚度不同,或制作和安装偏差等原因造成连接面之间的间隙,小于1.0mm的间隙可不处理;1.0~3.0mm的间隙,应将高出的一侧磨成1∶10的斜面,打磨方向应与受力方向垂直;大于3.0mm的间隙应加垫板,垫板两面的处理方法应与构件相同。

③高强度螺栓安装。

A.高强度螺栓的选用。高强度螺栓的形式、规格应符合设计要求。施工前,高强度大六角头螺栓连接副应按出厂批号复验扭矩系数;扭剪型高强度螺栓连接副应按出厂批号复验预拉力,复验合格后方可使用。选用螺栓长度时应考虑被连接构件的厚度、螺母厚度、垫圈厚度,且紧固后要露出三扣螺纹的余长。

B.高强度螺栓连接副的存放。高强度螺栓连接副应按批号分别存放,并应在同批号内配套使用。在储存、运输、施工过程中不得混放,要防止锈蚀、玷污和碰伤螺纹等可能导致扭矩系数变化的情况发生。

C.安装要求:钢结构安装前。应对连接摩擦面进行清理。高强度螺栓连接摩擦面应保持干燥、整洁,不应有飞边、毛刺、焊接飞溅物、焊疤、氧化铁皮、污垢等,除设计要求外摩擦面不应涂漆

D.临时螺栓连接。高强度螺栓连接时接头处应采用冲钉和临时螺栓连接。临时螺栓的数量应为接头上螺栓总数的1/3,并不少于两个;冲钉的使用数量不宜超过临时螺栓数量的30%。安装冲钉时不得因强行击打而使螺栓孔变形造成飞边。严禁使用高强度螺栓代替临时螺栓,以防因损伤螺纹造成扭矩系数增大。对错位的螺栓孔应采用铰刀或粗锉刀进行处理规整,不应采用气割扩孔。处理时应先紧固临时螺栓主板,至板间无间隙,以防切屑落入。钢结构应在临时螺栓连接状态下进行安装精度的校正。

E.高强度螺栓安装。钢结构的安装精度经调整达到标准规定后,便可安装高强度螺栓。首先安装接头中那些未安装临时螺栓和冲钉的螺孔。高强度螺栓应能自由穿入螺栓孔,穿入方向应该一致。每个螺栓端部不得垫2个及以上的垫圈,不得采用大螺母代替垫圈。已安装的高强度螺栓用普通扳手充分拧紧后,再逐个用高强度螺栓换下冲钉和临时螺栓。在安装过程中,连接副的表面如果涂有过多的润滑剂或防锈剂,应使用干净的布轻轻擦拭掉,防止其安装后流到连接摩擦面中,不得用清洗剂清洗,否则会造成扭矩系数的变化。

④高强度螺栓的紧固。为了使每个螺栓的预拉力均匀相等,高强度螺栓的拧紧可分为初拧和终拧。对于大型节点应分为初拧、复拧和终拧,复拧扭矩应等于初拧扭矩。

初拧扭矩值宜为终拧扭矩的50%,终拧扭矩值可按下式计算:

$$T_c=K(P+\Delta p)d \tag{9-12}$$

式中：T_c——终拧扭矩值(N·m)；

P——高强度螺栓设计预拉力(kN)；

Δp——预拉力损失值(kN)，取设计预拉力的10%；

d——高强度螺栓螺杆直径(mm)；

K——扭矩系数，扭剪型高强度螺栓取$K=0.13$。

高强度螺栓多用电动扳手进行紧固，电动扳手不能使用的场合，用测力扳手进行紧固。紧固后用鲜明色彩的涂料在螺栓尾部涂上终拧标记以备查。高强度螺栓的紧固应按一定顺序进行，宜由螺栓群中央依次向外拧紧，并应在当天终拧完毕。

高强度螺栓连接副终拧后，螺栓丝扣外露应为2～3扣，其中允许有10%的螺栓丝扣外露1扣或4扣。

对已紧固的螺栓，应逐个检查验收。对终拧用电动扳手紧固的扭剪型高强度螺栓，应以目测尾部梅花头拧掉为合格。对于用测力扳手紧固的高强度螺栓，仍用测力扳手检查是否紧固到规定的终拧扭矩值。高强度大六角头螺栓采用转角法施工时，初拧结束后应在螺母与螺杆端面同一处刻划出终拧角的起始线和终值线，以待检查；采用扭矩法施工时，检查时应将螺母回退30°～50°再拧至原位，测定终拧扭矩值，其偏差不得大于±10%。欠拧、漏拧者应及时补拧，超拧者应予更换。

2.钢结构高层建筑安装

钢结构具有强度高、抗震性能好、施工速度快等优点，因而广泛用于高层和超高层建筑。其缺点是用钢量大、造价高、防火要求高。

(1)钢结构安装前的准备工作。

①钢构件的预检和配套。结构安装单位对钢构件预检的项目主要有。构件的外形几何尺寸、螺栓孔大小和间距、连接件位置、焊缝剖口、高强度螺栓节点摩擦面、构件数量规格等。构件的内在制作质量以制造厂质量报告为准。至于构件预检的数量，一般情况下关键构件全部检查，其他构件抽查10%～20%，预检时应记录一切预检的数据。

构件的配套应按安装流水顺序进行，以一个结构安装流水段(一般高层钢结构工程的安装是以一节钢柱框架为一个安装流水段)为单元，将所有钢构件分别由堆场整理出来，集中到配套场地。在数量和规格齐全之后进行构件预检和处理修复，然后根据安装顺序，分批将合格的构件由运输车辆供应到工地现场。配套中应特别注意附件(如连接板等)的配套，否则小小的零件将会影响到整个安装进度，一般对零星附件是采用螺栓或铅丝直接临时捆扎在安装节点上。

②钢柱基础的检查。由于第一节钢柱直接安装在钢筋混凝土柱基的顶板上，故钢结构的安装质量和工效与柱基的定位轴线、基准标高直接有关。柱基的预检重点是定位轴线及间距、柱基顶面标高和地脚螺栓预埋位置。

A.定位轴线检查。定位轴线从基础施工起就应重视，首先要做好控制桩。待基础混凝土浇筑后再根据控制桩将定位轴线引测到柱基钢筋混凝土板的顶面上，然后预检定位线是否同原定位线重合、封闭，每根定位轴线总尺寸误差值是否超过控制数，纵横定位轴线是否垂直、平行。定位轴线预检是在弹过线的基础上进行。

B.柱间距检查。柱间距检查应在定位轴线确定的前提下进行，采用标准尺实测柱距(应是通过计算调整过的标准尺)。柱间距偏差值应严格控制在±3mm范围内。因为定位轴线的交点是柱基的中心点，是钢柱安装的基准点，钢柱竖向间距以此为准。框架钢梁的连接螺孔的孔洞直径一般比高强螺栓直径大1.5～2.0mm，如果柱距过大或过小，将会直接影响到整个竖向结构中框架梁的安装连接和钢柱的垂直度，安装中还会有安装误差。

C. 单独柱基中心线检查。检查单独柱基的中心线与定位轴线之间的误差，调整柱基中心线使其与定位轴线重合，然后以柱基中心线为依据，检查地脚螺栓的预埋位置。

D. 柱基地脚螺栓检查。检查内容为螺栓长度、垂直度及间距，确定基准标高。在柱基中心表面和钢柱底面之间，考虑到施工因素，规定有一定的间隙作为钢柱安装前的标高调整，该间隙规范规定为50mm。基准标高点一般设置在柱基底板的适当位置，四周加以保护，作为整个高层钢结构施工阶段标高的依据。以基准标高点为依据，对钢柱的柱基表面进行标高实测，将测得的标高偏差用平面图表示，作为临时支承标高块调整的依据。

③标高控制块的设置及柱底灌浆。为了精确控制钢结构上部的标高，在钢柱吊装之前，要根据钢柱预检的结果（实际长度、牛腿间距离、钢柱底板平整度等），在柱子基础表面浇筑标高控制块（见图 9－30），标高块用无收缩砂浆支模板浇筑，其强度不宜小于 30N/mm²，标高块表面须埋设厚度为 16～20mm 的钢板。浇筑标高块之前应凿毛基础表面，以增强黏结。

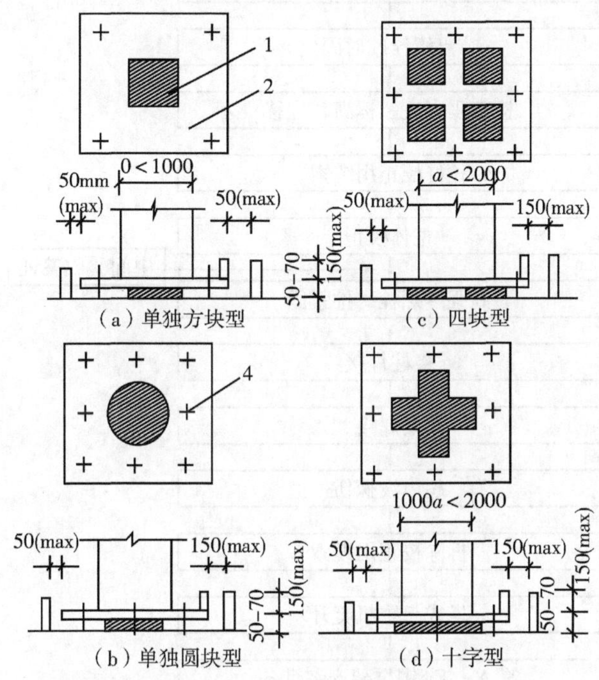

图 9－30　临时支撑标高块的设置

待第一节钢柱吊装、校正和锚固螺栓固定后，要进行底层钢柱的柱底灌浆。灌浆前应在钢柱底板四周立模板，用水清洗基础表面，排除多余积水后再灌浆。灌浆用砂浆基本上保持自由流动，灌浆从一边进行，连续灌注。灌浆后用湿草包或麻袋等遮盖保护。

④钢构件的现场堆放。按照安装流水顺序由中转堆场配套运入现场的钢构件，宜利用现场的装卸机械，尽量将其就位到安装机械的回转半径内。由运输造成的构件变形，在施工现场要加以矫正。

⑤安装机械的选择。高层钢结构的安装均采用塔式起重机。塔式起重机应具有足够的起重能力，其臂杆长度应具有足够的覆盖面，以满足不同部位构件吊装的需要；多机作业时，臂杆要有足够的高差，以保证不碰撞的安全运转；各塔式起重机之间还应有足够的安全距离，确保臂杆不与塔身相碰。

⑥安装流水段的划分。高层钢结构安装需按照建筑物的平面形状、结构型式、安装机械数量和位置等划分流水段。

平面流水段的划分应考虑钢结构安装过程中的整体稳定性和对称性，安装顺序一般由中央向四周扩展，以减少焊接误差。

立面流水段的划分，以一节钢柱高度内的所有构件作为一个流水段。一个立面流水段内的安装顺序如图 9-31 所示。

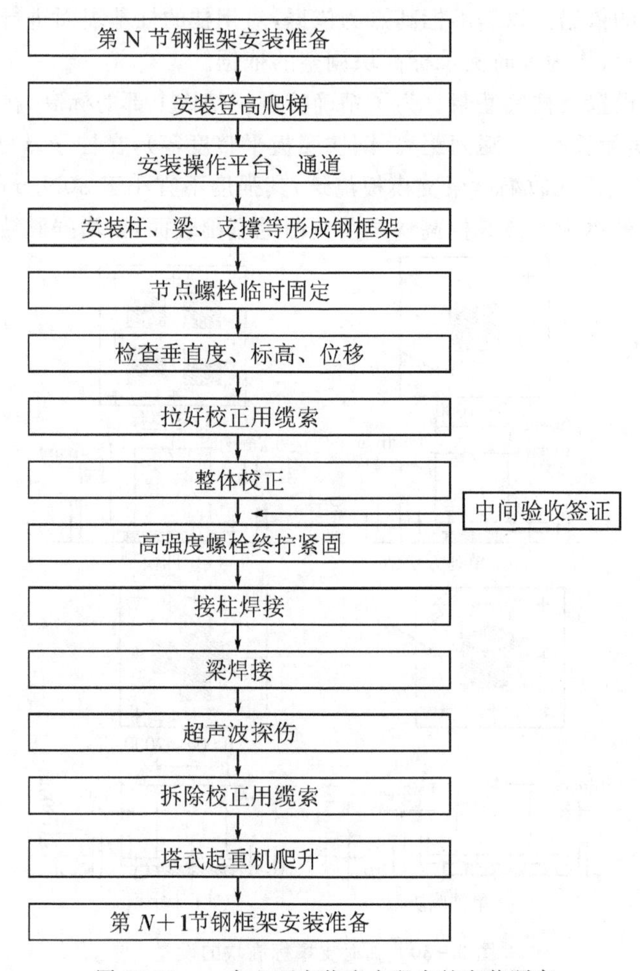

图 9-31　一个立面安装流水段内的安装顺序

(2)构件安装工艺。

①钢柱的安装。

A.绑扎与起吊。钢柱的吊点在吊耳处(柱子在制作时于吊点部位焊有吊耳，吊装完毕再割去)。根据钢柱的重量和起重机的起重量，钢柱的吊装可用双机抬吊或单机吊装(见图 9-32)。单机吊装时需在柱子根部垫以垫木，以回转法起吊，严禁柱根拖地。双机抬吊时，钢柱吊离地面后在空中进行回直。

B.安装与校正。钢结构高层建筑的柱子，多为 3～4 层一节，节与节之间用坡口焊连接。

在吊装第一节钢柱时，应在预埋的地脚螺栓上加设保护套，以免钢柱就位时破坏地脚螺栓的丝牙。钢柱吊装前，应预先在地面上将操作挂篮、爬梯等固定在施工需要的柱子部位上。

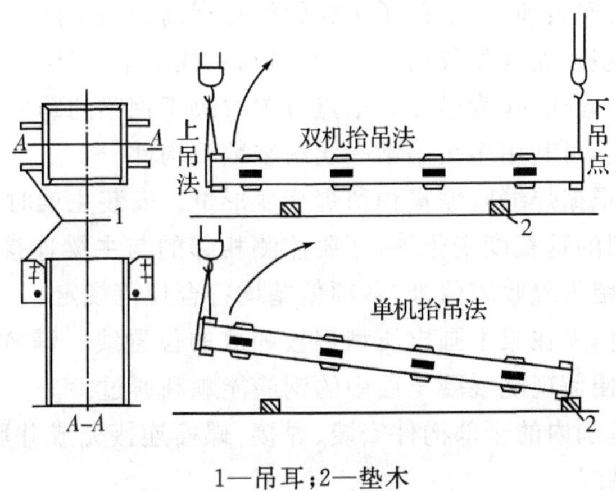

1—吊耳；2—垫木

图 9-32　钢柱吊装

钢柱就位后，先调整标高，再调整位移，最后调整垂直度。柱子要按规范规定的数值进行校正，标准柱子的垂直偏差应校正到零。当上柱与下柱发生扭转错位时，可在连接上下柱的耳板处加垫板进行调整。

为了控制安装误差，对高层钢结构须预先确定标准柱（能控制框架平面轮廓的少数柱子），一般选择平面转角柱为标准柱。正方形框架取 4 根转角柱，长方形框架当长边与短边之比大于 2 时取 6 根柱，多边形框架则取转角柱为标准柱。

标准柱的检查一般取其柱基中心线为基准点，用激光经纬仪以基准点为依据对标准柱的垂直度进行观测，在柱子顶部固定有测量目标（见图 9-33）。激光仪测量时，为了纠正由于钢结构振动产生的误差和仪器安置误差、机械误差等，激光仪每测一次转动 90 度，在目标上共测 4 个激光点，以这 4 个激光点的相交点为准，量测安装误差。为使激光束通过，在激光仪上方的金属或混凝土楼板上皆需固定或埋设一个小钢管。激光仪设在地下室底板上的基准点处。

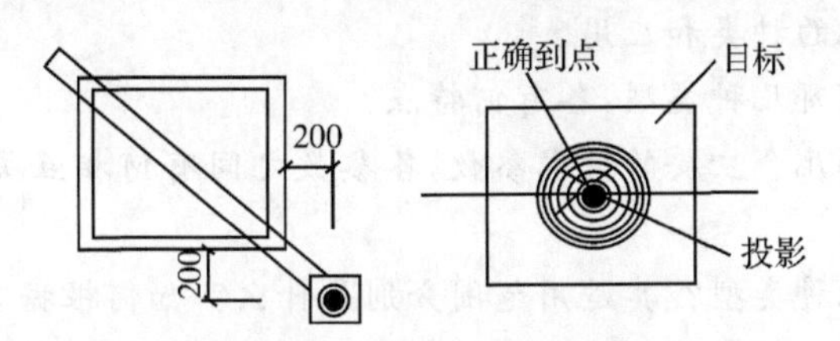

图 9-33　钢柱顶的激光测量目标

除标准柱外，其他柱子的误差量测不用激光经纬仪，通常用丈量法。即以标准柱为依据，在角柱上沿柱子外侧拉设钢丝绳，组成平面封闭状方格，用钢尺丈量距离。超过允许偏差者则进行调整。

钢柱标高的调整，是在每安装一节钢柱后，对柱顶标高进行一次实测。标高误差超过 6mm 时，需进行调整，多用低碳钢钢板垫到规定的要求。如误差过大（大于 20mm）不宜一次调整，可先调整一部分，待上节柱再调整，否则一次调整过大会影响支撑的安装和钢梁表面的标高。框架中柱的标高宜稍高些，因为钢框架安装工期较长，结构自重不断增大，中柱承受的结构荷载较大，基础沉降亦大。

钢柱轴线位移的校正，是以下节钢柱顶部的实际柱中心线为准，所安装钢柱的底部对准下节钢柱的中心线即可。校正位移时应注意钢柱的扭转，钢柱扭转对框架安装很不利。

②钢梁的安装。钢梁安装前,应于柱子牛腿处检查标高和柱子间距。主梁安装前,应在梁上装好扶手杆和扶手绳,待主梁安装就位后,将扶手绳与钢柱系牢,以保证施工人员的安全。

钢梁一般在上翼缘处开孔,作为吊点。吊点位置取决于钢梁的跨度。为加快吊装速度,对重量较小的次梁和其他小梁,可利用多头吊索一次吊装数根构件。

安装框架主梁时,要根据焊缝收缩量预留焊缝变形量。安装主梁时对柱子垂直度的监测,除监测安放主梁的柱子两端的垂直度变化外,还要监测相邻的与主梁连接的各根柱子垂直度的变化情况,以保证柱子除预留焊缝收缩值外,各项偏差均符合规范规定。

安装楼层压型钢板时,先在梁上画出压型钢板铺放的位置线。铺放时要对正相邻两排压型钢板端头的波形槽口,以便使现浇混凝土层中的钢筋能顺利通过。

在每一节柱子高度范围内的全部构件安装、焊接、螺栓连接完成并验收合格后,才能从地面引测上一节柱子的定位轴线。

③钢结构构件的连接施工。钢构件的现场连接是钢结构施工中的重要问题。对连接的基本要求是:提供设计要求的约束条件,应有足够的强度和规定的延性,制作和施工简便。

目前高层钢结构的现场连接,主要是采用高强度螺栓和焊接。各节钢柱间多为坡口电焊连接。梁与柱、梁与梁之间的连接视约束要求而定,有的采用高强度螺栓连接,有的则是坡口焊和高强度螺栓连接共用。

高层钢结构柱与柱、柱与梁电焊连接时,应重视其焊接顺序。正确的焊接顺序,能减少焊接变形,保证焊接质量。一般情况下应从中心向四周扩散,采用结构对称、节点对称的焊接顺序。

思考与练习

1. 常用卷扬机有哪些类型?卷扬机的锚固方法有几种?

2. 结构安装中常用的钢丝绳有哪些规格?如何计算其允许拉力?

3. 简述桅杆式起重机的种类和应用。

4. 自行杆式起重机有哪几种类型,各有何特点?

5. 履带式起重机有哪几个主要的技术参数,各参数之间有何相互关系?如何进行起重机的稳定性验算?

6. 塔式起重机有哪几种类型?其适用范围分别是什么?如何根据其技术参数来选用塔式起重机?

7. 单层工业厂房结构安装工程中,安装前应进行哪些准备工作?

8. 柱子吊装时,柱的绑扎有哪几种方法?如何进行柱的对位、临时固定、校正垂直度和最后固定?

9. 试述吊车梁垂直度的校正方法,如何进行最后固定?

10. 屋架扶直就位和吊装时,如何确定绑扎点?如何进行屋架的临时固定、校正和最后固定?

11. 钢筋混凝土单层工业厂房结构吊装的方法有哪两种,各有什么特点?如何进行起重机械的选择?

12. 简述钢构件加工制作时的工作内容。

13. 在钢结构单层工业厂房和高层建筑安装工程中,如何做好钢柱基础的准备工作?

14. 采用高强度螺栓进行钢构件连接时,应注意哪些问题?

15. 在高层钢结构安装工程中,如何进行柱垂直度和标高的控制?

参考文献

[1] 李书全.土木工程施工[M].上海:同济大学,2004.
[2] 丁克胜.土木工程施工 [M].2 版.武汉:华中科技大学出版社,2009.
[3] 毛鹤琴.土木工程施工 [M]. 3 版.武汉:武汉理工大学出版社,2007.
[4] 刘津明,韩明.土木工程施工[M].天津:天津大学出版社,2001.
[5] 王兆.建筑工程施工实训[M].北京:机械工业出版社,2005.
[6] 周国恩.建筑工程施工技术[M].重庆:重庆大学出版社, 2011.
[7] 应惠清.土木工程施工[M].北京:高等教育出版社,2009.
[8] 张吉人.建筑结构设计施工质量控制[M].北京:中国建筑工业出版社,2012.
[9] 任建喜.地下工程施工技术[M].西安:西北工业大学出版社,2012.
[10] 王宇辉.脚手架施工与安全[M].北京:中国建材工业出版 ,2008.
[11] JGJ 79—2012 建筑地基处理技术规范[S].北京:中国建筑工业出版社,2012.
[12] JGJ 94—2008 建筑桩基技术规范[S].北京:中国建筑工业出版社,2008.
[13] JGJ 3—2010 高层建筑混凝土结构技术规程[S].北京:中国建筑工业出版社,2010.
[14] JGJ 18—2012 钢筋焊接及验收规范[S].北京:中国建筑工业出版社,2012.
[15] JGJ 74—2003 建筑工程大模板技术规程[S].北京:中国建筑工业出版社,2003.
[16] 建筑施工手册编写组.建筑施工手册[M].4 版.北京:中国建筑工业出版社,2003.
[17] GB 50300—2001 建筑工程施工质量验收统一标准[S].北京:中国建筑工业出版社,2001.
[18] GB 50202—2002 建筑地基基础工程施工质量验收规范[S].北京:中国计划出版社,2002.
[19] GB 50203—2002 砌体工程施工质量验收规范[S].北京:中国建筑工业出版社,2002.
[20] GB 50204 — 2002 混凝土结构工程施工质量验收规范[S].北京:中国建筑工业出版社,2002.
[21] GB 50205—2001 钢结构工程施工质量验收规范[S].北京:中国计划出版社,2001.
[22] GB 50207 — 2002 屋面工程施工质量验收规范[S].北京:中国建筑工业出版社,2002.
[23] GB 50208 — 2002 地下防水工程施工质量验收规范[S].北京:中国建筑工业出版社,2002.
[24] GB 50209—2002 建筑地面工程施工质量验收规范[S].北京:中国计划出版社,2002.
[25] GB 50210—2001 建筑装饰装修工程施工质量验收规范[S].北京:中国建筑工业出版社,2001.
[26] GB 50214—2001 组合钢模板技术规范[S].北京:中国计划出版社,2001.
[27] 钟晖,栗宜民,艾合买提·依不拉音.土木工程施工[M].重庆:重庆大学出版社,2001.
[28] 张国联,王风池.土木工程施工[M].北京:中国建筑工业出版社,2004.
[29] 地基与基础工程施工工艺标准[S].北京:中国建筑工业出版社,2003.
[30] 混凝土结构工程施工工艺标准[S].北京:中国建筑工业出版社,2003.
[31] 钢结构工程施工工艺标准[S].北京:中国建筑工业出版社,2003.
[32] 建筑砌体工程施工工艺标准[S].北京:中国建筑工业出版社,2003.
[33] 建筑防水工程施工工艺标准[S].北京:中国建筑工业出版社,2003.
[34] 屋面工程施工工艺标准[S].北京:中国建筑工业出版社,2003.

图书在版编目(CIP)数据

土木工程施工技术/袁翱主编.—西安:西安交通大学出版社,2014.2(2022.12 重印)
高职高专“十二五”建筑及工程管理类专业系列规划教材
ISBN 978-7-5605-6004-5

Ⅰ.①土… Ⅱ.①袁… Ⅲ.①土木工程-工程施工-高等职业教育-教材 Ⅳ.①TU7

中国版本图书馆 CIP 数据核字(2014)第 020815 号

书　　名 土木工程施工技术
主　　编 袁　翱
责任编辑 祝翠华

出版发行 西安交通大学出版社
(西安市兴庆南路 1 号　邮政编码 710048)
网　　址 http://www.xjtupress.com
电　　话 (029)82668357　82667874(市场营销中心)
(029)82668315(总编办)
传　　真 (029)82668280
印　　刷 西安日报社印务中心

开　　本 787mm×1092mm　1/16　**印张** 19.125　**字数** 467 千字
版次印次 2014 年 2 月第 1 版　2022 年 12 月第 2 次印刷
书　　号 ISBN 978-7-5605-6004-5
定　　价 36.80 元

如发现印装质量问题,请与本社市场营销中心联系。
订购热线:(029)82665248　(029)82667874
投稿热线:(029)82668133
读者信箱:xj_rwjg@126.com

高职高专“十二五”建筑及工程管理类专业系列规划教材

> **建筑设计类**

(1)素描
(2)色彩
(3)构成
(4)人体工程学
(5)画法几何与阴影透视
(6)3dsMAX
(7)Photoshop
(8)CorelDraw
(9)Lightscape
(10)建筑物理
(11)建筑初步
(12)建筑模型制作
(13)建筑设计概论
(14)建筑设计原理
(15)中外建筑史
(16)建筑结构设计
(17)室内设计
(18)手绘效果图表现技法
(19)建筑装饰设计
(20)建筑装饰制图
(21)建筑装饰材料
(22)建筑装饰构造
(23)建筑装饰工程项目管理
(24)建筑装饰施工组织与管理
(25)建筑装饰施工技术
(26)建筑装饰工程概预算
(27)居住建筑设计
(28)公共建筑设计
(29)工业建筑设计
(30)城市规划原理

> **土建施工类**

(1)建筑工程制图与识图
(2)建筑构造
(3)建筑材料
(4)建筑工程测量
(5)建筑力学
(6)建筑 CAD
(7)工程经济
(8)钢筋混凝土与砌体结构
(9)房屋建筑学
(10)土力学与地基基础
(11)建筑设备
(12)建筑结构
(13)建筑施工技术
(14)建筑工程计量与计价
(15)钢结构识图
(16)建设工程概论
(17)建筑工程项目管理
(18)建筑工程概预算
(19)建筑施工组织与管理
(20)高层建筑施工
(21)建设工程监理概论
(22)建设工程合同管理

> **建筑设备类**

(1)电工基础
(2)电子技术
(3)流体力学
(4)热工学基础
(5)自动控制原理
(6)单片机原理及其应用
(7)PLC 应用技术
(8)电机与拖动基础
(9)建筑弱电技术
(10)建筑设备
(11)建筑电气控制技术
(12)建筑电气施工技术
(13)建筑供电与照明系统
(14)建筑给排水工程
(15)楼宇智能化技术

> **工程管理类**

(1)建设工程概论
(2)建筑工程项目管理
(3)建筑工程概预算
(4)建筑法规
(5)建设工程招投标与合同管理
(6)工程造价
(7)建筑工程定额与预算
(8)建筑设备安装
(9)建筑工程资料管理
(10)建筑工程质量与安全管理
(11)建筑工程管理
(12)建筑装饰工程预算
(13)安装工程概预算
(14)工程造价案例分析与实务
(15)建筑工程经济与管理
(16)建筑企业管理
(17)建筑工程预算电算化

> **房地产类**

(1)房地产开发与经营
(2)房地产估价
(3)房地产经济学
(4)房地产市场调查
(5)房地产市场营销策划
(6)房地产经纪
(7)房地产测绘
(8)房地产基本制度与政策
(9)房地产金融
(10)房地产开发企业会计
(11)房地产投资分析
(12)房地产项目管理
(13)房地产项目策划
(14)物业管理

欢迎各位老师联系投稿!

联系人:祝翠华
手机:13572026447　办公电话:029－82665375
电子邮件:zhu_cuihua@163.com　37209887@qq.com
QQ:37209887(加为好友时请注明"教材编写"等字样)